高等学校电子信息类专业系列教材

HALCON 编程及工程应用

（第二版）

刘国华　编著

西安电子科技大学出版社

内 容 简 介

本书以 HALCON 为编程工具,介绍了各种图像处理方法的理论和工程应用实例,使读者能更好地学习和掌握 HALCON 编程技巧,完成图像处理技术的应用实践。

全书共 11 章,内容包括机器视觉和 HALCON 机器视觉软件、HALCON 数据结构、HALCON 图像采集、HALCON 图像预处理、HALCON 图像分割、HALCON数学形态学与 Blob 分析、HALCON 图像匹配、HALCON 图像测量、HALCON 其他应用、HALCON 标定方法、HALCON 工程应用与混合编程等。书中每一章的末尾都配有适量的习题,以便读者加深对本章所述内容的理解。

本书内容翔实,难易程度适中,可作为高等学校电子信息工程、通信与信息工程、计算机科学与技术、控制科学与技术等专业本科生或研究生的教材,也可供图像处理、模式识别、人工智能、生物工程、医学成像等相关领域的科研人员和工程技术人员参考。

图书在版编目(CIP)数据

HALCON 编程及工程应用/刘国华编著. —2 版. —西安:西安电子科技大学出版社,2022.4
ISBN 978 - 7 - 5606 - 6372 - 2

Ⅰ. ①H… Ⅱ. ①刘… Ⅲ. ①数字图像处理 Ⅳ. ①TN911.73

中国版本图书馆 CIP 数据核字(2022)第 027546 号

策划编辑	秦志峰
责任编辑	祝婷婷 秦志峰
出版发行	西安电子科技大学出版社(西安市太白南路 2 号)
电 话	(029)88201524 88201467 邮 编 710071
网 址	www.xduph.com 电子邮箱 xdupfxb001@163.com
经 销	新华书店
印刷单位	陕西日报社
版 次	2022 年 4 月第 2 版 2022 年 4 月第 1 次印刷
开 本	787 毫米×1092 毫米 1/16 印张 26
字 数	619 千字
印 数	1~3000 册
定 价	66.00 元

ISBN 978 - 7 - 5606 - 6372 - 2/TN

XDUP 6674002 - 1

* * *如有印装问题可调换* * *

前　言

目前，图像处理技术已经应用到科学研究和日常生活的方方面面，并日益受到人们重视，在智能装备、航空航天、军事、医学、科学研究等许多领域发挥着越来越重要的作用。特别是在 2020 年 11 月 24 日，当"长征五号"成功将"嫦娥五号"送入地月转移轨道，开启中国首次地外天体采样返回之旅时，无论是着陆地点的选择，设备状态的控制，还是故障的检测和故障的唤醒，图像处理技术始终发挥了不可替代的作用。在生物医学工程领域，图像处理技术的应用也非常广泛，它已用于各种射线照片、超声影像、断层影像、内窥镜成像、核子扫描图像分析，便于医生对疾病进行快速、准确的诊断。图像处理技术的应用不胜枚举，且其所处理的工作很多都是人工难以完成的。利用图像处理技术所取得的工作成果促使了图像处理技术向更高水平发展，数字图像处理技术正是在这种应用的迫切需要和自身的不断发展之中得到迅速发展的学科。未来，图像处理技术的发展及应用与人类的生活联系之紧密、影响之深远将是不可估量的。

本书第一版于 2019 年 10 月正式出版，因其突出了理论与实际应用的有效结合，故出版后便受到广大同行的肯定和好评，被很多高校选为教材或教学参考书，取得了良好的社会效益。

随着数字图像处理技术的不断发展和广泛应用，作为图像处理技术课程的教材也必须跟上学科发展的要求。因此，作者在第一版的基础上，根据学科发展和教材使用后反馈的信息，对本书进行了全面修订。在修订过程中，本书保留了第一版的基本风格、基本框架和内容，重新组织编写了第 1 章（机器视觉和 HALCON 机器视觉软件）和第 8 章（HALCON 图像测量），对第 5 章（HALCON 图像分割）的部分内容和例程进行了调整，并修正了本书第一版各章节中出现的错误。

修订后的第二版结构合理、概念清晰、理论严谨、逻辑严密，内容上体现了系统性、科学性、应用性和实时性。修订后的第二版同样系统地讲解了基于 HALCON 的机器视觉系统各设计过程中的关键技术，将图像分析、处理算法映射到机器视觉系统开发的过程中，以应用为先，避免突兀、无目的、枯燥的算法讲解，注重提高工业环境下机器视觉的实时性和健壮性。各章节内容循序渐进，充分考虑了教学需求。为了方便实验和应用，本书给出了多个图像处理主要知识点的 HALCON 程序，通过这些实验，读者可以进一步加深对相关内容的理解，也可以扩展应用程序，开发自己的图像处理程序。

本书概括地描述了图像处理理论和 HALCON 机器视觉技术所涉及的各个分支，包括数据结构、图像采集、图像预处理、图像分割、数学形态学与 Blob 分析、图像匹配、图像测量、其他应用、标定方法、工程应用与混合编程等技术和方法。书中尽可能给出了必要的基本知识，深入浅出；同时，重点呈现了 HALCON 的编程技巧，突出了 HALCON 数字图像处理技术的应用实践，并引导读者掌握 HALCON 的编程方法，培养读者在解决实际问题时的思维方法。

  本书由天津工业大学刘国华教授执笔，张琴涛、郑祥通、段建春、李飞、李涛参与了编写工作并进行了程序实验。在本书的修订过程中，牛树青、马千文参与了全面的修订工作。全书由刘国华负责统稿、定稿。在编写过程中，作者参考了相关的书籍、论文、资料和网站文献，也引用了其中部分内容，在此对原作者表示衷心的感谢。

  由于作者水平有限，书中难免存在疏漏和不足之处，敬请读者不吝指正。作者联系邮箱：liuguohua@tiangong.edu.cn。

作 者

2022 年 1 月

目　　录

第 1 章　机器视觉和 HALCON 机器视觉软件

1.1　机 器 视 觉

1.1.1　机器视觉简介

机器视觉(Machine Vision)是一项综合技术，涉及图像处理、机械工程技术、电气控制技术、光源照明、光学成像、传感器、模拟与数字视频技术、计算机软硬件技术(图像增强和分析算法、图像采集卡、I/O 卡等)。

一个典型的机器视觉应用系统由图像捕捉、光源系统、图像数字化模块、数字图像处理模块、智能判断决策模块、机械控制执行模块等构成。

机器视觉系统最基本的功能是提高生产的灵活性和自动化程度。在一些不适于人工作业的危险工作环境或者人工视觉难以满足要求的场合，常用机器视觉来替代人工视觉；在大批量工业生产过程中，用人工视觉检查产品质量效率低且精度不高，而用机器视觉检测可以大大提高生产效率和生产的自动化程度，而且机器视觉易于实现信息集成，是实现计算机集成制造的基础技术。

机器视觉系统具有以下优势：

(1) 精确度高。由于人眼有物理条件的限制，因此在精确性上机器有明显的优点，即使人眼依靠放大镜或显微镜来检测产品，也不如机器的精确度高。

(2) 重复性好。机器可以以相同的方法重复检测而不会感到疲惫。与此相反，人眼每次检测产品时都会有细微的不同，尽管产品是完全相同的。

(3) 速度快。机器能够快速地检测产品，特别是检测高速运动的物体，例如对生产线上零件的检测，采用机器检测能够提高生产效率。

(4) 客观性强。人眼检测还有一个缺陷，就是情绪带来的主观性，检测结果会随工人心情的好坏产生变化，而机器检测能避免这个缺陷。

(5) 成本低。机器的检测速度比人工快，一台自动检测机器能够承担几个工人的任务，这样不但可以极大地提高生产效率，还能很大程度地降低人工成本。

一个典型的机器视觉系统的工作原理简图如图 1-1 所示，其处理系统的结构如图 1-2 所示。

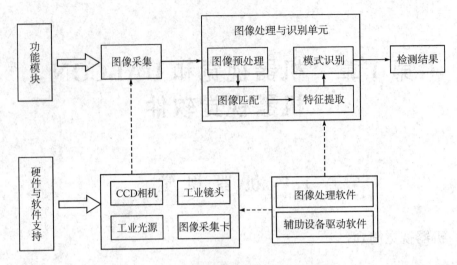

图 1-1　机器视觉系统的工作原理简图

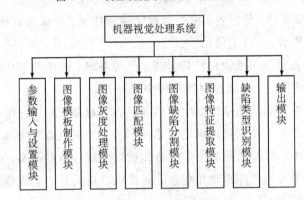

图 1-2　机器视觉处理系统的结构

1.1.2　机器视觉关键技术与发展

1. 机器视觉系统基本构成

一个典型的工业机器视觉系统包括光源(照明)、镜头(包括定焦镜头、变倍镜头、远心镜头、显微镜头)、相机(包括 CCD 相机或 CMOS 相机)、图像处理单元(或图像采集卡)、图像处理软件、监视器、通信单元及输入/输出单元等。

机器视觉检测系统采用工业相机将被检测的目标转换成图像信号,传送给专用的图像处理系统,图像处理系统根据像素分布和亮度、颜色等信息,将其转变成数字信号,并对这些信号进行各种运算来抽取目标的特征(如面积、数量、位置、长度等),再根据预设的允许度和其他条件输出结果(包括尺寸、角度、个数、合格/不合格、有/无等),实现自动识别功能。

一个典型机器视觉系统包括以下三个部分:

1) 照明

照明是影响机器视觉系统输入的重要因素,它直接影响输入数据的质量和应用效果。

由于没有通用的机器视觉照明设备，因此针对每个特定的应用案例，要选择相应的光源装置，以达到最佳效果。光源可分为可见光光源和不可见光光源。常用的几种可见光光源有白炽灯、日光灯、水银灯和钠光灯。

照明系统按其照射方法的不同，可分为背向照明、前向照明、结构光照明和频闪光照明。其中，背向照明是将被测物放在光源和摄像机之间，其优点是能获得高对比度的图像；前向照明是将光源和摄像机置于被测物的同侧，这种方式便于安装；结构光照明是将光栅或线光源等投射到被测物上，根据它们产生的畸变，解调出被测物的三维信息；频闪光照明是将高频率的光脉冲照射到物体上，摄像机拍摄要与光源同步。

2) 相机和镜头

相机和镜头属于成像器件，通常的机器视觉系统都是由一套或多套成像器件组成的，如果有多路相机，则可由图像采集卡或交换机切换来获取图像数据，也可通过同步控制同时获取多相机通道的数据。

3) 图像采集卡

图像采集卡是完整的机器视觉系统的一个部件，它扮演着非常重要的角色。图像采集卡直接决定了摄像头的接口形式，即黑白、彩色、模拟、数字等。

比较典型的图像采集卡是 PCI 或 AGP 兼容的捕获卡，该捕获卡可以将图像迅速地传送到计算机的存储器中。有些图像采集卡有内置的多路开关。例如，有的图像采集卡可以连接 8 个不同的摄像机，通过控制信号告诉图像采集卡采用哪个相机抓拍图像。有些图像采集卡有内置的数字输入，通过触发图像采集卡进行捕捉，一旦图像采集卡抓拍图像，数字输出口就触发信号。

2. 机器视觉关键技术

机器视觉技术是一门涉及人工智能、神经生物学、心理物理学、计算机科学、图像处理、模式识别等诸多领域的交叉学科。机器视觉主要用计算机来模拟人的视觉功能，从客观事物的图像中提取信息，对信息进行处理并加以理解，最终用于实际检测、测量和控制。机器视觉技术最大的特点是速度快、信息量大、功能多。

工业机器视觉技术包括数字图像处理技术、机械工程技术、电气控制技术、光源照明技术、光学成像技术、传感器技术、模拟与数字视频技术、计算机软硬件技术、人机接口技术等。机器视觉技术是将机械、光学、电子、软件系统集合为一体的技术，它主要用于检测缺陷，提高质量和操作效率，并保障产品和过程安全。可以说，机器视觉可将计算机视觉应用于工业自动化。

机器视觉技术通过计算机对系统采集的图像进行处理，分析其中的信息并做出相应的判断，进而发出对设备的控制指令。机器视觉系统的具体应用需求千差万别，系统本身也可能有多种不同的形式，但都包括以下过程：

（1）图像采集。利用光源照射被观察的物体或环境，通过光学成像系统采集图像，通过相机和图像采集卡将光学图像转换为数字图像，这是机器视觉系统的前端和信息来源。

（2）图像处理和分析。计算机通过机器视觉软件对图像进行处理，分析获取其中的有用信息（如 PCB 板的图像中是否存在线路断路，纺织品的图像中是否存在疵点，文档图像中存在哪些文字等），这是整个机器视觉系统的核心。

(3) 判断和控制。图像处理获得的信息最终用于对对象(被测物体、环境)的判断,并形成对应的控制指令发送给相应的机构。如在采集的零件图像中,计算零件的尺寸是否与标准一致,若不一致,则发出警报,并做出标记或进行剔除。

在整个过程中,被测对象的信息反映为图像信息,通过对其分析得到特征描述信息,最后根据获得的特征进行判断和动作。

总的来说,一个成功的机器视觉系统需要重点解决图像采集(包括光源、光学成像、数字图像获取与传输)、图像处理和分析、判断和控制这几个环节的关键技术。此外,机器视觉系统还包括以下技术:

(1) 照明。照明系统的设计是机器视觉系统中极其重要却容易被忽视的环节,它是机器视觉系统设计的重要步骤,直接关系着系统的成败和性能。因为照明直接作用于系统的原始输入,所以对输入数据质量的好坏有直接影响。有效的照明设计不仅可以照亮物体,还可以令需要检测的物体特征突出,同时抑制不需要的干扰特征,给后端的图像处理带来极大的便利。而不恰当的照明设计会造成图像亮度不均匀,干扰增加,物体有效特征与背景难以区分,使图像处理变得极其困难,甚至成为不可能完成的任务。照明设计主要包括三个方面:光源、目标与环境的光反射及传送特性、光源的结构。由于被测对象、环境和检测的要求千差万别,因而不存在通用的机器视觉照明设备,需要针对每个具体的案例来设计照明方案,要考虑物体和特征的光学特性、距离、背景,根据检测要求选择光的强度、颜色和光谱组成、均匀性、光源的形状、照射方式等。

(2) 光学成像。在机器视觉系统中,镜头相当于人的眼睛,其主要作用是将目标的光学图像聚焦在图像传感器(相机)的光敏面阵上。机器视觉系统处理的所有图像信息均通过镜头得到,镜头的质量直接影响到机器视觉系统的整体性能。若信息在成像系统中有严重损失,则在后面的环节中试图恢复是非常困难的。合理选择镜头、设计成像光路是机器视觉系统的关键技术之一。镜头成像或多或少会存在畸变。较大的畸变会给机器视觉系统带来很大困扰,在成像设计时应对此有详细的考虑,包括选用畸变小的镜头,有效视场只取畸变较小的中心视场等。镜头的另一个特性是光谱特性,其主要受镜头镀膜的干涉特性和材料的吸收特性影响,要求尽量做到镜头最高分辨率的光线与照明波长、CCD 器件接收波长相匹配,并尽可能提高光学镜头对该波长的光线透过率。在成像系统中,选用适当的滤光片可以达到一些特殊的效果。另外,成像光路的设计还需要重视各种杂散光的影响。相机是一个光电转换器件,它将光学成像系统所形成的光学图像转变成视频/数字电信号。相机通常由核心的光电转换器件、外围电路和输出/控制接口组成。目前最常用的光电转换器件为 CCD(Charge-Coupled Device,电荷耦合元件),其特点是以电荷为信号,而不像其他器件一样输出电流或者电压信号。20 世纪 90 年代,一种新的图像传感器开始兴起,即 CMOS(Complementary Metal Oxide Semiconductor,互补金属氧化物半导体)相机。对相机除了考察其光电转换器件外,还应考虑系统速度、检测的视野范围、系统所要达到的精度等因素。

(3) 图像和视觉信息处理。机器视觉系统的前端环节,包括光源、镜头、相机等,都是为图像和视觉信息处理模块准备素材的。图像和视觉信息处理模块才是机器视觉系统的关键和核心,它通过对图像处理、分析和识别实现对特定目标和特征的检测。该模块包括机器视觉软件和硬件平台两个部分，其中机器视觉处理软件又可以分为图像预处理和图像特征分析理解两个层次。图像预处理包括图像增强、数据编码、平滑、锐化、分割、去噪、恢复等过程，用于改善图像质量。图像特征分析理解通过对目标图像进行检测和对各种物理量进行计算，获得对目标图像的客观描述，主要包括图像分割与特征提取（几何形状、边界描述、纹理特性）等。

目前，机器视觉软件的竞争已经从功能竞争转变为算法的准确性和效率的竞争，已有专门提供机器视觉软件或者开发包的厂商。尽管常规的机器视觉软件开发包均能提供上述功能，但检测效果和运算效率却有很大差别。优秀的机器视觉软件可对图像中的目标特征进行快速而准确的检测，对图像的适应性强；而较差的软件则存在速度慢、结果不准确、鲁棒性差的缺点。

从硬件平台的角度看，计算机在 CPU 和内存方面的改进给机器视觉系统提供了很好的硬件支撑，多核 CPU 配合多线程的软件可以成倍提高速度。伴随 DSP(Digital Signal Processing)、FPGA(Field-Programmable Gate Array)技术的发展，嵌入式处理模块以其强大的数据处理能力、集成性、模块化及无需复杂操作系统支持等优点受到广泛关注。

总体而言，机器视觉系统是一个光学、机械、电子计算机高度综合的系统，其性能并不仅仅由某个环节决定。每个环节都很完美，也未必意味着最终性能令人满意。系统分析和设计是机器视觉系统开发的难点和基础。

3. 机器视觉技术的发展

机器视觉技术是计算机学科的一个重要分支，自起步发展至今，其功能以及应用范围随着工业自动化的发展逐渐完善和推广。人类对机器视觉技术的研究经历了以下几个阶段：

20 世纪 50 年代，人类开始研究二维图像的统计模式识别；60 年代，Roberts 开始进行三维机器视觉的研究；70 年代中期，MIT 人工智能实验室正式开设"机器视觉"的课程；80 年代，开始全球性的研究热潮，机器视觉技术获得了蓬勃发展，新概念、新理论不断涌现。

初级阶段为 1990—1998 年，真正的机器视觉系统市场销售额微乎其微。1990 年以前，仅仅在大学和研究所中有一些研究图像处理和模式识别的实验室。在 20 世纪 90 年代初，一些来自研究机构的工程师成立了他们自己的视觉公司，开发了第一代图像处理产品，人们通过该产品能够做一些基本的图像处理和分析工作。尽管这些公司用视觉技术成功地解决了一些实际问题，例如多媒体处理、印刷品表面检测、车牌识别等，但由于产品本身软硬件方面的功能和可靠性还不够好，因此限制了其在工业应用中的发展潜力。

第二阶段为 1998—2002 年，该阶段定义为机器视觉的概念引入期。从 1998 年开始，越来越多的电子和半导体工厂纷纷落户广东和上海，带有机器视觉整套的生产线和高级设备被引入中国。随着这股潮流，一些厂商和制造商开始希望发展自己的视觉检测设备，这是真正的机器视觉市场需求的开始。设备制造商或 OEM(Original Equipment Manufacture) 厂商需要更多来自外部的技术开发支持和产品选型指导，一些自动化公司抓住了这个机遇，走了不同于以上图像公司的发展道路——做国际机器视觉供应商的代理商和系统集成商。他们从美国和日本引入最先进的成熟产品，给终端用户提供专业培训咨询服务，有时也和其商业伙伴一起开发整套的视觉检测设备。

经过长期的市场开拓和培育，不仅仅是半导体和电子行业，在汽车、食品、饮料、包装等行业中，一些顶级厂商也开始认识到机器视觉对提升产品品质的重要性。在此阶段，许多著名视觉设备供应商(如 Cognex、Basler、Data Translation、TEO、SONY)开始接触中国市场，寻求本地合作伙伴。

第三阶段从 2002 年至今，通常称之为机器视觉技术发展期。从下面几点可以看出中国机器视觉技术的快速增长趋势：

(1) 越来越多的本地公司开始在其业务中引入机器视觉，包括普通工控产品代理商、自动化系统集成商及新的视觉公司，他们一致认为机器视觉市场潜力很大。资深视觉工程师和实际项目经验的缺乏是本地公司面临的最主要问题。

(2) 机器视觉技术发展至今，早已不是单一的应用产品。机器视觉的软硬件产品已逐渐成为生产制造各个阶段的必要部分，这就对系统的集成性提出了更高的要求。工业自动化企业的需求是能够与测试或控制系统协同工作的一体化工业自动化系统，而非独立的视觉应用。在现代自动化生产过程中，人们将机器视觉系统广泛地用于工况监视、成品检验及质量控制等领域。

(3) 从产业发展生命周期来看，国际机器视觉产业已经处于成熟期。在诸如工业 4.0 等市场热点的推动下，预计未来 3~5 年，欧美日的机器视觉技术仍将不断创新，国际机器视觉市场有望保持现有市场规模，并继续增长。国内机器视觉产业目前还处于成长期，从 2014 年、2015 年的情况来看，我国机器视觉产业积累了足够的技术、市场及行业经验，已步入快速发展阶段。

近年来，我国先后出台了促进智能制造、智能机器人视觉系统以及智能检测发展的政策文件。《中国制造 2025》提出实施制造强国，推动中国到 2025 年基本实现工业化，迈入制造强国行列。得益于相关政策的扶持和引导，我国机器视觉行业的投入与产出显著增长，市场规模快速扩大。

未来，借助人工智能方面的利好政策，机器视觉在安防、交通、金融、消费电子这四个领域会有比较大的发展机遇，这是机器视觉领域重点关注的应用行业方向。

1.1.3　机器视觉工程应用

机器视觉技术能应用在多个行业，但其功能主要是用来检测和测量的。机器视觉最大的优点就是在测量时和被测物体无接触，而且其速度快、精度较高、抗干扰能力强。从理论上说，机器视觉能观察到人肉眼观察不到的光，如红外线等。机器视觉观察到这些我们看不到的光后，可以把它们转化为肉眼能观察到的图像，非常实用。另外，机器视觉能长时间工作而保持稳定，这些都是肉眼所不能做到的。这些优点使机器视觉系统得到了广泛的应用，并且取得了巨大的经济效益，具体包括以下几个方面的应用。

1. 产品瑕疵检测

产品瑕疵检测是指利用相机、X 光等视觉传感器将产品的瑕疵进行成像，并通过视觉技术对获取的图像进行处理，确定有无瑕疵、瑕疵数量、位置及类型等，甚至对瑕疵产生的原因进行分析的一项技术。机器视觉能大幅减少人工评判的主观性差异，更加客观、可靠、智能地评价产品质量，同时提高生产效率和自动化程度，降低人工成本，而且该技术可以运用到一些危险环境和人工视觉难以满足要求的场合，因此，在工业产品瑕疵检测中得到了大量的应用。

2. 智能视频监控分析

智能视频监控分析是利用视觉技术对视频中的特定内容信息进行快速检索、查询、分析的技术，被广泛应用于交通管理、安防、军事领域等场合。

在智慧交通领域，视频监控分析主要用于提取道路交通参数以及对交通逆行、违法、抛锚、事故、路面抛洒物、人群聚集等异常交通事件的识别，具有涉及交通目标检测与跟踪、目标及事件识别等关键技术。如采用背景减除、YOLO 等方法检测车辆等交通目标，建立车辆行驶速度和车头时距等交通流特征参数的视觉测量模型，间接计算交通流量密度、车辆排队长度、道路占有率等影响交通流的重要道路交通参数，进而识别交通拥堵程度，并实现交通态势预测和红绿灯优化配置，从而缓解交通拥堵程度，提升城市运行效率。

3. 自动驾驶

自动驾驶汽车是指一种通过计算机实现无人驾驶的智能汽车，其依靠人工智能、机器视觉、雷达、监控装置和全球定位系统协同合作，让计算机可以在没有人类主动操作的情况下自动安全地操作车辆。机器视觉的快速发展促进了自动驾驶技术的成熟，使无人驾驶在未来成为可能。自动驾驶技术主要包含环境感知、路径规划和控制决策三个关键部分，其中机器视觉技术主要用于环境感知部分，具体包括：交通场景语义分割与理解；交通目标检测及跟踪；同步定位和地图创建。

4. 医疗影像诊断

随着人工智能、深度学习等技术的飞速发展，机器视觉技术集合人工智能等技术，逐渐应用到医疗影像诊断中，以辅助医生做出判断。机器视觉技术在医学疾病诊断方面的应用主要体现在以下两个方面：

(1) 影像采集与感知应用。对采集的影像如 X 射线成像、显微图片、B 超、CT、MRI 等，进行存储、增强、标记、分割以及三维重建处理。

(2) 诊断与分析应用。由于不同医生对于同一张图片的理解不同，通过大量的影像数据和诊断数据，借助人工智能算法实现病理解读，可以协助医生诊断，使医生了解到多种不同的病理可能性，从而提高诊断能力。

5. 机器人视觉伺服控制系统

赋予机器人视觉是机器人研究的重点之一，其目的是通过图像定位、图像理解，向机器人运动控制系统反馈目标或自身的状态与位置信息，从而使机器人更加自主、灵活，也更能适应变化的环境。

目前，大多数机器人的工作都是通过预设好的程序进行重复性的指定动作，一旦作业环境发生变化，机器人就需要重新编程才能适应新的环境。视觉伺服控制系统是利用视觉传感器采集空间图像特征信息(包括特征点、曲线、轮廓、常规几何形状等)或位置信息(通常通过深度摄像头获取)作为反馈信号，构造机器人的闭环控制系统，其目的是控制机器人执行部分快速准确地达到预计位置以完成任务，这样可以使机器人在搬运、加工零件、自动焊接的时候能更加有效率。

1.2　HALCON 简介

HALCON 是目前被广泛使用的机器视觉软件，用户可以利用其开放式结构快速开发图像处理和机器视觉软件。该软件是由一千多个各自独立的函数以及底层的资料管理核心构成的，其中包含了各类滤波、色彩及几何、数学转换、形态学计算分析、校正、分类辨识、形状搜寻等基本的几何以及图像计算功能，其应用范围涵盖医学、遥感探测、监控及工业上的各类自动化检测。HALCON 不仅提供了一整套标准机器视觉技术，还包含许多独有的功能，如全面的深度学习技术、各种匹配技术、基于样本的识别（SBI）等多种识别技术。目前，多核和多处理器的计算机显著提升了计算机视觉系统的速度，HALCON 提供了通过工业验证的算子并行化，能很好地支持这种速度的提升。

1.2.1　HDevelop 简介

1. 集成开发环境——HDevelop

HALCON 提供交互式的编程环境 HDevelop，HDevelop 可在 Windows、Linux、UNIX 系统下使用。用户通过使用 HDevelop 可快速有效地解决图像处理问题。HDevelop 含有多个对话框工具，用以实时交互检查图像的性质(如灰度直方图、区域特征直方图以及进行放大缩小等)，并能用颜色标志动态显示任意特征阈值分割的效果，快速准确地为程序找到合适的参数设置。HDevelop 程序提供进程、语法检查、建议参数值设置，可在任意位置开始或结束时，动态跟踪所有控制变量和图标变量，以便查看每一步的处理效果。当用户完成机器视觉编程代码后，HDevelop 可将此部分代码直接转化为 C＋＋、C 或 VB (Visual Basic)源代码，以便将其集成到应用系统中。HALCON 架构如图 1－3 所示。

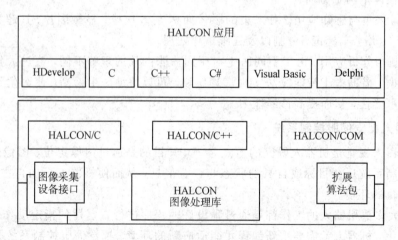

图 1－3　HALCON 架构

HDevelop 类似于 VC、VB、Delphi 等编译环境，有自己的交互式界面，可以编译和测试视觉处理算法，也可以方便地查看处理结果。此外，在 HDevelop 中，可以导出算法代码，同时可以作为算法开发、研究、教学等工具。

　　每个 HALCON 编写的程序都包含一个 HALCON 算子序列，程序可以分为一些过程，还可以使用 if、for、repeat 或者 while 等控制语句组织这些算子序列，其中各个算子的结果通过变量来传递，算子的输入参数可以是变量，也可以是表达式，算子的输出参数是变量。

　　HDevelop 能直接连接采集卡和相机，从采集卡、相机或者文件中载入图像，检查图像数据，进而开发一个视觉检测方案，并能测试不同算子或者参数值的计算效果，保存后的视觉检测程序可以导出为 C++、C♯、C、VB 或者 VB. NET 支持的程序，进行混合编程。

　　HDevelop 编程方式具有以下优点：

　　(1) 很好地支持所有 HALCON 算子。

　　(2) 方便检查可视数据。

　　(3) 方便选择、调试和编辑参数。

　　(4) 方便技术支持。

　　HDevelop 编程方式的缺点是不能直接生成一个正常的应用程序(如创建用户界面)，也不能作为最终的应用软件。

2. 标准的开发流程

　　不同于基于类的编程方式，HDevelop 编程方式可以编写完整的程序，适用于无编程经验的程序员。使用 HDevelop 进行编程的过程一般是在 HDevelop 中编写算法部分，使用 C++、C♯ 或 Visual Basic 开发应用程序，从 HDevelop 中导出算法代码并集成到应用程序中。HALCON 编程方法如图 1 - 4 所示。

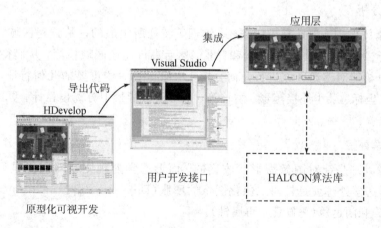

图 1 - 4　HALCON 编程方法

3. 交互式并行编程环境

　　HALCON 提供支持多 CPU 处理器的交互式并行编程环境 Paralell Develop，该编程环境继承了单处理器版 HDevelop 的所有特点，并在多处理器计算机上自动将数据(比如图像)分配给多个线程，每一个线程对应一个处理器，用户无需改动已有的 HALCON 程序，即可获得显著的速度提升。

　　并行 HALCON 不仅线程安全，而且可以多次调用。因此，多个线程可同时调用 HALCON 操作。此特性使得机器视觉应用软件可以将一个任务分解，在不同的处理器上并行处理。并行 HALCON 给用户提供了最新的超级线程技术。

4. 其他

HALCON 的 HDevelop Demo 中包含 680 个应用案例,所有案例根据不同的工业领域、不同的用法和算法分类列出,用户可以根据自己的需求方便地找到对应的类似案例,从而快速掌握其函数用法。

此外,HALCON 提供了以下文档:

(1) 函数使用说明文档,详细介绍每个函数的功能和参数用法。

(2) 在不用开发语言(VC、VB、.NET 等)下的开发手册。

(3) 一些算法的原理性介绍,为用户的学习提供帮助。

总之,HALCON 机器视觉软件具有以下优点:

(1) 作为原型化的开发平台,可以自动进行语法检查。

(2) 可以动态查看控制和图标变量。

(3) 支持多种操作系统。

(4) 支持多 CPU。

(5) 支持多种文件格式。

(6) 与硬件无关,可以支持各种硬件。

1.2.2 HALCON 功能及应用简介

1. Blob 分析

Blob 是指图像中,由具有相似颜色、纹理等特征所组成的一块连通区域。Blob 分析就是将图像进行二值化,分割得到前景和背景,然后进行连通区域检测,从而得到 Blob 块的过程。Blob 分析能对连通区域进行几何分析,从而得到一些重要的几何特征,例如区域的面积、中心点坐标、最小外接矩形、主轴等,也可以从背景中分离出目标,更可以计算出目标的数量、位置、形状、方向等。

2. 形态学处理

一般图像处理是针对图像做形状改变的,而形态学处理则是对图像进行结构性改变的。常见的形态学处理就是针对二值化图像的膨胀(Dilation)、腐蚀(Erosion)、开运算(先腐蚀、再膨胀)和闭运算(先膨胀、再腐蚀)。

3. 图像特征转换为区域/XLD 轮廓特性

区域(Region)是 HALCON 数据结构中的重要组成部分,用于描述图像中的区域。图像可通过 threshold(阈值分割)算子转换成区域,也可以手动画 ROI(感兴趣区域)来定义区域。

图像中的 Image 和 Region 数组结构都基于像素精度,而在实际工业中需要比图像像素分辨率更高的精度,这种精度称之为亚像素精度。我们知道相机的 CCD 芯片是由感光小元件构成的,每个感光小元件之间具有一定的间隙,这样的成像实际是网格状的,网格代表感光元件之间的间隙,像这样如果精度基于像素则具有一定误差,而亚像素就是细化这些间隙的，因此精度是高于基于像素点的精度的。在 HALCON 中，XLD 表示的就是亚像素级别的轮廓。

4. 图像运算

图像运算是指以图像为单位进行的操作，运算的结果是一幅其灰度分布与原来参与运算图像灰度分布不同的新图像。图像运算主要包括算术运算和逻辑运算，它们通过改变像素的值得到图像增强的效果。

在算术运算和逻辑运算中每次只涉及一个空间像素的位置，所以可以"原地"完成，即在(x, y)位置做算术运算或逻辑运算的结果可以存在其中一个图像的相应位置，因为那个位置在其后的运算中不会再使用。换句话说，设对两幅图像 $f(x, y)$ 和 $h(x, y)$ 的算术或逻辑运算的结果是 $g(x, y)$，则可直接将 $g(x, y)$ 覆盖 $f(x, y)$ 或 $h(x, y)$，即从原存放输入图像的空间直接得到输出图像。

广义的图像运算是对图像进行的处理操作。按涉及的波段，图像运算可分为单波段运算、多波段运算。按运算所涉及的像元范围，图像运算可分为点运算、邻域运算或局部运算、几何运算、全局运算等。按计算方法与像元位置的关系，图像运算可分为位置不变运算、位置可变或位移可变运算。按运算执行的顺序，图像运算又可分为顺序运算、迭代运算、跟踪运算等。狭义的图像运算专指图像的代数运算（或算术运算）、逻辑运算和数学形态学运算。

5. 图像匹配

图像匹配是指通过一定的匹配算法在两幅或多幅图像之间识别同名点的过程。如在二维图像匹配中，比较目标区和搜索区中相同大小的窗口的相关系数，取搜索区中相关系数为最大时所对应的窗口中心点作为同名点。图像匹配主要可分为以灰度为基础的匹配和以特征为基础的匹配。

6. 图像测量

图像测量是指对图像中的目标或区域特征进行测量和估计。广义的图像测量是指对图像的灰度特征、纹理特征和几何特征的测量和描述；狭义的图像测量仅指对图像目标几何特征的测量，包括对目标或区域几何尺寸的测量和几何形状特征的分析。图像测量主要测量几何尺寸、形状参数、距离、空间关系等。

7. HALCON 中的深度学习

1）异常检测

基于深度学习的异常检测方法是检测图像中是否包含异常。所谓异常指的是偏离常规、未知的东西。该方法的基本原理是对被检测图像中的每个像素分配一个值，该值表明该像素为异常的可能性有多大。训练异常检测的模型学习正常图像所拥有的特征信息，对于训练完成的模型可以推理出输入图像包含学习过的特征的可能性有多大，特征可能性低的被解释为异常。此推理结果作为灰度图像返回，其中的像素值表示输入图像像素中相应像素显示异常的可能性有多大。

2）图像分类

图像分类，即给定一幅输入图像，通过某种分类算法判断该图像所属的类别。基于深度学习的图像分类的方法是指对一幅图像分配一组置信度值的方法，这些置信度值表明图像属于每个类别的可能性有多大。

3）目标检测

目标检测的任务是找出图像中所有感兴趣的目标（物体），确定它们的类别和位置。通过目标检测，我们希望在图像中找到不同的目标，并将它们分配给一个类别；目标物体可以部分重叠，但仍然可以区分为不同的类别。

4）语义分割

语义分割是一种典型的计算机视觉问题，其涉及将一些原始数据（例如，平面图像）作为输入并将它们转换为具有突出显示的感兴趣区域的掩模，简单来说就是给定一张图片，对图片中的每一个像素点进行分类。

本　章　小　结

本章介绍了机器视觉的发展历程、机器视觉关键技术及其在工程领域中的应用，并简要介绍了 HALCON 软件及其功能和应用。

习　　题

1.1　概述机器视觉软件的功能、特点，并举例说明目前常用的机器视觉软件。

1.2　概述机器视觉的主要应用，并举例说明。

1.3　熟悉 HALCON 的编程环境，并概述 HALCON 在图像处理应用上的特点。

第 2 章　HALCON 数据结构

HALCON 数据结构主要有图形参数(Iconic)与控制参数(Control)两类参数。图形参数包括 Image、Region、XLD(Extended Line Descriptions)，控制参数包括 String、Integer、Real、Handle、Tuple 数组等。图像参数是 HALCON 等图像处理软件独有的数据结构，本章将重点介绍。

2.1　HALCON 图像

HALCON 图像数据可以用矩阵表示，矩阵的行对应图像的高，矩阵的列对应图像的宽，矩阵的元素对应图像的像素，矩阵元素的值对应图像像素的灰度值。

2.1.1　图像分类

根据每个像素信息的不同，通常将图像分为二值图像、灰度图像、RGB 图像。

2.1.2　图像通道

1. 理论基础

图像通道可以看作一个二维数组，这也是程序设计语言中表示图像时所使用的数据结构。因此，在像素(r,c)处的灰度值可以被解释为矩阵 $g=f_{r,c}$ 中的一个元素。更正规的描述方式为：视某个宽度为 w、高度为 h 的图像通道 f 为一个函数，该函数表示从离散二维平面 Z^2 的一个矩形子集 $r=\{0,\cdots,h-1\}\times\{0,\cdots,w-1\}$ 到某一个实数的关系 $f:r\rightarrow R$，像素位置(r,c)处的灰度值 g 可定义为 $g=f(r,c)$。同理，一个多通道图像可被视为一个函数 $f:r\rightarrow R^n$，这里的 n 表示通道的数目。

如果图像内像素点的值能用一个灰度级数值描述，那么图像有一个通道；如果像素点的值能用三原色描述，那么图像有三个通道。彩色图像如果只存在红色和绿色而没有蓝色，则并不意味没有蓝色通道。一幅完整的彩色图像中红色、绿色、蓝色三个通道同时存在，图像中不存在蓝色只能说明蓝色通道上各像素值为零。

图像深度是指存储每个像素所用的位数，用于量度图像的色彩分辨率。图像深度确定彩色图像每个像素可能有的颜色数，或者确定灰度图像的每个像素可能有的灰度级数。比如一幅灰度图像，若每个像素有 8 位，则最大灰度数目为 $2^8=256$。如果图像深度为 24，那么刚好可以用第一个 8 位存储红色值，第二个 8 位存储绿色值，第三个 8 位存储蓝色值，所以我们一般看到的 RGB 取值是$(0\sim255,0\sim255,0\sim255)$。

在 HALCON 的变量窗口中，把鼠标移动到变量窗口中的图像变量上会显示图像变量的类型、通道及尺寸，如图 2-1 所示。

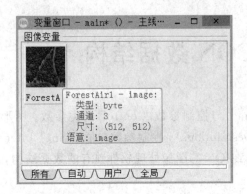

(a) 三通道RGB图　　　　　　　　　　(b) 单通道灰度图

图 2-1　HALCON 的变量窗口

2. 通道有关算子说明

- append_channel(MultiChannelImage, Image：ImageExtended::)

作用：将 Image 图像的通道与 MultiChannelImage 图像的通道叠加得到新图像。

MultiChannelImage：多通道图像。

Image：要叠加的图像。

ImageExtended：叠加后得到的图像。

- decompose3(MultiChannelImage：Image1，Image2，Image3::)

作用：转换三通道彩色图像为三个单通道灰度图像。

MultiChannelImage：要进行转换的三通道彩色图像。

Image1：转换得到第一个通道的灰度图像，对应 Red 通道。

Image2：转换得到第二个通道的灰度图像，对应 Green 通道。

Image3：转换得到第三个通道的灰度图像，对应 Blue 通道。

读取一幅红色的三通道彩色图像后，利用 decompose3 算子将该图像分解成三个单通道图像，其中得到的红色通道是一幅白色图像，得到的绿色和蓝色通道均是黑色图像。所以我们能够知道红色在 R 通道中比较明显，同理绿色和蓝色分别在 G 和 B 通道中比较明显。

- image_to_channels (MultiChannelImage：Images::)

作用：将多通道图像转换为多幅单通道图像。

MultiChannelImage：要进行转换的多通道彩色图像。

Images：转换后得到的单通道图像。

- compose3(Image1，Image2，Image3：MultiChannelImage::)

作用：将三个单通道灰度图像合并成一个三通道彩色图像。

Image1、Image2、Image3：对应三个单通道灰度图像。

MultiChannelImage：转换后得到的三通道彩色图像。

- channels_to_image(Images：MultiChannelImage::)

作用：将多幅单通道图像合并成一幅多通道彩色图像。

Images：要进行合并的单通道图像。

MultiChannelImage：合并得到的多通道彩色图像。

- count_channels(MultiChannelImage ::: Channels)

作用：计算图像的通道数。

MultiChannelImage：要计算通道的图像。

Channels：计算得到的图像通道数。

- trans_from_rgb(ImageRed, ImageGreen, ImageBlue: ImageResult1, ImageResult2, ImageResult3: ColorSpace:)

作用：将彩色图像从 RGB 空间转换到其他颜色空间。

ImageRed、ImageGreen、ImageBlue：分别对应彩色图像的 R 通道、G 通道、B 通道的灰度图像。

ImageResult1、ImageResult2、ImageResult3：分别对应转换后得到的三个单通道灰度图像。

ColorSpace：输出的颜色空间，包括'hsv'、'hls'、'hsi'、'ihs'、'yiq'、'yuv'等，RGB 颜色空间转换到其他颜色空间有对应的函数关系。

- get_image_pointer1(Image ::: Pointer, Type, Width, Height)

作用：获取单通道图像的指针。

Image：输入的图像。

Pointer：图像的指针。

Type：图像的类型。

Width、Height：分别为图像的宽度和高度。

- get_image_pointer3(ImageRGB ::: PointerRed, PointerGreen, PointerBlue, Type, Width, Height)

作用：获取多通道图像的指针。

ImageRGB：输入的多通道彩色图像。

PointerRed：红色通道的图像数据指针。

PointerGreen：绿色通道的图像数据指针。

PointerBlue：蓝色通道的图像数据指针。

Type：图像的类型。

Width、Height：分别为图像的宽度和高度。

【例 2 - 1】　图像通道实例。

程序如下：

```
* 读取图像
read_image(Image, 'claudia.png')
* 计算图像的通道数
count_channels(Image, Num)
* 循环读取每个通道的图像
```

```
for index: = 1 to Num by 1
  * 获取多通道图像中指定通道的图像
  access_channel (Image, channel1, index)
endfor
* 分解通道
decompose3 (Image, image1, image2, image3)
* RGB 通道转 HSV 通道
trans_from_rgb (image1, image2, image3, ImageResult1, ImageResult2, ImageResult3, 'hsv')
* 合并通道
compose2 (image3, image2, MultiChannelImage1)
* 向图像附加通道
append_channel (MultiChannelImage1, image3, ImageExtended)
```

执行程序，结果如图 2－2 所示。

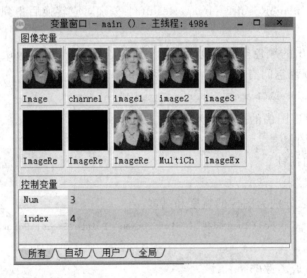

图 2－2　图像通道相关实例

3. Image 其他常用算子说明

- gen_image_const(: Image: Type, Width, Height:)

作用：创建灰度值为零的图像。

Image：创建得到的图像。

Type：像素的类型，包括 'byte'、'int1'、'int2'、'uint2'、'int4'、'int8'、'real'、'complex'、'direction'、'cyclic' 等。

字节(byte)是计算机信息技术用于计量存储容量的计量单位，也表示一些计算机编程语言中的数据类型和语言字符。byte 是 0～255 的无符号类型，所以不能表示负数。

Width、Height：分别为图像的宽度和高度。

- gen_image_proto(Image: ImageCleared: Grayval:)

作用：指定图像像素为同一灰度值。

Image：输入的图像。

ImageCleared：具有恒定灰度值的图像。

Grayval：指定的灰度值。

- get_image_size(Image ::: Width, Height)

作用：计算图像的尺寸。

Image：输入的图像。

Width、Height：分别为计算得到的图像的宽度和高度。

- get_domain(Image : Domain ::)

作用：获取图像的定义域。

Image：输入的图像。

Domain：得到图像的定义域。

- crop_domain(Image : ImagePart ::)

作用：裁剪图像得到新图像。

Image：输入的图像。

ImagePart：裁剪后得到的新图像。

- get_grayval(Image :: Row, Column : Grayval)

作用：获取图像像素点的灰度值。

Image：输入的图像。

Row、Column：分别为像素点的行坐标和列坐标。

Grayval：像素点的灰度值。

- set_grayval(Image :: Row, Column, Grayval :)

作用：设置图像像素点的灰度值。

Row、Column：分别为像素点的行坐标和列坐标。

Grayval：像素点的灰度值。

【例 2-2】　图像其他常用算子相关实例。

程序如下：

```
* 创建灰度值为零的图像
gen_image_const (Image, 'byte', 50, 50)
* 计算图像的尺寸
get_image_size (Image, Width, Height)
* 指定图像像素为同一灰度值
gen_image_proto (Image, Image, 164)
* 得到图像的定义域
get_domain (Image, Domain)
* 裁剪图像得到新图像
```

```
crop_domain (Image, ImagePart)
* 获取图像像素的灰度值
get_grayval (ImagePart, 10, 10, Grayval)
* 设置图像像素点的灰度值
set_grayval (ImagePart, 10, 10, 255)
```

执行程序，结果如图 2-3 所示。

图 2-3　图像像素相关实例

2.2　HALCON 区域

2.2.1　区域的初步介绍

　　图像处理的任务之一就是识别图像中包含某些特性的区域，比如执行阈值分割处理。因此，至少我们还需要一种数据结构表示一幅图像中一个任意的像素子集。这里把区域定义为离散平面的一个任意子集：$r \subset Z^2$。

　　在很多情况下，将图像处理限制在图像上某一特定的感兴趣区域（Region of Interest，ROI）内是极其有用的。我们可以视一幅图像为一个从某感兴趣区域到某一数据集的函数 $f: r \rightarrow R^n$（这里用字母 R 来表示区域）。这个感兴趣区域有时也被称为图像的定义域，因为它是图像函数 f 的定义域。可以将图像表示的方法统一：对任意一幅图像可以用一个包含该图像所有像素点的矩形感兴趣区域来表示，所以默认每幅图像都有一个用 r 来表示的感兴趣区域。

　　很多时候需要描述一幅图像上的多个物体，它们可以由区域的集合简单表示。从数学角度出发，可把区域描述成集合。另一种等价定义使用区域的特征函数为

$$\chi R(r, c) = \begin{cases} 1, & (r, c) \in R \\ 0, & (r, c) \notin R \end{cases} \qquad (2-1)$$

这个定义引入了二值图像来描述区域。简而言之，区域就是某种具有结构体性质的二值图。

1. Image 图像转换成区域

1）利用阈值分割算子将 Image 图像转换成 Region 区域

算子格式：

- threshold(Image: Region: MinGray, MaxGray:)

作用：阈值分割图像获得区域。

Image：要进行阈值分割的图像。

Region：经过阈值分割得到的区域。

MinGray：阈值分割的最小灰度值。

MaxGray：阈值分割的最大灰度值。

区域的灰度值 g 满足：

$$\text{MinGray} \leqslant g \leqslant \text{MaxGray} \tag{2-2}$$

对彩色图像使用 threshold 算子最终只针对第一通道进行阈值分割，即使图像中有几个不相连的区域，threshold 也只会返回一个区域，即将几个不相连区域合并然后返回合并的区域。

【例 2-3】　阈值分割获得区域实例。

程序如下：

```
read_image (Image, 'mreut')
dev_close_window ()
get_image_size (Image, Width, Height)
dev_open_window (0, 0, Width, Height, 'white', WindowHandle)
dev_display (Image)
dev_set_color ('red')
* 阈值分割图像获得区域
threshold (Image, Region, 0, 130)
```

执行程序，结果如图 2-4 所示。

(a) 原图　　　　　　　　　　　　　　(b) 阈值分割图

图 2-4　图像阈值分割实例

使用灰度直方图能够确定阈值参数，步骤为在工具栏中单击"灰度直方图"→"移动红色绿色竖线修改参数"→"选择平滑选项"→"插入代码"。

图 2-5(a)中蓝(黑)色部分是图像对应的灰度直方图，绿色竖线(阈值为 124 的竖线)、红色竖线(阈值为 184 的竖线)与横坐标交点的值对应阈值分割的最小值与最大值，拖动绿

色竖线和红色竖线到达合适位置。对图像进行平滑处理前需要选择平滑选项，然后向右拖动滚动条到达选定的平滑位置，如图 2-5(b)所示，点击插入代码，得到阈值分割算子：threshold(Image，Regions，124，184)。

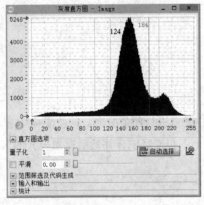

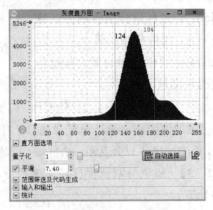

(a) 未平滑的灰度直方图　　　　　　　　(b) 平滑后的灰度直方图

图 2-5　灰度直方图

【例 2-4】 灰度直方图确定阈值参数实例。

程序如下：

```
read_image (Image, 'mreut')
dev_close_window ()
get_image_size (Image, Width, Height)
dev_open_window (0, 0, Width, Height, 'white', WindowHandle)
dev_display (Image)
dev_set_color ('red')
* 阈值分割图像获得区域
threshold (Image, Regions, 124, 184)
```

执行程序，结果如图 2-6 所示。

(a) 原图　　　　　　　　　　　　(b) 阈值分割图

图 2-6　灰度直方图确定阈值参数

2) 利用区域生长法将图像转换成区域

算子格式：

- regiongrowing(Image：Regions：Row, Column, Tolerance, MinSize：)

作用：使用区域生长法分割图像获得区域。

Image：要进行分割的图像。

Regions：分割后获得的区域。

Row、Column：分别为掩模的高和宽。

Tolerance：掩模内灰度值的差小于某个值就认定是同一区域。

MinSize：单个区域的最小面积值。

如果 $g\{1\}$ 和 $g\{2\}$ 分别是测量图像与模板得到的两个灰度值，则灰度值满足下面的公式就属于同一区域：

$$|g\{1\} - g\{2\}| < \text{Tolerance} \tag{2-3}$$

区域生长法分割图像的思路：在图像内移动大小为 Row×Column 的矩形模板，比较图像与模板中心点灰度值的相近程度，两个灰度值的差小于某一值则认为是同一区域。使用区域生长法分割图像获得区域之前，最好使用光滑滤波算子对图像进行平滑处理。

【例 2 - 5】　区域生长法获得区域实例。

程序如下：

```
read_image (Image, 'mreut')
dev_close_window ()
get_image_size (Image, Width, Height)
dev_open_window (0, 0, Width, Height, 'white', WindowID)
* 平滑图像
median_image (Image, ImageMedian, 'circle', 2, 'mirrored')
* 区域生长法分割图像获得区域
regiongrowing (ImageMedian, Regions, 1, 1, 2, 100)
```

执行程序，结果如图 2 - 7 所示。

 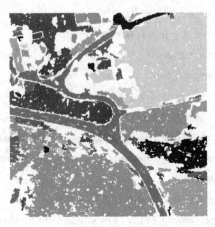

(a) 原图　　　　　　　　　　　(b) 区域生长结果图

图 2 - 7　区域生长法获得区域

HALCON 可以通过算子获得指定区域的灰度直方图,并将获得的直方图转换成区域。以下是两种常用的算子。

算子一格式:

- gray_histo(Regions, Image ::: AbsoluteHisto, RelativeHisto)

作用:获得图像指定区域的灰度直方图。

Regions:计算灰度直方图的区域。

Image:计算灰度直方图区域所在的图像。

AbsoluteHisto:各灰度值出现的次数。

RelativeHisto:各灰度值出现的频率。

算子二格式:

- gen_region_histo(: Region: Histogram, Row, Column, Scale:)

作用:将获得的灰度直方图转换为区域。

Region:包含灰度直方图的区域。

Histogram:输入的灰度直方图。

Row、Column:灰度直方图的中心坐标。

Scale:灰度直方图的比例因子。

【例 2 - 6】 获得图像指定区域灰度直方图实例。

程序如下:

```
read_image (Image, 'fabrik')
dev_close_window ()
get_image_size (Image, Width, Height)
dev_open_window (0, 0, Width, Height, 'black', WindowID)
dev_display (Image)
dev_set_draw ('margin')
dev_set_color ('red')
* 创建平行坐标轴的矩形
gen_rectangle1 (Rectangle1, 351, 289, 407, 340)
dev_set_color ('green')
gen_rectangle1 (Rectangle2, 78, 178, 144, 244)
* 获得指定区域的灰度直方图
gray_histo (Rectangle1, Image, AbsoluteHisto1, RelativeHisto1)
gray_histo (Rectangle2, Image, AbsoluteHisto2, RelativeHisto2)
dev_set_color ('red')
* 将创建的灰度直方图转换为区域
gen_region_histo (Histo1, AbsoluteHisto1, 255, 255, 1)
dev_set_color ('green')
gen_region_histo (Histo2, AbsoluteHisto2, 255, 255, 1)
```

执行程序，结果如图 2-8 所示。

图 2-8　绘制指定区域直方图

2. 区域特征

可以使用特征检测对话框查看区域的特征。

在工具栏中单击"特征检测"，在弹出的对话框中选择"region"，可以看到区域的不同特征属性及其相对应的数值，如图 2-9 所示。

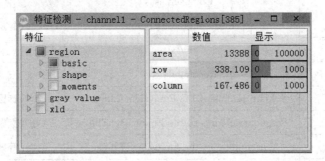

图 2-9　特征检测窗口

区域特征主要有以下三个部分：

（1）基础特征：区域的面积、中心、宽高、左上角与右下角坐标、长半轴、短半轴、椭圆方向、粗糙度、连通数、最大半径、方向等。

（2）形状特征：外接圆半径、内接圆半径、圆度、紧密度、矩形度、凸性、偏心率、外接矩形的方向等。

（3）几何矩特征：二阶矩、三阶矩、主惯性轴等。

将图像转换成区域后，有时需要按形状特征选取符合条件的区域，相应算子的格式为

- select_shape(Region：SelectedRegions：Features, Operation, Min, Max：)

作用：选取指定形状特征的区域。

Region：输入的区域。

SelectedRegions：满足条件的区域。

Features：选择的区域特征，具体如表 2-1 所示。

Operation：单个特征的逻辑类型(and，or)。

Min、Max：分别为形状特征的最小值和最大值。

表 2-1　区　域　特　征

特征名称	英文描述	中文描述
area	Area of the Object	对象的面积
row	Row Index of the Center	中心点的行坐标
column	Column Index of the Center	中心点的列坐标
width	Width of the Region	区域的宽度
height	Height of the Region	区域的高度
row1	Row Index of Upper Left Corner	左上角行坐标
column1	Column Index of Upper Left Corner	左上角列坐标
row2	Row Index of Lower Right Corner	右下角行坐标
column2	Column Index of Lower Right Corner	右下角列坐标
circularity	Circularity	圆度
compactness	Compactness	紧密度
contlength	Total Length of Contour	轮廓线总长度
convexity	Convexity	凸性
rectangularity	Rectangularity	矩形度
ra	Main Radius of the Equivalent Ellipse	等效椭圆长轴半径长度
rb	Secondary Radius of the Equivalent Ellipse	等效椭圆短轴半径长度
phi	Orientation of the Equivalent Ellipse	等效椭圆方向
outer_radius	Radius of Smallest Surrounding Circle	最小外接圆半径
inner_radius	Radius of Largest Inner Circle	最大内接圆半径
connect_num	Number of Connection Component	连通数
holes_num	Number of Holes	区域内洞数

使用 select_shape 算子前需要使用 connection 算子来计算区域的连通部分。connection 算子格式为

- connection(Region：ConnectedRegions：:)

作用：计算一个区域中连通的部分。

Region：输入的区域。

ConnectedRegions：得到的连通区域。

使用算子 select_shape 时可以通过 set_system('neighborhood',⟨4/8⟩)提前设置 Region连通的形式，默认值为 8 邻域，使用默认值有利于确定前景的连通。返回连通区域的最大数量可以通过 set_system('max_connection',⟨Num⟩)提前设置。connection 算子的逆运算符是 union1，使用 union1 算子可将不相连的区域合并成一个区域。

3. 区域转换

区域转换算子说明如下：

* 　shape_trans(Region : RegionTrans : Type :)

作用：将区域转换成其他规则形状。

Region：要转换的区域。

RegionTrans：转换后的区域。

Type：转换类型，对应的选项有八个。

① convex：凸区域。

② ellipse：与输入区域有相同矩的椭圆区域。

③ outer_circle：最小外接圆。

④ inner_circle：最大内接圆。

⑤ rectangle1：平行于坐标轴的最小外接矩形。

⑥ rectangle2：任意方向最小外接矩形。

⑦ inner_rectangle1：平行于坐标轴的最大内接矩形。

⑧ inner_rectangle2：任意方向最大内接矩形。

区域转换部分图形说明如图 2-10 所示。

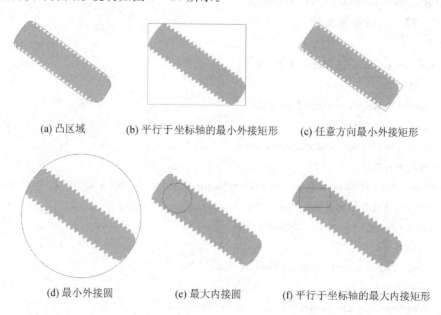

　　(a) 凸区域　　　(b) 平行于坐标轴的最小外接矩形　　　(c) 任意方向最小外接矩形

　　(d) 最小外接圆　　　(e) 最大内接圆　　　(f) 平行于坐标轴的最大内接矩形

图 2-10　区域转换部分图形说明

4. 区域运算

区域运算的算子说明如下:

- union1(Region：RegionUnion：：)

作用:返回所有输入区域的并集。

Region:想要进行合并的区域。

RegionUnion:得到区域的并集。

- union2(Region1，Region2：RegionUnion：：)

作用:把两个区域合并成一个区域。

Region1:要合并的第一个区域。

Region2:要合并的第二个区域。

RegionUnion:合并两区域后得到的区域。

- difference(Region，Sub：RegionDifference：：)

作用:计算两个区域的差集。

Region:输入的区域。

Sub:要从输入的区域中减去的区域。

RegionDifference:得到区域的差集,RegionDifference=Region-Sub。

- complement(Region：RegionComplement：：)

作用:计算区域的补集。

Region:输入的区域。

RegionComplement:得到区域的补集。

【例 2-7】　区域运算实例。

程序如下:

```
read_image (Image, 'largebw1.tif')
* 阈值分割
threshold (Image, Region, 200, 255)
* 计算区域连通的部分
connection (Region, ConnectedRegions)
* 按特征选取区域
select_shape (ConnectedRegions, SelectedRegions, 'area', 'and', 999999, 9999999)
* 联合有连通性质的区域
union1 (SelectedRegions, RegionUnion1)
* 合并两个区域
union2 (RegionUnion1, Region, RegionUnion)
* 计算两个区域的差
difference (Region, RegionUnion1, RegionDifference)
* 计算区域的补集
complement (RegionDifference, RegionComplement)
```

执行程序，图像变量窗口如图 2-11 所示。

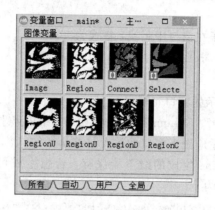

图 2-11　图像变量窗口

2.2.2　区域的点线

1. 生成点线区域

图像最基本的构成元素是像素点。在 HALCON 中，点可以用坐标(Row，Column)表示。图像窗口左上角为坐标原点，向下为行(Row)增加，向右为列(Column)增加。首先生成一个点区域，相应算子为

- gen_region_points(：Region：Rows，Columns：)

作用：生成坐标指定的点区域。

Region：生成的区域。

Rows、Columns：分别指区域中像素点的行坐标和列坐标。

令 Row：=100，Col：=100，执行 gen_region_points 算子后在图形窗口显示生成的点坐标为 (100，100)。更改 Row 和 Col 分别为 Row：=[100，110]，Col：=[100，110]，执行 gen_region_points 算子后生成两个点，两点坐标分别为(100，100)和(110，110)，如图 2-12 所示。

(a) 显示一个点

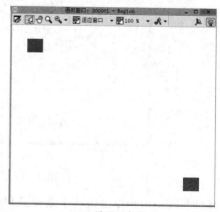

(b) 显示两个点

图 2-12　点区域的显示

　　线由点构成，这里的线是图像像素中的线，数学意义的线没有宽度，而图像像素中的线是有宽度的。

　　下面使用 disp_line 算子在窗口中画线，格式为

- disp_line(∷ WindowHandle, Row1, Column1, Row2, Column2:)

作用：在窗口中画线。

WindowHandle：要显示的窗口句柄。

Row1、Column1、Row2、Column2：线的开始点、结束点坐标。

disp_有关的算子不能适应图形窗口的放大与缩小操作，滚动鼠标滚轮放大或缩小图形窗口时线就会消失。disp_line 生成的线不能保存，若想生成可以保存的线，则可以使用 gen_region_line算子，格式为

- gen_region_line(: RegionLines: BeginRow, BeginCol, EndRow, EndCol:)

作用：根据两个像素坐标生成线。

RegionLines：生成的线区域。

BeginRow、BeginCol：线的开始点坐标。

EndRow、EndCol：线的结束点坐标。

　　使用 gen_region_line 算子生成的线是可以保存的，不管怎么放大或缩小线区域都存在。这里的线是基于像素点为基础的线区域，可以看到图像窗口内的线是由若干个小正方形连接而成的，如图 2-13 所示。

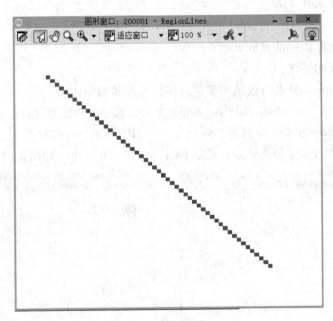

图 2-13　线区域的显示

生成点和线以后可以通过算子获得点和线的坐标，格式为

- get_region_points(Region ∷: Rows, Columns)

作用：获得区域的像素点坐标。

Region：要获得坐标的区域。

Rows、Columns：获得区域的像素点坐标。

首先使用 gen_region_lines 算子生成线，然后使用 get_region_points 算子得到已生成线上的所有像素点的坐标。gen_相关的算子在某种程度上与 get_相关的算子是互逆的，一个是根据点坐标生成区域；一个是根据生成的区域得到各点的坐标。线坐标由一系列连续点坐标构成，这些点保存在 tuple 数组内，如图 2-14 所示。

变量监视：Rows		变量监视：Columns	
	Rows		Columns
0	0	0	0
1	1	1	1
2	2	2	2
3	3	3	3
4	4	4	4
5	5	5	5
6	6	6	6
7	7	7	7
8	8	8	8
9	9	9	9
10	10	10	10
11	11	11	11
类型	integer	类型	integer
维度	0	维度	0

图 2-14　变量监视

判断两条直线是否相交可以使用 intersection 算子，格式为

- intersection(Region1, Region2：RegionIntersection：:)

作用：获得两个区域的交集。

Region1、Region2：参与交集运算的两个区域。

RegionIntersection：得到两个区域的交集。

【例 2-8】　区域交集实例。

程序如下：

```
dev_open_window (0,0,512,512,'black',WindowHandle)
* 根据两个像素坐标生成线
gen_region_line (RegionLines, 100, 70, 100, 130)
gen_region_line (RegionLines1, 70, 120, 120, 90)
dev_set_color ('yellow')
* 获得两个区域的交集
intersection (RegionLines, RegionLines1,
              RegionIntersection)
* 获得区域的像素点坐标
get_region_points (RegionIntersection, Rows, Columns)
```

执行程序，结果如图 2-15 所示。

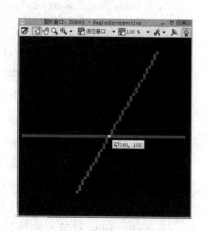

图 2-15　区域交集

2. 区域的方向

方向是区域的基本特征,下面几个算子与区域的方向有关。

- line_orientation(:: RowBegin, ColBegin, RowEnd, ColEnd: Phi)

作用:计算直线的方向。

RowBegin、ColBegin、RowEnd、ColEnd:线的开始点、结束点坐标。

Phi:计算得到的角度,角度范围为 $-\pi/2 \leqslant \text{Phi} \leqslant \pi/2$。

线可以理解为比较特殊的区域,计算区域的方向可以使用 orientation_region 算子。

- orientation_region(Regions ::: Phi)

作用:计算区域的方向。

Regions:进行计算方向的区域。

Phi:计算得到区域的方向。

orientation_region 算子获得的角度是弧度值(范围是 $-\pi \leqslant \text{Phi} \leqslant \pi$),计算时用到等效椭圆法求角度(等效椭圆后面介绍),计算得到的区域角度是与水平轴正向的夹角。该夹角有两个,一个为顺时针方向,一个为逆时针方向。如果最远点的列坐标小于中心列坐标,那么角度选择逆时针方向的角度;如果最远点的列坐标大于中心列坐标,那么角度选择顺时针方向的角度。

line_orientation 算子与 orientation_region 算子都是求方向的,不同之处在于以下两点:

(1) line_orientation 算子求取对象为直线上的两点坐标,角度范围为 $-\pi/2 \leqslant \text{Phi} < \pi/2$,理论依据为求两点倾斜角度。

(2) orientation_region 算子求取对象为区域,角度范围为 $-\pi \leqslant \text{Phi} \leqslant \pi$,理论依据为等效椭圆求角度。

- angle_ll(:: RowA1, ColumnA1, RowA2, ColumnA2, RowB1, ColumnB1, RowB2, ColumnB2: Angle)

作用:计算两直线的夹角。

RowA1、ColumnA1、RowA2、ColumnA2:输入线段 A 的开始点与结束点。

RowB1、ColumnB1、RowB2、ColumnB2:输入线段 B 的开始点与结束点。

Angle:计算得到两直线的夹角,弧度范围为 $-\pi \leqslant \text{Angle} \leqslant \pi$。

计算得到的角度开始于直线 A 终止于直线 B,顺时针为负逆时针为正。

- line_position(:: RowBegin, ColBegin, RowEnd, ColEnd: RowCenter, ColCenter, Length, Phi)

作用:计算线段的中心、长度、方向。

RowBegin, ColBegin, RowEnd, ColEnd:线段的开始点、结束点坐标。

RowCenter、ColCenter:计算得到线段的中心坐标。

Length、Phi:计算得到线段的长度与角度。

【例 2 - 9】 区域方向实例。

程序如下:

```
read_image (Clips, 'clip')
dev_close_window ()
get_image_size (Clips, Width, Height)
dev_open_window (0, 0, Width , Height , 'white', WindowID)
RowA1 := 255
ColumnA1 := 10
RowA2 := 255
ColumnA2 := 501
dev_set_color ('black')
disp_line (WindowID, RowA1, ColumnA1, RowA2, ColumnA2)
RowB1 := 255
ColumnB1 := 255
for i := 1 to 360 by 1
RowB2 := 255 + sin(rad(i)) * 200
ColumnB2 := 255 + cos(rad(i)) * 200
disp_line (WindowID, RowB1, ColumnB1, RowB2, ColumnB2)
* 生成直线
gen_region_line (RegionLines1, RowB1, ColumnB1, RowB2, ColumnB2)
* 计算区域的方向
orientation_region (RegionLines1, Phi1)
* 计算直线的方向
line_orientation (RowB1, ColumnB1, RowB2, ColumnB2, Phi2)
* 计算线段的中心、长度、方向
line_position (RowB1, ColumnB1, RowB2, ColumnB2, RowCenter, ColCenter, Length1, Phi3)
* 计算两直线的夹角
angle_ll (RowA1, ColumnA1, RowA2, ColumnA2, RowB1, ColumnB1, RowB2, ColumnB2, Angle)
endfor
stop()
threshold (Clips, Dark, 0, 70)
connection (Dark, Single)
dev_clear_window ()
select_shape (Single, Selected, 'area', 'and', 5000, 10000)
orientation_region (Selected, Phi)
area_center (Selected, Area, Row, Column)
dev_set_color ('red')
dev_set_draw ('margin')
dev_set_line_width (7)
Length := 80
disp_arrow (WindowID, Row, Column, Row + cos(Phi + 1.5708) * Length, Column + sin(Phi +
1.5708) * Length, 3)
```

执行程序,结果如图 2 - 16 所示。

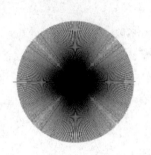 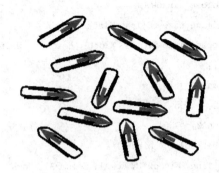

(a) 连续直线方向　　　　　　　　　　　(b) 区域方向

图 2 - 16　区域方向

3. 区域的距离

在实际应用中,很多时候需要计算点到点的距离、点到线的距离、线到线的距离、区域到区域的距离等,下面列举计算区域距离的几个典型算子。

- distance_pp(:: Row1, Column1, Row2, Column2: Distance)

作用:计算点到点的距离。

Row1、Column1、Row2、Column2:参与计算的两个点坐标。

Distance:两点之间的距离。

- distance_pl(:: Row, Column, Row1, Column1, Row2, Column2: Distance)

作用:计算点到线的距离。

Row、Column:参与计算的点坐标。

Row1、Column1、Row2、Column2:输入线的开始点行、列坐标和结束点行、列坐标。

Distance:点到线的距离。

使用 distance_pl 算子也可以计算线到线的距离。

- distance_ps(:: Row, Column, Row1, Column1, Row2, Column2: DistanceMin, DistanceMax)

作用:计算点到线段的距离。

Row、Column:参与计算的点坐标。

Row1、Column1、Row2、Column2:输入线段的开始点、结束点坐标。

DistanceMin、DistanceMax:点到线段的最近距离与最远距离。

distance_pl 算子用来计算点到线的距离,distance_ps 算子用来计算点到线段的距离。直线是可以向两边延伸的,线段是一个固定的区域不能延伸。

- distance_rr_min(Regions1, Regions2 ::: MinDistance, Row1, Column1, Row2, Column2)

作用:计算区域到区域的最近距离和对应的最近点。

Regions1、Regions2:参与计算的两个区域。

MinDistance:区域到区域的最近距离。

Row1、Column1:两区域最近距离的线段与 Regions1 区域的交点坐标。

Row2、Column2：两区域最近距离的线段与 Regions2 区域的交点坐标。

- distance_lr(Region∷ Row1, Column1, Row2, Column2：DistanceMin, DistanceMax)

作用：计算线到区域的最近距离和最远距离。

Region：参与计算的区域。

Row1、Column1、Row2、Column2：输入线的开始点行、列坐标和结束点行、列坐标。

DistanceMin、DistanceMax：线到区域的最近距离和最远距离。

- distance_sr(Region∷ Row1, Column1, Row2, Column2：DistanceMin, DistanceMax)

作用：计算线段到区域的最近距离和最远距离。

Region：参与计算的区域。

Row1、Column1、Row2、Column2：输入线段的开始点、结束点坐标。

DistanceMin、DistanceMax：线段到区域的最近距离和最远距离。

【例 2 - 10】　区域距离实例。

程序如下：

```
dev_open_window (0, 0, 512, 512, 'black', WindowHandle)
dev_set_color ('red')
* 生成点区域
gen_region_points (Region, 100, 100)
* 获得点区域的坐标
get_region_points (Region, Rows, Columns)
* 画线
disp_line (WindowHandle, Rows, Columns, 64, 64)
* 生成直线区域
gen_region_line (RegionLines, 100, 50, 150, 250)
gen_region_line (RegionLines3, 45, 150, 125, 225)
* 获得直线区域的坐标
get_region_points (RegionLines, Rows2, Columns2)
gen_region_line (RegionLines1, Rows, Columns, 150, 130)
* 求两直线区域的交点
intersection (RegionLines, RegionLines1, RegionIntersection)
* 得到交点的坐标
get_region_points (RegionIntersection, Rows1, Columns1)
* 获得直线区域的方向
line_orientation (Rows, Columns, Rows1, Columns1, Phi)
gen_region_line (RegionLines2, Rows, Columns, Rows1, Columns1)
* 获得直线区域的方向
orientation_region (RegionLines2, Phi1)
* 计算线段的中心、长度、方向
line_position (Rows, Columns, Rows1, Columns1, RowCenter, ColCenter, Length, Phi2)
* 计算点到点的距离
distance_pp (Rows, Columns, Rows1, Columns1, Distance)
```

　* 计算点到线的距离

distance_pl (200, 200, Rows, Columns, Rows1, Columns1, Distance1)

　* 计算点到线段的距离

distance_ps (200, 200, Rows, Columns, Rows1, Columns1, DistanceMin, DistanceMax)

　* 计算区域到区域的最近距离和对应的最近点

distance_rr_min (RegionLines2, RegionLines3, MinDistance, Row1, Column1, Row2, Column2)

distance_lr (RegionLines2, 45, 150, 125, 225, DistanceMin1, DistanceMax1)

distance_sr (RegionLines2, 45, 150, 125, 225, DistanceMin2, DistanceMax2)

执行程序,结果如图 2-17 所示。

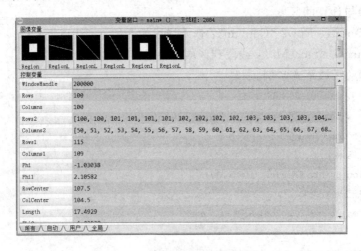

图 2-17　区域距离数值

4. 生成形状规则区域

形状规则的区域是指圆形区域、椭圆区域、矩形区域等。下面介绍生成形状规则区域的算子。

- gen_circle(: Circle: Row, Column, Radius:)

作用:生成圆形区域。

Circle:生成的圆形区域。

Row、Column:圆的中心行、列坐标。

Radius:圆的半径值。

- gen_ellipse(: Ellipse: Row, Column, Phi, Radius1, Radius2:)

作用:生成椭圆区域。

Ellipse:生成的椭圆区域。

Row、Column:椭圆的中心行、列坐标。

Phi:椭圆相对于 X 轴正方向的夹角。

Radius1、Radius2:椭圆的长半轴长度、短半轴长度。

- gen_rectangle1(: Rectangle: Row1, Column1, Row2, Column2:)

作用:生成平行于 X 轴的矩形区域。

Rectangle：生成的矩形区域。

Row1、Column1、Row2、Column2：矩形左上角与右下角处点的行、列坐标。

- gen_rectangle2(：Rectangle：Row, Column, Phi, Length1，Length2：)

作用：生成任意方向的矩形区域。

Rectangle：生成的矩形区域。

Row、Column：矩形区域的中心行、列坐标。

Phi：矩形区域相对于 X 轴正方向的夹角。

Length1、Length2：矩形的半长、半宽数值。

- gen_region_polygon(：Region：Rows, Columns：)

作用：将多边形转换为区域。

Region：转换得到的区域。

Rows、Columns：区域轮廓基点的行、列坐标。

【例 2－11】　生成形状规则区域实例。

程序如下：

```
dev_open_window (0, 0, 512, 512, 'white', WindowID)
 * 生成圆形区域
gen_circle (Circle, 200, 200, 100.5)
 * 生成椭圆区域
gen_ellipse (Ellipse, 200, 200, 0, 100, 60)
 * 创建平行于 X 轴的矩形区域
gen_rectangle1 (Rectangle, 30, 20, 100, 200)
 * 创建任意方向的矩形区域
gen_rectangle2 (Rectangle1, 300, 200, 15, 100, 20)
Button: = 1
Rows: = []
Cols: = []
dev_set_color ('red')
dev_clear_window ()
while (Button == 1)
get_mbutton (WindowID, Row, Column, Button)
Rows: = [Rows, Row]
Cols: = [Cols, Column]
disp_circle (WindowID, Row, Column, 3)
endwhile
dev_clear_window ()
 * 将多边形转换为区域
gen_region_polygon (Region, Rows, Cols)
dev_display (Region)
```

执行程序，结果如图 2－18 所示。

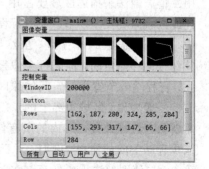

图 2－18　生成规则形状区域

2.2.3　区域行程

1. 区域行程的理论基础

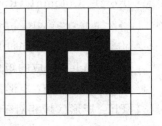

图 2-19　区域

行程编码(又称游程编码)是相对简单的编码技术。行程编码的主要思想是将一个相同值的连续串用代表值和串长来代替。例如，对于字符串"aaabccddddd"，行程编码可以用"3a1b2c5d"来表示。如图 2-19 所示是区域，表 2-2 是根据图 2-19 的区域得到的行程编码表。

表 2-2　区域行程编码表

行程	行	开始列	结束列
1	1	1	4
2	2	2	2
3	2	4	5
4	3	2	5

区域从第 1 行第 1 列到第 4 列构成第 1 个行程；
区域从第 2 行第 2 列到第 2 列构成第 2 个行程；
区域从第 2 行第 4 列到第 5 列构成第 3 个行程；
区域从第 3 行第 2 列到第 5 列构成第 4 个行程。
行程分析如下：
(1) 行方向构成行程，即不同的行就是不同的行程；
(2) 行程长度为结束列－开始列＋1；
(3) 一个行程只能有一个区域，但是一个区域可以有多个行程；
(4) 相邻两行的行程可以按照四连通或者八连通构成一个区域。
区域可以表示为全部行程的一个并集，即

$$R = \bigcup_{i=1}^{n} r_i \tag{2-4}$$

此处 r_i 表示一个行程或一个区域。在图 2-19 中，如果每个像素占用一个字节，那么采用二值图像法来描述区域要占用 35 个字节；如果每个像素占用一位，则用二值图像法来描述此区域需要五个字节。采用行程编码表示此区域时，如果区域的坐标值保存在 16 位整数中，那么只需要 24 个字节。虽然与每个像素只占一个位的二值图像法相比，行程编码没有节约任何存储空间，但同每个像素占一个字节的二值图像法相比，行程编码节省了存储空间。行程编码节省存储空间的原因是使用行程编码时仅仅保存区域的边界。

一般来说，区域边界上的点的数量与区域面积的平方根成比例。由于二值图像法至少需要保存区域外接矩形内的所有像素点，所以同二值图像法相比使用行程编码通常会明显减少存储空间的使用。例如，对于一个 $w×h$ 的矩形区域，采用行程编码只需要存储 h 个行程，而二值图像法需要保存 $w×h$ 个像素点($w×h$ 还是 $w×h/8$ 个字节取决于二值图中每个像素是占一个字节还是一位)。同理，直径为 d 的圆采用行程编码只需保存 d 个行程，而二值图像法需要保存 $d \times d$ 个像素。由此可见，采用行程编码通常可以显著降低内存的使用。

很多时候需要在用行程编码法描述的区域上计算连通区域的数目，依据连通性的定义判断两个行程是否交叠。

2. 区域行程有关算子说明

- gen_region_runs(: Region: Row, ColumnBegin, ColumnEnd:)

作用：根据同行坐标值生成同行行程。

Region：生成的同行行程区域。

Row：生成区域所在的行。

ColumnBegin、ColumnEnd：生成区域的开始列与结束列。

根据所在的行、开始列及结束列生成区域，这里的参数 Row 可以是数组。例如使用 gen_region_runs (Region1,[100，120]，[50，50]，[100，100])算子生成的实际上是一个区域，如果考虑连通区域，则生成的就是两个区域，如图 2-20 所示。

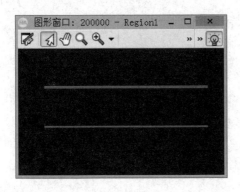

(a)生成区域行程　　　　　　　　(b)图像变量

图 2-20　行程区域

生成行程区域后，可以使用 get_region_runs 算子获得行程坐标。

- get_region_runs(Region ::: Row, ColumnBegin, ColumnEnd)

作用：获得区域的行程坐标，此算子与 gen_region_runs 算子为互逆运算操作。

Region：计算行程坐标的区域。

Row：区域所在的行。

ColumnBegin、ColumnEnd：区域所在的开始列与结束列。

- runlength_features(Regions ::: NumRuns, KFactor, LFactor, MeanLength, Bytes)

作用：统计区域内行程的特征。

Regions：待消除的区域对象。

NumRuns：行程个数。

KFactor、LFactor：K 特征与 L 特征。

$$KFactor = \frac{NumRuns}{\sqrt{Area}}$$
　　　　　　　　　　　　　　　　　　　　　　　　(2-5)

K 特征等于行程个数除以区域面积的开方，L 特征等于平均每行所包含的行程个数。

MeanLength：行程平均长度。

Bytes：行程编码所占内存大小。

- eliminate_runs(Region：RegionClipped：ElimShorter, ElimLonger;)

作用：消除长度小于 ElimShorter 和长度大于 ElimLonger 的行程。

Region：消除一定行程所在的区域。

RegionClipped：消除行程后获得的区域。

ElimShorter：保留行程长度的最小值。

ElimLonger：保留行程长度的最大值。

【例 2-12】　区域行程实例。

程序如下：

```
* 根据同行坐标值生成行程区域
gen_region_runs (Region, 100, 50, 200)
* 获得行程区域坐标
get_region_runs (Region, Row, ColumnBegin, ColumnEnd)
* 统计区域内行程的特征
runlength_features (Region, NumRuns, KFactor, LFactor, MeanLength, Bytes)
dev_clear_window ()
* 生成圆
gen_circle (Circle, 200, 200, 100.5)
set_system ('neighborhood', 8)
* 消除指定长度的行程
eliminate_runs (Circle, RegionClipped, 100, 205)
```

执行程序，结果如图 2-21 所示。

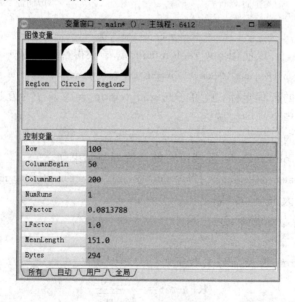

图 2-21　行程实例

2.2.4　区域特征

1. 区域面积与中心特征

1）区域面积

区域面积等于区域包含像素点的个数。计算如图 2 − 22
所示的黑色区域面积有两种方法。

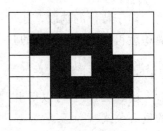

方法一：把像素点一个一个加起来，区域面积为 11。

方法二：利用行程求面积，区域面积等于各行程像素数
的和。第 1 个行程像素数为 4，第 2 个行程像素数为 1，第 3
个行程像素数为 2，第 4 个行程像素数为 4，即区域面积等于
$4+1+2+4=11$。

图 2 − 22　区域

2）区域中心

区域的中心坐标是区域内所有像素点坐标的平均值。中
心点行坐标等于区域内所有像素点行坐标的和除以面积；中心点列坐标等于区域内所有像
素点列坐标的和除以面积。

对于如图 2 − 22 所示的区域，中心点行坐标的计算公式为

$$\text{Row}=\frac{1+1+1+1+2+2+2+3+3+3+3}{11}=2.0 \tag{2-6}$$

中心列坐标的计算公式为

$$\text{Column}=\frac{1+2+2+2+3+3+4+4+4+5+5}{11}=3.182 \tag{2-7}$$

利用 area_center 算子可以求取区域的面积和中心坐标，算子格式为

● 　area_center(Regions ::: Area, Row, Column)

作用：得到区域的面积与中心坐标。

Regions：进行计算的区域。

Area：计算得到的区域面积。

Row、Column：计算得到的区域中心行、列坐标。

2. 区域特征矩特征

区域特征矩特征主要表征图像区域的几何特征，又称为几何矩。由于其具有旋转、平
移、尺度变化不变的特征，故又称为不变矩。在图像处理中，不变矩可以作为一个重要的特
征来表示区域。

$(p+q)$ 阶特征矩 $m_{p,q}$ 的公式为

$$m_{p,q}=\sum_{(r,c)\in R} r^{p}c^{q} \tag{2-8}$$

式中：(r,c) 表示区域内点的坐标；R 表示区域；p，q 表示行列坐标的幂次。

通过式（2 − 8）可知，区域面积就是（0，0）阶特征矩，即

$$a=\sum_{(r,c)\in R} r^{0}c^{0} \tag{2-9}$$

式中：a 为面积。

如图 2-22 所示区域的特征矩计算公式为

$$m_{p,q} = 1^p 1^q + 1^p 2^q + 1^p 3^q + 1^p 4^q + 2^p 2^q + 2^p 4^q + 2^p 5^q + 3^p 2^q + 3^p 3^q + 3^p 4^q + 3^p 5^q$$

$$(2-10)$$

对于特征的选取，要求一些特征可以不随物体大小的变化而变化，所以用特征矩除以面积就得到了我们想要的归一化矩：

$$n_{p,q} = \frac{1}{a} \sum_{(r,c) \in R} r^p c^q \qquad (2-11)$$

由式(2-11)可以得出，区域中心是一阶归一化矩。由区域归一化矩公式可以得到区域的重心公式：

$$(n_{1,0}, n_{0,1}) = \left(\frac{1}{a} \sum_{(r,c) \in R} r^1 c^0, \ \frac{1}{a} \sum_{(r,c) \in R} r^0 c^1 \right) \qquad (2-12)$$

值得注意的是，尽管重心是从像素精度的数据计算得到的，但它是一个亚像素精度特征。

对于特征的选取，要求一些特征可以不随图像位置的变化而变化。用归一化矩减去重心就得到了中心矩，即

$$\mu_{p,q} = \frac{1}{a} \sum_{(r,c) \in R} (r - n_{1,0})^p (c - n_{0,1})^q \qquad (2-13)$$

3. 区域等效椭圆特征

二阶中心矩的一个重要应用就是可以定义一个区域的方向与范围，而区域的方向和范围可以用等效椭圆来表示。椭圆各参数如图 2-23 所示，其中等效椭圆中心与区域中心一致，椭圆的长半轴 r_1 与短半轴 r_2 以及相对于 X 轴正方向的夹角 θ 可以通过二阶矩算出，即

$$r_1 = \sqrt{2 \left(\mu_{2,0} + \mu_{0,2} + \sqrt{(\mu_{2,0} - \mu_{0,2})^2 + 4\mu_{1,1}^2} \right)} \qquad (2-14)$$

$$r_2 = \sqrt{2 \left(\mu_{2,0} + \mu_{0,2} - \sqrt{(\mu_{2,0} - \mu_{0,2})^2 + 4\mu_{1,1}^2} \right)} \qquad (2-15)$$

$$\theta = \frac{1}{2} \arctan \frac{2\mu_{1,1}}{\mu_{0,2} - \mu_{2,0}} \qquad (2-16)$$

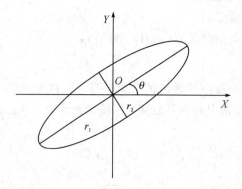

图 2-23　椭圆几何参数

通过二阶中心矩计算出椭圆参数，可以得到区域的一个重要特性，即各向异性。此特征在区域缩放时保持不变，它可以描述区域的细长程度。使用 elliptic_axis 算子可以求等效椭圆参数，格式为

elliptic_axis(Regions ⫶ Ra, Rb, Phi)

作用：计算等效椭圆参数。

Regions：进行计算的区域。

Ra、Rb、Phi：计算得到等效椭圆的长半轴、短半轴、相对于 X 轴正方向的夹角。

【例 2 - 13】　区域等效椭圆实例。

程序如下：

```
read_image (Image, 'fabrik')
dev_open_window (0, 0, 512, 512, 'black', WindowID)
dev_set_color ('white')
dev_set_draw ('fill')
regiongrowing (Image, Regions, 1, 1, 3, 400)
* 获得区域等效椭圆参数
elliptic_axis (Regions, Ra, Rb, Phi)
area_center (Regions, Area, Row, Column)
dev_set_draw ('margin')
dev_set_colored (6)
* 生成椭圆
disp_ellipse (WindowID, Row, Column, Phi, Ra, Rb)
```

执行程序，结果如图 2 - 24 所示。

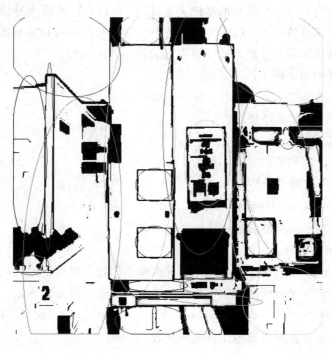

图 2 - 24　区域等效椭圆特征

4. 区域凸性特征

对区域内任意两点进行连线，若连线上的所有点都在区域内，则称这个区域为凸集。

凸包则是区域内所有点构成的最小凸集。

如图 2-25(a)所示是非凸区域,图 2-25(b)所示是对应的凸包区域。

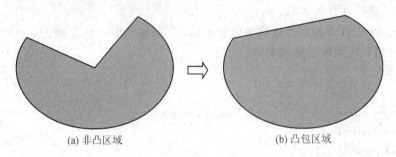

(a) 非凸区域　　　　　　　　　　(b) 凸包区域

图 2-25　区域凸性示意图

对于非凸区域可以使用凸性特征来描述区域凸的程度。凸性为某区域的面积与该区域对应凸包面积的比值。由凸性定义可知,图 2-25(a)的区域面积与图 2-25(b)的区域面积的比值就是凸性数值。使用 convexity 算子可以计算区域的凸性数值,格式为

    convexity(Regions ::: Convexity)

作用:计算区域的凸性。

Regions:要计算凸性的区域。

Convexity:计算得到区域的凸性值。

外接圆和外接矩形都是在凸包的基础上生成的,所以在计算最小外接圆和最小外接矩形参数前需先计算区域的凸性,然后再计算最小外接圆和最小外接矩形参数。最小外接矩形又分为最小平行坐标轴外接矩形和任意方向的最小外接矩形。获得最小外接圆或最小外接矩形参数可以使用如下算子:

- smallest_circle(Regions ::: Row, Column, Radius)

作用:计算最小外接圆参数。

Regions:计算的区域。

Row、Column:区域外接圆圆心的行、列坐标。

Radius:区域外接圆半径。

- smallest_rectangle1(Regions ::: Row1, Column1, Row2, Column2)

作用:计算平行于坐标轴的最小外接矩形参数。

Regions:计算的区域。

Row1、Column1:平行于坐标轴的最小外接矩形的左上角点坐标。

Row2、Column2:平行于坐标轴的最小外接矩形的右下角点坐标。

- smallest_rectangle2(Regions ::: Row, Column, Phi, Length1, Length2)

作用:计算区域任意方向最小外接矩形参数。

Regions:进行计算的区域。

Row、Column:任意方向最小外接矩形的中心点坐标。

Phi:任意方向最小外接矩形方向。

Length1、Length2:任意方向最小外接矩形长的一半、宽的一半。

【例 2－14】 区域凸性相关实例。

程序如下：

```
read_image (Image, 'screw_thread.png')
get_image_size (Image, Width, Height)
dev_open_window (0, 0, Width/2, Height/2, 'white', WindowHandle)
threshold (Image, Region, 0, 100)
fill_up (Region, RegionFillUp)
* 生成凸性
circularity (RegionFillUp, Circularity)
* 将区域转换成平行轴的最小外接矩形
shape_trans (RegionFillUp, RegionTrans, 'rectangle1')
circularity (RegionTrans, Circularity1)
* 求区域平行于坐标轴的最小外接矩形参数
smallest_rectangle1 (RegionTrans, Row1, Column1, Row2, Column2)
circularity (RegionTrans, Circularity2)
* 将区域转换成任意方向的最小外接矩形
shape_trans (RegionFillUp, RegionTrans1, 'rectangle2')
circularity (RegionTrans1, Circularity3)
* 求区域任意方向的最小外接矩形参数
smallest_rectangle2 (RegionTrans1, Row, Column, Phi, Length1, Length2)
circularity (RegionTrans1, Circularity4)
* 将区域转换成最小外接圆
shape_trans (RegionFillUp, RegionTrans2, 'outer_circle')
* 求区域最小外接圆参数
smallest_circle (RegionTrans2, Row3, Column3, Radius)
circularity (RegionTrans2, Circularity5)
```

执行程序，结果如图 2－26 所示。

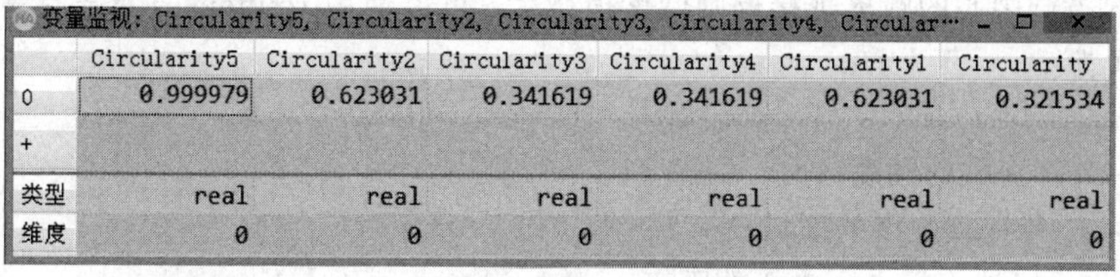
变量监视: Circularity5, Circularity2, Circularity3, Circularity4, Circular…

	Circularity5	Circularity2	Circularity3	Circularity4	Circularity1	Circularity
0	0.999979	0.623031	0.341619	0.341619	0.623031	0.321534
+						
类型	real	real	real	real	real	real
维度	0	0	0	0	0	0

图 2－26 凸性数值

5. 区域轮廓长度特征

区域轮廓长度是区域的另一个特征。区域轮廓是跟踪区域边界获得一个轮廓，然后将区域边界上的全部点连接到一起。轮廓长度是欧几里得(Euclid)长度，平行于坐标轴与垂直于坐标轴的两个相邻轮廓点之间的距离为 1，对角线的距离为 $\sqrt{2}$ 。使用 contlength 算子可以计算区域轮廓的长度，格式为

```
contlength(Regions ::: ContLength)
```

作用：计算区域的轮廓长度。

Regions：待计算轮廓长度的区域。

ContLength：计算得到区域的轮廓长度值。

6. 区域圆度特征

(1) 区域圆度(Circularity)是区域的面积与外接圆面积的比值。比值越接近 1，则形状越接近圆。圆度 C 的取值范围为 $0<C<1$。圆度示意图如图 2-27 所示。

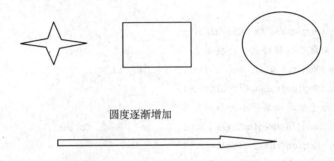

图 2-27　圆度示意图

圆度的计算公式为

$$C = \frac{F}{\max^2 \times \pi} \tag{2-17}$$

式中：F 为区域的面积；max 为外接圆的半径。在 HALCON 中，使用 circularity 算子可以计算区域圆度，格式为

    circularity(Regions ∷∷ Circularity)

作用：计算区域的圆度。

Regions：待计算圆度的区域。

Circularity：区域的圆度值。

(2) 平滑圆度(Roundness)是以区域边界点到区域中心点的距离为根据进行计算的。区域所有边界点到中心的距离越接近则圆度值越大。可以使用 roundness 算子计算区域平滑圆度，格式为

    roundness(Regions ∷∷ Distance, Sigma, Roundness, Sides)

作用：计算区域的圆度。

Regions：待计算圆度的区域。

Distance：区域边界点到中心的距离。

Sigma：区域边界点到中心的距离方差。

Roundness：区域圆度。

Sides：多边形数量。

上述参数的计算公式如下：

$$\text{Distance} = \frac{1}{F} \parallel p - p\_i \parallel \tag{2-18}$$

$$\text{Sigma}^2 = \frac{1}{F} \sum (\parallel p - p\_i \parallel - \text{Distance})^2 \tag{2-19}$$

$$\text{Roundness} = 1 - \frac{\text{Sigma}}{\text{Distance}} \qquad (2-20)$$

式中：p 为区域的中心；p_i 为像素；F 为轮廓的面积。

7. 区域矩形度特征

矩形度为区域的面积除以与本区域有相同一阶矩和二阶矩矩形区域的面积。区域越接近矩形，则矩形度的值越接近 1。矩形度的取值范围为 0～1。矩形度示意图如图 2-28 所示。计算区域矩形度的算子格式为

```
rectangularity(Regions ::: Rectangularity)
```

作用：计算区域的矩形度。

Regions：将要计算矩形度的区域。

Rectangularity：区域的矩形度数值。

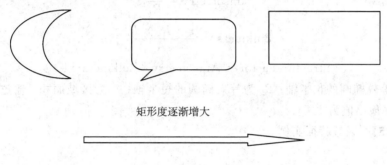

矩形度逐渐增大

图 2-28　矩形度示意图

8. 区域紧密度特征

区域的紧密度公式为

$$c = \frac{L^2}{4F\pi} \qquad (2-21)$$

式中：L 为轮廓的长度；F 为区域的面积。

圆的紧密度为 1，其他图形的紧密度均大于 1。有时紧密度也称为粗糙度，圆的边界是绝对光滑的，所以粗糙度最小；矩形有四个角，其他边是光滑的，所以矩形的粗糙度比圆的大；其他图形越粗糙，粗糙度越大。紧密度示意图如图 2-29 所示。

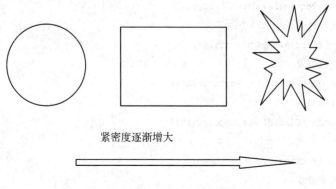

紧密度逐渐增大

图 2-29　紧密度示意图

9. 区域离心率特征

离心率是通过等效椭圆得到的，离心率能够说明区域的细长度。离心率越大则区域越细长。使用 eccentricity 算子计算区域的离心率，格式为

```
eccentricity(Regions ::: Anisometry, Bulkiness, StructureFactor)
```

作用：计算区域的离心率。

Regions：计算离心率的区域。

Anisometry：区域的离心率。

Bulkiness：区域的膨松度。

StructureFactor：区域的结构因子。

上述参数的计算公式如下：

$$Anisometry = \frac{R_a}{R_b} \tag{2-22}$$

$$Bulkiness = \frac{\pi \times R_a \times R_b}{A} \tag{2-23}$$

$$StructureFactor = Anisometry \times Bulkiness - 1 \tag{2-24}$$

式中：R_a 为等效椭圆的长半轴；R_b 为等效椭圆的短半轴；A 为区域面积。通过公式可以得出圆的离心率最小值为 1。

【例 2-15】 区域特征实例。

程序如下：

```
dev_open_window (0, 0, 512, 512, 'white', WindowHandle)
*生成矩形
gen_rectangle1 (Rectangle, 30, 20, 200, 300)
*生成圆形
gen_circle (Circle, 200, 200, 100.5)
*矩形区域凸性
convexity (Rectangle, Convexity)
*圆形区域凸性
convexity (Circle, Convexity1)
*矩形区域圆度
circularity (Rectangle, Circularity)
*圆形区域圆度
circularity (Circle, Circularity1)
*矩形区域矩形度
rectangularity (Rectangle, Rectangularity)
*圆形区域矩形度
rectangularity (Circle, Rectangularity1)
*矩形区域紧密度
compactness (Rectangle, Compactness)
*圆形区域紧密度
compactness (Circle, Compactness1)
```

*矩形区域离心率

eccentricity (Rectangle, Anisometry1, Bulkiness1, StructureFactor)

*圆形区域离心率

eccentricity (Circle, Anisometry, Bulkiness, StructureFactor1)

执行程序，结果如图 2-30 所示。

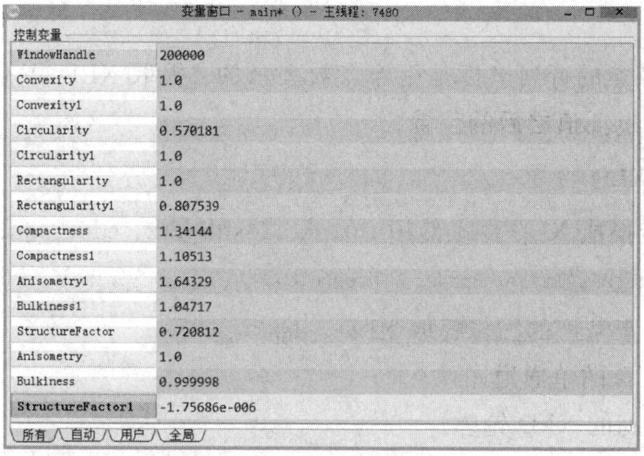

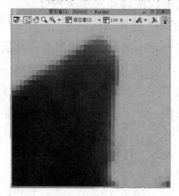

图 2-30　区域特征结果

2.3　HALCON XLD 轮廓

2.3.1　XLD 的初步介绍

1. XLD 定义

图像中的图像和区域等数据结构是像素精度的，在实际工业应用中，往往需要比图像像素分辨率更高的精度，这时就需要提取亚像素精度数据。亚像素精度数据可以通过亚像素阈值分割或者亚像素边缘提取获得。在 HALCON 中，XLD(Extended Line Descriptions)代表亚像素边缘轮廓和多边形。XLD 轮廓如图 2-31 所示。

图 2-31　XLD 轮廓

通过如图 2-31 所示的 XLD 轮廓可以看出：

（1）XLD 轮廓可以描述直线边缘轮廓或多边形，即一组有序的控制点集合，控制点顺序用来说明彼此相连的关系。因此，可以理解为 XLD 轮廓是由关键点构成的，但并不像像素坐标那样一个点紧挨另一个点。

（2）由于典型的轮廓提取是基于像素网格的，所以轮廓上的控制点之间的平均距离为一个像素。

（3）XLD 轮廓各点的行列坐标是用浮点数表示的。提取 XLD 并不是沿着像素与像素交界的地方，而是经过插值之后的位置。

2. 图像转换成 XLD

将单通道图像转换成 XLD 可以使用 threshold_sub_pix、edges_sub_pix 等算子。

- threshold_sub_pix(Image: Border: Threshold:)

作用：从具有像素精度的图像提取 XLD 轮廓。

Image：提取 XLD 的单通道图像。

Border：提取得到的 XLD 轮廓。

Threshold：提取 XLD 轮廓的阈值。

- edges_sub_pix(Image: Edges: Filter, Alpha, Low, High:)

作用：使用 Deriche、Lanser、Shen 或者 Canny 滤波器提取图像得到亚像素边缘。

Image：提取亚像素边缘的图像。

Edges：提取得到的亚像素精度边缘。

Filter：滤波器，包括'canny'、'sobel'等。

Alpha：光滑系数。

Low：振幅小于 Low 的不作为边缘。

High：振幅大于 High 的不作为边缘。

关于边缘提取还要注意一点，当振幅大于低阈值，又小于高阈值时，判断此边缘点是否与已知边缘点相连，若相连则认为该点是边缘点，否则不是边缘点。

3. XLD 特征

查看 XLD 特征的步骤与查看区域特征的步骤相似。

在工具栏中单击"特征检测"→"选择 XLD"→"图形窗口"，选择要查看的 XLD 特征，可以看到 XLD 的特征属性及其相对应的数值，如图 2-32 所示。

XLD 特征分为以下四部分：

（1）基础特征：XLD 面积、中心、宽高、左上角及右下角坐标。

（2）形状特征：圆度、紧密度、长度、矩形度、凸性、离心率、外接矩形的方向及两边长度等。

（3）云点特征：云点面积、中心、等效椭圆半轴及角度、云点方向等。

（4）几何矩特征：二阶矩等。

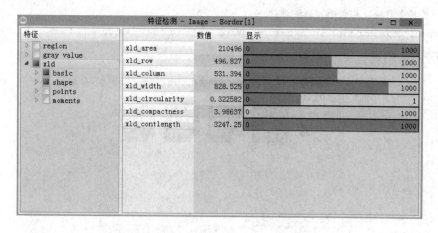

图 2-32　XLD 特征检测

XLD 轮廓的很多操作与区域类似，比如选取特定特征的 XLD 轮廓。

4. 选取特定特征的 XLD 轮廓

选取特定特征的 XLD 轮廓的常用算子有 select_shape_xld 算子与 select_contours_xld 算子。

- select_shape_xld(XLD：SelectedXLD：Features, Operation, Min, Max：)

作用：选择特定形状特征要求的 XLD 轮廓或多边形。

XLD：待提取的 XLD 轮廓。

SelectedXLD：提取得到的 XLD 轮廓。

Features：提取 XLD 的特征依据。

Operation：特征之间的逻辑关系（and 或 or）。

Min、Max：特征值的最小值、最大值。

- select_contours_xld(Contours：SelectedContours：Feature, Min1, Max1, Min2, Max2：)

作用：选择多种特征要求的 XLD 轮廓（如长度开闭等特征，不支持多边形）。

Contours：待提取的 XLD 轮廓。

SelectedContours：提取得到的 XLD 轮廓。

Features：提取 XLD 轮廓的特征依据。

Min1、Max1、Min2、Max2：特征值的要求范围。

【例 2-16】　选择特定 XLD 轮廓实例。

程序如下：

```
read_image (Image, 'mixed_03.png')
* 从具有像素精度的图像提取 XLD 轮廓
threshold_sub_pix (Image, Border, 128)
* 提取图像得到亚像素边缘
edges_sub_pix (Image, Edges, 'canny', 1, 20, 40)
* 选择特定形状特征要求的 XLD 轮廓或多边形
select_shape_xld (Edges, SelectedXLD, 'area', 'and', 3000, 99999)
```

＊选择多种特征要求的 XLD 轮廓

select_contours_xld (Border, SelectedContours, 'contour_length', 1, 200, －0.5, 0.5)

执行程序,结果如图 2－33 所示。

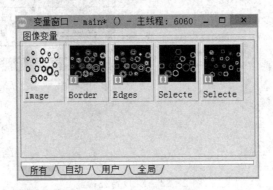

图 2－33　图像转换 XLD 轮廓

2.3.2　XLD 的数据结构分析

1. XLD 数据结构介绍

XLD 轮廓的很多属性存储在 XLD 的数据结构中,为了描述不同的边缘轮廓,HALCON 规定了几种不同的 XLD 数据结构,不同的数据结构一般是通过不同的算子获得的。HALCON 中 XLD 轮廓的结构体成员如下:

```
typedef struct con_type
{
    HITEMCNT num;                        //XLD 轮廓点的个数
    HSUBCOOK * row;                      //XLD 轮廓点行坐标
    HSUBCOOK * column;                   //XLD 轮廓点列坐标
    Hcont_class;                         //XLD 轮廓是否交叉及交叉位置
    INT4 num_attrib;                     //附加属性个数
    Hcont_attrib * attribs;              //XLD 轮廓附加点属性
    INT4 num_global;                     //XLD 轮廓附加的全局属性个数
    Hcont_global_attrib * attrib;        //XLD 轮廓附加的每个轮廓的属性
    INT4 h;                              //辅助属性
}Hcont;
```

以下是两种 XLD 的数据结构:

(1) XLD_cont(array):由轮廓的亚像素点组成,包括一些附加属性(比如方向)。

(2) XLD_poly(array):多边形逼近轮廓用来表示多边形轮廓,即可以由多边形的顶点构成多边形轮廓,也可以由一组控制点组成。该轮廓多由其他 XLD 轮廓、区域或者点生成。

2. 区域或多边形转换成亚像素轮廓的算子

- gen_contour_region_xld(Regions: Contours: Mode:)

作用:将区域转换成 XLD 轮廓。

Regions：转换的区域。

Contours：转换得到的 XLD 轮廓。

Mode：转换模式，有边界方式和中心方式两种。边界方式是以区域的外边界点为边缘点构成 XLD 轮廓的，如图 2-34(a)所示；中心方式是以边界点的中心为边缘点构成 XLD 轮廓的，如图 2-34(b)所示。

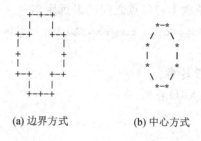

(a) 边界方式　　　　　　(b) 中心方式

图 2-34　边界方式和中心方式

边界或孔洞是以区域的边界点或区域内部的孔洞边界为边缘点构成 XLD 轮廓的。在由区域生成 XLD 轮廓时，多数是以像素的边界或像素的中心为边界生成相应的 XLD，因为这时候的精度是像素级别的，所以生成的 XLD 轮廓不用于精确计算。根据图像获得的 XLD 轮廓才是亚像素级别的。

- get_contour_xld(Contour ::: Row, Column)

作用：获得 XLD 轮廓的坐标点。

Contour：输入的 XLD 轮廓。

Row、Column：获得 XLD 点的行、列坐标。

- gen_contour_polygon_xld(: Contour: Row, Col:)

作用：由多边形坐标点生成 XLD 轮廓。

Contour：生成的 XLD 轮廓。

Row、Column：生成 XLD 轮廓所需点的行、列坐标。

- gen_polygons_xld(Contours: Polygons: Type, Alpha:)

作用：多边形逼近轮廓生成多边形 XLD 轮廓。

Contour：输入的 XLD 轮廓。

Polygons：生成的多边形 XLD 轮廓。

Type：多边形逼近方式，包括'ramer'、'ray'、'sato'。

(1) Ramer 算法：根据此算法逼近的多边形到轮廓的距离最多有 Alpha 个像素单位。

(2) Ray 算法：不需要参数 Alpha，算子逼近最长的线且到轮廓的距离最短。

(3) Sato 算法：此算子由到轮廓结束点距离最远的点逼近成多边形。

Alpha：阈值逼近方式。

- gen_ellipse_contour_xld(: ContEllipse: Row, Column, Phi, Radius1, Radius2, StartPhi, EndPhi, PointOrder, Resolution:)

作用：生成椭圆 XLD 轮廓。

ContEllipse：生成的椭圆 XLD 轮廓。

Row、Column、Phi：椭圆中心行、列坐标及长轴角度。

Radius1、Radius2：椭圆长半轴与短半轴的长度。

StartPhi、EndPhi：生成椭圆的角度范围。

PointOrder：椭圆 XLD 点的排序。

Resolution：椭圆 XLD 轮廓上相邻点之间的最远距离。

- gen_circle_contour_xld(：ContCircle：Row, Column, Radius, StartPhi, EndPhi, PointOrder, Resolution：)

作用：生成圆(圆弧)XLD 轮廓。

ContCircle：生成的圆弧 XLD 轮廓。

Row、Column：圆心行、列坐标。

Radius：圆的半径。

StartPhi、EndPhi：生成圆的角度范围。

PointOrder：圆 XLD 点的排序。

Resolution：圆 XLD 轮廓上相邻点之间的最远距离。

【例 2-17】 区域或多边形转换成亚像素轮廓的相关实例。

程序如下：

```
read_image (MvtecLogo, 'mvtec_logo.png')
get_image_size (MvtecLogo, Width, Height)
dev_open_window (0, 0, Width, Height, 'white', WindowHandle)
threshold (MvtecLogo, Region, 0, 125)
* 区域转换成 XLD 轮廓
gen_contour_region_xld (Region, Contours, 'border')
select_shape_xld (Contours, SelectedXLD, 'area', 'and', 14500, 99999)
* 获得 XLD 的坐标点
get_contour_xld (SelectedXLD, Row, Col)
dev_clear_window ()
* 由多边形坐标点生成 XLD 轮廓
gen_contour_polygon_xld (Contour, Row, Col)
* 多边形逼近轮廓生成多边形 XLD 轮廓
gen_polygons_xld (Contour, Polygons, 'ramer', 2)
```

执行程序，结果如图 2-35 所示。

3. XLD 轮廓附加属性

图像进行边缘信息提取时，XLD 轮廓会附带其他属性，通过算子可以获得这些属性，属性包括角度、边缘方向等。

通过 query_contour_attribs_xld 算子可以查询 XLD 轮廓包含哪些属性。

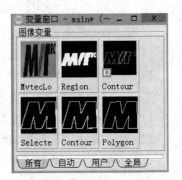

图 2-35　获得亚像素轮廓

- query_contour_attribs_xld(Contour ::: Attribs)

作用：查询 XLD 轮廓包含哪些属性名称。

Contour：查询的 XLD 轮廓。

Attribs：XLD 轮廓包含的属性名称。

若使用 edges_sub_pix 获得 XLD 轮廓，则一般会获得三种常用附加属性：

(1)'edge_direction'：边缘方向。

(2)'angle'：垂直于边缘方向的法向量角度。

(3)'response'：边缘振幅。

- get_contour_attrib_xld(Contour∷ Name：Attrib)

作用：计算 XLD 轮廓包含属性的属性值。

Contour：查询的 XLD 轮廓。

Name：XLD 轮廓的属性名称。

Attrib：对应 XLD 轮廓属性名称的属性值。

使用这个算子的前提是 XLD 轮廓包括这个属性。使用 get_contour_attrib_xld 算子之前，需使用 query_contour_attribs_xld 算子查询 XLD 轮廓的属性名称是否存在。

【例 2 - 18】　XLD 轮廓附加属性实例。

程序如下：

```
dev_open_window (0, 0, 512, 512, 'white', WindowHandle1)
read_image (Image, 'screw_thread.png')
* 阈值分割得到 XLD 轮廓
threshold_sub_pix (Image, Border, 128)
* 亚像素边缘提取
edges_sub_pix (Image, Edges, 'canny', 1, 20, 40)
threshold (Image, Region, 0, 100)
select_shape_xld (Edges, SelectedXLD1, 'area', 'and', 20000, 99999)
* 填充区域
fill_up (Region, RegionFillUp)
* 根据区域生成 XLD 轮廓，选择边界方式
gen_contour_region_xld (RegionFillUp, Contours, 'border')
area_center_xld (Contours, Area, Row1, Column, PointOrder)
* 选择指定特征要求的 XLD 轮廓
select_shape_xld (Contours, SelectedXLD, 'area', 'and', 150, 9999999)
* 获得 XLD 轮廓坐标
get_contour_xld (SelectedXLD, Row, Col)
* 生成一个点构成的 XLD 轮廓
gen_contour_polygon_xld (Contour, 150, 450)
* 生成 XLD 构成的直线
gen_contour_polygon_xld (Contour1, [150, 300], [400, 500])
query_contour_attribs_xld (SelectedXLD1, Attribs)
get_contour_attrib_xld (SelectedXLD1, 'angle', Attrib)
```

执行程序，结果如图 2 - 36 所示。

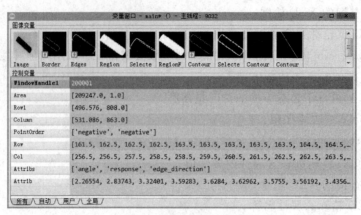

图 2-36　XLD 轮廓附加属性

2.3.3　XLD 的特征分析

1. XLD 与 XLD 点云

本节主要讲解 XLD 的特征及其形状转换。XLD 的很多特征同区域的特征相似。XLD 的点都是浮点级，精度可以达到亚像素级别。

XLD 与 XLD 点云的区别与联系如下：

点云其实是点的集合，XLD 点云不再把 XLD 看作整体，可以将 XLD 点云理解为 XLD 内部点的操作。当把 XLD 看作点云时，XLD 的点就没有了排列次序。XLD 可以看作点云的情况有两种：

（1）XLD 是自相交。

（2）XLD 的结束点与开始点之间的区域无法构成封闭的 XLD。

对于操作对象是 XLD 的算子，如果在算子中包含关键词_points，则算子会把 XLD 看作点云。

通过下面两个算子，观察 XLD 与 XLD 点云的区别：

- area_center_xld(XLD ::: Area, Row, Column, PointOrder)

作用：求 XLD 面积中心及点的排列次序。

XLD：输入的 XLD 轮廓。

Area：计算后得到的 XLD 的面积。

Row、Column：计算后得到的 XLD 的中心行、列坐标。

PointOrder：点的排列顺序，'positive'为按逆时针方向排序，'negative'为按顺时针方向排序。

- area_center_points_xld(XLD ::: Area, Row, Column)

作用：求 XLD 点云的面积与中心。

XLD：输入的 XLD 轮廓。

Area：计算后得到的 XLD 点云的面积。

Row、Column：计算后得到的 XLD 的中心行、列坐标。

下面举两个例子，假设生成两个多边形 XLD 轮廓，一个封闭，一个不封闭。

【例 2 - 19】　生成封闭多边形 XLD 轮廓实例。

程序如下：

```
gen_contour_polygon_xld(Contour, [10, 100, 100, 50, 10], [10, 10, 100, 100, 10])
area_center_xld (Contour, Area, Row, Column, PointOrder)
area_center_points_xld (Contour, Area1, Row1, Column1)
```

执行程序，结果如图 2 - 37(a)所示。

【例 2 - 20】　生成不封闭多边形 XLD 轮廓实例。

程序如下：

```
gen_contour_polygon_xld(Contour1, [10, 100, 100, 50], [10, 10, 100, 100])
area_center_xld (Contour1, Area2, Row2, Column2, PointOrder1)
area_center_points_xld (Contour1, Area3, Row3, Column3)
```

执行程序，结果如图 2 - 37(b)所示。

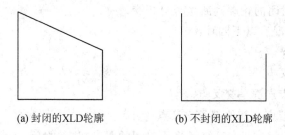

(a) 封闭的XLD轮廓　　　　　　　　(b) 不封闭的XLD轮廓

图 2 - 37　生成封闭及不封闭的 XLD 轮廓

封闭 XLD 与不封闭 XLD 的特征属性及其相对应的数值，如图 2 - 38 所示。

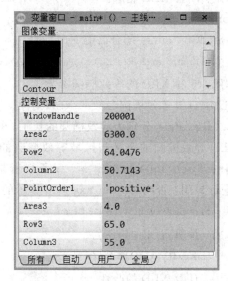

(a) 封闭XLD轮廓的变量说明　　　　　　(b) 不封闭XLD轮廓的变量说明

图 2 - 38　封闭及不封闭 XLD 轮廓的变量对比

根据图 2 - 38(a)可得，XLD 的中心与 XLD 点云的中心接近，但是面积差异很大。

XLD 点云的面积为 4，这是因为生成多边形 XLD 的关键点为四个，其中开始点与结束点重合，只需要计算一次，而 XLD 的面积为所围区域的面积。

对比图 2-38(a)和图 2-38(b)发现，不封闭的 XLD 求取的面积及中心与封闭的 XLD 求取的面积及中心相同，计算这些特征前算子会自动封闭 XLD。

2. XLD 其他特征

在计算 XLD 其他特征之前，需要使用 test_self_intersection_xld 算子判断 XLD 是否自相交。只有在 XLD 不自相交时，有些特征参数才有意义。

- test_self_intersection_xld(XLD∷ CloseXLD；DoesIntersect)

作用：判断 XLD 是否自相交。

XLD：需要判断的 XLD 对象。

CloseXLD：选择是否需要闭合 XLD。

DoesIntersect：封闭的轮廓判断是否自相交。

XLD 自相交的情况有以下四种：

(1) 开始点是交叉点。

(2) 结束点是交叉点。

(3) 开始点与结束点都是交叉点。

(4) 除开始点与结束点其他都是交叉点。

可以使用 close_contours_xld 算子将不封闭的 XLD 进行封闭。

- close_contours_xld(Contours：ClosedContours∷)

作用：闭合 XLD 轮廓。

Contours：待闭合的 XLD 对象。

ClosedContours：闭合后的 XLD 对象。

- elliptic_axis_xld(XLD∷∷ Ra, Rb, Phi)

作用：获得 XLD 的等效椭圆参数。

XLD：计算等效椭圆参数的 XLD 对象。

Ra、Rb、Phi：分别为等效椭圆的长轴、短轴、主轴方向。

XLD 等效椭圆的定义与区域等效椭圆的定义相同。使用 elliptic_axis_xld 算子之前，需使用 test_self_intersection_xld 算子判断是否自相交，如果 XLD 是不封闭的，则需将 XLD 进行封闭，否则 elliptic_axis_xld 算子的计算结果没有意义。

- circularity_xld(XLD∷∷ Circularity)

作用：计算 XLD 的圆度。

- convexity_xld(XLD∷∷ Convexity)

作用：计算 XLD 的凸性。

- compactness_xld(XLD∷∷ Compactness)

作用：计算 XLD 的紧密度。

XLD 的圆度、凸性、紧密度的定义与区域的圆度、凸性、紧密度的定义相同。使用上述三个算子之前，需使用 test_self_intersection_xld 算子判断是否自相交，如果自相交，则这三个算子的计算结果没有意义。对于不封闭的 XLD，三个算子都能自动进行封闭。

- diameter_xld(XLD ::: Row1, Column1, Row2, Column2, Diameter)

作用：计算 XLD 上距离最远的两个点及最远距离。使用 diameter_xld 算子之前，需用 test_self_intersection_xld 算子判断是否自相交，如果自相交，则该算子的计算结果没有意义。

- smallest_rectangle1_xld(XLD ::: Row1, Column1, Row2, Column2)

作用：获得平行于坐标轴的最小外接矩形的左上角与右下角坐标。

XLD：输入的 XLD 轮廓。

Row1、Column1、Row2、Column2：计算后得到的矩形的左上角与右下角坐标。

- smallest_rectangle2_xld(XLD ::: Row, Column, Phi, Length1, Length2)

作用：获得任意角度的最小外接矩形中心坐标。

XLD：输入的 XLD 轮廓。

Row、Column：最小外接矩形中心行、列坐标。

Phi：主轴与 X 轴正方向的夹角。

Length1、Length2：矩形长边和短边长度的一半。

- moments_xld(XLD ::: M11, M20, M02)

作用：获得 XLD 封闭区域的二阶矩，矩的计算使用格林理论。使用 moments_xld 算子之前，需用 test_self_intersection_xld 算子判断是否自相交，如果自相交，则该算子的计算结果没有意义。对于不封闭的 XLD，moments_xld 算子将自动进行封闭。

【例 2 - 21】 XLD 特征实例。

程序如下：

```
* 生成区域圆
gen_circle (Circle, 135.5, 135.5, 135.5)
* 生成椭圆 XLD
gen_ellipse_contour_xld (ContEllipse, 135.5, 135.5, 0, 100, 50, 0, rad(360), 'positive', 1.5)
* 生成圆 XLD
gen_circle_contour_xld (ContCircle1, 135.5, 135.5, 135.5, 0, 6.28318, 'positive', 1)
* 根据圆弧生成多边形，多边形的边到圆的最大距离为 35
gen_polygons_xld (ContCircle1, Polygons, 'ramer', 35)
* 测试圆 XLD 是否自相交
test_self_intersection_xld (ContCircle1, 'true', DoesIntersect)
* 获得 XLD 的中心、面积及点排序
area_center_xld (ContCircle1, Area, Row, Column, PointOrder)
* 获得圆区域的中心、面积
area_center (Circle, Area1, Row1, Column1)
* 根据点生成三角形 XLD
gen_contour_polygon_xld(Contour_triangle, [249, 350, 225, 249], [299, 299, 349, 299])
* 获得三角形 XLD 的中心、面积及点排序
area_center_xld (Contour_triangle, Area2, Row2, Column2, PointOrder1)
```

test_self_intersection_xld (Contour_triangle, 'true', DoesIntersect1)

∗ XLD 作为点云，求其中心面积

area_center_points_xld (Contour_triangle, Area3, Row3, Column3)

∗ 获得已生成多边形 XLD 各点及长度、角度

get_polygon_xld (Polygons, Row4, Col4, Length1, Phi1)

∗ 获得椭圆 XLD 的等效椭圆参数

elliptic_axis_xld (Contour_triangle, Ra, Rb, Phi)

∗ 获得椭圆 XLD 的圆度

circularity_xld (Contour_triangle, Circularity)

∗ 获得椭圆 XLD 的凸性

convexity_xld (Contour_triangle, Convexity)

∗ 获得椭圆 XLD 的紧密度

compactness_xld (Contour_triangle, Compactness)

∗ 计算 XLD 上距离最远的两个点及最远距离

diameter_xld (Contour_triangle, Row11, Column11, Row21, Column21, Diameter)

∗ 获得平行于坐标轴的最小外接矩形的左上角与右下角坐标

smallest_rectangle1_xld (Contour_triangle, Row12, Column12, Row22, Column22)

∗ 获得任意角度的最小外接矩形中心坐标

smallest_rectangle2_xld (Contour_triangle, Row5, Column4, Phi2, Length11, Length2)

∗ 获得 XLD 封闭区域的二阶矩

moments_xld (Contour_triangle, M11, M20, M02)

执行程序，结果如图 2 - 39 所示。

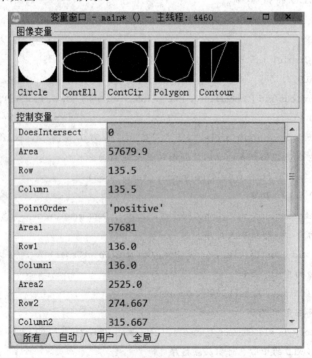

图 2 - 39　图像变量图

2.3.4　XLD 的回归参数

1. 回归参数的理论基础

在数据的统计分析中，数据变量 x 与 y 的相关性研究非常重要，通过在直角坐标系中做散点图的方式，我们会发现很多统计数据都近似一条直线，它们之间存在正相关或负相关性。虽然这些数据是离散的、不连续的，无法得到一个确定的描述该相关性的函数方程，但既然数据分布接近一条直线，那么我们就可以通过画直线的方式得到一个近似描述这种关系的直线方程。由于所有数据都分布在一条直线附近，因此这样的直线有很多条，我们需要找出其中的一条能够最好地反映变量之间的关系。换言之，我们要找出一条直线，使这条直线"最贴近"已知的数据点，设此直线方程为

$$\hat{y} = a + bx \tag{2-25}$$

式(2-25)叫作 y 对 x 的回归直线方程。设 x_i 为 X 轴方向上各点的观察值，对应的 y 轴方向的各点观察值记作 y_i，离差 $y_i - \hat{y}_i (i = 1, 2, 3, 4, \cdots, n)$ 刻画了实际观察值 y_i 与回归直线上相应值 $\hat{y}_i$ 纵坐标上的偏离程度。要使直线最贴近已知点，则要求 n 个离差构成的总离差越小越好，求回归直线方程的过程其实就是求离差最小值的过程。由于离差有正值也有负值，直接相加会互相抵消，如此就无法反映数据的贴近程度，所以总离差不能用 n 个离差之和来表示，而是用 n 个离差的平方和来表示，公式如下：

$$\sum e_l{}^2 = \sum_{i=1}^{n} (y_i - \hat{y})^2 = \sum (y_i - a - bx_i)^2 \sum_{i=1}^{n} (y_i - a - bx_i)^2 \tag{2-26}$$

由于平方又称二乘方，因此这种使"总离差平方和最小"的方法叫作最小二乘法。

式(2-25)取最小值时得到的直线，就是通过最小二乘法得到的回归直线，如图2-40所示。

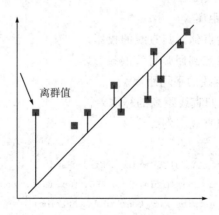

图 2-40　回归直线图

为了更好地拟合回归直线，在第一次拟合回归直线后，需要对很多离群值进行排除，这些离群值就是距离第一次拟合回归直线距离较远的点。

2. 回归参数关键算子说明

- regress_contours_xld(Contours：RegressContours：Mode, Iterations：)

作用：计算 XLD 轮廓的回归直线。

Contours：计算回归直线的 XLD 轮廓。

RegressContours：计算后得到的回归直线。

Mode：离散值对待策略。

Iterations：迭代次数。

Mode 常用方式：

(1) Mode='no'：不排除偏离值。

(2) Mode='drop'：大于平均值的都舍弃。

(3) Mode='gauss'：用高斯分布来确定各距离点占用的权重比。

(4) Mode='median'：利用中位数的标准差来舍弃偏离值。

regress_contours_xld 算子可以计算 XLD 的回归直线，而回归直线的全局属性也会保留在回归直线 XLD 内部，包括：

(1) 回归直线的法向量。

(2) 轮廓点到回归直线的平均距离。

(3) 轮廓点到回归直线距离的标准差。

这些参数可以通过 get_regress_params_xld 算子获得。

- get_regress_params_xld(Contours ::: Length, Nx, Ny, Dist, Fpx, Fpy, Lpx, Lpy, Mean, Deviation)

作用：获得轮廓 XLD 的参数。

Contours：待处理的 XLD 对象。

Length：得到的 XLD 点的个数。

Nx、Ny：回归线的法向量。

Dist：原点到回归线的距离。

Fpx、Fpy：轮廓的开始点到回归直线的投影。

Lpx、Lpy：轮廓的结束点到回归直线的投影。

Mean：轮廓点到回归直线的平均距离。

Deviation：轮廓点到回归直线距离的标准差。

【例 2-22】 XLD 回归直线实例。

程序如下：

```
dev_open_window (0, 0, 512, 512, 'white', WindowHandle)
gen_circle_contour_xld (ContCircle, 290, 260, 100, 0, 1, 'positive', 1)
query_contour_global_attribs_xld (ContCircle, Attribs)
* 计算 XLD 轮廓的回归直线
regress_contours_xld (ContCircle, RegressContours, 'no', 1)
query_contour_global_attribs_xld (RegressContours, Attribs1)
get_contour_global_attrib_xld (RegressContours, 'regr_norm_row', Attrib)
* 获得轮廓 XLD 的参数
```

get_regress_params_xld (RegressContours, Length, Nx, Ny, Dist, Fpx, Fpy, Lpx, Lpy, Mean, Deviation)

执行程序，结果如图 2 - 41 所示。

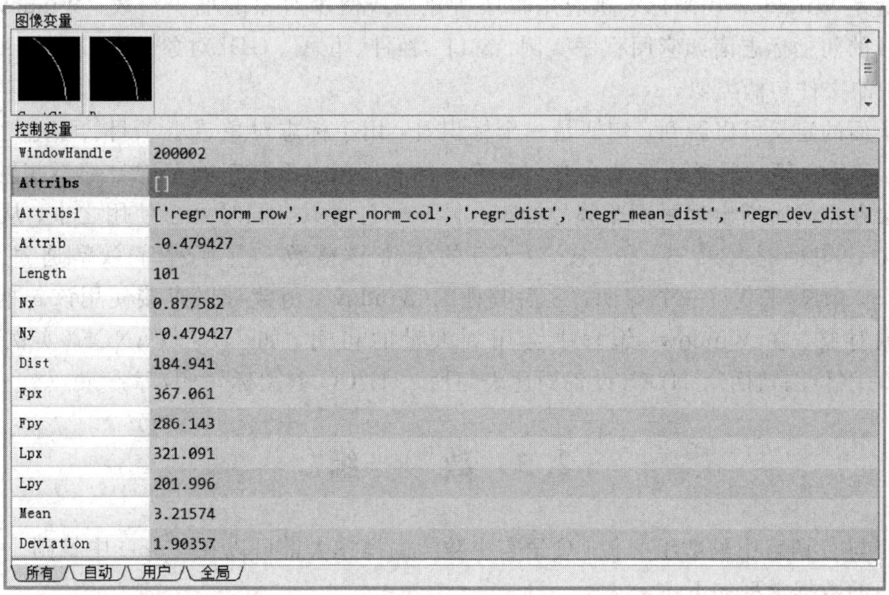

图 2 - 41　XLD 回归直线实例

2.4　句　　柄

句柄是一个是用来标志对象或者项目的标识符，可以用来描述窗体、文件等。值得注意的是句柄不是常量。

Windows 之所以要设立句柄，根本上源于内存管理机制的问题，即虚拟地址。简而言之，数据的地址需要变动，变动以后需要有人来记录和管理变动，因此系统用句柄来记载数据地址的变更。在程序设计中，句柄是一种特殊的智能指针，当一个应用程序要引用其他系统（如数据库、操作系统）所管理的内存块或对象时，就要使用句柄。

句柄与普通指针的区别在于，指针包含的是引用对象的内存地址，而句柄则是由系统所管理的引用标志，该标志可以被系统重新定位到一个内存地址上。这种间接访问对象的模式增强了系统对引用对象的控制。

在 20 世纪 80 年代操作系统（如 Mac OS 和 Windows）的内存管理中，句柄被广泛应用，UNIX 系统的文件描述符基本上也属于句柄。与其他桌面环境相同，Windows API 大量使用句柄来标志系统中的对象，并建立操作系统与用户空间之间的通信渠道。例如，桌面上的一个窗体由一个 HWND 类型的句柄来标志。目前，许多操作系统仍然把指向私有对象的指针以及进程传递给客户端的内部数组下标称为句柄。

句柄项目包括模块（Module）、任务（Task）、实例（Instance）、文件（File）、内存块（Block of Memory）、菜单（Menu）、控件（Control）、字体（Font）、资源（Resource）、GDI 对象（GDI Object）。其中，资源包括图标（Icon）、光标（Cursor）、字符串（String）等；GDI 对象

包括位图(Bitmap)、画刷(Brush)、元文件(Metafile)、调色板(Palette)、画笔(Pen)、区域(Region)以及设备描述表(Device Context)等。

句柄是 Windows 用来标志被应用程序所建立或使用对象的唯一整数,Windows 使用各种各样的句柄标志诸如应用程序实例、窗口、控件、位图、GDI 对象等。Windows 句柄与 C 语言中的文件句柄类似。

从上面的定义可以看到,句柄是一个标识符,用于标志对象或者项目。可将句柄比喻为车牌号,每一辆注册过的车都会有一个确定的车牌号,不同车的车牌号都不相同,但是也可能会在不同时期出现两辆车牌号的车,只不过它们不会同时处于使用之中。从数据类型上来看,句柄是一个 32 位(或 64 位)的无符号整数。应用程序总是通过调用一个 Windows函数来获得一个句柄,之后其他的 Windows 函数可以直接使用该句柄,以引用相应的对象。在 Windows 编程中会用到大量的句柄,如 HINSTANCE(实例句柄)、HBITMAP(位图句柄)、HDC(设备描述表句柄)、HICON(图标句柄)等。

2.5　数　　组

数组与 C 语言中的数组类似,C 语言中数组的操作大都可以在 Tuple 中找到。

数组的数据类型如下:

(1) 变量类型:int、double、string 等类型。

(2) 变量长度:如果长度为 1 则可以作为正常变量使用,第一个索引值为 0,最大的索引值为变量长度减 1。

1. 数组定义和赋值

(1) 定义空数组。

```
Tuple:=[]
```

(2) 用指定数据定义数组。

```
Tuple:=[1, 2, 3, 4, 5, 6]
Tuple2:=[1, 8, 9, 'hello']
Tuple3:=[0x01, 010, 9, 'hello']     //Tuple2 与 Tuple3 值相同
tuple:= gen_tuple_const(100, 47)    //创建一个有100个元素的数组,每个元素都为47
```

(3) 通过数组更改指定位置的元素值(数组下标从 0 开始)。

```
Tuple[2]=10
Tuple[3]='unsigned'     //数组元素为 Tuple:=[1, 2, 10, 'unsigned', 5, 6]
```

(4) 求数组的个数。

```
Number:=|Tuple|     //Number=6
```

(5) 合并数组。

```
Union:=[Tuple, Tuple2]     //Union=[1, 2, 3, 4, 5, 6, 1, 8, 9, 'hello']
```

(6) 生成 1~100 内的数。

① 数据间隔为 1:

```
Num1:=[1, 100]
```

② 数据间隔为 2:

　　Num2:=[1, 2, 100]

（7）提取数组指定下标的元素。

　　T:=Num2[2]　　　　　　　　　　//T=5

（8）已知数组生成子数组。

　　T:=Num2[2, 4]　　　　　　　　//T=[5, 7, 9]

2. 数组基础算术运算

假设 A1、A2、AT、T1 为数组，数组的基础算术运算有以下几种：

（1）数组加减乘除运算。

```
Tuple_add(A1, A2, A)      //数组 A:=A1+A2
Tuple_sub(A1, A2, A)      //数组 A:=A1-A2
Tuple_mult(A1, A2, A)     //数组 A:=A1×A2
                         //若 T:=[1, 2, 3] * [1, 2, 3]，则运算得 T:=[1, 4, 9]
                         //若 T:=[1, 2, 3] * 2+2，则运算得 T:=[4, 6, 8]
Tuple_div(aA1, A2, A)     //数组 A:=A1/A2
```

（2）数组取模。

```
Tuple_div(A1, A2, A)      //数组 A:=A1%A2，结果保存到 A 中
```

（3）数组取反。

```
Tuple_div(A1, A)          //数组 A=-A1
```

（4）数组取整。

```
Tuple_int(T, T1)          //数组 T1:=int(T)，当 T=3.5 时，运算得 T1 等于 3
Tuple_round(T, T1)        //数组 T1:=round(T)，当 T=3.5 时，运算得 T1 等于 4
```

（5）将数组转为实数。

```
Tuple_real(T, T1)         //数组 T1:=real(T)，当 T=100 时，运算得 T1 等于 100.0
```

3. 数组位运算

假设 L、L1、L2 为数组，数组的位运算有以下几种：

（1）按位左移运算。

按位左移运算实质是将对应数据的二进制位逐位左移若干位，并在空出的位置补零，最高位溢出舍弃。每左移一位可以实现二倍乘运算。

```
Tuple_lsh(L1, L2, L)      //数组 L=lsh(L1, L2)，当 L1=8、L2=2 时，运算得 L=32
```

（2）按位右移运算。

按位右移运算实质是将对应数据的二进制位逐位右移若干位，舍弃出界数字。每右移一位可以实现二倍除运算。若当前的数据为无符号数据，那么高位补零；如果当前数据为有符号数据，那么根据符号位决定区域补零还是补 1。

```
Tuple_rsh(L1, L2, L)      //数组 L=rsh(L1, L2)，当 L1=8、L2=2 时，运算得 L=2
```

（3）按位与运算。

按位与运算实际是将参与运算的两个数据，按照对应的二进制数逐位进行逻辑与运算。

```
Tuple_band(L1, L2, L)     //数组 L=band(L1, L2)，当 L1=4、L2=7 时，运算得 L=4
```

（4）按位或运算。

按位或运算实际是将参与运算的两个数据，按照对应的二进制数逐位进行逻辑或运算。

```
Tuple_bor(L1, L2, L)        //数组 L=bor(L1, L2)，当 L1=5、L2=7 时，运算得 L=7
```

(5) 按位异或运算。

按位异或运算实际是将参与运算的两个数据，按照对应的二进制数逐位进行逻辑异或运算。

```
Tuple_bxor(L1, L2, L)       //数组 L=bxor(L1, L2)，当 L1=5、L2=7 时，运算得 L=2
```

(6) 按位求反运算。

按位求反运算用于求整数的二进制反码，即分别将操作数各二进制位上的 1 变为 0，0 变为 1，在计算机系统中，数值一律用补码来表示和存储。

```
Tuple_bnot(2, T)            // T=-3
Tuple_bnot([-3, 2], T)      // T=[2, -3]
```

4. 数组字符串运算

数组的字符串运算有以下几种：

(1) 字符串合并运算。

```
T:='TEXT1'+'TEXT'           //T='TEXT1TEXT'
T:=3.1+(2+'TEXT')           //T='3.12TEXT'
```

(2) 字符串相关运算。

```
T1:='1TEXT1'
T2:='220'+T1{1:4}+'122'     //T='220TEXT122'
```

(3) 取字符串长度。

```
Length:=strlen(T1)          //Length=6
```

(4) 选择字符串的位置。

```
Index:=strstr(T2, T1)       //Index=-1，表示没有发现
```

(5) 保存成长度为 10 的字符，字符左对齐，两位小数。

```
Str:=23 $'-10.2f'           //Str='23.00'
```

(6) 保存成小数点后有五位小数的字符。

```
Str:=4 $'.5f'               //Str='4.00000'
```

(7) 保存成长度为 10 的字符串，字符右对齐，三位小数。

```
Str:=123.4567 $'+10.3'      //Str='123.457'
```

(8) 整数转换成小写十六进制数。

```
Str:=255 $'x'               //Str='ff'
```

(9) 十六进制数保存成五位整数字符串。

```
Str:=oxff $'0.5d'           //Str=00255
```

(10) 保存成长度为 10 的字符串，字符右对齐，只取前三位。

```
Str:='total'$'10.3'         //Str='tot'
```

5. 三角函数运算

数组的三角函数运算有以下几种：

(1) 弧度到角度的转换。

　　phi：=deg(3.1415926)　　　　　//phi=180°

（2）角度到弧度的转换。

　　phi：=rad(180)　　　　　　　　// phi=3.141 592 6

（3）求正弦值。

　　val：=sin(30)　　　　　　　　　//val=0.5

（4）求余弦值。

　　val：=cos(60)　　　　　　　　　//val=0.5

（5）求正切值。

　　val：=tan(45)　　　　　　　　　//val=1.619 78

6. 数组函数运算

令数组 V1：=[1.5，4，10]，数组 V2：=[4，2，20]，数组的数值函数的运算有以下几种：

（1）求数组中的最小值。

　　val_min：=min(V1)　　　　　　//val_min=1.5

（2）求数组中的最大值。

　　val_max：=max(V1)　　　　　　//val_max=10

（3）两数组对应位置最小值。

　　val_min2：=min2(V1，V2)　　　//val_min2=[1.5，2，10]

（4）两数组对应位置最大值。

　　val_max2：=max2(V1，V2)　　　//val_max2=[4，4，20]

（5）数组元素求和。

　　val_sum：=sum(V1)　　　　　　//val_sum=15.5

（6）数组元素求均值。

　　val_mean：=mean(V1)　　　　　//val_mean=5.1667

（7）数组元素求绝对值。

　　val_abs：=abs[−10，−9]　　　//val_abs=[10，9]

本 章 小 结

本章详细介绍了 HALCON 的数据结构，图形参数组成部分(图像、区域、XLD)的特点及相互转换和控制参数(句柄、数组)。HALCON 数据结构是 HALCON 学习的基础。

习　　题

2.1　将如图 2-42 所示的图像进行阈值分割以得到区域，将得到的区域分别转换成凸区域、最小外接圆区域、平行于坐标轴的最大内接矩形区域等。

2.2　计算如图 2-43 所示区域的行程数量、区域面积、区域中心及区域的特征矩。

图 2-42　字母

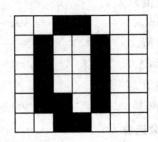
图 2-43　区域

2.3　将如图 2-44 所示的图像区域分割以得到两直线区域，分别求两区域的方向、交集与并集。

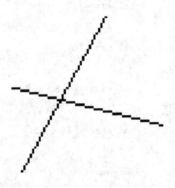

图 2-44　直线

2.4　利用 gen_ellipse_contour_xld 算子生成椭圆 XLD，求椭圆 XLD 的圆度、凸性、紧密度、等效椭圆参数、回归直线。

2.5　求 val_mean 的值。

```
Tuple:=[1, 2, 10]
Tuple[3]=10
T:=tuple [1, 3]
val_mean:=mean(T)
```

第 3 章　HALCON 图像采集

　　HALCON 图像采集，顾名思义，就是利用 HALCON 软件采集图像。采集图像首先需要硬件支持，所以会涉及硬件的选型。一个完整的图像采集系统一般由相机、镜头和光源组成，可能会用到图像采集卡，每一个硬件的选型都会影响所采集图像的质量。对于相机和镜头，需要了解其参数、接口和分类；而对于光源，需要了解其波长、颜色、照明方式等。

　　图像采集决定着图像处理的过程以及最后处理结果的成功与否，所以一定要确保采集到的图像的清晰度、对比度等满足所需要求。HALCON 采集助手是图像采集的重要工具，它可以读取和实时采集图片，并根据设置的参数生成相应的代码。

3.1　图像采集硬件

3.1.1　工业相机

　　工业相机相对于传统的民用相机（摄像机）而言，具有高图像稳定性、高传输能力和高抗干扰能力等。目前，市面上的工业相机大多是基于 CCD（Charge Coupled Device）或 CMOS（Complementary Metal Oxide Semiconductor）芯片的相机（见图 3-1）。CCD 是目前机器视觉最为常用的图像传感器，它集光电转换、电荷存储、电荷转移、信号读取于一体，是典型的固体成像器件。CCD 的突出特点是以电荷为信号，而其他器件是以电流或电压为信号。成像器件通过光电转换形成电荷包，然后在驱动脉冲的作用下转移、放大输出图像信号。典型的 CCD 相机由光学镜头、时序及同步信号发生器、垂直驱动器、模拟/数字信号处理电路组成。CCD 作为一种功能器件，具有无灼伤、无滞后、低电压工作、低功耗等优点。CMOS 图像传感器将光敏元阵列、图像信号放大器、信号读取电路、模数转换电路、图像信号处理器及控制器集成在一块芯片上，具有局部像素的编程随机访问的优点。目前，CMOS 图像传感器以其具有良好的集成性、低功耗、高速传输以及宽动态范围等特性，在高分辨率和高速场合得到广泛的应用。

(a) CCD相机　　　　　　　　　　　(b) CMOS相机

图 3-1　工业相机

1. 工业相机的分类

工业相机有以下分类标准：

(1) 按照芯片类型，工业相机可以分为 CCD 相机和 CMOS 相机。

CCD 相机和 CMOS 相机的主要区别如下：

① 与 CMOS 传感器相比，CCD 传感器对光更加敏感，这是因为 CCD 有更大的填充因子。

② 与 CMOS 传感器相比，CCD 传感器更适合低对比度的场合，这是因为 CCD 可以获得更高的信噪比。

③ 与 CCD 传感器相比，CMOS 传感器可以获得更高的图像传输速度，所以更适合高速场合需要。

④ 与 CCD 传感器相比，CMOS 传感器可以获得更多的输出柔性，可以任意选择图像输出的子兴趣区域来提高图像传输速度。

⑤ CMOS 传感器拥有更低的能耗。

(2) 按照传感器的结构特性，工业相机可以分为线阵相机、面阵相机。面阵相机的优点是价格便宜，处理方便，可以直接获得一幅完整的图像。线阵相机的优点是速度快，分辨率高，可以实现运动物体的连续检测，比如传送带上的细长带状物体的检测(这种情况下，面阵相机很难检测)；其缺点是需要进行拼接图像的后续处理。

(3) 按照扫描方式，工业相机可以分为隔行扫描相机、逐行扫描相机。隔行扫描相机的优点是价格便宜，但是在拍摄运动物体时，容易出现锯齿状边缘或叠影。逐行扫描相机则没有这个缺点，该相机拍摄的运动图像画面清晰，失真小。

(4) 按照分辨率大小，工业相机可以分为普通分辨率相机、高分辨率相机。分辨率越高，则图像的细节表现越充分。

(5) 按照输出信号方式，工业相机可以分为模拟相机、数字相机。模拟相机以模拟电平的方式表达视频信号，这种相机通常用于闭路电视或者与数字化视频波形的采集卡相连，其优点是技术成熟、成本低廉，对应的图像采集卡价格也比较低；但也有一些缺点，比如帧率低、分辨率低等。数字相机内部有一个 A/D 转换器，数据以数字形式传输，可以避免传输过程中的图像衰减或噪声。所以，在高速、高精度机器视觉应用中，一般都会选用数字相机。

除此之外，还可以按照输出色彩将工业相机分为单色(黑白)相机、彩色相机；按照输出信号速度将工业相机分为普通速度相机、高速相机；按照响应频率范围将工业相机分为可见光(普通)相机、红外相机、紫外相机等。

2. 工业相机的主要参数

工业相机的主要参数包括分辨率、像素深度、最大帧率、曝光方式、像元尺寸、光谱响应特性、工业相机噪声、信噪比等。

(1) 分辨率(Resolution)。分辨率即相机每次采集图像的像素点数(Pixels)，对于数字相机，一般是直接与光电传感器的像元数对应的；对于模拟相机，则取决于视频制式，PAL 制分辨率为 768×576，NTSC 制分辨率为 640×480。

(2) 像素深度(Pixel Depth)。像素深度即每像素数据的位数，一般为 8 bit，对于数字相机还会有 10 bit、12 bit 等。分辨率和像素深度共同决定了图像的大小。例如，对于像素深度为 8 bit 的 500 万像素相机，采集的整张图片大小为 500 万×8/1024/1024＝37 MB(1024 B＝1 KB, 1024 KB＝1 MB)。增加像素深度可以提高测量的精度，但同时也降低了系统的速度，并且提高了系统集成的难度(线缆增加，尺寸变大等)。

(3) 最大帧率(Frame Rate)/行频(Line Rate)。最大帧率/行频指相机采集传输图像的速率，面阵相机一般为每秒采集的帧数(Frames/Sec)；线阵相机为每秒采集的行数(Hz)。

(4) 曝光方式(Exposure)和快门速度(Shutter)。线阵相机的曝光方式为逐行曝光，可以选择固定行频和外触发同步的采集方式，曝光时间可以与行周期一致，也可以设定一个固定的时间；面阵相机有帧曝光、场曝光和滚动行曝光等几种常见的曝光方式；数字相机一般都提供外触发采集的功能。快门速度一般可以达到 10 μs，高速相机还可以更快。

(5) 像元尺寸(Pixel Size)。像元大小和像元数(分辨率)共同决定了相机靶面的大小。目前，数字相机的像元尺寸一般为 3~10 μm。通常像元尺寸越小，制造难度越大，图像质量也越难提高。

(6) 光谱响应特性(Spectral Range)。光谱响应特性是指像元传感器对不同光波的敏感特性，一般响应范围为 350~1000 nm。一些相机在靶面前加了一个滤镜，滤除红外光线，如果系统需要对红外感光，则可去掉该滤镜。

(7) 工业相机噪声。工为相机噪声是指成像过程中不希望被采集到，实际成像目标之外的信号。工业相机噪声总体上分为两类：一类是由有效信号带来的散粒噪声，这种噪声对任何相机都存在；另一类是相机本身固有的，与信号无关的噪声，即由图像传感器读出电路、相机进行信号处理与放大电路时带来的固有噪声，每台相机的固有噪声都不相同。

(8) 信噪比(SNR)。信噪比是图像中信号与噪声的比值(有效信号平均灰度值与噪声均方根的比值)，代表了图像的质量。图像的信噪比越高，相机的性能和图像质量越好。

3. 工业相机的输出接口

工业相机输出接口类型的选择主要由需要获得的数据类型决定。如果图像输出给视频监视器，那么只需要模拟输出的工业相机。如果需要将工业相机获取的图像传输给电脑处理，则有多种输出接口选择，但必须和采集卡的接口一致，通常有以下几种方式：

(1) USB 接口。USB 接口直接输出数字信号图像，通信方式为串行通信，支持热拔插，会占用 CPU 资源，传输距离较短，稳定性稍差。目前广泛采用的 USB 2.0 接口，其优点是所有电脑都配置有 USB 2.0 接口，方便连接，不需要采集卡；其缺点是传输速率较慢，且由于接口没有螺丝固定，所以连接处容易松动。USB 3.0 在 USB 2.0 的基础上新增了两组数据总线和传输协议，可以更快地传输数据。目前，USB 3.0 相机还未普及，但国内外的工业相机厂商都在进行积极推进。

(2) 1394a/1394b 接口。1394 接口的协议、编码方式较佳，传输速度稳定，接口处都有螺丝紧固。常用的 1394 接口包括 1394a 接口(传输速率为 400 Mb/s)和 1394b 接口(传输速率为 800 Mb/s)。由于在苹果垄断时期 1394 接口未能得到普及，因此电脑上通常不包含其接口，需要使用额外的采集卡。

(3) Gige 接口。Gige 接口即千兆以太网接口、PC 标准接口，该接口的传输速率高、传输距离远(可达 100 m)。Gige 接口是一种基于千兆以太网通信协议开发的相机接口标准，是近几年市场上应用的重点，其使用方便，CPU 资源占用少，可多台同时使用。

（4）Camera Link 接口。Camera Link 接口需要单独的 Camera Link 采集卡，成本较高、便携性低，在实际应用中较少使用。但是，该接口是目前工业相机中传输速率最快的一种传输方式，一般在高分辨率的高速面阵相机和线阵相机上应用，价格昂贵。

（5）HDMI 接口。HDMI（High Definition Multimedia Interface）是一种采用数字化视频（音频）接口技术的高清晰度多媒体接口，可以满足 1080 P 的分辨率，是适合影像传输的专用型数字化接口。该接口可同时传送无压缩的音频和视频信号，其最高数据传输速度为 5 Gb/s，同时无需在信号传送前进行数/模转换或者模/数转换。此外，采用 HDMI 规格接口的线缆没有长度的限制，HDMI 的最大传输距离为 15 m。

（6）VGA 接口。VGA 接口是计算机的常用模拟输出接口，部分工业相机也提供该输出接口。VGA 接口的特点是可以直接显示且显示速率高，图像清晰无闪烁，集成度高，性能稳定，故障率低。

4. 工业相机的选型

1）选择工业相机的分辨率

X 方向分辨率＝视野范围（X 方向）/理论精度；Y 方向分辨率＝视野范围（Y 方向）/理论精度。根据目标的要求精度，可以计算出相机的分辨率。例如，对于视野大小为 10 mm×10 mm 的场合，要求的精度为 0.02 mm/pixel，则单方向上分辨率为 10/0.02＝500，然而，考虑到相机边缘视野的畸变以及系统的稳定性要求，一般不会只用一个像素单位对应一个测量精度值，而是选择 4 个或者更多的像素单位对应一个测量精度值，这样就使相机的单方向分辨率变成了 2000（即 500×4＝2000），相机的分辨率变成了 2000×2000＝400 万，所以选用 500 万像素的相机即可满足。

2）选择工业相机的芯片

如果要求拍摄的物体是运动的，要处理的对象也是实时运动的物体，那么选择 CCD 芯片的相机最合适。但采用帧曝光（全局曝光）方式的 CMOS 相机在拍摄运动物体时绝不比 CCD 的差。如果物体运动的速度很慢，在我们设定的相机曝光时间范围内，物体运动的距离很小，换算成像素其大小为一两个像素，那么选择普通滚动曝光的 CMOS 相机也是合适的。但若超过两个像素的偏差，则物体拍出来的图像会有拖影。目前，很多高品质的 CMOS 相机完全可以替代 CCD 用于高精度、高速的场合，CMOS 将会成为主流选择。

3）选择彩色相机还是黑白相机

如果根据颜色特征处理图像，则采用彩色相机，否则建议使用黑白相机，因为同样的分辨率，黑白相机的精度比彩色的高，对于图像的边缘，使用黑白相机的效果更好。此外，做图像处理时，由于黑白工业相机得到的是灰度信息，所以可直接处理。

4）选择工业相机的帧率

根据要拍摄的运动物体选择相机的帧率，帧率需大于或等于物体运动的速度。

5）选择线阵相机还是面阵相机

对于拍摄精度要求很高，运动速度很快的物体，面阵相机的分辨率和帧率可能达不到要求，所以选择线阵相机。

6) 相机和图像采集卡的匹配

（1）视频信号的匹配。黑白模拟信号相机有 CCIR 和 RS170（EIA）两种视频信号格式，通常采集卡可同时支持这两种格式的相机。

（2）分辨率的匹配。每款采集卡都只支持某一分辨率范围内的相机。

（3）特殊功能的匹配。如果要使用相机的特殊功能，则需先确定所用采集卡是否支持此功能，比如使用多部相机同时拍照，则采集卡必须支持多通道；如果相机是逐行扫描的，那么采集卡必须支持逐行扫描。

（4）接口的匹配。确定相机和采集卡的接口是否匹配，如相机接口为 CameraLink、Firewire1394 时，由于笔记本电脑没有该接口，所以需使用额外的图像采集卡，此时要求采集卡接口与相机接口相匹配。

7) 工业相机的 CCD/CMOS 靶面

靶面尺寸的大小会影响镜头焦距的长短，在相同视场角下，靶面尺寸越大，焦距越长。在选择相机时，特别是对拍摄角度有严格要求时，CCD/CMOS 靶面的大小、CCD/CMOS 与镜头的配合情况将直接影响视场角的大小和图像的清晰度。因此，在选择 CCD/CMOS 尺寸时，要结合镜头的焦距、视场角。一般要求镜头的尺寸大于或等于相机的靶面尺寸。

以索尼（Sony）的 CCD 芯片为例，不同的靶面尺寸对应的对角线长、CCD 高和宽如表 3-1 所示。对于尺寸小于 1/2 英寸（1 英寸＝2.54 cm）的靶面，用 18 mm 乘以尺寸值即可求出大致的对角线长度；对于大于 1/2 英寸的靶面，则用 16 mm 乘以尺寸值，可求得大致的对角线长度。

表 3-1　索尼的 CCD 芯片靶面尺寸

靶面尺寸/英寸	对角线长/mm	CCD 高/mm	CCD 宽/mm
1.8	28.4	15.7	23.7
4/3	21.8	13.1	17.4
1	16.0	9.6	12.8
2/3	11.0	6.6	8.8
1/1.8	9.0	5.4	7.2
1/2	8.0	4.8	6.4
1/2.5	7.2	4.29	5.76
1/2.7	6.6	4	5.3
1/3	6.0	3.6	4.8
1/3.2	5.7	3.42	4.54
1/3.6	5.0	3	4
1/4	4.5	2.7	3.6

8) 典型的工业相机

（1）Costar 工业相机。Costar 工业相机有以下特点：

① 支持亚像素精度。

② 有友好的图像采集界面。

③ 结构紧凑、坚固。

④ 有可调整的 C-mount 接口。

⑤ 支持同步图像转换。

机器视觉相机 SI - C721 首次采用的 Sony DSP 技术支持 470 线的分辨率,有简单易用的屏幕显示菜单,结构设计紧凑,图像质量较高。

(2) Lumenera 数字工业相机。Lumenera 数字工业相机有以下特点:

① 有高速 USB 2.0 接口(480 Mb/s)。

② 有稳定的高分辨率图像。

③ 有良好的实时传输特性。

④ 相机的通用 I/O 口可以方便与外面设备的交互(4 个输入端和 4 个输出端)。

⑤ 相机的封装好。

⑥ 有 8、10 和 12 位输出图像可选。

⑦ 连接方式简单(视频输出和相机调节均通过 USB 电缆连接)。

⑧ 兼容 DirectShow 标准。

⑨ 兼容 Windows 98 SE、Windows ME、Windows 2000 和 Windows XP。

⑩ 有强大的二次开发库。

(3) Sony 相机(日本)。Sony 研发的全新 CMOS 影像感应器技术可产生高清晰的影像。Sony 对单一像素的精细处理及更少的噪声均衡控制等技术,使得 CMOS 影像感应器能够形成高质量影像。增强型影像处理器即支持 CMOS 影像感应器的全新信号处理器,可提升极暗及极亮的感光度,平衡光暗度,突显影像层次感,创造高像素静止影像。Sony 的工业相机涵盖了黑白与彩色的面阵相机、线阵相机等多系列产品。

(4) 东芝泰力相机(日本)。东芝泰力较有代表性的机器视觉相机——CS6910CL,是一台拥有 63 万有效像素的彩色相机,其分辨率为 SXGA,可产生 30 f/s 高帧速率的视频输出,适用于高速的影像处理,具备用于机器视觉、影像处理等方面不可欠缺的 CL(Camera Link)、随机外部触发快门和全帧输出功能。

(5) Dalsa 相机(加拿大)。Dalsa 以 Dalsatar 系列为代表的高端 CCD 相机因灵敏度高、像元一致性好、动态范围大、控制方式灵活而著称,该相机是高分辨率 CCD 相机的代表。高速 CCD 相机在爆炸力学、高速运动物体的分析等领域有广泛的应用。高速度是 Dalsa CCD 相机的显著特点之一。

(6) Basler 摄像机(德国)。Basler 摄像机一直以坚固、稳定、兼容性好、产品线齐全而著称。Basler 线阵摄像机包含了 1k、2k、4k 和 8k 分辨率的黑白相机及 2k、4k 分辨率的彩色相机,各种像素的摄像机均有不同帧率,最快可达 58 500 行/s。面阵摄像机也有多种型号,帧率最高为 1280×1024 分辨率下 500 帧/s 的帧率。Basler 产品广泛用于机器视觉、航空航天、交通、科研、医学、教育等领域。

(7) UNIQ 相机(美国)。UNIQ 以高分辨率的 CCD 相机而闻名,其 CCD 相机(LVDS and Camera Link)、USS 相机、彩色 CCD 相机(LVDS and Camera Link)等广泛应用于机器视觉。

(8) Atmel 相机(美国)。Atmel 的快速 CMOS 区域扫描相机 ATMOS 2M30 和 ATMOS 2M60 能以 8 位、10 位或者 12 位进行工作,并能提供极好的动态漫游,即使在最高速度下也能保证图像的高灵敏度和高质量。

（9）Olympus 相机（日本）。Olympus 的工业电子内窥镜 IPLEX SX Ⅱ 具备"可从任意角度观察样本并进行测量"的立体测量功能，可用于裂缝大小的测量等外观检查。

3.1.2　镜头

镜头一般由光学系统和机械装置两部分组成，光学系统由若干透镜（或反射镜）组成，以构成正确的物像关系，并确保获得正确、清晰的影像，它是镜头的核心；而机械装置包括固定光学元件的零件（如镜筒、透镜座、压圈、连接环等）、镜头调节机构（如光圈调节环、调焦环等）、连接机构（比如常见的 C 接口、CS 接口）等。此外，也有些镜头有自动调光圈、自动调焦或感测光强度的电子机构。

1. 镜头的相关参数

将焦距（f）、光圈系数（相对孔径）、对应最大 CCD 尺寸、接口、后背焦以及像差（比如畸变、场曲等）看作镜头的内部参数，而将视场（FOV）、数值孔径（NA）、光学放大倍数（M）、分辨率（Resolution）、工作距离（WD）和景深（DOF）看作镜头的外部参数。

（1）焦距（f）。焦距是镜头到焦点的距离，是镜头的重要性能指标。镜头焦距的长短决定着拍摄的成像大小、视场角大小、景深大小和画面的透视强弱。焦距越大成像越大。根据透镜的用途不同，焦距的大小也不同。常见的工业镜头焦距有 5 mm、8 mm、12 mm、25 mm、35 mm、50 mm、75 mm 等。焦距的计算公式为

$$f = \frac{\text{CCD 宽} \cdot \text{WD}}{\text{物宽}} = \frac{\text{CCD 高} \cdot \text{WD}}{\text{物高}} \tag{3-1}$$

式中：WD 为工作距离（物距）。针对不同物距、不同物高的物体，根据 CCD 芯片的靶面尺寸计算得到的镜头焦距如表 3-2 所示。

表 3-2　焦距计算结果

CCD 宽 /mm	CCD 高 /mm	对角线长 /mm	靶面尺寸 /英寸	物距/mm	物高/mm	焦距/mm
23.7	40	46.49	1.8	310	120	103.33
17.4	18.5	25.40	4/3	700	750	17.267
12.7	9.5	15.86	1	500	180	26.389
11	11	15.56	2/3	7	15.4	5
7.2	5.4	9.00	1/1.8	7	15.4	2.4545
6.4	4.8	8.00	1/2	7	15.4	2.1818
5.76	4.29	7.18	1/2.5	1.2	0.5	10.296
5.3	4	6.64	1/2.7	1.2	0.5	9.6
4.8	3.6	6.00	1/3	10	9	4
4.54	3.42	5.68	1/3.2	10	9	3.8
4	3	5.00	1/3.6	10	9	3.3333
3.6	2.7	4.50	1/4	10	9	3

(2) 光圈系数(相对孔径)。相对孔径的计算公式为

$$相对孔径 = \frac{光圈直径\,D}{焦距\,f} \qquad (3-2)$$

相对孔径的倒数就是光圈系数,光圈系数一般以 F 数来表示。例如,如果镜头的相对孔径是 1:2,那么其光圈系数也就是 $F2.0$,相机的镜头上都会标写这一指标。常用的光圈系数为 $F1.4$、$F2.0$、$F2.8$、$F4.0$、$F5.6$、$F8.0$、$F11.0$、$F16.0$、$F22.0$ 等。光圈系数的标称值越大,光圈越小,在单位时间内的通光量越小。有些视觉系统为了增加镜头的可靠性和降低成本,采用定光圈设计,即当光圈不能改变时,通过调整光源强度或相机增益来调整图像亮度。

(3) 对应最大 CCD 尺寸。最大 CCD 尺寸是指镜头成像直径可覆盖的最大 CCD 芯片尺寸,主要有 1/2 英寸、2/3 英寸、1 英寸和 1 英寸以上。

(4) 接口。接口是镜头与相机的连接方式,常用的接口包括 C、CS、F、V、T2 等。

(5) 后背焦(Flange Distance)。后背焦即后焦距,指相机接口平面到芯片的距离。简单来说,当安装上标准镜头(标准 C/CS 接口镜头)时,后背焦是使被拍摄物体的成像恰好在 CCD 图像传感器的靶面上的距离。在对线扫描镜头或大面阵相机的镜头选型时,后背焦是一个非常重要的参数,它直接影响镜头的配置。一般工业相机在出厂时都对后背焦做了适当的调整,因此在配接定焦镜头的应用场合,一般不需要调整工业相机的后背焦。而在有些应用场合,如出现当镜头对焦环调整到极限位置仍不能使图像清晰时,如果镜头接口正确,则需要对工业相机的后焦距进行调整。

(6) 像差(比如畸变、场曲等)。在机器视觉应用中,最为关键的像差是畸变(变形率)和场曲(对于传感器接配的镜头来说,该参数已被严格校正)。畸变会影响测量结果,特别是在精密测量中,必须通过软件进行标定和补偿。

(7) 视场(FOV)。视场是指镜头实际拍到的区域范围,其计算公式为

$$\text{FOV} = \frac{\text{WD} \cdot \text{CCD 尺寸}}{f} \qquad (3-3)$$

式中:f 为焦距;WD 为工作距离。

(8) 数值孔径(NA)。数值孔径的计算公式为

$$\text{NA} = n \cdot \sin\frac{a}{2} \qquad (3-4)$$

式中:n 为物方介质折射率;a 为物方孔径角。数值孔径与其他光学参数有着密切的关系,它与分辨率及光学放大倍数成正比。也就是说,数值孔径直接决定了镜头的分辨率,数值孔径越大,分辨率越高,否则分辨率越低。

(9) 光学放大倍数(M)。光学放大倍数等于芯片尺寸除以视场,即

$$M = \frac{\text{CCD}}{\text{FOV}} \qquad (3-5)$$

(10) 分辨率(Resolution)。镜头的分辨率代表镜头记录物体细节的能力,是指在成像平面上 1 mm 间距内,可分辨开的黑白相间的线条对数,单位是"线对/mm"。镜头的分辨率越高,成像越清晰。镜头的分辨率不能和相机的分辨率混为一谈。

(11) 工作距离(WD)。工作距离即物距,指镜头最下端机械面到被测物体的距离。由

于有些系统工作空间很小，所以要求镜头有较小的工作距离，但有的系统在镜头前需要安装光源或其他工作装置，因而必须有较大的工作距离保证空间。需要的工作距离越大，保持小视野的难度和成本就越高。

　　(12) 景深(DOF)。景深是镜头一个重要的外部参数，它表示满足图像清晰要求的远点位置与近点位置的差值，如图 3-2 所示。

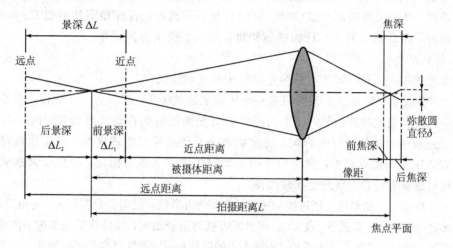

图 3-2　景深光学示意图

前景深 ΔL_1、后景深 ΔL_2 及景深 ΔL 的计算公式为

$$\Delta L_1 = \frac{F\delta L^2}{f^2 + F\delta L} \tag{3-6}$$

$$\Delta L_2 = \frac{F\delta L^2}{f^2 - F\delta L} \tag{3-7}$$

$$\Delta L = \Delta L_1 + \Delta L_2 = \frac{2f^2 F\delta L^2}{f^4 - F^2\delta^2 L^2} \tag{3-8}$$

式中：f 为焦距；F 为光圈系数；L 为对焦距离。弥散圆的最大直径是个相对量，它的可接受直径很大程度上取决于应用。因此，在实际视觉应用中，以实验和参考镜头给出的参考值为主。简单地说，光圈越小，景深越大；焦距越短，景深越大；工作距离越远，景深越大。

2. 镜头的分类

1) 按镜头接口分类

按镜头接口的不同，镜头可分为 C-MOUNT 和 CS-MOUNT。

(1) C-MOUNT。C-MOUNT 即 C 接口镜头，是目前机器视觉系统中使用最广泛的镜头，具有重量轻、体积小、价廉、品种多等优点，它的接口螺纹参数为：公称直径＝1 英寸，螺距＝32 牙(1-32UN)。

(2) CS-MOUNT。CS-MOUNT 即 CS 接口，是为新的 CCD 相机而设计的。随着 CCD 集成度越来越高，相同分辨率的光敏阵列越来越小，设计的 CS-MOUNT 更适用于有效光敏传感器尺寸更小的相机。

除了普遍的 C 接口和 CS 接口外，还有用于大分辨率面阵相机及线阵相机的 F 接口、M42 接口、M72 接口及用于靶面较大或特殊镜头的 V 接口。F 接口是尼康镜头的接口标准,又称尼康口,一般靶面尺寸大约为 1 英寸的工业相机需要用 F 接口的镜头。

C 接口和 CS 接口的区别仅仅在于镜头的安装基准面到焦点的距离不同。C 接口的距离是 17.526 mm,而 CS 接口是 12.5 mm。它们之间相差约 5 mm。因此,具有 CS 接口的相机,可以与 C 接口或 CS 接口的镜头连接,但使用 C 接口镜头时需加装一个接圈;具有 C 接口的相机只能与 C 接口的镜头连接,而不能与 CS 接口的镜头连接,否则不但不能获得良好的聚焦,还有可能损坏 CCD 靶面(部分 C 接口相机可以拧掉接圈转换成 CS 接口)。但有一个例外,即 C 接口的 3CCD 相机不能和 C 接口的镜头协同工作。

2) 按焦距类型分类

按焦距类型的不同,镜头可分为定焦镜头和变焦镜头。

(1) 定焦镜头。定焦镜头特指只有一个固定焦距的镜头,它只有一个焦段,或者说只有一个视野,没有变焦功能。定焦镜头的设计相对变焦镜头而言要简单得多,但一般变焦镜头在变焦过程中对成像会有所影响,而定焦镜头的优点是对焦速度快,成像质量稳定。对于使用定焦镜头的数码相机,它所拍摄的运动物体图像清晰而稳定,对焦非常准确,画面细腻,颗粒感非常轻微,测光也比较准确。

(2) 变焦镜头。变焦镜头通过镜头中镜片之间相互移动,使镜头的焦距在一定范围内变化,从而在无需更换镜头的情况下,使 CCD 相机既可获得全景图像,又可获得局部细节图像。可通过变换焦距,得到不同宽窄的视场角、不同大小的影像和不同景物范围的相机镜头。变焦镜头可在不改变拍摄距离的情况下,通过变动焦距改变拍摄范围,因此非常有利于画面构图。

3) 按焦距、视场角大小分类

按焦距、视场角大小的不同,镜头可分为标准镜头、长焦距镜头、鱼眼镜头、广角镜头、微距镜头。

(1) 标准镜头。标准镜头是视场角为 50°左右的镜头的总称,它的透视效果自然,而且景角与人眼视觉中心相似,因而使用最为广泛。

(2) 长焦距镜头。一般焦距在 60 mm 以上的镜头称为长焦距镜头,也可称为望远镜头。该镜头的工作距离长、放大倍数大,通常畸变表现为枕形失真。

(3) 鱼眼镜头。鱼眼镜头是一种焦距极短并且视角接近或等于 180°的镜头。

(4) 广角镜头。广角镜头是一种焦距短于标准镜头、视场角大于标准镜头、焦距大于鱼眼镜头、视场角小于鱼眼镜头的镜头。该镜头的特点是工作距离短,景深大,视场角大,通常畸变表现为桶形失真。

(5) 微距镜头。微距镜头是用于拍摄较小物体的镜头,它具有较大的镜头放大比。

4) 按光圈分类

按光圈的不同,镜头可分为固定光圈式镜头、手动光圈式镜头、自动光圈式镜头等。

在镜头中装有能控制光线输入量的可变光圈,可变光圈使镜头的相对孔径可以连续变化,以便适应对不同亮度物体的正确曝光。调节光圈的大小可以改变景深大小。因此,为了获得较大景深的效果,在照明许可的情况下,应尽可能加大照明强度,减小光圈。

5) 按镜头伸缩调整方式分类

按镜头伸缩调整方式的不同,镜头可分为电动伸缩镜头、手动伸缩镜头等。

3. 远心镜头

远心镜头(Telecentric)主要是为纠正传统工业镜头视差而设计的，它可以在一定的物距范围内，使得到的图像放大倍数不会变化，这对被测物体不在同一物面上的情况是非常重要的。远心镜头由于其特有的平行光路设计，一直被对镜头畸变要求很高的机器视觉应用场合所青睐。如图 3-3 所示就是一个远心镜头。

1) 原理

设计远心镜头的目的是消除由于被测物体(或 CCD 芯片)与镜头距离不一致，造成放大倍率不同的影响。远心镜头的设计原理有以下几个方面：

(1) 物方远心光路设计原理及作用。将孔径光阑放置在光学系统的像方焦平面上，物方主光线平行于光轴，主光线的会聚中心位于物方无限远处，该光路称为物方远心光路，其示意图如图 3-4 所示。物方远心光路的作用是消除物方由于调焦不准确而带来的读数误差。

图 3-3　远心镜头

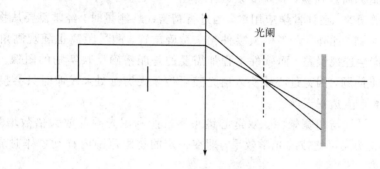

图 3-4　物方远心光路示意图

(2) 像方远心光路设计原理及作用。将孔径光阑放置在光学系统的物方焦平面上，像方主光线平行于光轴，主光线的会聚中心位于像方无限远处，该光路称为像方远心光路，其示意图如图 3-5 所示。像方远心光路的作用是消除像方由于调焦不准而引入的测量误差。

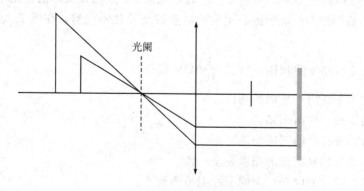

图 3-5　像方远心光路示意图

(3) 双侧远心光路设计原理及作用。双侧远心光路综合了物方、像方远心光路的双重作用，主要用于视觉测量领域，其示意图如图 3-6 所示。

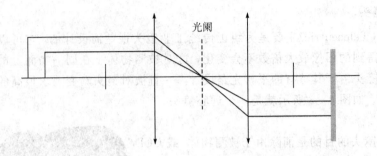

图 3-6　双侧远心镜头光路示意图

2）技术参数

（1）图像分辨率。图像分辨率一般以量化图像传感器既有的空间频率对比度的 CTF （对比传递函数）衡量，单位为 lp/mm（每毫米线对数）。

（2）畸变系数。畸变系数即实物大小与图像传感器成像大小的差异百分比。普通相机 镜头通常有 1%～2% 的畸变，因此可能会严重影响测量的精度。相比之下，远心镜头通过 严格的加工制造和质量检验，将畸变系数控制在了 0.1% 以下。

（3）无透视误差。在计量学应用中，当进行精密线性测量时，经常需要从物体标准正面 （不包括侧面）观测。此外，许多机械零件无法精确放置，测量距离也随观测角度的变化而 变化，所以会产生透视误差。而软件工程师需要的是能精确反映实物的图像，远心镜头可 以完美解决以上问题，因为远心镜头入射光瞳可位于无穷远处，成像时只会接收平行光轴 的主射线，不会产生透视误差。

（4）双远心设计与超宽景深。双远心镜头不仅能利用光圈与放大倍数增强自然景深， 而且有非远心镜头无可比拟的光学效果，即在一定的物距范围内移动物体时成像不变，亦 即放大倍数不变。

3）远心镜头的选择

远心镜头和相机的匹配选择原则和普通工业镜头相同，只要其镜头的规格大于或等于 相机的靶面即可。使用过程中需注意，在远心镜头的物镜垂直下方区域内的像都是远心成 像，而超出此区域的像就不是严格意义上的远心成像了，这点在实际的使用中一定要注意， 否则会产生不必要的偏差。基于远心镜头的原理特征及独特优势，在以下六种情况下，最 好选用远心镜头：

（1）需要检测有厚度的物体（厚度 $>\frac{1}{10}$ FOV 直径）。

（2）需要检测不在同一平面的物体。

（3）物体到镜头的距离未知。

（4）需要检测带孔径的三维物体。

（5）需要低畸变率且图像的亮度完全一致。

（6）缺陷只在同一方向平行照明下才能检测到。

根据使用情况（物体尺寸和需要的分辨率）选择物方尺寸（拍摄范围）合适的物方镜头和 CCD 或 CMOS 相机，同时结合像方尺寸（使用 CCD 的靶面大小）即可计算出放大倍数，然 后选择合适的像方镜头。在选择过程中，还应注意景深指标的影响，因为像/物倍数越大，景深越小。为了得到合适的景深，可能还需要重新选择镜头。

　　4）与普通镜头对比

　　在一定的物距范围内，远心镜头得到的图像放大倍数不会随物距的变化而变化；而对于普通工业镜头，目标物体越靠近镜头（工作距离越短），成像尺寸就越大。在使用普通镜头进行尺寸测量时，存在如下问题：

　　（1）由于被测量物体不在同一个测量平面内，因此造成放大倍数的不同。

　　（2）镜头畸变大。

　　（3）当物距变大时，对物体的放大倍数也改变。

　　（4）镜头的解析度不高。

　　（5）由于视觉光源的几何特性，造成图像边缘位置的不确定性。

　　远心镜头可以有效地解决上述问题，而且没有判断误差，因此可用于高精度测量。

4. 工业镜头的选择

　　工业相机镜头的选择过程，是将工业相机镜头各项参数逐步明确化的过程。作为成像器件，工业相机镜头通常与光源、相机一起构成一个完整的图像采集系统，因此工业相机镜头的选择受到整个系统要求的制约，一般可以从以下几个方面进行分析考虑。

　　1）波长及是否变焦

　　工业相机镜头的工作波长和是否需要变焦比较容易确定。在成像过程中，若需要改变放大倍数，则采用变焦镜头，否则采用定焦镜头。

　　关于工业相机镜头的工作波长，可见光波段较常见，也有其他波段的应用。确定工业相机的工作波长前需明确以下问题：

　　（1）是否需要另外采取滤光措施。

　　（2）选择单色光还是多色光。

　　（3）能否有效避开杂散光的影响。

　　2）特殊要求优先考虑

　　结合实际应用的特点，若应用有特殊的要求，则应该先予以确定。例如是否有测量功能、是否需要使用远心镜头、成像的景深是否很大等。景深往往不被重视，但它却是任何成像系统都必须考虑的因素。

　　3）估算工作距离和焦距

　　工作距离和焦距往往结合起来估算。一般地，可以先明确系统的分辨率，结合 CCD 像素尺寸得出放大倍数，再结合空间结构约束即可估算工作距离，从而进一步估算工业相机镜头的焦距。

　　4）像面大小和像质

　　工业相机镜头的像面大小要与相机感光面大小兼容，遵循"大的兼容小的"的原则，即相机感光面不能超出镜头标示的像面尺寸，否则边缘视场的像质有损。简单地说，镜头的规格要大于或等于 CCD 芯片尺寸，否则视场边缘会出现黑边。特别是在测量中，最好使用稍大规格的镜头，因为镜头往往在其边缘处失真最大。例如 CCD 芯片大小为 1/2 英寸，则镜头的规格可以选择 1/2 英寸或 2/3 英寸；如果选择 1/3 英寸，则视场边缘会出现很大的暗角。

　　对像质的要求主要关注 MTF 和畸变两项。在测量应用中，尤其应该重视畸变。

5) 光圈和接口

工业相机镜头的光圈主要影响像面的亮度。如果光照充足,则可以选择较小的光圈来增加景深,从而提高图像清晰度;如果光照不足,则可选择稍大的光圈。但在现在的机器视觉中,最终的图像亮度是由很多因素共同决定的,如光圈、相机增益、积分时间、光源等。所以,为了获得必要的图像亮度,会有比较多的参数需要调整。

工业相机镜头的接口指它与相机的连接接口,若镜头的接口与相机的接口不能直接匹配,则需要转接。如表 3-3 所示为接口配套的原则。

表 3-3　接口配套的原则

相机接口	C-Mount	CS-Mount	F-Mount
可配镜头接口	C/F＋转接器	CS/C＋节圈	F

【例 3-1】 为硬币检测成像系统选配工业相机镜头。

约束条件:相机 CCD 尺寸为 2/3 英寸,像素尺寸为 4.65 μm,接口为 C 接口,工作距离大于 200 mm,系统分辨率为 0.05 mm,光源采用白色 LED 光源。

基本分析如下:

(1) 要求与白色 LED 光源配合使用,则镜头应是可见光波段。没有变焦要求,所以选择定焦镜头。

(2) 由于用于工业检测,且带有测量功能,所以所选镜头的畸变要小。

(3) 光学放大倍数:

$$M = \frac{4.65\ \mu m}{0.05 \times 1000\ \mu m} = 0.093$$

焦距:

$$f = \frac{WD \cdot M}{M+1} = \frac{200\ \mu m \cdot 0.093}{0.093 + 1} \approx 17\ mm$$

工作距离要求大于 200 mm,则选择的镜头焦距应该大于 17 mm。

(4) 选择镜头的像面应该不小于 CCD 尺寸,即至少 2/3 英寸。

(5) 镜头的接口要求是 C 接口,能配合相机使用。光圈暂无要求。

从以上分析计算可以初步得出这个镜头的"轮廓":焦距大于 17 mm,定焦,可见光波段,C 接口,至少能配合 2/3 英寸 CCD 使用,而且成像畸变要小。按照这些要求,可以进一步地挑选,如果多款镜头都能符合这些要求,则可以择优选用。

3.1.3　光源

光源是机器视觉系统的重要组成部分,直接影响图像的质量,进而影响系统的性能。在一定程度上,光源的设计与选择是机器视觉系统成败的关键。光源最重要的功能就是使被观察的图像特征与被忽略的图像特征之间产生最大的对比度,从而易于对特征的区分。选择合适的光源不仅能够提高系统的精度和效率,也能降低系统的复杂性和对图像处理算法的需求。

1. 衡量光源的好坏

光源的好坏需从以下几个方面衡量:

（1）对比度。对比度对机器视觉来说非常重要。对比度定义为在特征与其周围的区域之间有足够的灰度量区别。好的照明应保证需要检测的特征突出于其他背景。

（2）亮度。当有两种光源时，应选择更亮的光源。光源较暗，则可能出现三种不利于观测的情况：第一，由于光源较暗，所以图像的对比度较低，在图像上出现噪声的可能性也随即增大；第二，由于光源较暗，所以需加大光圈，导致景深减小；第三，光源较暗会导致自然光等随机光对系统的影响增大。

（3）鲁棒性。另一个辨别光源好坏的方法是测试光源是否对部件的位置敏感度最小。当光源放在摄像头视野的不同区域或不同角度时，结果图像应不随之变化。对于方向性很强的光源，以上方法增大了高亮区域镜面反射发生的可能性，这不利于特征提取。在很多情况下，好的光源在实际工作中与在实验室中应有相同的效果。好的光源能使寻找的特征明显化，除了使摄像头能够拍摄到物体外，还能产生最大的对比度和足够的亮度，且对物体的位置变化不敏感。

2. 光源的控制

物体表面的几何形状、光泽度及颜色决定了光在物体表面的反射情况。机器视觉应用光源控制的核心是控制光源反射。如果可以控制光源的反射，那么也可以控制获得的图像。影响反射效果的因素有光源的位置、物体表面的光滑度、物体表面的几何形状及光源的均匀性。

（1）光源的位置。由于光源按照入射光线反射，因此光源的位置对获取高对比度的图像很重要。光源的目标是使感兴趣的特征与其背景对光源的反射不同。根据光源在物体表面的反射情况，可以判断出光源的位置。

（2）物体表面的光滑度。光在物体表面可能发生高度反射（镜面反射）或者高度漫反射。决定镜面反射还是漫反射的主要因素是物体表面的光滑度。

（3）物体表面的几何形状。不同形状的物体表面，反射光的方式不尽相同。物体表面的形状越复杂，其表面的反射情况也随之而复杂。比如对于一个抛光的镜面表面，光源需要在不同的角度照射，以此来减小光影。

（4）光源的均匀性。不均匀的光会发生不均匀的反射。简单地说，图像中暗的区域表示缺少反射光，而亮的区域表示反射光太强。不均匀的光会使视野范围内某些区域的光比其他区域多，从而造成物体表面反射不均匀。均匀的光源可以补偿物体表面的角度变化，即使物体表面的几何形状不同，光源在各部分的反射也是均匀的。

3. 光源的种类

常用的光源有以下分类方式。

1）按发光机理分类

常用的光源，按发光机理可分为卤素灯（光纤光源）、高频荧光灯和 LED 光源。

（1）卤素灯。卤素灯也叫光纤光源，是因为光线是通过光纤传输的。卤素灯适合小范围的高亮度照明，其真正发光的是卤素灯泡，功率可达 100 多瓦。高亮度卤素灯可通过光学反射和一个专门的透镜系统进一步聚焦，从而提高光源亮度。高亮度卤素灯适合对环境温度比较敏感的场合，如二次元测量仪的照明；但缺点是使用寿命短，只能工作 2000 小时左右。

（2）高频荧光灯。高频荧光灯的发光原理和日光灯类似，但是其灯管是工业级产品，并且采用了高频电源，即光源闪烁的频率远高于相机采集图像的频率，以消除图像的闪烁。高频荧光灯适合大面积照明，亮度高且成本较低。

（3）LED 光源。LED 光源是目前最常用的光源，主要有以下几个特点：

① 使用寿命长，大约为 10 000～30 000 小时。

② 由于 LED 光源采用多个 LED 排列而成，故可以设计成复杂的结构，以实现不同的光源照射角度。

③ 有多种颜色可选，包括红、绿、蓝、白以及红外、紫外。针对不同检测物体的表面特征和材质，可选用不同颜色，即不同波长的光源，从而达到理想效果。

④ 光均匀稳定并且响应速度快。

2）按形状分类

常用的光源按形状来分，主要有环形光源、背光源、条形光源、同轴光源、AOI 专用光源、球积分光源、线形光源、点光源、组合条形光源、对位光源。

（1）环形光源。环形光源有以下特点：

① 提供不同照射角度、不同颜色的组合，更能突出物体的三维信息。

② 有高密度 LED 阵列，所以亮度高。

③ 有多种紧凑设计，节省安装空间。

④ 可解决对角照射阴影问题。

⑤ 可选配漫射板导光，光线均匀扩散。

环形光源的应用领域包括 PCB 基板检测、IC 元件检测、显微镜照明、液晶校正、塑胶容器检测、集成电路印字检查。如图 3-7 所示为常见的环形光源。

（2）背光源。背光源是指用高密度 LED 阵列面提供高强度背光照明，以突出物体的外形轮廓特征。背光源尤其适合做显微镜的载物台。背光源分为红白两用背光源和红蓝多用背光源，能调配出不同颜色，满足不同被测物体的多色要求。背光源的应用领域包括机械零件尺寸的测量、电子元件及 IC 元件的外形检测、胶片污点检测、透明物体划痕检测等。如图 3-8 所示为常见的背光源。

图 3-7　环形光源　　　　　　　　图 3-8　背光源

（3）条形光源。条形光源是较大的方形被测物体的首选光源。条形光源有以下特点：

① 颜色可根据需求自由组合。

② 照射角度与安装可随意调节。条形光源的应用领域包括金属表面检查、图像扫描、表面裂缝检测、LCD 面板检测等。如图 3-9 所示为常见的条形光源。

（4）同轴光源。同轴光源可以消除物体表面不平整引起的阴影，从而减少干扰。部分同轴光源采用分光镜设计，以减少光损失并提高成像清晰度。同轴光源适用于反射度极高的物体（如金属、玻璃、胶片、晶片等）表面的划伤检测、芯片和硅晶片的破损检测、Mark 点定位及包装条码识别。如图 3-10 所示为常见的同轴光源。

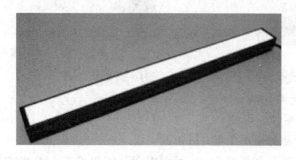

图 3-9 条形光源   图 3-10 同轴光源

（5）AOI 专用光源。AOI 专用光源有以下特点：

① 可对不同角度进行三色光照明，照射凸显焊锡三维信息。

② 可外加漫射板导光，以减少反光。

③ 可选用不同角度进行组合。

AOI 专用光源主要用于电路板焊锡检测。如图 3-11 所示为常见的 AOI 专用光源。

（6）球积分光源。球积分光源具有积分效果的半球面内壁，可均匀反射从底部各个角度发射出的光线，使整个图像的照射十分均匀。球积分光源适合于曲面、表面凹凸、弧形表面的检测和金属、玻璃等反光较强的物体表面检测。如图 3-12 所示为常见的球积分光源。

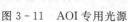

图 3-11 AOI 专用光源   图 3-12 球积分光源

（7）线形光源。线形光源具有超高亮度，采用柱面透镜聚光，适用于各种流水线连续检测的场合。线形光源的应用领域包括线阵相机照明专用、AOI 专用。如图 3-13 所示为常见的线形光源。

（8）点光源。点光源有以下特点：

① 使用大功率 LED，体积小，发光强度高。

② 是卤素灯的替代品，尤其适合作为镜头的同轴光源等。

③ 具有高效散热装置,大大提高了光源的使用寿命。

点光源适合与远心镜头配合使用,也可用于芯片检测、Mark 点定位、晶片及液晶玻璃基板校正。如图 3-14 所示为常见的点光源。

图 3-13　线形光源　　　　　图 3-14　点光源

(9) 组合条形光源。组合条形光源有以下特点:

① 四边可配置条形光,每边照明独立可控。

② 可根据被测物的要求调整所需的照明角度,适用性广。

组合条形光源的应用范围包括 PCB 基板检测、IC 元件检测、焊锡检查、Mark 点定位、显微镜照明、包装条码照明及球形物体照明等。如图 3-15 所示为常见的组合条形光源。

(10) 对位光源。对位光源有以下特点:

① 对位速度快。

② 视场大。

③ 精度高。

④ 体积小,便于检测集成。

⑤ 亮度高,可选配辅助环形光源。

对位光源的应用领域:VA 系列光源是全自动电路板印刷机对位的专用光源。如图 3-16 所示为常见的对位光源。

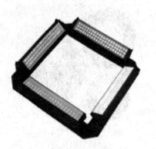 

图 3-15　组合条形光源　　　　　图 3-16　对位光源

4. 光源的照明方式

控制和调节光源的入射方向是机器视觉系统设计最基本的参数。光源的入射方向取决于光源的类型和相对于物体放置的位置。一般来说有两种最基本的方式:直射光和漫射光,所有其他的方式都是从这两种方式中延伸出来的。

(1) 直射光:入射光基本上来自一个方向,入射角小,能投射出物体阴影。

（2）漫射光：入射光来自多个方向，甚至所有的方向，不会投射出明显的阴影。

以下是机器视觉中常见的几种照明方式。

（1）直接照明。直接照明是指光直接射向物体，得到清晰的影像，如图 3－17 所示。

直接照明适用于得到高对比度的图像。若直接照在光亮或者反射的材料上，则会引起像镜面的反光。直接照明一般采用环形光源或点光源。环形光源是一种常用的照明方式，易安装在镜头上，可为漫反射表面提供充足的照明。

（2）暗场照明。暗场照明为物体表面提供低角度照明，如图 3－18 所示。

使用相机拍摄镜子，使其在相机的视野内，如果在视野内能看见光源，则为亮场照明，反之为暗场照明。因此，光源是亮场照明还是暗场照明取决于光源的位置。典型的暗场照明应用于表面部分有突起或有纹理变化的照明。

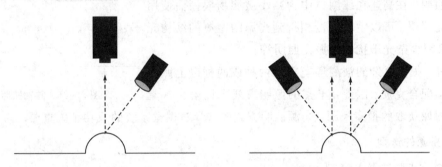

图 3－17　直接照明　　　　　　　　　　　图 3－18　暗场照明

（3）背光照明。背光照明是指从物体背面射过来均匀视场的光，如图 3－19 所示。

背光照明常用于测量物体的尺寸和确定物体的方向。背光照明可以产生很强的对比度，通过相机可以看到物面的侧面轮廓。应用背光照明技术时，物体的表面特征可能会丢失。例如，可以应用背光照明技术测量硬币的直径，但是却无法判断硬币的正反面。

（4）连续漫反射照明。连续漫反射照明适用于物体表面有反射或者表面角度复杂的情况，如图 3－20 所示。

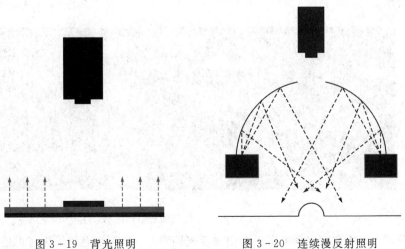

图 3－19　背光照明　　　　　　　　　图 3－20　连续漫反射照明

连续漫反射照明应用半球形的均匀照明,以减少影子及镜面反射。这种照明方式可用于完全组装的电路板照明,可以达到 170°立体角范围的均匀照明。

(5)同轴照明。同轴光的形成过程:通过垂直墙壁的发散光照射到一个使光向下的分光镜上,相机从上方通过分光镜看物体,如图 3-21 所示。

同轴照明适用于检测高反射率的物体,也适用于受周围环境阴影的影响、检测面积不明显的物体。

除了以上几种常用照明方式外,还有在特殊场合所使用的其他照明方式,比如:在线阵相机中使用的亮度集中的条形光照明;在精密尺寸测量中与远心镜头配合使用的平行光照明;在高速在线测量中为减小被测物模糊而使用的频闪光照明;可以主动测量相机到光源的距离的结构光照明;可减少杂光干扰的偏振光照明等。

此外,很多复杂的被测环境需要两种或两种以上照明方式共同配合完成。因此,丰富的照明方式可以解决视觉系统中图像获取的很多问题,光源照明方式的选择对视觉系统的成功至关重要。

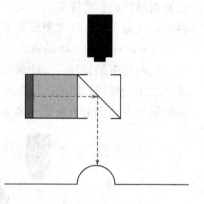

图 3-21　同轴照明

5. 光源的选型

光源的选型过程大致如下:

(1)了解项目需求,明确要检测或者测量的目标。

(2)分析目标与背景的区别,找出两者之间的光学现象。

(3)根据光源与目标之间的配合关系以及物体的材质,初步确定光源的发光类型和光源颜色。

(4)用实际光源测试,以确定满足要求的照明方式。

【例 3-2】 光源选型实例:药盒生产日期字符检测(药盒大小为 100 mm×30 mm),如图 3-22 所示。

图 3-22　待检测的药盒

选型分析:物体比较光滑,有一定的强反光因素;字体为黑色,优先考虑使背景变白来突出与黑色字符的对比性;主要考虑使用的光源类型有条形光源、环形光源、同轴光源;因物体较大，所以暂时排除同轴光源，可试用条形光源、环形光源。

　　选型过程：图 3-23(a)、(b)分别为白色条形光源和环形光源的效果，图 3-24 为各颜色的条形光源效果。

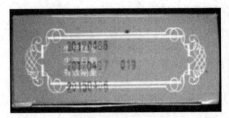
(a) 白色条形光源效果

(b) 白色环形光源效果

图 3-23　白色条形光源和环形光源效果

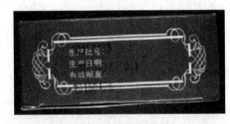
(a) 蓝色条形光源效果

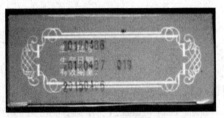
(b) 白色条形光源效果

(c) 红色条形光源效果

(d) 绿色条形光源效果

图 3-24　各颜色条形光源效果

选型结果：选用绿色条形光源较好。

3.2　图像采集算子

3.2.1　工业相机连接

　　图像采集的第一步是连接对应的工业相机。首先下载相应的相机驱动，如果显示硬件识别，则证明相机和电脑连接成功；然后打开 HALCON 采集助手，点击"自动检测接口"，就会显示与电脑相连的相机接口，如图 3-25 所示。

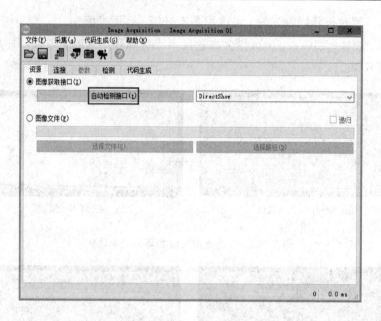

图 3 - 25 检测相机接口

相机连接主要有以下几个算子：

- open_framegrabber(∷Name, HorizontalResolution, VerticalResolution, ImageWidth, Image-Height, StartRow, StartColumn, Field, BitsPerChannel, ColorSpace, Generic, ExternalTrigger, CameraType, Device, Port, LineIn∶AcqHandle)

功能：连接相机并设置相关参数(相机连接参数的详细信息如表 3 - 4 所示)。

Name：图像采集设备的名称。

HorizontalResolution：图像采集接口的水平分辨率。

VerticalResolution：图像采集接口的垂直分辨率。

ImageWidth、ImageHeight：图像的宽度、高度。

StartRow、StartColumn：显示图像的起始行、列坐标。

Field：图像的完整性(一半图像还是完整图像)。

BitsPerChannel：每像素比特数和图像通道。

ColorSpace：图像通道模式。

Generic：通用参数与设备细节部分的具体意义。

ExternalTrigger：是否有外部触发。

CameraType：使用相机的类型。

Device：图像获取识别连接到的设备。

Port：图像获取识别连接到的端口。

LineIn ：相机输入的多路转接器。

AcqHandle：图像获取设备的句柄。

表 3 - 4　相机连接参数

参　　数	选择范围	标准值	类型	描　　述
ImageWidth	⟨width⟩	0	integer	图像的宽度（'0'表示完整图像）
ImageHeight	⟨height⟩	0	integer	图像的高度（'0'表示完整图像）
StartRow	⟨width⟩	0	integer	图像的起始行坐标
StartColumn	⟨column⟩	0	integer	图像的起始列坐标
ColorSpace	'default'、'gray'、'rgb'	'gray'	string	HALCON 图像通道模式
ExternalTrigger	'false'、'true'	'false'	string	外部触发状态
Device	'1'、'2'、'3'、…	'1'	string	相机连接第一个设备编号为"1"，第二个设备编号为"2"，依此类推

- set_framegrabber_param(∷ AcqHandle, Param, Value∶)

功能：设置相机额外参数。

Param：相机的额外参数。

相机的额外参数有以下选项：

adc_level：设置 A/D 转换的级别。

color_space：设置颜色空间。

gain：设置相机增益。

grab_timeout：设置采集超时终止的时间。

Resolution：设定相机的采样分辨率。

Shutter：设定相机的曝光时间。

shutter_unit：设定相机曝光时间的单位。

white_balance：相机是否打开白平衡模式，默认为关闭白平衡。

- close_framegrabber(∷ AcqHandle∶)

功能：关闭图像采集设备。

3.2.2　同步采集

同步采集是指在采集到图片并对其处理之后才返回并继续采集，即上一张图像处理结束以后才会再次采集图像。采集图像的速率受处理速度影响。同步采集的主要算子为 grab_image。

【例 3 - 3】　同步采集实例。

程序如下：

```
* 连接相机
open_framegrabber ('DahengCAM', 1, 1, 0, 0, 0, 0, 'interlaced', 8, 'gray', -1, 'false',
                   'HV-13xx', '1', 1, -1, AcqHandle)
* 循环采集图像
while (true)
* 读取同步采集的图像
    grab_image (Image, AcqHandle)
endwhile
* 关闭图像采集设备
close_framegrabber (AcqHandle)
```

【例 3-4】 多相机采集实例(图 3-26)。

程序如下：

```
* 连接相机1
open_framegrabber ('GigEVision2', 0, 0, 0, 0, 0, 0, 'progressive', -1, 'default', -1,
                   'false', 'default', '0030531566ac_Basler_acA130030gm', 0, -1,
                   AcqHandle1)
* 连接相机2
open_framegrabber ('GigEVision2', 0, 0, 0, 0, 0, 0, 'progressive', -1, 'default', -1,
                   'false', 'default', '0030531566ac_Basler_acA130030gm', 0, -1,
                   AcqHandle2)
* 打开图形窗口1
dev_open_window (0, 0, 512, 512, 'black', WindowHandle1)
* 打开图形窗口2
dev_open_window (0, 512, 512, 512, 'black', WindowHandle2)
* 循环采集图像
while (true)
    * 激活图形窗口2
    dev_set_window (WindowHandle2)
    * 读取相机2同步采集的图像
    grab_image (Image2, AcqHandle2)
    * 显示相机2同步采集的图像
    dev_display (Image2)
    * 激活图形窗口1
    dev_set_window (WindowHandle1)
    * 读取相机1同步采集的图像
    grab_image (Image1, AcqHandle1)
    * 显示相机1同步采集的图像
    dev_display (Image1)
* 循环采集结束
endwhile
* 关闭相机1
```

```
close_framegrabber (AcqHandle1)
* 关闭相机 2
close_framegrabber (AcqHandle2)
```

(a) 相机1采集图像　　　　　　　　(b) 相机2采集图像

图 3 - 26　多相机采集所得图像

3.2.3　异步采集

异步采集是指一张图像采集完成后，相机马上采集下一张图像，即在上一张图像还在处理时就开始采集下一张图像。异步采集需同时使用 grab_image_start 算子和 grab_image_async 算子。

- grab_image_start(::AcqHandle, MaxDelay:)

功能：相机开始异步采集。

MaxDelay：异步采集时可以允许的最大延时，本次采集命令距上次采集命令的时间不能超出 MaxDelay，若超出则需要重新采集。

- grab_image_async(: Image: AcqHandle, MaxDelay:)

功能：读取异步采集的图像。

【例 3 - 5】　异步采集实例。

程序如下：

```
* 连接相机
open_framegrabber ('DahengCAM', 1, 1, 0, 0, 0, 0, 'interlaced', 8, 'gray', -1, 'false',
                'HV-13xx', '1', 1, -1, AcqHandle)
* 设置相机额外参数
set_framegrabber_param(AcqHandle, ['image_width', 'image_height'], [256, 256])
* 异步采集开始
grab_image_start (AcqHandle, -1)
* 循环采集图像
while (true)
    * 读取异步采集的图像
    grab_image_async (Image, AcqHandle, -1)
* while 循环结束标志
```

endwhile

＊关闭图像采集设备

close_framegrabber (AcqHandle)

3.3　图像采集助手

图像采集助手可以快速地读取或采集图像，并导出对应的代码。

使用采集助手的步骤如下：

(1) 打开 HALCON 后，点击菜单栏中的"助手"，选中"打开新的 Image Acquisition"，打开采集助手，如图 3－27 所示。

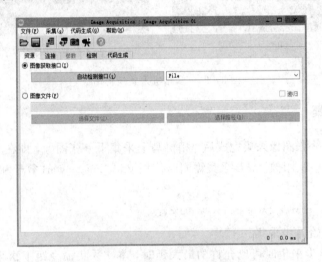

图 3－27　打开采集助手

(2) 点击"自动检测接口"，此时右边的下拉栏就会显示与电脑相连的相机接口。如图 3－28所示为电脑自带的相机接口"DirectShow"。

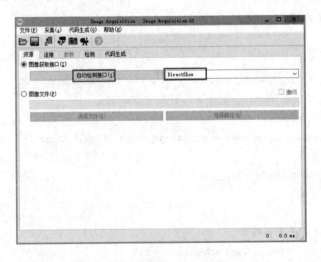

图 3－28　检测连接相机的接口

此外，也可以利用下方的"图像文件"直接读取图片，具体内容将在 3.4.1 小节详细介绍，这里不再赘述。

（3）设置采集助手的"连接"界面，如图 3-29 所示。

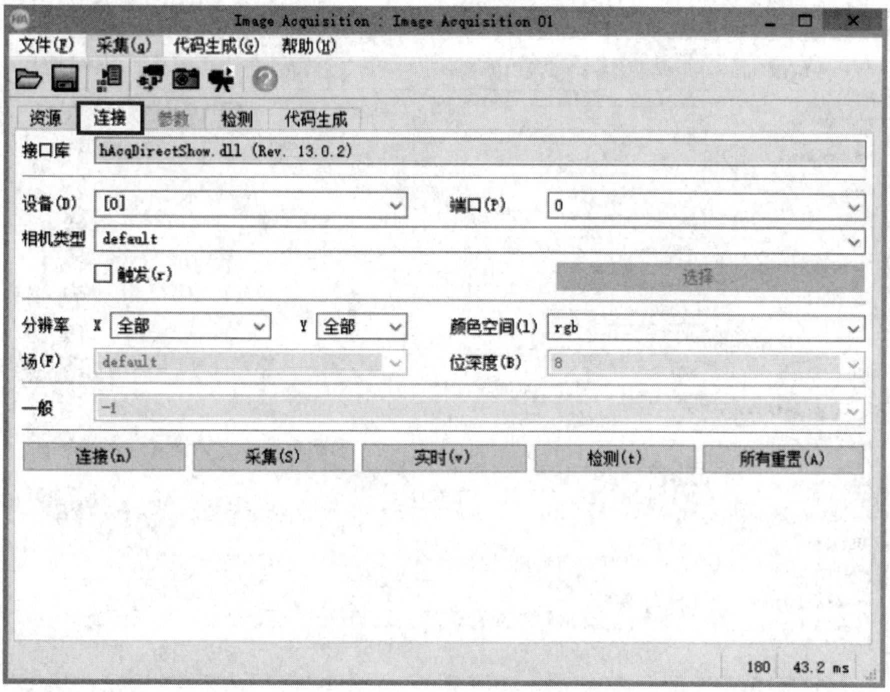

图 3-29　采集助手的"连接"界面

接口库：当前连接中使用的 HALCON 图像采集的接口库。

设备（D）：板卡、相机或逻辑设备的 ID 号。

端口（P）：输入端口的 ID。

相机类型：相机配置或者信号类型。

触发（r）：若选中，则可外触发控制采集。

分辨率：图像的宽和高。

颜色空间（1）：可以选择获得 RGB 图（rgb）或者灰度图（gray）。

场（F）：隔行扫描相机图像选择。

位深度（B）：图像单个通道的位数。

一般：对于每个设备都不同，可以使用 HDevelop 语法中的任意类型或 Tuple 来表示。

点击"连接"按钮可以连接图像采集接口，再点击"断开"可以关闭图像采集接口；点击"采集"可以获取单张图像；点击"实时"可以实时采集图像，再点击"停止"可以停止实时采集；点击"检测"可以检测当前采集接口参数的有效性；点击"所有重置"可以将界面内的所有参数重置为初始值。

（4）设置采集助手的"参数"界面，如图 3-30 所示。

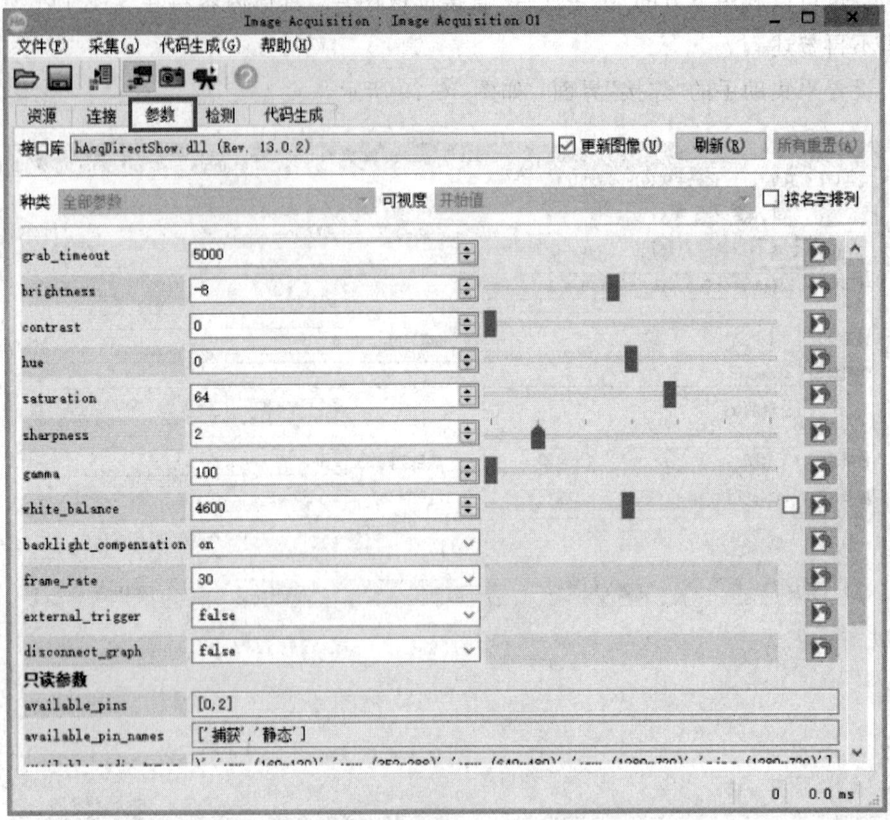

图 3 - 30　采集助手的"参数"界面

grab_timeout：设置采集终止的超时时间。

brightness：设置亮度值(-64~64)。

contrast：设置对比度值(0~95)。

hue：设置色调值(-2000~2000)。

saturation：设置饱和度值(0~100)。

sharpness：设置锐度值(1~7)。

gamma：设置 gamma 值(100~300)。

white_balance：设置白平衡值(2800~6500)。

backlight_compensation：是否打开背光补偿。

frame_rate：设置所需的帧速率(以"帧/s"为单位)。

external_trigger：是否有外部触发。

disconnect_graph：是否延迟显示。

(5) 设置采集助手的"检测"界面，如图 3 - 31 所示。

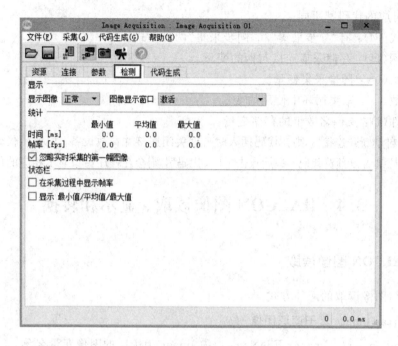

图 3 - 31　采集助手的"检测"界面

一般情况下，"显示图像"都设置为"正常"，若测量速度，则设置为"快速"；"图像显示窗口"设置为"激活"，这样采集到的图像将显示在选中的窗口中。

（6）设置采集助手的"代码生成"界面，如图 3 - 32 所示。

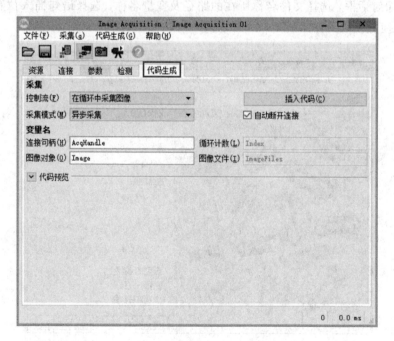

图 3 - 32　设置采集助手的"代码生成"界面

控制流（F）：插入代码的通用结构，有"仅初始化""采集单幅图像""在循环中采集图像"

三种选择,对应的代码都不同。

采集模式(M):有"异步采集"和"同步采集"两种模式。

连接句柄(H):存储采集连接句柄的变量。

图像对象(O):图像采集变量。

循环计数(L):采集循环中使用的变量。

图像文件(I):文件名数组的存储变量。

若选中"自动断开连接",则在代码插入时自动关闭连接并释放设备,以产生代码;点击"代码预览"的下拉键可以预览代码。最后点击"插入代码",则会在程序窗口显示相应的代码。

3.4　HALCON 图像读取、显示和转换

3.4.1　HALCON 图像读取

下面介绍图像读取的两种方式。

1. 利用 read_image 算子读取图像

算子 read_image(:Image:FileName:)中 Image 为读取的图像变量名称,FileName 为图像文件所在的路径,HALCON 支持多种图像格式。利用 read_image 算子读取图像有以下三种方式:

(1) 利用快捷键调用 read_image 算子读取图像,读取图像的步骤:按 Ctrl+R 快捷键打开读取图像对话框,选择文件名称所在的路径及变量名称,选择语句插入位置,点击"确定"按钮。快捷键读取图像如图 3-33 所示。

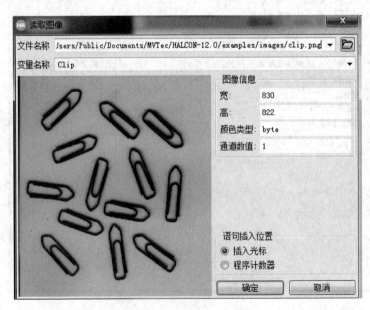

图 3-33　快捷键读取图像

（2）使用算子窗口调用 read_image 算子，选择文件名称所在的路径及变量名称。算子窗口读取图像如图 3 - 34 所示。

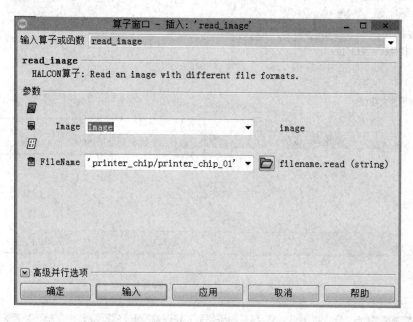

图 3 - 34　算子窗口读取图像

（3）利用 for 循环读取同一路径下的多张图。首先声明一个 Tuple 数组用来保存文件名及路径，然后利用 for 循环依次读取 Tuple 数组保存路径下的图像。

【例 3 - 6】　for 循环读取图像实例。

程序如下：

```
* 声明数组
ImagePath:=[]
* 将文件名及路径保存到数组
ImagePath[0]:='fin1.png'
ImagePath[1]:='fin1.png'
ImagePath[2]:='fin1.png'
* 循环读取图像
for i:=0 to 2 by 1
read_image(Image, ImagePath[i])
* for 循环结束标志
endfor
```

2. 利用采集助手批量读取文件夹下所有图像

利用采集助手批量读取文件夹下所有图像的步骤：在菜单栏中单击"助手"→"打开新的 Image Acquisition"→"资源"→"图像文件"→"选择路径"→"代码生成"→"插入代码"。选择文件夹路径如图 3 - 35 所示，生成批量读取图像的代码如图 3 - 36 所示。

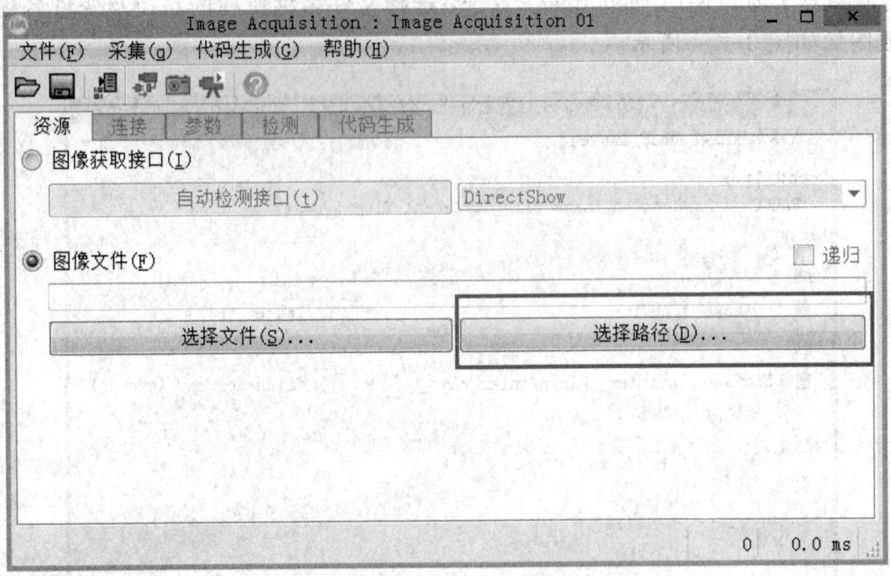

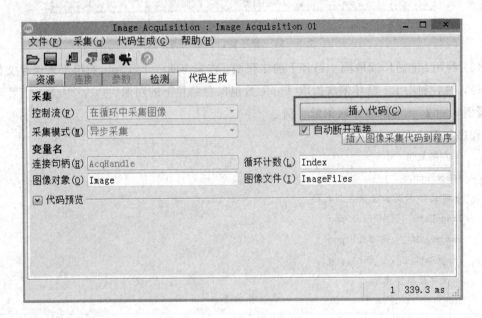

图 3 - 35　选择文件夹路径

图 3 - 36　生成批量读取图像的代码

【例 3 - 7】　利用采集助手读取图像实例。

程序如下:

```
*遍历文件夹
list_files ('C: /Users/Public/Documents/MVTec/HALCON—13.0/examples /images/bicycle',
['files', 'follow_links'], ImageFiles)
*筛选指定格式的图像
```

```
tuple_regexp_select(ImageFiles, ['\\.(tif|tiff|gif|bmp|jpg|jpeg|jp2|png)$',
'ignore\_case'], ImageFiles)
    * 依次读取图像
    for Index:= 0 to |ImageFiles| - 1 by 1
    read_image(Image, ImageFiles[Index])
    * 显示图像
    dev_display(Image)
    endfor
```

算子说明：

- list_image_files(:: ImageDirectory, Extensions, Options：ImageFiles)

作用：遍历文件夹。

ImageDirectory：文件夹路径。

Extensions：文件扩展名，如 tif、tiff、gif、bmp、jpg、jpeg、jp2、png 等。

Options：搜索选项，如表 3-5 所示。

表 3-5　搜 索 选 项

搜索选项	功　能
files	指定搜索的格式为文件
directories	指定搜索格式为文件夹
recursive	指定可以遍历文件夹下的文件
max_depth 5	指定遍历的深度
max_files 1000	指定遍历的最大文件数目

ImageFiles：文件名数组。

- tuple_regexp_select(:: Data, Expression：Selection)

作用：筛选指定格式的图像。

Data：输入的文件名数组。

Expression：文件筛选规则表达式。

Selection：筛选出的文件名数组。

3.4.2　HALCON 图像显示

1. 图形窗口

默认的图形窗口尺寸为 512×512，因此，当图像尺寸不同时，显示在图形窗口上的图像会变形。要显示无变形的图像，则需在菜单栏中单击"可视化"→"图像尺寸"→"适应窗口"，即可自动调整窗口尺寸。

通常使用 HDevelop 算子 dev_open_window(:: Row，Column，Width，Height，Background：WindowHandle)来新增一个图形窗口。算子参数 Row、Column 为窗口起始坐标(默认值都为零)；参数 Width、Height 分别指窗口的宽度和高度(默认值都为 512)；

Background 为窗口的背景颜色(默认为"black");WindowHandle 指窗口句柄。新建窗口时如果不知道窗口的确定尺寸,则可将窗口的高度和宽度都设置为"−1",设置为"−1"表示窗口大小等于最近打开的图像大小,具体算子为 dev_open_window(0, 0, −1, −1, 'black', WindowHandle)。

打开 HDevelop 的变量窗口,双击图像变量目录下已存在的图像,图像就会显示在图形窗口里了。可对图形窗口显示的图像进行缩放,方法是直接把鼠标放到要进行缩放的区域,滑动鼠标中间滚轮进行缩放操作,要恢复原有尺寸只需要在图形窗口点击"适应窗口"。也可以通过在菜单栏中单击"可视化"→"设置参数"→"缩放",对显示的图像进行缩放,要恢复原有尺寸则直接点击"重置"按钮。

2. 图像显示

HDevelop 中通常使用 dis_display 算子来显示图像,格式为

```
dev_display(Object ::: )
```

运行模式下运行算子时图形窗口会实时更新,如果只想通过图像显示算子在图形窗口显示某些图像(如 image、region 或 xld),则可关闭窗口的更新。可以通过调用 dev_update_window('off')语句关闭窗口的更新,也可以通过在菜单栏中单击"可视化"→"更新窗口"→"单步模式"→"清空并显示命令",关闭窗口的更新。如果关闭了窗口的更新,则只能手动调用 dev_display()操作来显示图像。

3. 显示文字

显示文字常用的 disp_message 算子与 write_string 算子。

(1) disp_message 为外部算子,算子格式为

```
disp_message(:: WindowHandle, String, CoordSystem, Row, Column, Color, Box:)
```

算子的作用是在窗口中显示字符串。WindowHandle 为窗口句柄;String 为要显示的字符;CoordSystem 为当前的操作系统;Row、Column 为窗口中显示的起始坐标;Color 为字体颜色;Box 为是否显示白色的底纹。

(2) write_string 算子格式为

```
write_string(:: WindowHandle, String:)
```

算子的作用是在窗口已设定的光标位置显示字符串。

write_string 一般与 set_tposition 配合使用,先使用 set_tposition 算子设置光标位置,然后使用 write_string 在光标位置处输出字符串,显示文字必须适合右侧窗口边界(字符串的宽度可由 get_string_extents 算子查询)。

【例 3 - 8】 图像显示实例。

程序如下:

```
* 关闭窗口
dev_close_window ()
* 打开新窗口
dev_open_window (0, 0, 400, 400, 'white', WindowID)
* 设置颜色
dev_set_color ('red')
```

```
*画箭头
disp_arrow (WindowID, 255 - 20, 255 - 20, 255, 255, 1)
*在窗口中显示字符串
disp_message (WindowID, '显示文字 1', 'window', 20, 20, 'black', 'true')
dev_set_color ('blue')
*设置光标位置
set_tposition (WindowID, 40, 40)
*在窗口已设定光标位置显示字符串
write_string (WindowID, '显示文字 2')
* 设置光标位置
set_tposition (WindowID, 255, 255)
*读取字符串
read_string (WindowID, 'Default', 32, OutString)
```

执行程序，结果如图 3 - 37 所示。

图 3 - 37　显示文字处理结果

3.4.3　HALCON 图像转换

1. RGB 图像转换成灰度图

使用 rgb1_to_gray 算子可将 RGB 图像转换成灰度图，其格式为

```
rgbl_to_gray(RGBImage : GrayImage : : )
```

很明显，RGBImage 与 GrayImage 分别是输入、输出图像参数。如果输入图像是三通道图像，则 RGB 图像的三个通道可以根据以下公式转化成灰度图。

灰度值＝0.299×红色值＋0.587×绿色值＋0.114×蓝色值

如果 RGBImage 中输入图像是单通道图像，则 GrayImage 灰度图将直接复制 RGBImage 进行输出。

【例 3 - 9】　RGB 图转灰度图实例。

　　＊读取图像

read_image (Earth, 'earth.png ')

　　＊将 RGB 图像转换成灰度图像

rgbl_to_gray (Earth, GrayImage)

执行程序，图像变量如图 3 - 38 所示。

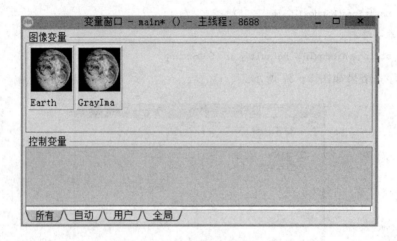

图 3 - 38　RGB 图像转换成灰度图

2. 区域与图像的平均灰度值

求区域与图像的平均灰度值可以使用 region_to_mean 算子，其格式为

　　region_to_mean(Regions, Image：ImageMean：:)

通过此算子绘制 ImageMean 图像，可将其灰度值设置为 Regions 和 Image 的平均灰度值。

【例 3 - 10】　求区域与图像平均灰度值实例。

程序如下：

　　＊读取图像

read_image(Image, 'fabrik')

　　＊区域生长

regiongrowing(Image, Regions, 3, 3, 6, 100)

　　＊得到区域与图像的平均灰度值

region_to_mean(Regions, Image, Disp)

dev_open_window (0, 0, 400, 400, 'black', WindowHandle)

　　＊显示图像

　　dev_display (Disp)

执行程序，结果如图 3 - 39 所示。

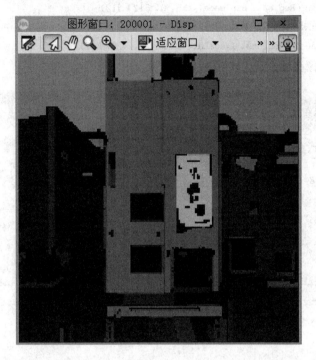

图 3 - 39　图像与区域平均灰度图

3. 将区域转换为二进制图像或 label 图像

1）将区域转换为二进制图像

使用 region_to_bin 算子能够将区域转换为二进制图像，格式为

　　region_to_bin(Region: BinImage: ForegroundGray, BackgroundGray, Width, Height:)

使用算子将区域转换为二进制图像，如果输入区域大于生成的图像，则会在图像边界处进行剪切。

2）将区域转换为 label 图像

使用算子 region_to_label 能够将区域转换为 label 图像，格式为

　　region_to_label(Region: ImageLabel: Type, Width, Height:)

算子可以根据索引(1～n)将输入区域转换为标签图像，即第一区域被绘制为灰度值 1，第二区域被绘制为灰度值 2 等。对于比生成的图像灰度值大的区域，会进行适当剪切。

【例 3 - 11】　区域转换为二进制图或 label 图实例。

程序如下：

```
* 读取图像
read_image (Image, 'a01.png')
* 复制图像
copy_image (Image, DupImage)
* 区域生长
```

```
regiongrowing (DupImage, Regions, 3, 3, 1, 100)
* 将区域转化成二进制图像
region_to_bin (Regions, BinImage, 255, 0, 512, 512)
* 将区域转化成 label 图像
region_to_label (Regions, ImageLabel, 'int4', 512, 512)
```

执行程序,图像变量如图 3-40 所示。

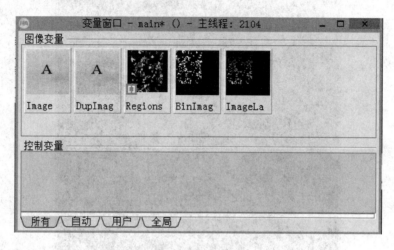

图 3-40　区域转换的图像变量

本 章 小 结

　　本章从相机、镜头和光源三个方面阐述了机器视觉的硬件选型,简单介绍了相机的同步、异步采集,并说明了采集助手的参数设置及用法。

　　硬件的选型必须根据实际情况来决定,在不同的环境下,相机和镜头的搭配、光源的选择和打光的方式均不同。要想做好一个项目,则图像采集是关键,若采集到的图像质量不好,那么后面的处理都无法进行。熟悉采集助手,会使图像的采集达到事半功倍的效果。

习　　题

　　3.1　如果采集到的图像泛白,则应该怎样调整光源或者镜头?

　　3.2　图像亮度不够应采取什么措施?

　　3.3　如果检测对象的表面闪光,表面虽平整但是比较粗糙,则应该用什么光源和照明方式比较好?

　　3.4　如果需要前景与背景有很大的对比度,则应该怎样搭配相机和光源?

　　3.5　同步采集和异步采集的本质区别在哪里?

第 4 章　HALCON 图像预处理

在图像分析中，图像质量的好坏直接影响识别算法的设计与效果的精度，因此，在图像分析前，需要进行图像预处理。图像预处理的主要目的是消除图像中无关的信息、恢复有用的真实信息、增强有关信息的可检测性和最大限度地简化数据，从而改进特征提取、图像分割、匹配和识别的可靠性。图像预处理可以改善图像数据，抑制不需要的变形，也可增强对后续处理重要的图像特征。本章介绍的内容包括灰度变换、直方图处理、图像几何变换、图像的平滑、图像的锐化和图像的彩色增强。

4.1　灰　度　变　换

4.1.1　灰度变换的基础知识

图像的灰度变换是图像增强处理技术中一种非常基础、直接的空间域图像处理方法。由于成像系统的限制或噪声的影响，获取的图像往往因为对比度不足、动态范围小等因素导致视觉效果不佳。灰度变换是指根据某种目标条件，按一定变换关系逐像素点改变原图像中灰度值的方法，灰度变换有时又被称为图像的对比度增强或对比度拉伸。该变换可使图像动态范围增大，对比度得到扩展，图像变得更加清晰，图像特征更加明显，它是图像增强的重要手段之一。灰度变换常用的方法有三种：线性灰度变换、分段线性灰度变换和非线性灰度变换。

灰度变换一般不改变像素点的坐标信息，只改变像素点的灰度值，表达式为

$$g(x, y) = T[f(x, y)] \qquad (4-1)$$

式中：$f(x, y)$ 为待处理的数字图像，即需要增强的数字图像；$g(x, y)$ 为处理后的数字图像，即增强的数字图像；T 定义了一种作用于 f 的操作，对单幅数字图像而言，一般定义在点 (x, y) 的邻域。

点 (x, y) 邻域是指以该点为中心的正方形或矩形子图像，如图 4-1 所示。当邻域为单个像素，即 1×1 时，输出仅仅依赖 f 在 (x, y) 处的像素灰度值，此时的处理方式通常称为点处理。

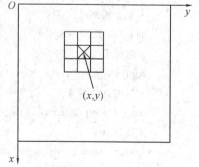

图 4-1　像素邻域

4.1.2　线性灰度变换

假定原图像 $f(x, y)$ 的灰度范围为 $[a, b]$，变换后的图像 $g(x, y)$ 的灰度范围线性地扩

展至$[c, d]$，如图 4-2 所示，则对于图像中的任一点的灰度值 $f(x, y)$，经变换后为 $g(x, y)$，其数学表达式为

$$g(x, y) = k \times [f(x, y) - a] + c \qquad (4-2)$$

式中：$k = \dfrac{d-c}{b-a}$，为变换函数的斜率。

根据 k 取值的不同，线性灰度变换后的图像会出现如下几种情况：

(1) 扩展动态范围：若 $k > 1$，则线性灰度变换的结果会使图像灰度取值的动态范围展宽，使图像对比度增大，由此可以改善曝光不足的情况，也可充分利用图像来显示设备的动态范围。

(2) 改变取值区间：若 $k = 1$，则变换后图像的灰度动态范围不变，灰度取值区间会随 a 和 c 的大小而向上或向下平移，其效果是使整个图像更暗或更亮。

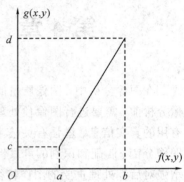

图 4-2　线性灰度变换

(3) 缩小动态范围：若 $0 < k < 1$，则变换后图像的动态范围变窄，图像对比度变小。

(4) 反转或取反：若 $k < 0$，则变换后图像的灰度值会反转，即原图像中亮的区域变暗，暗的区域变亮。当 $k = -1$ 时，输出图像的效果为输入图像的底片。

【例 4-1】　对图像进行线性灰度变换。

程序如下：

```
* 读取图像
read_image (Image, 'camera')
* 关掉窗口
dev_close_window()
* 得到图像的尺寸
get_image_size (Image, Width, Height)
* 打开合适大小的窗口
dev_open_window_fit_size (0, 0, Height, Height, -1, -1, WindowHandle)
* 显示图像
dev_display (Image)
* 图像灰度化
rgb1_to_gray (Image, GrayImage)
* 保存灰度图像
dump_window (WindowHandle, 'bmp', 'result/原图')
* 图像取反
invert_image (GrayImage, ImageInvert)
* 保存取反图像
dump_window (WindowHandle, 'bmp', 'result/取反')
* 增加对比度
emphasize (GrayImage, ImageEmphasize, Width, Height, 1)
* 保存图像
```

```
dump_window (WindowHandle, 'bmp', 'result/增加对比度')
* 减小对比度
scale_image (GrayImage, ImageScaled1, 0.5, 0)
* 保存图像
dump_window (WindowHandle, 'bmp', 'result/减小对比度')
* 增加亮度
scale_image (GrayImage, ImageScaled2, 1, 100)
* 保存图像
dump_window (WindowHandle, 'bmp', 'result/增加亮度')
* 减小亮度
scale_image (GrayImage, ImageScaled3, 1, —100)
* 保存图像
dump_window (WindowHandle, 'bmp', 'result/减小亮度')
```

图像线性灰度变换的效果如图 4-3 所示。

(a) 灰度化　　　　　　(b) 取反　　　　　　(c) 增加对比度

(d) 减小对比度　　　　(e) 增加亮度　　　　(f) 减小亮度

图 4-3　线性灰度变换效果示例

例 4-1 中主要算子的说明如下：

· invert_image(Image: ImageInvert::)

功能：反转图像。

Image：输入的图像。

ImageInvert：输出的图像。

· emphasize(Image: ImageEmphasize: MaskWidth, MaskHeight, Factor:)

功能：增加图像对比度。

Image：输入的图像。

ImageEmphasize：输出的图像。

MaskWidth：低通掩膜宽度。

MaskHeight：低通掩膜高度。

Factor：对比度强度。

- scale_image(Image: ImageScaled: Mult, Add:)

功能：缩放图像的灰度值。

Image：输入的图像。

ImageScaled：缩放后的图像。

Mult：比例因子。

Add：补偿值。

4.1.3　分段线性灰度变换

为了突出图像中感兴趣的目标或灰度区间，相对抑制不感兴趣的灰度区间，可采用分段线性灰度变换。分段线性灰度变换是指将图像灰度区间分成两段乃至多段分别做线性变换。在进行变换时，通常把 $0 \sim 255$ 整个灰度值区间分为若干线段，每一个线段都对应一个局部的线性变换关系。常用的分段线性灰度变换如图 4-4 所示。

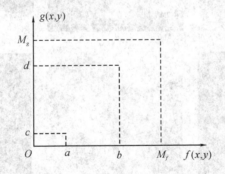

图 4-4　分段线性灰度变换

在图 4-4 中，感兴趣目标的灰度范围 $[a, b]$ 被拉伸到 $[c, d]$，其他灰度区间被压缩，对应的分段线性变换表达式为

$$g(x, y) = \begin{cases} \dfrac{c}{a} f(x, y) & 0 \leqslant f(x, y) < a \\ \dfrac{d-c}{b-a}[f(x, y) - a] + c & a \leqslant f(x, y) < b \\ \dfrac{M_g - d}{M_f - b}[f(x, y) - b] + d & b \leqslant f(x, y) < M_f \end{cases} \qquad (4-3)$$

式中：参数 a 和 b 为需要转换的灰度范围；c 和 d 决定了线性灰度变换的斜率。通过调节节点的位置及控制分段线段的斜率，可对任意灰度区间进行拉伸或压缩。分段线性灰度变换在数字图像处理中有增强对比度的效果，如图 4-5 所示。

(a) 原始图像　　　　　　　　(b) 分段线性灰度变换后的图像

图 4 - 5　分段线性灰度变换效果

【例 4 - 2】　对图像进行分段线性灰度变换。

程序如下：

```
* 读取图像
read_image (Image, 'camera')
get_image_size (Image, Width, Height)
dev_close_window ()
dev_open_window_fit_image (Image, 0, 0, -1, -1, WindowHandle)
* 显示图像
dev_display (Image)
* 得到最大和最小灰度值
min_max_gray (Image, Image, 0, Min, Max, Range)
* 扩展灰度范围
scale_image_max (Image, ImageScaleMax)
* 保存图像
write_image (ImageScaleMax, 'bmp', 0, 'result/结果.bmp')
```

程序运行结果如图 4 - 6 所示。

(a) 原始图像　　　　　　　　(b) 扩展灰度范围后的图像

图 4 - 6　分段线性灰度变换示例

例 4-2 中主要算子的说明如下:

- min_max_gray(Regions, Image::Percent::Min, Max, Range)

功能:确定区域内的最小和最大灰度值。

Regions:需要计算的区域。

Image:输入的图像。

Percent:低于(高于)绝对最大值(最小值)的百分比。

Min:最小灰度值。

Max:最大灰度值。

Range:最大灰度值与最小灰度值的差值。

- scale_image_max(Image::ImageScaleMax::)

功能:扩展最大灰度值在 0~255 的范围内进行。

Image:输入的图像。

ImageScaleMax:增强后的图像。

4.1.4　非线性灰度变换

单纯的线性灰度变换可以在一定程度上解决视觉上的图像整体对比度问题,但是对图像细节部分的增强有限,而非线性灰度变换技术可以解决这一问题。非线性灰度变换不是对图像的整个灰度范围进行扩展,而是有选择地对某一灰度范围进行扩展,而其他范围的灰度则有可能被压缩。非线性灰度变换在整个灰度值范围内采用统一的变换函数,利用变换函数的数学性质实现对不同灰度值区间的扩展与压缩。常用的非线性灰度变换有对数变换和指数变换两种。

1. 对数变换

图像灰度的对数变换可以扩张数值较小的灰度范围或者压缩数值较大的灰度范围。对数变换是一个有用的非线性映射交换函数,可以用于扩展输入图像中范围较窄的低灰度值像素,也可以压缩输入图像中范围较宽的高灰度值像素,使得原本低灰度值的像素部分能更清晰地呈现出来。对数变换的函数如式(4-4)所示,变换曲线如图 4-7 所示,变换效果如图 4-8 所示。

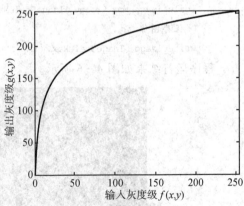

图 4-7　对数变换曲线示例

$$g(x, y) = a + \frac{\ln[f(x, y) + 1]}{b \cdot \ln c} \qquad (4-4)$$

式中:a、b、c 是为了调整曲线的位置和形状而引入的参数,它们使输入图像的低灰度范围得到扩展,高灰度范围得到压缩,使之与人的视觉特性相匹配,从而清晰地显示图像细节。

(a) 原始图像　　　　　　　　　　　(b) 对数变换后结果图

图 4 - 8　对数变换效果

【例 4 - 3】　对图像进行对数变换。

程序如下：

```
read_image(Image,'watch')
get_image_size (Image, Width, Height)
dev_close_window ()
dev_open_window_fit_size (0, 0, Height, Height, -1, -1, WindowHandle)
dev_display (Image)
* 将图像转换为灰度图像
rgb1_to_gray (Image, GrayImage)
* 对灰度图像进行对数变换
log_image (GrayImage, LogImage, 'e')
* 保存图像
dump_window (WindowHandle,'bmp','result/log')
```

程序运行结果如图 4 - 9 所示。

(a) 灰度图像　　　　　　　　　　　(b) 对数变换后的图像

图 4 - 9　对数变换示例

例 4 - 3 中主要算子的说明如下：

- log_image(Image：LogImage：Base：)

功能：对图像进行对数变换。

Image：输入的图像。

LogImage：变换后的图像。

Base：对数的底数。

2. 指数变换

指数变换的一般表达式为

$$g(x, y) = a [f(x, y) + \varepsilon]^\gamma \qquad (4-5)$$

式中：a 为缩放系数，可以使显示的图像与人的视觉特性相匹配；ε 为补偿系数，其功能是使指数的底数不为 0；γ 为伽马系数，其值的选择对变换函数的特性有很大影响，决定了输入图像和输出图像之间的灰度映射方式。

(1) 当 $\gamma < 1$ 时，可将输入的较窄的低灰度值映射到较宽的高灰度输出值。

(2) 当 $\gamma > 1$ 时，可将输入的较宽的高灰度值映射到较窄的低灰度输出值。

(3) 当 $\gamma = 1$ 时，相当于正比变换。

指数变换的映射关系如图 4 - 10 所示。与对数变换不同之处在于，指数变换可以根据 γ 的不同取值，有选择性地增强低灰度区域或高灰度区域的对比度。指数变换效果如图 4 - 11 所示。

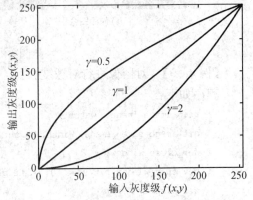

图 4 - 10　指数变换映射关系图

(a) 原始图像

(b) $\gamma = 0.5$ 效果图

(c) $\gamma = 1$ 效果图

(d) $\gamma = 2$ 效果图

图 4 - 11　指数变换效果

【例 4 - 4】　对图像进行指数变换。

程序如下：

```
read_image(Image, 'watch')
get_image_size (Image, Width, Height)
dev_close_window ()
dev_open_window_fit_size (0, 0, Height, Height, −1, −1, WindowHandle)
dev_display (Image)
* 将图像转换为灰度图像
rgb1_to_gray (Image, GrayImage)
* 对灰度图像进行指数变换，γ 值为 0.5
pow_image (GrayImage, PowImage, 0.5)
* 保存图像
dump_window (WindowHandle, 'bmp', 'result/0.5')
* 对灰度图像进行指数变换，γ 值为 1
pow_image (GrayImage, PowImage, 1)
* 保存图像
dump_window (WindowHandle, 'bmp', 'result/1')
* 对灰度图像进行指数变换，γ 值为 2
pow_image (GrayImage, PowImage, 2)
* 保存图像
dump_window (WindowHandle, 'bmp', 'result/2')
```

程序运行结果如图 4 - 12 所示。

(a) 原始图像　　　　　　　(b) γ=0.5效果图

(c) γ=1效果图　　　　　　　(d) γ=2效果图

图 4 - 12　指数变换示例

例 4 – 4 中主要算子的说明如下:

- pow_image(Image : PowImage : Exponent :)

功能:对图像进行指数变换。

Image:输入的图像。

PowImage:变换后的图像。

Exponent:指数。

4.2　直方图处理

将统计学中直方图的概念引入到数字图像处理中,用来表示图像的灰度分布,称为灰度直方图。在 HALCON 图像处理中,灰度直方图是一个简单、有用的工具,它可以描述图像的概貌和质量,采用修改直方图的方法来增强图像效果是一种实用而有效的处理方法。

4.2.1　灰度直方图的定义和性质

1. 灰度直方图定义

灰度直方图是指数字图像中,每一灰度级与其出现频数间的统计关系。假定数字图像的灰度级范围 k 为 $0\sim L-1$,则数字图像的灰度直方图可定义为

$$p(r_k)=\frac{n_k}{n} \tag{4-6}$$

且

$$\sum_{k=0}^{L-1} p(r_k)=1 \tag{4-7}$$

式中:r_k 为第 k 级灰度;n_k 为第 k 级灰度的像素总数;n 为图像的总像素个数;L 为灰度级数。

灰度直方图反映了图像的整体灰度分布情况,从图形上来说,其横坐标表示图像中各像素的灰度级别;纵坐标表示具有各灰度级的像素在图像中出现的次数(像素的个数)或概率。如图 4 – 13 所示为原始图像及其对应的灰度直方图。

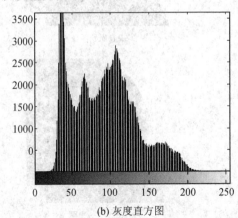

(a) 原始图像　　　　　　　　　　　(b) 灰度直方图

图 4 – 13　原始图像及其对应的灰度直方图

2. 灰度直方图性质

灰度直方图有以下性质：

(1) 灰度直方图没有位置信息。灰度直方图表示一幅图像的各像素灰度值出现次数或频率的统计结果，它只反映该图像中不同灰度值出现的概率，而未反映某一灰度像素所在的位置。也就是说，灰度直方图只具有一维特征，并不显示图像的空间位置信息。

(2) 灰度直方图与图像之间为一对多的映射关系。任意一幅图像都有唯一确定的一个直方图与之对应，但不同的图像可能有相同的直方图。如图 4-14 所示的四幅不同图像，它们的灰度直方图是相同的。

图 4-14　有相同灰度直方图的四幅图像

(3) 灰度直方图有可叠加性。由于灰度直方图是通过统计具有相同灰度值的像素而得到的，因此，一幅图像各子区的灰度直方图之和等于该图像全图的灰度直方图。

由于灰度直方图给出了一个图像信息的直观指示，因此可据此判断一幅图像是否合理地利用了全部被允许的灰度级范围。在实际应用中，如果获得图像的灰度直方图效果不理想，则可以人为地改变图像的灰度直方图，使之整体均匀分布，或成为某个特定的形状，以满足特定的增强效果，即图像的灰度直方图均衡化或直方图规定化处理。

【例 4-5】　对图像求取灰度直方图。

程序如下：

方法一：

```
read_image (Image, 'lena.jpg')
get_image_size (Image, Width, Height)
dev_close_window ()
dev_open_window_fit_size (0, 0, Height, Height, −1, −1, WindowHandle)
dev_display (Image)
rgb1_to_gray (Image, GrayImage)
```

点击菜单栏的"灰度直方图"按钮，方法一的程序运行结果如图 4-15 所示。

方法二：

```
read_image (Image, 'lena.jpg')
get_image_size (Image, Width, Height)
dev_close_window ()
dev_open_window_fit_size (0, 0, Height, Height, −1, −1, WindowHandle)
dev_display (Image)
rgb1_to_gray (Image, GrayImage)
*计算图像的灰度值分布
```

```
gray_histo (GrayImage, GrayImage, AbsoluteHisto, RelativeHisto)
```

＊获得灰度直方图

```
gen_region_histo (Region, RelativeHisto, 255, 255, 1)
```

方法二的程序运行结果如图 4-16 所示。

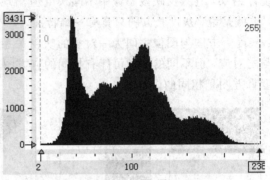

　　　　(a) 灰度图像　　　　　　　　　　(b) 灰度直方图

图 4-15　求取图像灰度直方图(一)

　　　　(a) 灰度图像　　　　　　　　　　(b) 灰度直方图

图 4-16　求取图像灰度直方图(二)

例 4-5 中主要算子的说明如下:

- gray_histo(Regions, Image ⋮⋮⋮ AbsoluteHisto, RelativeHisto)

功能:计算灰度值分布。

Regions:需要计算的区域。

Image:输入的图像。

AbsoluteHisto:绝对分布。

RelativeHisto:相对分布。

- gen_region_histo(: Region : Histogram, Row, Column, Scale :)

功能:得到灰度直方图。

Region:需要输入的区域。

Histogram:灰度分布。

Row、Column:灰度直方图中心的行、列坐标。

Scale：直方图比例。

4.2.2　直方图均衡化

直方图均衡化是一种最常用的直方图修正方法，这种方法的思想是把原始图像的直方图转换为均匀分布的形式，增加像素灰度值的动态范围。也就是说，直方图均衡化是使原图像中具有相近灰度且占有大量像素点的区域的灰度范围展宽，使大区域中的微小灰度变化显现出来，增强图像整体对比度效果，使图像更加清晰。图 4 - 17(c)和(d)为对图 4 - 17(a)进行直方图均衡化之后的结果。

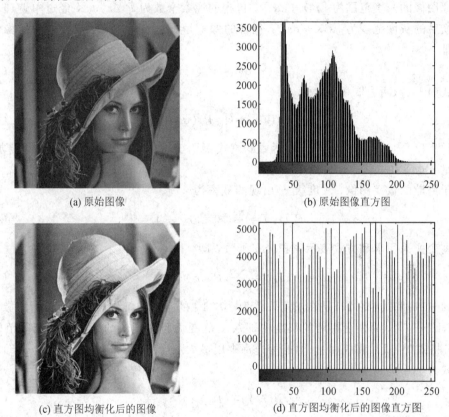

(a) 原始图像　　　　　　　　　　　(b) 原始图像直方图

(c) 直方图均衡化后的图像　　　　　(d) 直方图均衡化后的图像直方图

图 4 - 17　直方图均衡化前后对比

1. 直方图均衡化原理

设 r 和 s 分别表示归一化的原始图像灰度和变换后的图像灰度，即

$$0 \leqslant r \leqslant 1, 0 \leqslant s \leqslant 1 （0 代表黑色，1 代表白色）$$

s 和 r 的变换函数为 $s = T(r)$，该变换函数应满足如下条件：

(1) 在 $0 \leqslant r \leqslant 1$ 范围内，$T(r)$ 为单调递增函数。

(2) 在 $0 \leqslant r \leqslant 1$ 范围内，$0 \leqslant T(r) \leqslant 1$。

条件(1)保证通过灰度变换，原始图像的每个灰度级 r 都对应产生一个输出灰度级 s，且变换前后灰度级从黑到白的次序不变；条件(2)保证变换后的像素灰度值仍在变换前所允许的动态范围内。

由 s 到 r 的反变换函数为

$$r = T^{-1}(s) \quad (0 \leqslant s \leqslant 1) \tag{4-8}$$

这里，$T^{-1}(s)$ 对 s 也满足上述两个条件。

若图像变换前后灰度级的概率密度函数分别为 $P_r(r)$ 和 $P_s(s)$，则对于连续图像，直方图均衡化(并归一化)处理后的输出图像灰度级的概率密度函数是均匀分布的，即

$$P_s(s) = \begin{cases} 1, & 0 \leqslant s \leqslant 1 \\ 0, & 其他 \end{cases} \tag{4-9}$$

设原图像的灰度范围为 $[r, r+\mathrm{d}r]$，包含的像素个数为 $P_r(r)\mathrm{d}r$，经过单调递增的一对一变换后的灰度范围为 $[s, s+\mathrm{d}s]$，包含的像素个数为 $P_s(s)\mathrm{d}s$，变换前后的像素个数相等，即

$$P_r(r)\mathrm{d}r = P_s(s)\mathrm{d}s \tag{4-10}$$

对式(4-10)两边取积分，得

$$s = T(r) = \int_0^r P_r(w)\mathrm{d}w \tag{4-11}$$

式(4-11)称为图像的累积分布函数，该式表明变换函数 $T(r)$ 单调地从 0 增加到 1，所以满足 $T(r)$ 在 $0 \leqslant r \leqslant 1$ 内单调递增。

对于离散的数字图像，灰度级 r_k 出现的概率为

$$P_r(r_k) = \frac{n_k}{n}, \ 0 \leqslant r_k \leqslant 1 \tag{4-12}$$

均衡变换采用求和方式表示累积分布函数，即

$$s_k = T(r_k) = \sum_{j=0}^{k} P_r(r_j) = \sum_{j=0}^{k} \frac{n_j}{n} \tag{4-13}$$

式(4-11)和式(4-13)是在灰度取值为 $[0, 1]$ 的范围内推导出来的。若原图像的灰度级为 $[0, L-1]$，为使变换后的灰度值即灰度范围仍与原图像的灰度值和灰度范围相一致，则可将式(4-11)和式(4-13)的两边都乘以最大灰度级 $(L-1)$，此时式(4-13)对应的变换公式为

$$s_k = T(r_k) = (L-1) \sum_{j=0}^{k} \frac{n_j}{n} \tag{4-14}$$

式(4-14)计算的灰度值可能不是整数，一般采用四舍五入取整法使其变为整数，即

$$s_k = T(r_k) = \mathrm{INT}\left[(L-1) \sum_{j=0}^{k} \frac{n_j}{n} + 0.5 \right] \tag{4-15}$$

式中：$\mathrm{INT}[\cdot]$ 表示取整。

综上所述，直方图均衡化处理就是用原始图像灰度级的累积分布函数作为变换函数，产生一幅均匀的直方图，其结果扩展了图像灰度取值的动态范围，增强了图像的整体对比度，使图像变得清晰。

2. 直方图均衡化步骤

直方图均衡化的计算过程如下：

(1) 列出原始图像和变换后图像的灰度级，分别用 r_k、s_k 表示，则 $r_k, s_k = 0, 1, \cdots, L-1$。

（2）统计原始图像各灰度级的像素个数 n_k。

（3）计算原始图像的归一化灰度直方图 $P_r(r_k) = \dfrac{n_k}{n}$。

（4）计算图像各个灰度值的累积分布概率，记作 $P_a(r_k)$，则有

$$P_a(r_k) = \sum_{j=0}^{k} P_r(r_j)$$

（5）利用灰度变换函数计算变换后的灰度等级，并四舍五入取整，即

$$s_k = \mathrm{INT}[(L-1)P_a + 0.5]$$

（6）确定灰度变换关系 $r_k \rightarrow s_k$，据此将原始图像的灰度等级 r_k 修改为 s_k。

（7）统计变换后各灰度级的像素个数 m_k。

（8）计算变换后图像的直方图 $P_s(s_k) = \dfrac{m_k}{n}$。

【例 4-6】　假设有一幅图像，共有 64×64 个像素，八个灰度级，各灰度级分布如表 4-1所示，其灰度直方图如图 4-18 所示，将该直方图均衡化。

表 4-1　图像的灰度分布情况

原灰度级	对应像素数	概率
0	790	0.19
1	1023	0.25
2	850	0.21
3	656	0.16
4	329	0.08
5	245	0.06
6	122	0.03
7	81	0.02

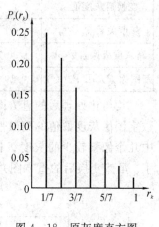

图 4-18　原灰度直方图

解　直方图均衡化的计算过程如下：

图像总像素个数 $n = 64 \times 64 = 4096$。

应用式(4-12)计算原始图像的灰度直方图：

$$P_r(r_k) = \frac{n_k}{n}$$

应用式(4-13)计算累积分布函数和变换后的灰度等级：

$$s_0 = T(r_0) = \sum_{j=0}^{0} P_r(r_j) = P_r(r_0) = 0.19$$

$$s_1 = T(r_1) = \sum_{j=0}^{1} P_r(r_j) = P_r(r_0) + P_r(r_1) = 0.44$$

$$s_2 = T(r_2) = \sum_{j=0}^{2} P_r(r_j) = P_r(r_0) + P_r(r_1) + P_r(r_2) = 0.65$$

$$s_3 = T(r_3) = \sum_{j=0}^{3} P_r(r_j) = P_r(r_0) + P_r(r_1) + P_r(r_2) + P_r(r_3) = 0.81$$

依此类推得到 $s_4 = 0.89$，$s_5 = 0.95$，$s_6 = 0.98$，$s_7 = 1.00$，对应的累积直方图分布见图4-19(a)。

计算出的 s_k 按照式(4-15)进行量化取整，得到变换后的灰度级：

$$s_0 \rightarrow 1, \ s_1 \rightarrow 3, \ s_2 \rightarrow 5, \ s_3 \rightarrow 6$$
$$s_4 \rightarrow 6, \ s_5 \rightarrow 7, \ s_6 \rightarrow 7, \ s_7 \rightarrow 7$$

经过变换，新的灰度级不再是八个，而变成五个，把原始图像灰度级的像素个数相加就得到新灰度级的像素数。直方图均衡化的详细计算过程和计算结果如表4-2所示。

表4-2　直方图均衡化的计算过程和计算结果

灰度级 r_k	0	1	2	3	4	5	6	7
像素个数 n_k	790	1023	850	656	329	245	122	81
概率 $P_r(r_k)$	0.19	0.25	0.21	0.16	0.08	0.06	0.03	0.02
累积直方图 $P_a(r_k)$	0.19	0.44	0.65	0.81	0.89	0.95	0.98	1.00
变换后灰度值 s_k	1	3	5	6		7	7	7
灰度关系 $r_k \rightarrow s_k$	0→1	1→3	2→5	3, 4→6		5, 6, 7→7		
新灰度级像素数 m_k	790	1023	850	985		448		
新图像直方图 $P_s(s_k)$	0.19	0.25	0.21	0.24		0.11		

均衡化处理后的直方图如图4-19(b)所示。从图中可以看出，在均衡化过程中，由于数字图像灰度取值的离散性，通过四舍五入使变换后的灰度值出现了归并现象，原直方图中几个像素较少的灰度级被归并到一个新的灰度级上，而像素较多的灰度级间隔被拉大了。虽然变换后的直方图并非完全均匀分布，但相比于原直方图平坦得多了。

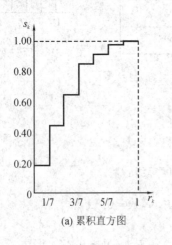

(a) 累积直方图

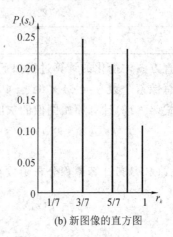

(b) 新图像的直方图

图4-19　直方图均衡化处理

【例4-7】　对图像进行直方图均衡化处理。

程序如下：

```
read_image (Image, 'camera')

get_image_size (Image, Width, Height)

dev_close_window ()

dev_open_window_fit_size (0, 0, Height, Height, −1, −1, WindowHandle)

dev_display (Image)

rgb1_to_gray (Image, GrayImage)

* 直方图均衡化

equ_histo_image (GrayImage, ImageEquHisto)

* 将运行结果保存为图片

dump_window (WindowHandle, 'bmp', 'result/lena 均衡化')
```

程序运行结果如图 4 - 20 所示。

(a) 灰度图像　　　　　　　　　　(b) 直方图均衡化后图像

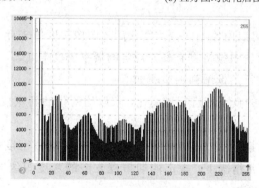

(c) 均衡化后的直方图

图 4 - 20　图像直方图均衡化处理

例 4 - 7 中主要算子的说明如下：

- equ_histo_image(Image ∶ ImageEquHisto∷)

功能：直方图均衡化。

Image：输入的图像。

ImageEquHisto：均衡化后的图像。

4.2.3　直方图规定化

直方图均衡化能自动增强整个图像的对比度，得到全局均匀化的直方图。但在实际应用中，有时并不需要图像的整体均匀分布直方图，而是要有针对性地增强某个灰度范围内的图像，这时可以采用比较灵活的直方图规定化。所谓直方图规定化，就是通过一个灰度映射函数，将原灰度直方图转换成特定形状的直方图，以满足特定的增强效果。一般来说，正确地选择规定化函数可以获得比直方图均衡化更好的效果。

设 $P_r(r)$ 表示原始图像的灰度概率密度函数，$P_z(z)$ 表示我们期望的输出函数所具有的灰度概率密度函数，即预先规定的直方图。直方图规定化即通过一种变换，使得原始图像经变换后，成为具有概率分布密度为 $P_z(z)$ 的新图像。

分别对 $P_r(r)$ 和 $P_z(z)$ 做直方图均衡化处理

$$s = T(r) = \int_0^r P_r(w)\mathrm{d}w \tag{4-16}$$

$$u = G(z) = \int_0^z P_z(w)\mathrm{d}w \tag{4-17}$$

式(4-16)和式(4-17)表明，可以由均衡化后的灰度变量 u 获得期望图像的灰度变量 z。因为对原始图像和期望图像都进行了直方图均衡化处理，所以 $P_s(s)$ 和 $P_u(u)$ 具有相同的均匀概率密度。

如果用原始图像中得到的均匀灰度级 s 代替 u 进行取反变换，则其结果灰度级将是所希望的概率密度函数 $P_z(z)$ 的灰度级。

$$z = G^{-1}(u) = G^{-1}(s) \tag{4-18}$$

式(4-18)表示可以由原始图像均衡化后的图像灰度值来计算期望图像的灰度值 z。直方图规定化处理后的新图像将具有事先规定的概率密度 $P_z(z)$，从而达到预期处理效果。

直方图规定化进行图像增强的步骤如下：

(1) 对原始图像的直方图进行均衡化，求取均衡化的新灰度级 s_k 及概率分布，确定 r_k 和 s_k 的映射关系。

(2) 根据规定的期望直方图(即规定的期望灰度概率密度函数 $P_z(z_k)$)求变换函数 $G(z_k)$ 的所有值。通常情况下，规定的期望直方图的灰度等级与原图像的灰度等级相同。式(4-17)的离散形式为

$$u_k = G(z_k) = \sum_{j=0}^k P_z(z_k), k = 0, 1, \cdots, L-1 \tag{4-19}$$

(3) 将原直方图对应映射到规定的直方图。

第一，将步骤(1)获得的灰度级别应用于反变换函数 $z_k = G^{-1}(s_k)$，从而获得 z_k 与 s_k 的映射关系，即找出与 s_k 最接近的 $G(z_k)$ 值。

第二，根据 $z_k = G^{-1}(s_k) = G^{-1}[T(r_k)]$，进一步获得 r_k 和 z_k 的映射关系。

(4) 根据建立的 r_k 和 z_k 的映射关系确定新图像各灰度级别的像素数，即在新图像中，灰度级为 z_k 的像素个数等于原图像中灰度级为 r_k 的像素个数，进而通过计算其概率分布密

度而得到最后的直方图。

4.3　图像几何变换

图像几何变换又称为图像空间变换，包括平移、转置、镜像、旋转、缩放等方式，可对采集的图像进行处理，用于改正图像采集系统的系统误差和仪器(成像角度、透视关系乃至镜头自身原因)的随机误差。此外，图像几何变换还需要使用灰度插值算法，因为若按照变换关系进行计算，则输出图像的像素可能被映射到输入图像的非整数坐标上。通常采用的灰度插值算法有最近邻插值、双线性插值和双三次插值。

4.3.1　图像几何变换的一般表达式

图像几何变换就是建立一幅图像与变换后的图像中所有各点之间的映射关系，其通用数学表达式为

$$[u, v] = [X(x, y), Y(x, y)] \qquad (4-20)$$

式中：$[u, v]$ 为变换后图像像素的笛卡尔坐标；(x, y) 为原始图像像素的笛卡尔坐标；$X(x, y)$ 和 $Y(x, y)$ 分别定义了在水平和垂直方向上进行空间变换的映射函数，由此得到了原始图像与变换后图像像素的对应关系。如果 $X(x, y) = x$，$Y(x, y) = y$，则有 $(u, v) = (x, y)$，即变换后的图像仅仅是原始图像的复制版。

图像的几何变换包括点变换、直线变换和单位正方形变换。

1. 点变换

图像处理其实就是对图像中每个像素点的处理(点变换)，图像运算作为图像处理的关键部分也是如此。点变换包括比例变换、原点变换、翻转变换和剪移变换。

(1) 比例变换：针对某点的比例变换，也就是将该点的坐标按给定的比例进行变换。如式(4-21)所示，其中 x、y 是原坐标，x^*、y^* 是新坐标。其表达式为

$$[x \quad y] \begin{vmatrix} a & 0 \\ 0 & b \end{vmatrix} = | ax, by | = | x^* \quad y^* | \qquad (4-21)$$

(2) 原点变换：坐标为 (x, y) 的点，经过变换之后，到达原点 $(0, 0)$ 的位置。其表达式为

$$|x \quad y| \begin{vmatrix} a & b \\ c & d \end{vmatrix} = |0 \quad 0| \qquad (4-22)$$

(3) 翻转变换：也称为镜像变换，可以基于 x 轴或 y 轴进行镜像变换，或基于指定直线进行镜像变换。

① 基于 x 轴的镜像变换。其表达式为

$$|x \quad y| \begin{vmatrix} 1 & 0 \\ 0 & -1 \end{vmatrix} = |x \quad -y| = |x^* \quad y^*| \qquad (4-23)$$

② 基于 y 轴的镜像变换。其表达式为

$$|x \quad y| \begin{vmatrix} -1 & 0 \\ 0 & 1 \end{vmatrix} = |-x \quad y| = |x^* \quad y^*| \qquad (4-24)$$

③ 基于直线 $x=y$ 的镜像变换。其表达式为

$$|x \quad y| \begin{vmatrix} 0 & 1 \\ 1 & 0 \end{vmatrix} = |y, \quad x| = |x^* \quad y^*| \qquad (4-25)$$

(4) 剪移变换：就是在保证某点横坐标(或纵坐标)不变的前提下，对其纵坐标(或横坐标)进行变换处理，如图 4-21 所示。其表达式为

$$|x \quad y| \begin{vmatrix} 1 & b \\ 0 & 1 \end{vmatrix} = |x, \quad bx+y| = |x^* \quad y^*|$$

$$(4-26)$$

$$|x \quad y| \begin{vmatrix} 1 & 0 \\ c & 1 \end{vmatrix} = |cy+y, \quad y| = |x^* \quad y^*|$$

$$(4-27)$$

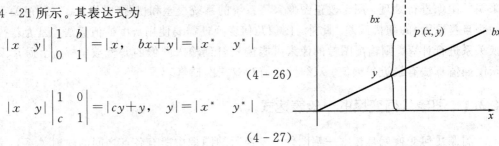

图 4-21 图像变换的坐标表示

2. 直线变换(两个点的变换)

直线变换是对一条直线上像素点的操作。由于两点确定一条直线，因此在判断直线的性质(比如斜率)，或者判断两条直线是否平行时，只需要判断直线上的两个点即可。

如果已知 $\begin{vmatrix} A \\ B \end{vmatrix} \begin{vmatrix} a & b \\ c & d \end{vmatrix} = \begin{vmatrix} A^* \\ B^* \end{vmatrix}$，此矩阵可以看作是由两点确定的直线的变换过程，那么经过该变换后，两条平行直线仍平行，证明过程如下：

令 (x_1, y_1)、(x_2, y_2) 为两条平行线中一条直线上的两点，根据以上矩阵有如下变换过程：

$$\begin{vmatrix} x_1 & y_1 \\ x_2 & y_2 \end{vmatrix} \begin{vmatrix} a & b \\ c & d \end{vmatrix} = \begin{vmatrix} ax_1+cy_1 & bx_1+dy_1 \\ ax_2+cy_2 & bx_2+dy_2 \end{vmatrix} = \begin{vmatrix} x_1^* & y_1^* \\ x_2^* & y_2^* \end{vmatrix} = \begin{vmatrix} A^* \\ B^* \end{vmatrix}$$

原两条平行线的斜率为

$$m_1 = \frac{y_2 - y_1}{x_2 - x_1} = m_1'$$

变换后，一条直线的斜率为

$$m_2 = \frac{y_2^* - y_1^*}{x_2^* - x_1^*} = \frac{bx_2+dy_2-(bx_1+dy_1)}{ax_2+cy_2-(ax_1+cy_1)} = \frac{b+dm_1}{a+cm_1}$$

同理，变换后另一条直线的斜率为

$$m_2' = \frac{b+dm_1'}{a+cm_1'}$$

故 $m_2 = m_2'$，即平行线变换后仍平行。

3. 单位正方形变换

单位正方形变换类似于图像校正，即在单位正方形和平行四边形(也可以是不规则的四边形)之间建立映射关系，以达到互相转换的效果。

设 A、B、C、D 为单位正方形的四个顶点，通过式(4-28)转换成 A^*、B^*、C^*、D^*(四边形的顶点)。图 4-22 是单位正方形变换的坐标示意图，图 4-23 是平行四边形变换的坐标示意图。

$$
\begin{vmatrix} A \\ B \\ C \\ D \end{vmatrix} \begin{vmatrix} a & b \\ c & d \end{vmatrix} = \begin{vmatrix} 0 & 0 \\ 1 & 0 \\ 1 & 1 \\ 0 & 1 \end{vmatrix} \begin{vmatrix} a & b \\ c & d \end{vmatrix} = \begin{vmatrix} 0 & 0 \\ a & b \\ a+c & b+d \\ c & d \end{vmatrix} = \begin{vmatrix} A^* \\ B^* \\ C^* \\ D^* \end{vmatrix} \tag{4-28}
$$

变换后的四边形面积为

$$
\begin{aligned}
A_T &= (a+c)(b+d) - \frac{1}{2}ab - \frac{1}{2}cd - \frac{c}{2}(b+b+d) - \frac{b}{2}(c+a+c) \\
&= ad - bc \\
&= \det[T]
\end{aligned}
$$

式中：$\det[T]$ 为变换矩阵行列式的值。

式(4-28)中的 $\begin{vmatrix} a & b \\ c & d \end{vmatrix}$ 代表单位正方形变换的映射关系，通过该关系可以实现单位正方形和单位平行四边形的转换，它适用于任意形状的四边形，而任意多边形可理解为无数个小正方形。

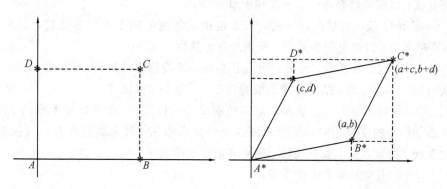

图 4-22　正方形变换　　　　　图 4-23　平行四边形变换

4.3.2　仿射变换

如果所拍摄的对象在机械装置或其他稳定性不高的装置上，那么目标对象的位置和旋转角度不能保持恒定，因此，必须对物体进行平移和旋转角度修正。有时由于物体和摄像机间的距离发生了变化，因而图像中物体的尺寸也发生了明显变化，这些情况下需使用的变换称为仿射变换。

仿射变换的一般表达式为

$$
\begin{bmatrix} u \\ v \end{bmatrix} = \mathbf{A} \begin{bmatrix} x \\ y \\ 1 \end{bmatrix} = \begin{bmatrix} a_2 & a_1 & a_0 \\ b_2 & b_1 & b_0 \end{bmatrix} \begin{bmatrix} x \\ y \\ 1 \end{bmatrix} \tag{4-29}
$$

式中：矩阵 $\mathbf{A}$ 为仿射变换矩阵，包括线性部分和平移部分，其中 a_0 和 b_0 为平移部分，$\begin{bmatrix} a_2 & a_1 \\ b_2 & b_1 \end{bmatrix}$ 为线性部分。

HALCON 中做仿射变换的算子：

- affine_trans_image(Image : ImageAffinTrans : HomMat2D, Interpolation, AdaptImageSize :)

功能：对图像做仿射变换。

Image：原始图像。

ImageAffinTrans：变换后的图像。

HomMat2D：变换矩阵。

Interpolation：插值方法。

AdaptImageSize：自动调节输出图像大小，如果设置为 true，则图像右下角对齐。

插值方法有以下五种(具体内容将在 4.3.4 小节详细说明)：

(1) nearest_neighbor：最近邻插值法，灰度值由最近的一个像素点决定，速度快，但处理质量较低。

(2) bilinear：双线性插值的一种，灰度值由最邻近的四个点像素决定，做缩放变换时没有平滑处理，结果可能有混叠效应，速度和质量一般。

(3) constant：双线性插值的一种，灰度值由最邻近的四个点像素决定，做缩放变换时应用均值滤波，以避免混叠效应，速度和质量一般。

(4) weighted：双线性插值的一种，灰度值由最邻近的四个点像素决定，做缩放变换时，应用高斯滤波，以避免混叠效应，质量最好但速度最慢。

(5) bicubic：双三次插值，又称立方卷积插值，灰度值由最近的 16 个像素点决定，做缩放变换时没有平滑处理，结果可能有混叠效应，质量高，速度慢。

HALCON 做仿射变换的思想是先定义仿射变换单位矩阵(或者直接生成)，然后在变换矩阵中添加需要的变换矩阵，组合矩阵也可以先后添加，当添加完所有的变换矩阵后，再做仿射变换。如果有多个变换矩阵，则要考虑添加的顺序。

HALCON 中定义变换矩阵的算子：

- hom_mat2d_identity(::: HomMat2DIdentity)

HomMat2DIdentity：单位矩阵，$HomMat2DIdentity = \begin{bmatrix} 1 & 0 & 0 \\ 0 & 1 & 0 \\ 0 & 0 & 1 \end{bmatrix}$。

仿射变换中的特殊情况是平移变换、比例缩放和旋转变换。仿射变换具有如下性质：

(1) 仿射变换只有六个自由度(对应变换中的六个系数)，因此仿射变换后互相平行的直线仍为平行直线，三角形映射后仍然是三角形，但不能保证边数多于 4 的多边形映射为等边数的多边形。

(2) 仿射变换的乘积和逆变换仍是仿射变换。

(3) 仿射变换能够实现平移、旋转、缩放等几何变换。

1. 平移变换

图像的平移变换是指将图像中的所有像素点按照要求的偏移量进行垂直、水平移动。平移变换只改变了原有目标在画面上的位置，而图像的内容则不发生变化。若将图像像素点 (x, y) 平移到 $(x+x_0, y+y_0)$，则变换函数为 $u = X(x, y) = x+x_0$，$v = Y(x, y) = y+y_0$，其矩阵表达式为

$$\begin{bmatrix} u \\ v \end{bmatrix} = \begin{bmatrix} x \\ y \end{bmatrix} + \begin{bmatrix} x_0 \\ y_0 \end{bmatrix} \tag{4-30}$$

式中：x_0 和 y_0 分别为 x 和 y 的坐标平移量。

平移变换的相关算子：

- hom_mat2d_translate(::HomMat2D, Tx, Ty : HomMat2DTranslate)

功能：在 2D 齐次仿射变换中增加平移变换。

Tx、Ty：行、列的平移量，即

$$HomMat2DTranslate = \begin{bmatrix} 1 & 0 & T_x \\ 0 & 1 & T_y \\ 0 & 0 & 1 \end{bmatrix} \times HomMat2D$$

2. 比例缩放

比例缩放是指将给定的图像在 x 轴方向按比例缩放 s_x 倍，在 y 轴方向按比例缩放 s_y 倍，从而获得一幅新的图像。如果 $s_x = s_y$，则称这样的比例缩放为图像的全比例缩放；如果 $s_x \neq s_y$，则比例缩放会改变原始图像像素间的相对位置，产生几何畸变。

若图像坐标 (x, y) 缩放比例为 (s_x, s_y)，则变换函数为

$$\begin{bmatrix} u \\ v \end{bmatrix} = \begin{bmatrix} s_x & 0 \\ 0 & s_y \end{bmatrix} \begin{bmatrix} x \\ y \end{bmatrix} \tag{4-31}$$

式中：s_x 和 s_y 分别为 x 和 y 坐标的缩放因子，大于 1 表示放大，小于 1 表示缩小。

比例缩放的相关算子：

- hom_mat2d_scale(::HomMat2D, Sx, Sy, Px, Py:HomMat2DScale)

功能：在 2D 齐次仿射变换中增加缩放变换。

Sx、Sy：x、y 坐标的缩放倍数。

Px、Py：基准点的横、纵坐标。该基准点固定不变，原因是在缩放变换过程中需要对变换进行平移，使得点 (P_x, P_y) 移动到原点，然后再进行缩放变换，最后再把变换移到原来的点 (P_x, P_y)。

$$HomMat2DScale = \begin{bmatrix} 1 & 0 & P_x \\ 0 & 1 & P_y \\ 0 & 0 & 1 \end{bmatrix} \times \begin{bmatrix} S_x & 0 & 0 \\ 0 & S_y & 0 \\ 0 & 0 & 1 \end{bmatrix} \times \begin{bmatrix} 1 & 0 & -P_x \\ 0 & 1 & -P_y \\ 0 & 0 & 1 \end{bmatrix} \times HomMat2D$$

如果基准点是原点，则可以直接做缩放变换，即

$$HomMat2DScale = \begin{bmatrix} S_x & 0 & 0 \\ 0 & S_y & 0 \\ 0 & 0 & 1 \end{bmatrix} \times HomMat2D$$

3. 旋转变换

图像的旋转是指以图像中的某一点为原点以逆时针或顺时针方向旋转一定的角度。图像的旋转变换属于图像的位置变换，通常是以图像的中心为原点，将图像上的所有像素都旋转一个相同的角度。旋转后，图像的大小一般会改变。

将输入图像绕笛卡尔坐标系的原点逆时针旋转 θ 角度，则变换后的图像坐标为

$$\begin{bmatrix} u \\ v \end{bmatrix} = \begin{bmatrix} \cos\theta & -\sin\theta \\ \sin\theta & \cos\theta \end{bmatrix} \begin{bmatrix} x \\ y \end{bmatrix} \tag{4-32}$$

HALCON 中旋转变换的算子:

- hom_mat2d_rotate(::HomMat2D, Phi, Px, Py:HomMat2DRotate)

功能:在 2D 齐次仿射变换中增加旋转变换。

Phi:旋转角度。

Px、Py:旋转的基准点(固定点,也是旋转的中心)的横、纵坐标。在旋转过程中,该坐标不会改变的原因是在旋转变换过程中需要对变换进行平移,使得点(P_x, P_y)移动到原点,然后再进行旋转变换,最后再将变换移动回原来的点(P_x, P_y)。

$$\text{HomMat2DRotate} = \begin{bmatrix} 1 & 0 & P_x \\ 0 & 1 & P_y \\ 0 & 0 & 1 \end{bmatrix} \times \begin{bmatrix} \cos(\text{Phi}) & -\sin(\text{Phi}) & 0 \\ \sin(\text{Phi}) & \cos(\text{Phi}) & 0 \\ 0 & 0 & 1 \end{bmatrix} \times \begin{bmatrix} 1 & 0 & -P_x \\ 0 & 1 & -P_y \\ 0 & 0 & 1 \end{bmatrix} \times \text{HomMat2D}$$

4. 综合变换

图像先进行平移,然后进行比例变换,最后进行旋转变换的复合几何变换表达式为

$$\begin{aligned} \begin{bmatrix} u \\ v \end{bmatrix} &= \begin{bmatrix} \cos\theta & -\sin\theta \\ \sin\theta & \cos\theta \end{bmatrix} \begin{bmatrix} s_x & 0 \\ 0 & s_y \end{bmatrix} \left\{ \begin{bmatrix} x \\ y \end{bmatrix} + \begin{bmatrix} x_0 \\ y_0 \end{bmatrix} \right\} \\ &= \begin{bmatrix} s_x\cos\theta & -s_y\sin\theta \\ s_x\sin\theta & s_y\cos\theta \end{bmatrix} \begin{bmatrix} x \\ y \end{bmatrix} + \begin{bmatrix} s_x x_0\cos\theta - s_y y_0\sin\theta \\ s_x x_0\sin\theta + s_y y_0\cos\theta \end{bmatrix} \end{aligned} \tag{4-33}$$

显然式(4-33)是线性的,故可以表示成如下的线性表达式:

$$\begin{bmatrix} u \\ v \end{bmatrix} \begin{bmatrix} a_2 & a_1 \\ b_2 & b_1 \end{bmatrix} \begin{bmatrix} x \\ y \end{bmatrix} + \begin{bmatrix} a_0 \\ b_0 \end{bmatrix} \tag{4-34}$$

设定加权因子 a_i 和 b_i 的值,可以得到不同的变换。

【例 4-8】　基于图像变换的 HALCON 例程,变换前后如图 4-24 所示。

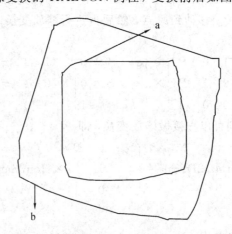

图 4-24　图像变换处理前后图(a 为原始图像,b 为变换后图像)

程序如下:

```
dev_close_window ()
dev_open_window (0, 0, 512, 512, 'white', WindowID)
```

```
* 设置窗口背景为白色
dev_set_color ('black')
* 设置显示颜色为黑色
draw_region (Region, WindowID)
```
* 在窗口画出区域，如图 4 - 24 中内轮廓闭合曲线 a
```
hom_mat2d_identity (HomMat2DIdentity)
```
* 定义仿射变换矩阵
```
hom_mat2d_rotate (HomMat2DIdentity, -0.3, 256, 256, HomMat2DRotate)
```
* 在 2D 齐次仿射变换中增加旋转变换，-0.3 表示旋转角度，负值代表顺时针旋转；256、256
* 表示基准点，此点固定不变
```
hom_mat2d_scale (HomMat2DRotate, 1.5, 1.5, 256, 256, HomMat2DScale)
```
* 在 2D 齐次仿射变换中增加缩放变换，1.5 表示缩放倍数
```
hom_mat2d_translate (HomMat2DScale, 32, 32, HomMat2DTranslate)
```
* 在 2D 齐次仿射变换中增加平移变换，32 为行列的平移量
```
affine_trans_region (Region, RegionAffineTrans, HomMat2DScale, 'nearest_neighbor')
```
* 对区域做仿射变换，Region 为变换前的区域；RegionAffineTrans 为变换后的区域；HomMat2D
* 为仿射变换矩阵；nearest_neighbor 为最近邻插值法，插值方法在 4.3.4 小节灰度插值中有详解
```
dev_clear_window ()
dev_set_draw ('margin')
dev_set_color ('red')
dev_display (Region)
dev_set_color ('green')
dev_display (RegionAffineTrans)
```

图 4 - 25 是图像在经历旋转、缩放、平移期间的坐标矩阵变化。

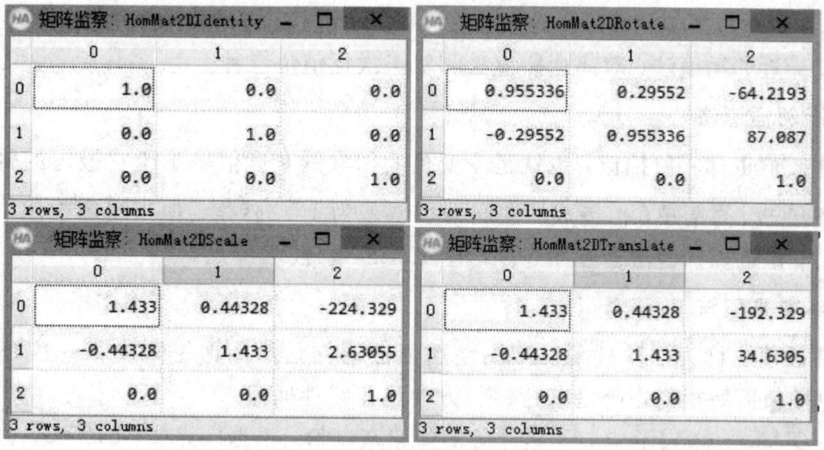

矩阵监察：HomMat2DIdentity

	0	1	2
0	1.0	0.0	0.0
1	0.0	1.0	0.0
2	0.0	0.0	1.0

3 rows, 3 columns

矩阵监察：HomMat2DRotate

	0	1	2
0	0.955336	0.29552	-64.2193
1	-0.29552	0.955336	87.087
2	0.0	0.0	1.0

3 rows, 3 columns

矩阵监察：HomMat2DScale

	0	1	2
0	1.433	0.44328	-224.329
1	-0.44328	1.433	2.63055
2	0.0	0.0	1.0

3 rows, 3 columns

矩阵监察：HomMat2DTranslate

	0	1	2
0	1.433	0.44328	-192.329
1	-0.44328	1.433	34.6305
2	0.0	0.0	1.0

3 rows, 3 columns

图 4 - 25　图像变换中的矩阵变化

4.3.3　投影变换

把物体的三维图像表示转变为二维表示的过程称为投影变换，其表达式为

$$\begin{bmatrix} u' \\ v' \\ w' \end{bmatrix} = \begin{bmatrix} a_{11} & a_{12} & a_{13} \\ a_{21} & a_{22} & a_{23} \\ a_{31} & a_{32} & a_{33} \end{bmatrix} \begin{bmatrix} x \\ y \\ 1 \end{bmatrix} \qquad (4-35)$$

投影变换的向前映射函数可以表示为

$$\begin{cases} u = \dfrac{u'}{w'} = \dfrac{a_{11}x + a_{12}y + a_{13}}{a_{31}x + a_{32}y + a_{33}} \\[2mm] v = \dfrac{v'}{w'} = \dfrac{a_{21}x + a_{22}y + a_{23}}{a_{31}x + a_{32}y + a_{33}} \end{cases}$$

式中：$a_{31} \neq 0$，$a_{32} \neq 0$。

投影变换也是一种平面映射，其正变换和逆变换都是单值函数。投影变换可以保证任意方向上的直线经过投影变换后仍然为直线，但是由于投影变换具有九个自由度(其变换系数为九个)，故可以实现平面四边形到四边形的映射。

仿射变换也可以称为特殊的投影变换，只需令变换矩阵中的 a_{31}、a_{32}、a_{33} 为 0 即可，在 HALCON 算子中的变换矩阵类型也可体现，即 HomMat2D 的类型。

投影变换的算子：

- `hom_vector_to_proj_hom_mat2d(::Px, Py, Pw, Qx, Qy, Qw, Method : HomMat2D)`

功能：确定投影变换矩阵 HomMat2D。

Px，Py，Pw，Qx，Qy，Qw：确定投影变换矩阵的四个点。

4.3.4　灰度插值

在数字图像中，由于灰度值只在整数位置(x, y)被定义，即规定所有的像素值都位于栅格整数坐标处，而经过几何变换后的灰度值往往会出现在原始图像中相邻像素值的点之间。为此，需要通过插值运算来获得变换后不在采样点上的像素的灰度值，常用的灰度值插值方法有最近邻插值法、双线性插值法和双三次插值法三种。

1. 最近邻插值法

最近邻插值也称零阶插值，也就是令变换后像素的灰度值等于距它最近的输入像素的灰度值。该方法计算简单，但造成的空间偏移误差为 $1/\sqrt{2}$ 像素。但当图像中像素灰度级有细微变化时，最近邻插值法会在图像中产生人工的痕迹。

2. 双线性插值法

双线性插值也称为一阶插值。双线性插值法通常是沿图像矩阵的每一列(行)进行插值，然后对插值后所得的矩阵沿着行(列)方向进行线性插值。

例如，令 $f(x, y)$ 表示(x, y)坐标处的像素灰度值，根据四点$(0, 0)$、$(0, 1)$、$(1, 0)$、$(1, 1)$来进行双线性插值。首先对$(0, 0)$和$(1, 0)$两点进行线性插值，得到$(x, 0)$点的像素灰度值为

$$f(x, 0) = f(0, 0) + x[f(1, 0) - f(0, 0)] \qquad (4-36)$$

对$(0, 1)$和$(1, 1)$两点进行线性插值，得到$(x, 1)$点的像素灰度值为

$$f(x, 1) = f(0, 1) + x[f(1, 1) - f(0, 1)]$$

然后进行水平方向的线性插值，得

$$f(x, y) = f(x, 0) + y[f(x, 1) - f(x, 0)]$$

当对相邻四个像素点采用双线性插值时，所得图像表面在邻域处是吻合的，但是斜率不吻合，并且双线性灰度值的平滑作用可能使图像的细节退化，这种现象在进行图像放大时尤为明显。

3. 双三次插值法

双三次插值法（又称立方卷积插值法）属于高阶插值法，用该方法得到的输出像素值为输入图像中距离最近的 4×4 邻域内采样点像素值的加权平均值。一维的双三次插值函数为

$$S_{(x)} = \begin{cases} 1 - 2|x|^2 + |x|^3, & 0 \leqslant |x| \leqslant 1 \\ 4 - 8|x| + 5|x|^2 - |x|^3, & 1 \leqslant |x| \leqslant 2 \\ 0, & \text{其他} \end{cases} \tag{4-37}$$

式中：$|x|$ 是 4×4 邻域内采样点与插值点的轴向距离。

双三次插值法解决了最近邻插值的梯状边界问题，也解决了线性插值的模糊问题，非常好地保持了图像的细节。

【例 4 - 9】 基于 HALCON 的灰度值插值法举例。

此示例采用的最近邻插值法，将图像旋转和循环命令结合，以达到动态的效果，如图 4 - 26 所示。

　　　(a) 原图　　　　　　　　(b) 阈值处理　　　　　　　(c) 变换之后的图像

图 4 - 26　插值法示例图

程序如下：

```
dev_update_window ('off')
dev_update_var ('off')
dev_update_time ('off')
dev_update_pc ('off')
dev_set_color ('red')
read_image (Image, 'forest_road')
threshold (Image, Region, 160, 255)
* 阈值分割获得区域
opening_circle (Region, RegionOpening, 9.5)
```

＊用于消除小区域(小于圆形结构元件)并平滑区域的边界

hom_mat2d_identity (HomMat2DIdentity)

Scale：= 1

for Phi：= 0 to 360 by 1

　　　hom_mat2d_rotate (HomMat2DIdentity, rad(Phi), 256, 256, HomMat2DRotate)

　　　hom_mat2d_scale (HomMat2DRotate, Scale, Scale, 256, 256, HomMat2DScale)

　　　affine_trans_image (Image, ImageAffinTrans, HomMat2DScale, 'nearest_neighbor', 'false')

　　　affine_trans_region(RegionOpening, RegionAffineTrans, HomMat2DScale, 'nearest_neighbor')

＊对图像做仿射变换，这里选择的插值方式为最近邻插值法

　　　dev_display (ImageAffinTrans)

　　　dev_display (RegionAffineTrans)

　　　Scale：= Scale / 1.005

endfor

dev_update_pc ('on')

dev_update_time ('on')

dev_update_var ('on')

dev_update_window ('on')

4.3.5　基于 HALCON 的图像校正

在成像过程中，普通工业镜头(小孔成像原理)都存在透视畸变，也就是常见的"近大远小"现象，除非相机和被拍摄平面保持绝对垂直，否则透视畸变是不可避免的。因此，通过三维空间的仿射变换(变换坐标系使得相机与被测平面不垂直)，可以产生透视畸变效果，此过程相当于进行了投影变换。

从定义来看，仿射变换可以看作是投影变换的特殊形式。把投影变换矩阵的最后一行变为[0, 0, 1]或者[0, 0, 0, 1]，即可变为仿射变换矩阵，由此也可以证明仿射变换是投影变换的特殊形式。对于平移、缩放、切变(切向变换)等图像变换，仿射变换和投影变换都可以实现。

【例 4-10】　使用仿射变换和投影变换实现图片顺时针旋转 90°，如图 4-27 所示。

(a) 原始图像

(b) 旋转后图像

图 4-27　图像变换效果图

1) 基于仿射变换的实现方法

程序如下：

```
hom_mat2d_identity (HomMat2DIdentity)
hom_mat2d_rotate (HomMat2DIdentity, rad(-90), 256, 256, HomMat2DRotate)
affine_trans_image (Image, ImageAffinTrans, HomMat2DRotate, 'constant', 'false')
```

仿射变换矩阵(3×3)：

$$\begin{bmatrix} 6.123\,23e-017 & 1.0 & 0.0 \\ -1.0 & 6.123\,23e-017 & 512.0 \\ 0.0 & 0.0 & 1.0 \end{bmatrix}$$

2) 基于投影变换的实现方法

程序如下：

```
hom_vector_to_proj_hom_mat2d ([0, 0, 512, 512], [0, 512, 512, 0], [1, 1, 1, 1], [0, 512,
512, 0], [512, 512, 0, 0], [1, 1, 1, 1], 'dlt', HomMat2D)
projective_trans_image (Image, TransImage, HomMat2D, 'bilinear', 'false', 'false')
```

投影变换矩阵(3×3)：

$$\begin{bmatrix} 1.389\,44e-016 & -0.001\,953\,11 & 3.204\,63e-015 \\ 0.001\,953\,11 & -3.687\,57e-020 & -0.999\,994 \\ -1.054\,21e-019 & -2.747\,73e-020 & -0.001\,953\,11 \end{bmatrix}$$

【例 4-11】　产生投影畸变并基于投影变换进行图像校正，使效果如图 4-28 所示。

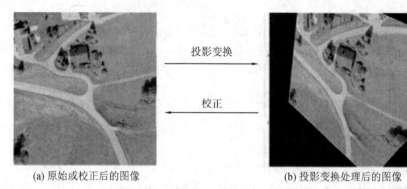

(a) 原始或校正后的图像　　　　　　　　　　(b) 投影变换处理后的图像

图 4-28　图像校正与投影变换

（1）进行一系列的旋转变换，产生三维仿射变换矩阵，也就是使得相机和被拍摄平面不垂直。

程序如下：

```
hom_mat3d_identity (HomMat3D)
hom_mat3d_rotate (HomMat3D, rad(Gamma), 'z', PrincipalRow, PrincipalColumn, Focus,
HomMat3D)
hom_mat3d_rotate (HomMat3D, rad(Beta), 'y', PrincipalRow, PrincipalColumn, Focus,
HomMat3D)
hom_mat3d_rotate (HomMat3D, rad(Alpha), 'x', PrincipalRow, PrincipalColumn, Focus,
HomMat3D)
```

（2）把三维仿射变换矩阵转化成投影变换矩阵。

程序如下:

```
hom_mat3d_project (HomMat3D, PrincipalRow, PrincipalColumn, Focus, ProjectionMatrix)
```

(3) 进行投影变换, 变换后的图像效果如图 4 - 28(b)所示。

程序如下:

```
projective_trans_image (Image, TransImage, ProjectionMatrix, 'bilinear', 'false', 'false')
```

【例 4 - 12】　通过一个完整的例程来介绍投影变换在图像校正中的应用, 如图 4 - 29 所示。

(a) 待校正图像　　　　　　(b) 顶点处的XLD十字标线　　　　　(c) 处理之后的结果

图 4 - 29　图像校正示意图

程序如下:

```
dev_update_off ()
dev_close_window ()
read_image (Image_slanted, 'datacode/ecc200/ecc200_to_preprocess_001')
dev_open_window_fit_image (Image_slanted, 0, 0, -1, -1, WindowHandle)
*打开适合图片的窗口
dev_set_color ('white')
dev_set_line_width (3)
stop ()
XCoordCorners: = [130, 225, 290, 63]
YCoordCorners: = [101, 96, 289, 269]
gen_cross_contour_xld (Crosses, XCoordCorners, YCoordCorners, 6, 0.78)
*为每个输入点生成十字形状的 XLD 轮廓, 6 表示组成十字横线的长度, 0.78 表示角度
dev_display (Image_slanted)
dev_display (Crosses)
stop ()
hom_vector_to_proj_hom_mat2d (XCoordCorners, YCoordCorners, [1, 1, 1, 1], [70, 270, 270, 70],
[100, 100, 300, 300], [1, 1, 1, 1], 'normalized_dlt', HomMat2D)
*生成投影变换需要的变换矩阵, 此处为齐次变换矩阵
projective_trans_image (Image_slanted, Image_rectified, HomMat2D, 'bilinear', 'false', 'false')
*在待处理的图像上应用投影变换矩阵, 并将结果输出到 Image_rectified 中
create_data_code_2d_model ('Data Matrix ECC 200', [], [], DataCodeHandle)
*为上述 2D 数据代码创建模型, DataCodeHandle 为数据代码模型
```

```
find_data_code_2d (Image_rectified, SymbolXLDs, DataCodeHandle, [], [], ResultHandles,
DecodedDataStrings)
```
　　* 检测输入图像中的 2D 数据模型代码，并读取编码数据，SymbolXLDs 成功解码后的符号生成的
　　* XLD 轮廓
```
dev_display (Image_slanted)
dev_display (Image_rectified)
dev_display (SymbolXLDs)
disp_message (WindowHandle, 'Decoding successful', 'window', 12, 12, 'black', 'true')
set_display_font (WindowHandle, 12, 'mono', 'true', 'false')
disp_message (WindowHandle, DecodedDataStrings, 'window', 350, 70, 'forest green', 'true')
clear_data_code_2d_model (DataCodeHandle)
```

　　以上示例主要是为了说明投影畸变是如何产生和校正的，图 4 - 28(a)为相机垂直于被拍摄平面时拍摄的图像，没有投影畸变现象；图 4 - 28(b)是对图像进行了一系列的三维仿射变换得到的，因此产生了投影畸变现象。所以，对图 4 - 28(a)进行一次二维投影变换即可得到图 4 - 28(b)，而且这种变换是可逆的，图 4 - 29 中的校正过程也是同理。所以，可以通过投影变换的方法将畸变图像校正，这就是基于 HALCON 投影变换的图像校正。

4.4　图像的平滑

　　图像平滑的主要目的是减少噪声。图像中的噪声种类很多，对图像信号幅度和相位的影响十分复杂，有些噪声和图像信号互相独立不相关，但有些是相关的，噪声之间也存在相关性。因此，要减少图像中的噪声，必须针对具体情况采用不同的方法，否则很难获得满意的处理效果。

4.4.1　图像噪声

　　"噪声"一词来自于声学，原指人们在聆听目标声音时受到其他声音的干扰，这种起干扰作用的声音被称为"噪声"。图像噪声可以从两方面来理解，一方面，由于图像的形成往往与图像器件的电子特征密切相关，因此，多种电子噪声会反映到图像信号中来，这些噪声既可以在电信号中观察到，也可以在电信号转变为图像信号后，在图像上表现出来；另一方面，图像的形成和显示都与光以及承载图像的媒介密不可分，因此光照、承载媒介引起的噪声等也会在图像中反映。

1. 图像噪声的来源

　　图像系统中的噪声来自多方面，经常影响图像质量的噪声源主要有以下几类：

　　(1)由光和电的基本性质引起的噪声。

　　(2)电器的机械运动产生的噪声，如各种接头因抖动引起的电流变化所产生的噪声，磁头、磁带因抖动引起的抖动噪声等。

　　(3)元器件材料本身引起的噪声，如磁带、磁盘因表面缺陷而产生的噪声。

　　(4)系统内部设备电路所引起的噪声，如电源系统引入的交流噪声和偏转系统引起的噪声等。

2. 图像噪声的分类

图像噪声有以下几种分类方式:

(1) 按产生的原因可以分为外部噪声和内部噪声两大类。外部噪声是指系统因外部干扰(如电磁波、电源串进系统内部)而引起的噪声。内部噪声是指系统内部设备、器件、电路所引起的噪声,如散粒噪声、热噪声、光量子噪声等。

(2) 按统计特性可以分为平稳噪声和非平稳噪声两种。在实际应用中,统计特性不随时间变化的噪声称为平稳噪声,反之称为非平稳噪声。

(3) 按噪声幅度分布形状可以分为高斯噪声和瑞利噪声。幅度分布属于高斯分布的噪声为高斯噪声;按瑞利分布的噪声则为瑞利噪声。

(4) 按噪声频谱形状可以分为白噪声、$1/f$ 噪声、三角噪声。频谱幅度均匀分布的噪声称为白噪声;频谱幅度与频率成反比的噪声称为 $1/f$ 噪声;频谱幅度与频率平方成正比的噪声称为三角噪声。

(5) 按噪声和信号之间的关系可分为加性噪声和乘性噪声两类。假定信号为 $s(t)$,噪声为 $n(t)$,若无论输入信号的大小如何,噪声总是加到信号上成为 $s(t)+n(t)$ 的形式,则称此类噪声为加性噪声,如放大器噪声、光量子噪声、胶片颗粒噪声等。如果噪声受图像信息本身调制,成为 $s(t)[1+n(t)]$ 的形式,则称其为乘性噪声,这种情况下,如果信号很小,则噪声也很小。为了分析和处理方便,常常将乘性噪声近似为加性噪声,而且不论是乘性噪声还是加性噪声,总是假定信号和噪声是互相统计独立的。

3. 图像噪声的特点

(1) 噪声在图像中的分布和大小不规则。

(2) 噪声与图像之间具有相关性。

(3) 噪声具有叠加性。

4.4.2　局部统计法

灰度变换与直方图处理均是从图像的整体出发,进而增强图像的对比度。除此之外,还可以从图像的局部着手进行对比度的增强。局部统计法是由 Wallis 和 Jong-Sen Lee 提出的用局部均值和方差进行对比度增强的方法。

若图像中像素 (x, y) 的灰度值用 $f(x, y)$ 表示,则所谓局部均值和方差是指以像素 (x, y) 为中心的 $(2n+1)\times(2m+1)$ 邻域的灰度均值 $m_L(x, y)$ 和方差 $\sigma_L^2(x, y)$ $(n \in \mathbf{N}^+, m \in \mathbf{N}^+)$,即

$$m_L(x, y) = \frac{1}{(2n+1)(2m+1)} \sum_{i=x-n}^{n+x} \sum_{j=y-m}^{m+y} f(i, j) \tag{4-38}$$

$$\sigma_L^2(x, y) = \frac{1}{(2n+1)(2m+1)} \sum_{i=x-n}^{n+x} \sum_{j=y-m}^{m+y} [f(x, y) - m_L(x, y)]^2 \tag{4-39}$$

若局部统计法使每个像素具有希望的局部均值 m_d 和局部方差 σ_d^2,则像素 (x, y) 的输出值为

$$g(x, y) = m_d + \frac{\sigma_d^2}{\sigma_L^2(x, y)} [f(x, y) - m_L(x, y)] \tag{4-40}$$

式中：$m_L(x, y)$ 和 $\sigma_L^2(x, y)$ 分别为像素 (x, y) 的真实局部均值和方差，即 $g(x, y)$ 将具有希望的局部均值 m_d 和局部方差 σ_d^2。

在 Wallis 之后，Jong-Sen Lee 改进了算法，即保留像素 (x, y) 的局部均值，而对它的局部方差进行改进，式(4 - 40)的改进算法为

$$g(x, y) = m_L(x, y) + k[f(x, y) - m_L(x, y)] \tag{4-41}$$

式中：k 为期望局部标准差和真实局部标准差的比值。

这种改进算法的主要优点是只需计算局部均值 $m_L(x, y)$，而不需计算局部方差 $\sigma_L^2(x, y)$。当 $k > 1$ 时，图像得到锐化，与高通滤波类似；当 $k < 1$ 时，图像被平滑处理，与低通滤波类似；在极端情况 $k = 0$ 下，$g(x, y)$ 等于局部均值 $m_L(x, y)$。

4.4.3　空域平滑法

空域平滑法主要包括邻域平均法、加权平均法和多图像平均法。

1. 邻域平均法

邻域运算和点运算是相对的，点运算的运算结果只跟该点有关，而邻域运算是指进行运算的结果不仅与本像素点的灰度值有关，而且与周围像素点的灰度值有关。

邻域平均法也称均值滤波器，其核心思想是在图像中选择一个子图像（或称邻域），用该邻域里所有像素灰度的平均值替换邻域中心像素的灰度值。由于图像中的大部分噪声是随机噪声，表现为灰度级的突变，因此采用邻域平均法可以达到减弱噪声的效果。

假设图像 $f(x, y)$ 为 $N \times N$ 的阵列，邻域平均法处理后的图像为 $g(x, y)$，$g(x, y)$ 每个像素的灰度值由包含 (x, y) 点邻域的几个像素的灰度级平均值所决定，因此有

$$g(x, y) = \frac{1}{M} \sum_{(i, j) \in S} f(i, j) \tag{4-42}$$

式中：$x, y = 0, 1, 2, \cdots, N-1$；$S$ 是以 (x, y) 点为中心的邻域的集合；M 为 S 内坐标点的总数。图 4 - 30 为四邻域点和八邻域点的集合。

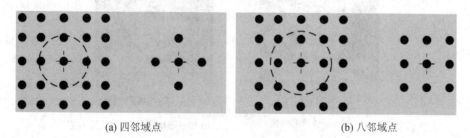

(a) 四邻域点　　　　　　　　　　　　　(b) 八邻域点

图 4 - 30　图像邻域平均法

如图 4 - 31(a)所示为加高斯噪声的图像，图 4 - 31(b)所示为采用均值平滑后的图像。

图像邻域平均法的平滑效果与所用的邻域半径有关，半径越大，图像的模糊程度越高。图像邻域平均法的优点是算法简单，计算速度快；缺点是在减弱噪声的同时使图像变得模糊，特别是在边缘和细节处，因为图像的边缘是由灰度突变产生的，所以邻域半径越大，模糊程度越高。

(a) 加高斯噪声的图像　　　　　　(b) 均值平滑后图像(八邻域)

图 4 - 31　高斯噪声图像的均值平滑

2. 加权平均法

加权平均与邻域平均类似,但邻域平均的每个点对于平均数的贡献是相等的,而加权平均的每个点对于平均数的贡献并不相等,有些点比其他点更加重要。加权平均数的概念在描述统计学中具有重要意义,并且在其他数学领域也产生了影响。如果所有点的权重相同,那么加权平均与邻域平均相同。加权平均法既利用了邻域平均法的思想,同时也突出了(x, y)点本身的重要性,通过将加权后的(x, y)点计入平均数中,在一定程度上降低了图像的模糊程度。这种利用邻域内像素的灰度值和本点灰度加权值的平均值代替该点灰度值的方法,就称为加权平均法,其计算公式为

$$g(x, y) = f_{aw} = \frac{1}{M+N}\Big[\sum_{(i, j) \in S} f(i, j) + Mf(x, y) \Big] \qquad (4-43)$$

式中:M为(x, y)点的权值;N为S内坐标点的总数;S是以(x, y)点为中心的邻域的集合。

图 4 - 32(a)为加高斯噪声的图像,图 4 - 32(b)为采用加权平均法平滑后的图像。

(a) 加高斯噪声的图像　　　　　　(b) 加权平均法平滑后图像

图 4 - 32　高斯噪声图像的加权平均平滑

3. 多图像平均法

多图像平均法的基本思想是在相同条件下,采集同一目标物的若干幅图像,然后通过对采集到的多幅图像进行平均的方法来减弱随机噪声。

在相同条件下,假设获取的同一目标物的 M 幅图像可表示为

$$f(x, y) = \{f_1(x, y), f_2(x, y), \cdots, f_M(x, y)\} \qquad (4-44)$$

则多幅图像平均后的输出图像为

$$g(x, y) = \frac{1}{M} \sum_{i=1}^{M} f_i(x, y) \qquad (4-45)$$

【例 4 - 13】　对图像进行均值滤波处理。

程序如下：

```
read_image (Image, 'father')
get_image_size (Image, Width, Height)
dev_close_window ()
dev_open_window_fit_size (0, 0, Height, Height, -1, -1, WindowHandle)
dev_display (Image)
* 获得一个高斯噪声分布
gauss_distribution (20, Distribution)
* 将高斯噪声添加到图像
add_noise_distribution (Image, ImageNoise, Distribution)
* 保存噪声图像
dump_window (WindowHandle, 'bmp', 'result/gaussnoise')
* 对噪声图像进行均值滤波
mean_image (ImageNoise, ImageMean, 9, 9)
* 保存滤波图像
dump_window (WindowHandle, 'bmp', 'result/8 邻域平滑')
```

程序运行结果如图 4 - 33 所示。

　　　　(a) 噪声图像　　　　　　　　　　　(b) 均值滤波后的图像

图 4 - 33　图像均值滤波处理

例 4 - 13 中主要算子的说明如下：

• 　mean_image(Image : ImageMean : MaskWidth, MaskHeight :)

功能：对图像进行均值滤波。

Image：需要滤波的图像。

ImageMean：滤波后的图像。

MaskWidth：掩膜宽度。

MaskHeight：掩膜高度。

4.4.4　中值滤波

中值滤波是基于排序统计理论的一种能有效抑制噪声的非线性信号平滑处理技术,它将每一像素点的灰度值设置为该点某邻域窗口内的所有像素点灰度值的中值。线性滤波平滑噪声的同时,也损坏了非噪声区域的信号,而采用非线性滤波可以在保留信号的同时滤除噪声。

中值滤波就是选择一定形式的窗口,使其在图像的各点上移动,用窗口内像素灰度值的中值代替窗口中心点处的像素灰度值。该方法可消除孤立点和线段的干扰,能减弱或消除傅里叶空间的高频分量,但也会对低频分量产生影响。高频分量往往是图像中区域边缘灰度值急剧变化的部分,中值滤波可将这些分量消除,从而使图像达到平滑效果。

通过用中值代替窗口中心灰度值的方式,可以有效保证阶跃函数及斜坡函数不发生变化,并抑制周期值小于窗口一半的脉冲。根据中值滤波的这些特点,将其应用于数字图像去噪,可以较好地保留图像边缘信息,并可以去除一定的均匀分布噪声和椒盐噪声。

一维中值滤波就是用一个含有奇数点的一维滑动窗口,将窗口中心点的值用窗口内各点的中值代替。若对一维的数字序列 $\{x_i,\ i \in Z\}$ 取窗口长度为 n(奇数),则对此一维序列进行中值滤波,就是每次从序列中取出 n 个数 $\{x_{i-k},\ \cdots,\ x_{i-1},\ x_i,\ x_{i+1},\ \cdots,\ x_{i+k}\}$,其中 x_i 为窗口的中心点值,再将以 x_i 为中心点的窗口内 n 个点的值按其数值大小排序,取这组数据的中值作为滤波后的输出值。一维中值滤波的数学表达式为

$$Y_i = M_{ed}\{x_{i-k},\ \cdots,\ x_{i-1},\ x_i,\ x_{i+1},\ \cdots,\ x_{i+k}\} \tag{4-46}$$

二维中值滤波是用某种结构的二维滑动模板,将模板内的像素按照像素值的大小进行排序,生成单调上升(或下降)的二维数据序列。二维中值滤波的数学表达式为

$$g(x,\ y) = M_{ed}\{f(x,\ y)\} \tag{4-47}$$

式中:$f(x,\ y)$ 为二维图像数据序列;$g(x,\ y)$ 为窗口数据的中值滤波后的值。一般来说,二维中值滤波器比一维中值滤波器更能抑制噪声。对于一维中值滤波,模板的选择比较单一,不同模板只是长度不同;而二维模板通常为 3×3 或 5×5 的区域,也可以是不同的形状,如线形、十字形、方形等,如图 4-34 所示。

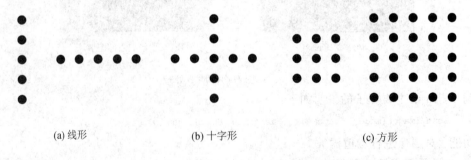

(a) 线形　　　　　　　　(b) 十字形　　　　　　　　(c) 方形

图 4-34　常用的二维中值滤波模板

在中值滤波中,模板的选择是比较重要的,不同形状、不同大小的模板会产生不同的滤波效果,在使用中必须根据实际情况进行模板的选择。中值滤波的效果见图 4-35。

(a) 加椒盐噪声的图像

(b) 中值滤波(3×3方形窗)

(c) 中值滤波(5×5方形窗)

(d) 中值滤波(7×7方形窗)

图 4-35　中值滤波效果

【例 4-14】　对图像进行中值滤波处理。

程序如下：

```
read_image (Image, 'father')
get_image_size (Image, Width, Height)
dev_close_window ()
dev_open_window_fit_size (0, 0, Height, Height, -1, -1, WindowHandle)
dev_display (Image)
* 获得椒盐噪声分布
sp_distribution (5, 5, Distribution)
* 添加椒盐噪声到图像
add_noise_distribution (Image, ImageNoise, Distribution)
* 保存噪声图像
dump_window (WindowHandle, 'bmp', 'result/椒盐噪声')
* 对噪声图像进行中值滤波，边长为 3
median_image (ImageNoise, ImageMedian, 'square', 3, 'mirrored')
* 保存图像
dump_window (WindowHandle, 'bmp', 'result/median3')
* 对噪声图像进行中值滤波，边长为 5
median_image (ImageNoise, ImageMedian1, 'square', 5, 'mirrored')
* 保存图像
dump_window (WindowHandle, 'bmp', 'result/median5')
```

```
* 对噪声图像进行中值滤波，边长为 7
median_image (ImageNoise, ImageMedian2, 'square', 7, 'mirrored')
* 保存图像
dump_window (WindowHandle, 'bmp', 'result/median7')
```

程序运行结果如图 4 - 36 所示。

(a) 噪声图像

(b) 中值滤波(边长为3)

(c) 中值滤波(边长为5)

(d) 中值滤波(边长为7)

图 4 - 36　中值滤波示例

例 4 - 14 中主要算子的说明如下：

- median_image(Image : ImageMedian : MaskType, Radius, Margin：)

功能：对图像进行中值滤波。

Image：输入的图像。

ImageMedian：滤波后的图像。

MaskType：掩膜类型。

Radius：掩膜尺寸。

Margin：边界处理。

4.4.5　频域低通滤波

在一幅图像中，灰度均匀的平滑区域对应着傅里叶变换中的低频分量，灰度变化频繁的边缘及细节对应着傅里叶变换中的高频分量。根据这些特点，要合理构造滤波器，将图像中变换域的高频分量过滤掉，便可以得到图像的平滑结果，其工作原理可表示为

$$G(u, v) = H(u, v)F(u, v) \tag{4-48}$$

式中：$F(u, v)$ 为噪声图像的傅里叶变换；$G(u, v)$ 为平滑后图像的傅里叶变换；$H(u, v)$ 为低通滤波器的传递函数。利用 $H(u, v)$ 使 $F(u, v)$ 中的高频分量衰减，得到 $G(u, v)$ 后再经过傅里叶反变换得到所希望的图像 $g(x, y)$。频域低通滤波器的系统框图如图 4-37 所示。

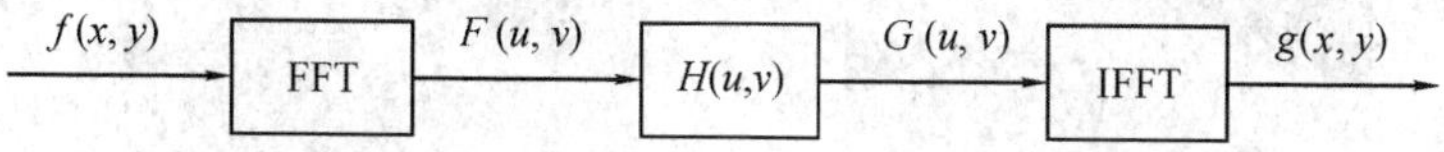

$$f(x, y) \rightarrow \boxed{\text{FFT}} \xrightarrow{F(u, v)} \boxed{H(u,v)} \xrightarrow{G(u, v)} \boxed{\text{IFFT}} \xrightarrow{g(x, y)}$$

图 4-37　频域低通滤波器系统框图

对于同一幅图像，不同的 $H(u, v)$ 产生的平滑效果也不同，下面介绍几种低通滤波器。

1. 理想低通滤波器

理想低通滤波器（ILPF）的传递函数为

$$H(u, v) = \begin{cases} 1, & D(u, v) \leqslant D_0 \\ 0, & D(u, v) > D_0 \end{cases} \tag{4-49}$$

式中：D_0 为一个规定的非负值，称为理想低通滤波器的截止频率；$D(u, v)$ 为点 (u, v) 到频率平面原点的距离，即

$$D(u, v) = \sqrt{u^2 + v^2} \tag{4-50}$$

理想低通滤波器的频率特性曲线如图 4-38 所示。该滤波器的平滑处理机理简单明了，它可以彻底滤除 D_0 以外的高频分量。但是由于理想低通滤波器在通带和阻带处转折过快，即 $H(u, v)$ 在 D_0 处由 1 突变到 0，频域的突变引起了空域的波动，因此由它处理的图像高频能量部分丢失，在空域会导致较严重的模糊，也称为振铃现象。截止频率 D_0 越低，噪声滤除得越多，振铃现象振荡的频率越低，高频分量损失越严重，图像就越模糊；截止频率 D_0 越高，噪声滤除得越少，振铃现象振荡的频率越高，高频分量损失越少，图像的模糊程度越轻。而正是由于理想低通滤波存在振铃现象，因而导致其平滑效果下降。图 4-39 为图像通过理想低通滤波器的前后对比图。

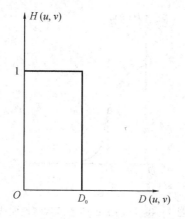

图 4-38　理想低通滤波器的频率特性曲线

(a) 原始图像　　　　　　　(b) 通过理想低通滤波器后的效果

图 4-39　通过理想低通滤波器的前后对比图

2. 巴特沃斯低通滤波器

巴特沃斯低通滤波器(BLPF)是电子滤波器的一种,其特点是通频带内的频率响应曲线最大限度平坦,没有起伏,而在阻频带则逐渐下降为零,它是一种具有最大平坦幅度响应的低通滤波器。n 阶巴特沃斯滤波器的传递函数为

$$H(u, v) = \frac{1}{1 + [D(u, v) / D_0]^{2n}} \qquad (4-51)$$

式中:n 的大小决定了衰减率。使用巴特沃斯低通滤波器会大大降低处理后图像的模糊程度,这是因为它的 $H(u, v)$ 没有陡峭的截止特性,其尾部包含了大量的高频分量,带阻和带通之间有一个平滑的过渡带,没有明显的不连续性。通常把 $H(u, v)$ 下降到某一值的对应点称为截止频率 D_0。一般将式(4-51)中 $H(u, v)$ 下降到原来值的 1/2 处时的 $D(u, v)$ 定义为截止频率 D_0。

如图 4-40 所示为 BLPF 的传递函数特性曲线。由图可以看出,无论在通带内还是阻带内,$H(u, v)$ 都是频率的单调函数,它的带通与带阻之间无明显的不连续性,因此无振铃现象,模糊程度低,其尾部有较多的高频分量,所以通过降低截止频率可以达到一定的平滑效果。

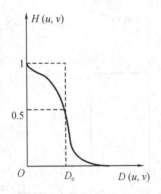

图 4-40　BLPF 的传递函数特性曲线

另一种常用的巴特沃斯低通滤波器的传递函数,通常取 $H(u, v)$ 下降到最大值的

$1/\sqrt{2}$ 处的点为截止频率，式(4-51)可写为

$$H(u,v) = \frac{1}{1 + (\sqrt{2}-1)\left[D(u,v)/D_0\right]^{2n}} \tag{4-52}$$

通过巴特沃斯低通滤波器的前后对比图如图 4-41 所示。

(a) 原始图像　　　　　　　(b) 通过巴特沃斯低通滤波器后的效果

图 4-41　通过巴特沃斯低通滤波器的前后对比图

3. 指数低通滤波器

指数低通滤波器(ELPF)的传递函数 $H(u,v)$ 为

$$H(u,v) = e^{-\left[D(u,v)/D_0\right]^n} \tag{4-53}$$

将下降到 $H(u,v)$ 最大值的 $1/e$ 处的 $D(u,v)$ 定义为截止频率 D_0。如图 4-42 所示为指数低通滤波器的特性曲线。从曲线中可以看出，该滤波器的传递函数具有较平滑的过渡带，所以平滑后的图像无振铃现象，相比 BLPF 有更明显的衰减特性，比 BLPF 滤波的图像更模糊一些。

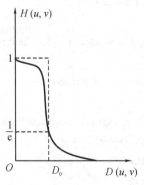

图 4-42　ELPF 的特性曲线

4. 梯形低通滤波器

梯形低通滤波器(TLPF)的传递函数为

$$H(u,v) = \begin{cases} 1, & D(u,v) < D_0 \\ 1 - \dfrac{D(u,v)-D_0}{D_1-D_0}, & D_0 \leqslant D(u,v) \leqslant D_1 \\ 0, & D(u,v) > D_1 \end{cases} \tag{4-54}$$

梯形低通滤波器传递函数的特性曲线如图 4-43 所示，D_0 为截止频率点，该传递函数特性曲线介于理想低通滤波器和具有平滑过渡带的低通滤波器之间，所以该滤波器的特点与其他滤波器不同；同时该滤波器的滤波效果也介于两者之间，会出现振铃现象。

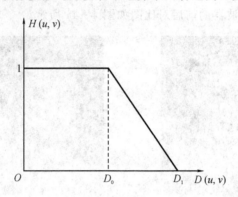

图 4-43　梯形低通滤波器传递函数的特性曲线

【例 4-15】　对图像进行低通滤波处理。

程序如下：

```
read_image (Image, 'father')
get_image_size (Image, Width, Height)
dev_close_window ()
dev_open_window_fit_size (0, 0, Height, Height, -1, -1, WindowHandle)
dev_display (Image)
* 获得椒盐噪声分布
sp_distribution (5, 5, Distribution)
* 将噪声添加到图像
add_noise_distribution (Image, ImageNoise, Distribution)
* 保存噪声图像
dump_window (WindowHandle, 'bmp', 'result/noise')
* 获得一个低通滤波模型
gen_lowpass (ImageLowpass, 0.1, 'none', 'dc_center', Width, Height)
* 对噪声图像进行傅里叶变换，得到频率图像
fft_generic (ImageNoise, ImageFFT, 'to_freq', -1, 'sqrt', 'dc_center', 'complex')
* 对频率图像进行低通滤波处理
convol_fft (ImageFFT, ImageLowpass, ImageConvol)
* 将得到的频率图像进行傅里叶反变换
fft_generic (ImageConvol, ImageFFT1, 'from_freq', 1, 'sqrt', 'dc_center', 'byte')
* 保存图像
dump_window (WindowHandle, 'bmp', 'result/lowpass')
```

程序运行结果如图 4-44 所示。

(a) 噪声图像　　　　　　　　　　　　　　　(b) 低通滤波后图像

图 4 - 44　低通滤波前后对比图

例 4 - 15 中主要算子的说明如下：

- gen_lowpass(: ImageLowpass : Frequency, Norm, Mode, Width, Height :)

功能：生成理想的低通滤波图像。

ImageLowpass：生成的滤波图像。

Frequency：截止频率，决定了滤波图像中间白色椭圆区域的大小。

Norm：滤波器归一化引子。

Mode：频率图中心位置。

Width：生成滤波图像的宽。

Height：生成滤波图像的高。

- fft_generic(Image : ImageFFT : Direction, Exponent, Norm, Mode, ResultType :)

功能：进行快速傅里叶变换。

Image：输入的图像。

ImageFFT：变换后的图像。

Direction：变换的方向，频域到空域还是空域到频域。

Exponent：指数符号。

Norm：变换的归一化因子。

Mode：DC 在频域中的位置。

ResultType：变换后的图像类型。

- convol_fft(ImageFFT, ImageFilter : ImageConvol::)

功能：在频域里卷积图像。

ImageFFT：频域的图像。

ImageFilter：滤波器。

ImageConvol：卷积后的图像。

4.5　图像的锐化

在图像形成和传输过程中，由于成像系统聚焦功能不佳或信道的带宽过窄，会使图像目标物轮廓变模糊，图像细节变得不清晰，同时使平滑后的图像也变模糊。针对这类问题，需要通过图像锐化来实现图像增强。若从频域分析，则图像的低频分量主要对应于图像中的区域和背景，而高频分量主要对应于图像中的轮廓和细节。图像模糊的实质是表示目标物轮廓和细节的高频分量被衰减，因此，在频域可采用高频提升滤波的方法来增强图像，这种使图像目标物轮廓和细节更突出的方法称为图像锐化，即图像锐化的实质是加强高频分量或减弱低频分量。此外，由于噪声主要分布在高频区域，如果图像中存在噪声，则图像锐化处理对噪声会有一定的放大作用。

4.5.1 一阶微分算子法

针对由于平均或积分运算而引起的图像模糊，可用微分运算来实现图像的锐化。微分运算是求信号的变化率，有加强高频分量的作用，从而使图像轮廓变得清晰。为了把图像中向任何方向伸展的边缘和轮廓变清晰，对图像的某种导数运算应该是各向同性的，可以证明，梯度幅度和拉普拉斯运算是符合上述条件的。

1. 梯度法

对于图像函数 $f(x, y)$，它在点 (x, y) 处的梯度是一个矢量，数学定义为

$$\nabla f(x, y) = \left[\frac{\partial f(x, y)}{\partial x} \quad \frac{\partial f(x, y)}{\partial y} \right]^{\mathrm{T}} \tag{4-55}$$

其方向为函数 $f(x, y)$ 最大变化率的方向，大小为梯度的幅度，用 $G[f(x, y)]$ 表示，即

$$G[f(x, y)] = \sqrt{\left(\frac{\partial f}{\partial x} \right)^2 + \left(\frac{\partial f}{\partial y} \right)^2} \tag{4-56}$$

由式（4-56）可知，梯度的幅度值就是 $f(x, y)$ 在其最大变化率方向上单位距离所增加的量。对于数字图像而言，式（4-56）可以近似为差分算法：

$$G[f(x, y)] = \sqrt{[f(i, j) - f(i+1, j)]^2 + \overline{[f(i, j) - f(i, j+1)]^2}} \tag{4-57}$$

式中各像素的位置见图 4-45（a）。

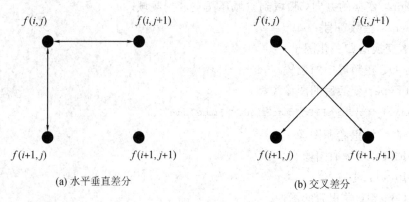

(a) 水平垂直差分　　　　　　　　(b) 交叉差分

图 4-45　梯度的两种差分算法

式（4-57）的一种近似差分算法为

$$G[f(x, y)] = |f(i, j) - f(i+1, j)| + |f(i, j) - f(i, j+1)| \tag{4-58}$$

式（4-58）的方法称为水平垂直差分法，是一种典型的梯度算法。

另一种梯度法为罗伯特梯度法（Robert Gradient），它是一种交叉差分法，具体的像素位置见图 4－45（b）。其数学表达式为

$$G[f(x, y)] = \sqrt{[f(i, j) - f(i+1, j+1)]^2 + [f(i+1, j) - f(i, j+1)]^2}$$

$$(4-59)$$

式(4-59)可近似表示为

$$G[f(x, y)] = |f(i, j) - f(i+1, j+1)| + |f(i+1, j) - f(i, j+1)| \quad (4-60)$$

由梯度的计算可知，在图像中灰度变化较大的边缘区域的梯度值较大，在灰度变化平缓区域的梯度值较小，而灰度均匀区域的梯度值为零。图像经过梯度运算后，会留下灰度值急剧变化的边缘处的点。

梯度计算完成后，可以根据需要生成不同的梯度图像。例如使各点的灰度 $g(x, y)$ 等于该点的梯度幅度，即

$$g(x, y) = G[f(x, y)] \quad (4-61)$$

此图像仅显示灰度变化的边缘轮廓。

还可以用式(4-62)表示增强的图像：

$$g(x, y) = \begin{cases} G[f(x, y)], & G[f(x, y)] \geqslant T \\ f(x, y), & \text{其他} \end{cases} \quad (4-62)$$

对图像而言，物体和物体之间、背景和背景之间的梯度变化一般很小，灰度变化较大的地方一般集中在图像的边缘上，也就是物体和背景的交界处。设定一个合适的阈值 T，若 $G[f(x, y)]$ 大于或等于 T，则认为该像素点处于图像的边缘，将梯度值增加 C，可以使边缘变亮；若 $G[f(x, y)]$ 小于 T，则认为像素点是同类像素点（同时为背景或物体）。因此，梯度锐化既增加了物体的边界，又同时保留了图像背景原来的状态。图像的梯度锐化效果如图4－46所示。

(a) 原始图像　　　　　　　　　　(b) 梯度锐化后图像

图 4－46　图像的梯度锐化效果

2. Sobel 算子

采用梯度锐化图像时，不可避免地会使噪声、条纹等干扰信息得到增强，这里介绍的 Sobel 算子可在一定程度上克服这个问题。Sobel 算子也是一种梯度幅值，它的基本模板如图 4－47 所示。

-1	-2	-1
0	0	0
1	2	1

-1	0	1
-2	0	2
-1	0	1

(a) 对水平边缘响应最大　　　　　　　　　　(b) 对垂直边缘响应最大

图 4-47　Sobel 算子模板

将图像分别经过两个 3×3 算子的窗口滤波，所得的结果如式(4-63)所示，可获得增强后图像的灰度值。

$$g = \sqrt{G_x{}^2 + G_y{}^2} \qquad (4-63)$$

式中：G_x 和 G_y 为图像中对应于 3×3 像素窗口中心点(i, j)的像素在 x 方向和 y 方向上的梯度，定义如下：

$$G_x = [f(i+1, j-1) + 2f(i+1, j) + f(i+1, j+1)] -$$
$$[f(i-1, j-1) + 2f(i-1, j) + f(i-1, j+1)] \qquad (4-64)$$
$$G_y = [f(i-1, j+1) + 2f(i, j+1) + f(i+1, j+1)] -$$
$$[f(i-1, j-1) + 2f(i, j-1) + f(i+1, j-1)] \qquad (4-65)$$

式(4-64)和式(4-65)分别对应如图 4-47 所示的两个滤波模板，所对应的像素点如图 4-48 所示。

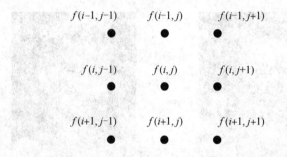

图 4-48　Sobel 算子模板对应像素点

为了简化计算，也可以用 $g = |G_x| + |G_y|$ 来代替式(4-63)的计算，从而得到锐化后的图像。由于 Sobel 算子不像普通梯度算子那样使用两个像素的差值，而是使用两列或两行加权和的差值，因此 Sobel 算子具有以下两个优点：

(1) 由于引入了平均因素，因而对图像中的随机噪声有一定的平滑作用。

(2) 由于该算子使用两行或两列加权和的差值，故边缘两侧的像素点得到了增强，边缘显得粗而亮。

采用 Sobel 算子的锐化效果如图 4-49 所示。

(a) 原始图像

(b) Sobel锐化图像

图 4 - 49　图像的 Sobel 锐化效果

【例 4 - 16】 对图像用 Sobel 算子进行处理。

程序如下：

```
read_image (Image, 'keyboard')
get_image_size (Image, Width, Height)
dev_close_window ()
dev_open_window_fit_size (0, 0, Height, Height, −1, −1, WindowHandle)
dev_display (Image)
* 对图像进行 Sobel 算子处理
sobel_amp (Image, EdgeAmplitude, 'sum_abs', 3)
dump_window (WindowHandle, 'bmp', 'result/sum_abs')
* 对图像进行 x 方向的 Sobel 算子处理
sobel_amp (Image, EdgeAmplitude1, 'x', 3)
dump_window (WindowHandle, 'bmp', 'result/x')
* 对图像进行 y 方向的 Sobel 算子处理
sobel_amp (Image, EdgeAmplitude2, 'y', 3)
dump_window (WindowHandle, 'bmp', 'result/y')
```

程序运行结果如图 4 - 50 所示。

(a) 原始图像

(b) Sobel算法处理

(c) x方向算子处理结果　　　　　　(d) y方向算子处理结果

图 4-50　图像 Sobel 锐化示例

例 4-16 中主要算子的说明如下：

- sobel_amp(Image : EdgeAmplitude : FilterType, Size :)

功能：利用 Sobel 算子检测图像边缘。

Image：输入的图像。

EdgeAmplitude：边缘梯度图像。

FilterType：过滤类型。

Size：掩膜尺寸。

4.5.2　拉普拉斯算子法

拉普拉斯(Laplace)算子是常用的边缘增强处理算子，它是各向同性的二阶导数。拉普拉斯算子的表达式为

$$\nabla^2 f(x, y) = \frac{\partial^2 f(x, y)}{\partial x^2} + \frac{\partial^2 f(x, y)}{\partial y^2} \tag{4-66}$$

如果图像的模糊是由扩散现象引起的(如胶片颗粒化学扩散、光点散射等)，则锐化后的图像 g 的表达式为

$$g = f + k \nabla^2 f \tag{4-67}$$

式中：f、g 分别为锐化前、后的图像；k 为与扩散效应有关的系数。式(4-67)表示模糊图像经拉普拉斯算子法锐化后得到的不模糊图像 g。对于系数 k 的选择要合理，k 过大会使图像中的轮廓边缘产生过冲，k 过小又会使锐化作用不明显。

对于数字图像，$f(x, y)$ 的二阶偏导数可近似用二阶差分表示。在 x 方向上，$f(x, y)$ 的二阶偏导数为

$$\begin{aligned}
\frac{\partial^2 f(x, y)}{\partial x^2} &\approx \nabla_x f(i+1, j) - \nabla_x f(i, j) \\
&= [f(i+1, j) - f(i, j)] - [f(i, j) - f(i-1, j)] \\
&= f(i+1, j) + f(i-1, j) - 2f(i, j)
\end{aligned} \tag{4-68}$$

类似地，在 y 方向上，$f(x, y)$ 的二阶偏导数为

$$\frac{\partial^2 f(x, y)}{\partial y^2} = f(i, j+1) + f(i, j-1) - 2f(i, j) \tag{4-69}$$

式中：∇_x 表示 x 方向的一阶差分。

因此，拉普拉斯算子 $\nabla^2 f$ 可进一步描述为

$$\nabla^2 f = \frac{\partial^2 f(x,y)}{\partial x^2} + \frac{\partial^2 f(x,y)}{\partial y^2}$$

$$\approx f(i+1,j) + f(i-1,j) + f(i,j+1) + f(i,j-1) - 4f(i,j) \quad (4-70)$$

拉普拉斯算子的 3×3 等效模板如图 4-51 所示。数字图像在 (i,j) 点的拉普拉斯算子可以由 (i,j) 点灰度值减去该点邻域平均灰度值来求得。

图 4-51　拉普拉斯算子模板

对于如图 4-51 所示的拉普拉斯模板，当式(4-67)中的常数 $k=1$ 时，拉普拉斯锐化后的图像可表示为

$$g(i,j) = f(i,j) + \nabla^2 f(i,j)$$

$$= 4f(i,j) + f(i+1,j) + f(i-1,j) + f(i,j+1) + f(i,j-1) \quad (4-71)$$

在实际应用中，拉普拉斯算子可对由扩散引起的图像模糊起到增强边界轮廓的效果，如图 4-52 所示。如果不是由扩散过程引起的模糊图像，则增强效果并不明显。另外，同梯度算子类似，拉普拉斯算子在增强图像的同时，也增强了图像的噪声。因此，用拉普拉斯算子进行边缘检测时，仍然有必要先对图像进行平滑或去噪处理。然而和梯度法相比，拉普拉斯算子对噪声所起的增强效果不明显。

(a) 原始图像　　　　　　　　　　(b) 拉普拉斯锐化后图像

图 4-52　图像的拉普拉斯锐化

【例 4-17】　对图像采用拉普拉斯算子进行处理。

程序如下：

```
read_image (Image, 'keyboard')
get_image_size (Image, Width, Height)
dev_close_window ()
```

```
dev_open_window_fit_size (0, 0, Height, Height, −1, −1, WindowHandle)
dev_display (Image)
* 对图像进行拉普拉斯算子处理
laplace (Image, ImageLaplace, 'absolute', 3, 'n_4')
dump_window (WindowHandle, 'bmp', 'result/laplace')
```

程序运行结果如图 4 - 53 所示。

(a) 原始图像　　　　　　　　　　　　(b) 拉普拉斯锐化后图像

图 4 - 53　图像的拉普拉斯锐化示例

例 4 - 17 中主要算子的说明如下：

- laplace(Image : ImageLaplace : ResultType, MaskSize, FilterMask :)

功能：用有限差分计算拉普拉斯算子。

Image：输入的图像。

ImageLaplace：拉普拉斯滤波结果图像。

ResultType：图像类型。

MaskSize：掩膜尺寸。

FilterMask：拉普拉斯掩膜类型。

4.5.3　高通滤波法

图像中的边缘或线条等细节部分与图像频谱的高频分量相对应，因此采用高通滤波可使高频分量顺利通过，使图像的边缘或线条等细节部分变得清楚，实现图像的锐化。高通滤波法可用空域法或频域法来实现，在空域使用的是卷积方法，与空域低通滤波的邻域平均法类似，只是冲激响应方阵 **H** 不同。

常见的 3×3 高通卷积模板有以下三种：

$$\boldsymbol{H} = \begin{bmatrix} 0 & -1 & 0 \\ -1 & 5 & -1 \\ 0 & -1 & 0 \end{bmatrix}, \quad \boldsymbol{H} = \begin{bmatrix} -1 & -1 & -1 \\ -1 & 9 & -1 \\ -1 & -1 & -1 \end{bmatrix}, \quad \boldsymbol{H} = \begin{bmatrix} 1 & -2 & 1 \\ -2 & 5 & -2 \\ 1 & -2 & 1 \end{bmatrix}$$

$$(4 - 72)$$

类似于低通滤波，高通滤波也可以在频域中实现，下面介绍几种高通滤波器。

1. 理想高通滤波器

一个理想高通滤波器($IHPF$)的传递函数 $H(u, v)$ 满足以下条件：

$$H(u, v) = \begin{cases} 1, & D(u, v) > D_0 \\ 0, & D(u, v) \leqslant D_0 \end{cases} \tag{4-73}$$

如图 4-54 所示为理想高通滤波器的特性曲线。由图可以看出，该特性曲线在形状上与理想低通滤波器的剖面正好相反。同样，理想高通滤波器也只是一种理想状况下的滤波器，是不能用实际的电子器件实现的。采用理想高通滤波器的前后对比图如图 4-55 所示。

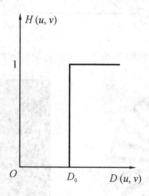

图 4-54　理想高通滤波器的特性曲线

(a) 原始图像　　　　　　　　　　　　　　　(b) 理想高通滤波效果图

图 4-55　采用理想高通滤波器的前后对比图

2. 巴特沃斯高通滤波器

巴特沃斯高通滤波器($BHPF$)传递函数 $H(u, v)$ 为

$$H(u, v) = \frac{1}{1 + [D_0/D(u, v)]^{2n}} \tag{4-74}$$

式中：n 为阶数；D_0 为截止频率。阶数为 1 的巴特沃斯高通滤波器的特性曲线如图 4-56 所示。由图 4-56 可知，巴特沃斯高通滤波器与巴特沃斯低通滤波器相同，在高低频率间的过渡也比较平滑，所以用巴特沃斯高通滤波器得到的输出图像的振铃现象不明显。采用巴特沃斯高通滤波器的前后对比图如图 4-57 所示。

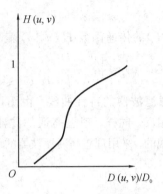

图 4-56　巴特沃斯高通滤波器的特性曲线(n=1)

(a) 原始图像　　　　　　　　(b) 巴特沃斯高通滤波效果图

图 4-57　采用巴特沃斯高通滤波器的前后对比图

3. 指数高通滤波器

指数高通滤波器($EHPF$)传递函数为

$$H(u, v) = e^{-[D_0/D(u, v)]^n} \tag{4-75}$$

式中：变量 n 控制从原点算起的传递函数 $H(u, v)$ 的增长率。指数高通滤波器的特性曲线如图 4-58 所示。采用指数高通滤波器的前后对比图如图 4-59 所示。

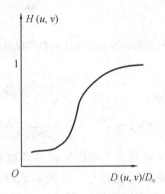

图 4-58　指数高通滤波器的特性曲线

(a) 原始图像

(b) 指数高通滤波效果图

图 4 - 59　采用指数高通滤波器的前后对比图

指数高通滤波器的另一种常用的传递函数为

$$H(u, v) = e^{\left[\ln\left(\frac{1}{\sqrt{2}}\right)\right]\left[D_0/D(u, v)\right]^n} \qquad (4 - 76)$$

4. 梯形高通滤波器

梯形高通滤波器($THPF$)的传递函数为

$$H(u, v) = \begin{cases} 0, & D(u, v) < D_0 \\ 1 - \dfrac{D(u, v) - D_0}{D_1 - D_0}, & D_0 \leqslant D(u, v) \leqslant D_1 \\ 1, & D(u, v) > D_1 \end{cases} \qquad (4 - 77)$$

式中：D_0 为截止频率。梯形高通滤波器的特性曲线如图 4 - 60 所示。

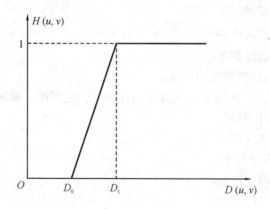

图 4 - 60　梯形高通滤波器的特性曲线

【例 4 - 18】　对图像进行高通滤波处理。

程序如下：

```
read_image (Image, 'keyboard')
get_image_size (Image, Width, Height)
dev_close_window ()
dev_open_window_fit_size (0, 0, Height, Height, -1, -1, WindowHandle)
dev_display (Image)
```

＊得到高通滤波模型

gen_highpass (ImageHighpass, 0.05, 'none', 'dc_center', Width, Height)

＊对图像进行傅里叶变换

fft_generic (Image, ImageFFT, 'to_freq', −1, 'sqrt', 'dc_center', 'complex')

＊对频率图像进行高通滤波

convol_fft (ImageFFT, ImageHighpass, ImageConvol)

＊对得到的频率图像进行傅里叶反变换

fft_generic (ImageConvol, ImageFFT1, 'from_freq', 1, 'sqrt', 'dc_center', 'byte')

dump_window (WindowHandle, 'bmp', 'result/highpass')

程序运行结果如图 4 - 61 所示。

(a) 原始图像　　　　　　　　　　　　(b) 高通滤波后图像

图 4 - 61　图像高通滤波示例

例 4 - 18 中主要算子的说明如下：

- gen_highpass(: ImageHighpass : Frequency, Norm, Mode, Width, Height:)

功能：生成理想高通滤波。

ImageHighpass：生成的滤波器图像。

Frequency：截止频率，决定了生成滤波图像中间白色椭圆区域的大小。

Norm：滤波器归一化因子。

Mode：频率图中心位置。

Width：生成滤波图像的宽。

Height：生成滤波图像的高。

4.6　图像的彩色增强

图像的彩色增强技术是改善人眼视觉效应的一种重要手段。由于人眼只能区分由黑到白的十几种到二十几种不同的灰度级，因此人眼对彩色的分辨率可以达到几百种甚至上千种。利用视觉系统的这一特性，将灰度图像变换成彩色图像或改变已有的彩色分布，都会改善图像的可分辨性。图像的彩色增强方法可以分为真彩色增强、伪彩色增强和假彩色增强。

4.6.1　真彩色增强

真彩色增强的对象是一幅自然的彩色图像。在对彩色图像处理时，选择合适的彩色模型是很重要的，经常采用的颜色模型有 RGB、HIS 等。电视、摄像机和彩色扫描仪等图像的输入/输出设备都是依据 RGB 模型工作的，图像文件也多以 RGB 模型存储。因此，在 RGB 空间进行真彩色增强，其处理方式方便、简单。

在 RGB 模型下进行增强处理时，可以根据需要调节 R、G、B 三个分量的大小，以达到预期的目的和效果，其原理如图 4-62 所示。当 R、G、B 三个分量按比例改变时，图像只是亮度发生了变化，颜色并不会改变。如果只改变三个分量中的一个或两个，则图像整体会偏向某种颜色。例如只增加红色分量，那么图像整体偏红，就像在红色光源下获取的图像。

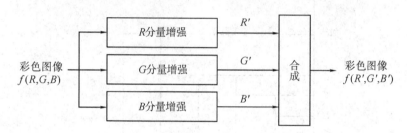

图 4-62　真彩色图像 RGB 直接增强原理图

对于真彩色图像在 RGB 模型下的直接增强，尽管可以增加图像中可视细节的亮度，但会导致原图像颜色较大程度的改变，得到的增强图像中 R、G、B 三个分量的相对数值与原来不同，由此得到的色调有可能完全没有意义。

为此，可利用颜色模型转换方法，即先将彩色图像从 RGB 模型转换成 HSI 模型，将亮度分量和色度分量分开；再利用灰度图像增强的方法增强其中的某个分量图，如仅对 I 分量(亮度)进行增强处理，H 和 S 分量不变，然后再将结果转换成为 RGB 坐标，以便用彩色显示器显示。通过将 HIS 颜色模型中亮度和色度分开，既增强了彩色图像的亮度，又不会改变颜色种类，其原理如图 4-63 所示。

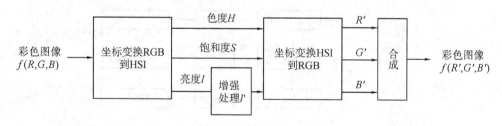

图 4-63　真彩色图像的 HIS 增强原理图

4.6.2　伪彩色增强

伪彩色增强是指通过将每个灰度级匹配到彩色空间上的一点，使单色图像映射为彩色图像的一种变换。该变换可改善图像的视觉效果,提高分辨率,使得图像的细节更加突出,目标更容易识别。常见的伪彩色增强方法有密度分割法、灰度级彩色处理法和频域滤波法。

1. 密度分割法

密度分割法(密度分层法)是伪彩色增强方法中比较简单的一种方法。密度分割法的原理是对图像亮度范围进行分割,使分割后的每个亮度区间对应某一种颜色,即把灰度图像的灰度级从 0(黑)到 L(白)分成 n 个区间 L_i,$i=1,2,\cdots,n$,给每个区间 L_i 指定一种颜色 C_i,其原理图如图 4 - 64 所示。对于每个像素点 (x,y),如果 $L_{i-1} \leqslant f(x,y) \leqslant L_i$,则 $g(x,y) = C_i$,$i=1,2,\cdots,n$,由此便可把一幅灰度图像 $f(x,y)$ 转换成彩色图像 $g(x,y)$。密度分割法比较直观、简单,缺点是变换出的彩色数目有限。

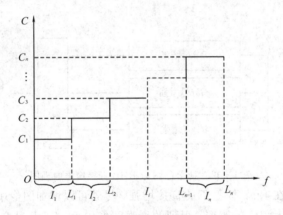

图 4 - 64　密度分割原理图

2. 灰度级彩色处理法

空域灰度级彩色处理法是一种更为常用的伪彩色增强法,其变换过程如图 4 - 65 所示。根据色度学的原理,将原图像 $f(x,y)$ 的灰度值分别经过相互独立的 R、G、B 三种不同的变换函数,变成 R、G、B 三基色分量 $R(x,y)$、$G(x,y)$ 和 $B(x,y)$,然后用它们分别控制彩色显示器的红、绿、蓝电子枪,便可以在彩色显示器的屏幕上合成一幅彩色图像。

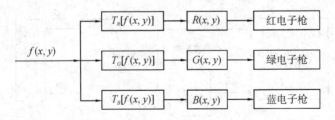

图 4 - 65　灰度级彩色处理法原理图

彩色的含量由变换函数决定,典型的变换函数如图 4 - 66 所示。灰度值的取值范围为 $[0,L]$,每个变换取不同的分段函数(见图 4 - 66(a)～(c))。图 4 - 66(d)把三种变换函数合成在同一坐标系上,以便更清楚地对照各函数之间的关系。由图 4 - 66(d)可知,在原图像灰度值为零时,输出的彩色图像呈蓝色;灰度值为 $L/2$ 时,彩色图像呈绿色;灰度

值为 L 时，彩色图像呈红色；灰度值为其他值时，输出的彩色图像由三种基色混合成不同的色调。

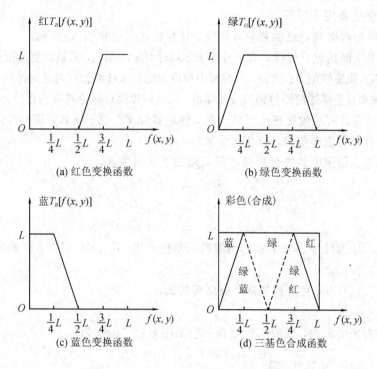

图 4-66　灰度级彩色处理法的变换函数

3. 频域滤波法

频域滤波法是先把灰度图像经傅里叶变换到频域，在频域内用三个不同传递特性的滤波器分离出三个独立分量，然后通过傅里叶反变换得到三幅代表不同频率分量的单色图像，通过对这三幅图像做进一步的增强处理，最后将其分别输入彩色显示器的红、绿、蓝通道，从而实现频域伪彩色增强。频域伪彩色增强原理图如图 4-67 所示。

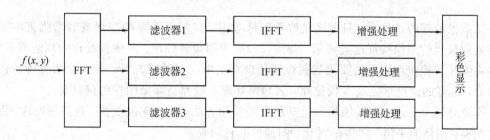

图 4-67　频域伪彩色增强原理图

4.6.3　假彩色增强

假彩色增强是将真实的自然彩色图像或遥感多光谱图像中每一个像素点的 RGB 值，通过映射函数变换成新的三基色分量，使图像中各目标呈现出与原图像不同颜色的过程。

假彩色处理是日常生活中经常碰到的一个操作过程，例如，调节彩色电视机的色调、饱和度的过程实际上就是假彩色处理。

假彩色增强主要用于以下三个方面：

（1）把目标物映射到特定的彩色环境中，使目标比本色更引人注目。

（2）根据眼睛的色觉灵敏度，重新分配图像目标对象的颜色，使目标更加适应人眼对颜色的灵敏度，提高人眼鉴别能力。例如，视网膜中视锥细胞和视杆细胞对可见光区的绿色波长比较敏感，可将原来非绿色描述的图像细节变成绿色，以达到提高目标分辨率的目的。

（3）将遥感多光谱图像处理成彩色图像，使之看起来自然、逼真，甚至可以通过与其他波段图像的综合获得更多信息，以便区分某些特征。

对于自然彩色图像的假彩色增强一般采用如下映射关系：

$$\begin{bmatrix} R_g \\ G_g \\ B_g \end{bmatrix} = \begin{bmatrix} \alpha_1 & \beta_1 & \gamma_1 \\ \alpha_2 & \beta_2 & \gamma_2 \\ \alpha_3 & \beta_3 & \gamma_3 \end{bmatrix} \begin{bmatrix} R_f \\ G_f \\ B_f \end{bmatrix} \qquad (4-78)$$

式中：R_g、G_g、B_g 为处理后的伪彩色图像的三基色分量；R_f、G_f、B_f 为原始图像的三基色分量；$\begin{bmatrix} \alpha_1 & \beta_1 & \gamma_1 \\ \alpha_2 & \beta_2 & \gamma_2 \\ \alpha_3 & \beta_3 & \gamma_3 \end{bmatrix}$ 为彩色变换矩阵，根据需要选定。

对于遥感多光谱图像，其假彩色增强一般采用多对三的映射：

$$\begin{cases} R_g = T_R[f_1, f_2, \cdots, f_k] \\ G_g = T_G[f_1, f_2, \cdots, f_k] \\ B_g = T_B[f_1, f_2, \cdots, f_k] \end{cases} \qquad (4-79)$$

式中：$f_1, f_2, \cdots, f_k$ 分别表示在光谱 k 个不同波段上获得的 k 幅图像；T_R、T_G、T_B 为线性或非线性映射函数；R_g、G_g、B_g 为显示空间三基色分量。

本 章 小 结

从图像处理的角度看，只要满足改善图像数据，抑制不需要的变形或者增强某些对于后续处理重要的图像特征这类要求，都可以归类为图像预处理。图像预处理的算法有很多，但是在实际工程应用中只需要用到图像预处理算法中的一种或几种，甚至从信息理论的角度来看，最好的预处理是没有预处理，因为预处理一般都会降低图像的信息量。

本章介绍了 HALCON 图像预处理的几类常用方法，包括灰度变换、直方图处理、图像几何变换、图像的平滑、图像的锐化、图像的彩色增强。

习　　题

4.1　图像滤波的主要目的是什么？主要方法有哪些？

4.2　什么是图像的平滑？试简述均值滤波和中值滤波的区别。

4.3　什么是图像的锐化？图像的锐化有几种方法？

4.4　设有 64×64 像素大小的图像，灰度为 16 级，概率分布如表 4-3 所示，试进行直方图均衡化，并画出处理前后的直方图。

表 4-3　概　率　分　布

r	n_k	$p_k(r_k)$	r	n_k	$p_k(r_k)$
$r_0 = 0$	800	0.195	$r_8 = 8/15$	150	0.037
$r_1 = 1/15$	650	0.160	$r_9 = 9/15$	130	0.031
$r_2 = 2/15$	600	0.147	$r_{10} = 10/15$	110	0.027
$r_3 = 3/15$	430	0.106	$r_{11} = 11/15$	96	0.013
$r_4 = 4/15$	300	0.073	$r_{12} = 12/15$	80	0.019
$r_5 = 5/15$	230	0.056	$r_{13} = 13/15$	70	0.017
$r_6 = 6/15$	200	0.049	$r_{14} = 14/15$	50	0.012
$r_7 = 7/15$	170	0.041	$r_{15} = 15/15$	30	0.007

4.5　伪彩色增强与假彩色增强有何异同点。

第 5 章　　HALCON 图像分割

图像分割是指将图像中具有特殊意义的不同区域划分开来，这些区域是互不相交的，每一个区域满足灰度、纹理、彩色等特征的某种相似性准则。图像分割是图像分析过程中最重要的步骤之一。

图像分割的方法有很多种，有些分割方法可以直接应用于大多数图像，而有些则只适用于特殊情况，要视具体情况来定。常用的图像分割方法有阈值分割、边缘检测、区域分割、霍夫变换等。

图像分割在科学研究和工程领域中都有着广泛的应用。在工业上，图像分割应用于对产品质量的检测；在医学上，图像分割应用于计算机断层图像 CT、X 光透视、细胞的检测等；此外，图像分割在交通、机器视觉等各个领域都有着广泛的应用。因为其应用的广泛性以及作为相对新兴产业发展的未饱和性，使得图像分割可以在促进生产业变革、提高生产效率、减少不必要劳动力、提升自动化程度、提升人民生活健康水平上做出巨大贡献，进而促进整个社会的和谐发展，提升国家的国际竞争力和影响力。

5.1　阈 值 分 割

阈值分割是一种按图像像素灰度幅度进行分割的方法，即首先把图像的灰度分成不同的等级，然后利用设置灰度门限(阈值)的方法，确定有意义的区域或要分割的物体边界。阈值分割有两个难点，一是在图像分割之前，无法确定图像分割生成区域的数目；二是阈值的确定，因为阈值的选择直接影响分割的精度及对分割后的图像进行描述分析的正确性。对于只有背景和目标两类对象的灰度图像来说，若阈值选取过高，则容易把大量的目标误认为背景；若阈值选取过低，则容易把大量的背景误认为目标。一般来说，阈值分割可以分成三步：① 确定阈值；② 将阈值与像素灰度值进行比较；③ 将像素分类。

阈值分割常见的方法一般有实验法、根据直方图谷底确定阈值法、迭代选择阈值法和最大类间方差法。

5.1.1　实验法

实验法是通过人眼的观察，对已知某些特征的图像试验不同的阈值，观察是否满足要求。实验法的缺点是适用范围窄，且分割后图像质量的好坏受主观局限性的影响较大。

【例 5 - 1】　用实验法确定阈值图像分割实例。

程序如下：

```
* 读取图像，如图 5 - 1(a)所示
read_image (image, 'license-plate')
```

```
dev_close_window ()
get_image_size (image, Width, Height)
dev_open_window (0, 0, Width, Height, 'black', WindowHandle)
* 阈值分割得到的效果图如图 5-1(b)所示
* 对于字母和数字的进一步提取，将在后面章节陆续讲解
threshold (image, Region, 0, 90)
dev_display (image)
dev_display (Region)
```

(a) 原始图像　　　　　　　　　　　　(b) 阈值分割后图像

图 5-1　用实验法确定阈值图像分割实例

5.1.2　根据直方图谷底确定阈值法

如果图像的前景物体内部和背景区域的灰度值分布都比较均匀，那么这个图像的灰度直方图具有明显双峰，此时可以选择两峰之间的谷底对应的灰度值 T 作为阈值进行图像分割，T 值的选取如图 5-2 所示，这种方法称为根据直方图谷底确定阈值法。

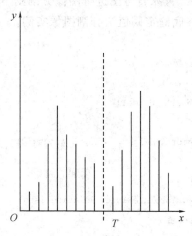

图 5-2　根据直方图谷底确定阈值

按下式进行二值化，就可将目标从图像中分割出来。

$$g(x) = \begin{cases} 255, & f(x, y) \geqslant T \\ 0, & f(x, y) < T \end{cases} \tag{5-1}$$

式中：$g(x)$ 为阈值运算后的二值图像。计算图像中所有像素点的灰度值，同时根据图像的灰度直方图确定阈值 T，当像素点的灰度值小于 T 时，此像素点的灰度值设为 0；当像素点的灰度值大于或等于 T 时，此像素点的灰度值设为 255。在实际处理的时候，一般用 0 表示对象区域，用 255 表示背景区域。

根据直方图谷底确定阈值法简单易操作，但不适用于两个峰值相差很远的情况，而且，此种方法容易受到噪声的影响，进而导致阈值选取存在误差。对于有多个峰值的直方图，可以选择多个阈值，这些阈值的选取一般没有统一的规则，要根据实际情况选取，具体如图 5-3 所示。

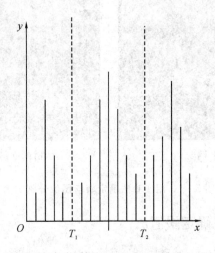

图 5-3 多峰值直方图确定阈值

注意：由于直方图是各灰度的像素统计，其峰值和谷底不一定代表目标和背景。因此，如果没有图像其他方面的信息，只靠直方图进行图像分割则不一定准确。

【例 5-2】 根据直方图谷底确定阈值法分割图像实例。

程序如下：

```
* 读取图像，如图 5-4(a)所示
read_image (Image, 'letters')
get_image_size (Image, Width, Height)
dev_close_window ()
dev_open_window (0, 0, Width, Height, 'white', WindowID)
dev_set_color ('red')
* 计算图像的灰度直方图
gray_histo (Image, Image, AbsoluteHisto, RelativeHisto)
* 从直方图中确定灰度值阈值
histo_to_thresh (RelativeHisto, 8, MinThresh, MaxThresh)
dev_set_colored (12)
```

＊根据计算将得到的 MinThresh、MaxThresh 进行阈值分割，结果如图 5 - 4(b)所示
＊可见印章信息没有被保留
threshold (Image, Region, MinThresh[0] , MaxThresh[0])
dev_display(Region)

　　　　　　(a) 原始图像　　　　　　　　　　　(b) 根据直方图谷底确定阈值法分割后图像

图 5 - 4　根据直方图谷底确定阈值法分割图像实例

5.1.3　迭代选择阈值法

　　迭代选择阈值法的基本思路是首先选择一个阈值作为初始估计值，然后按照某种规则不断地更新这一估计值，直到满足给定的条件为止。这个过程的关键在于所选择的迭代规则，一个好的迭代规则既能快速收敛，又能在每一个迭代过程中产生优于上一次迭代的结果。以下是一种迭代选择阈值法的步骤：

（1）选择阈值 T 的一个初始估计值。

（2）利用阈值 T 把图像分为两个区域：R_1、R_2。

（3）分别对区域 R_1 和 R_2 中的所有像素计算平均灰度值：μ_1 和 μ_2。

（4）计算新的阈值：

$$T = \frac{1}{2}(\mu_1 + \mu_2) \qquad\qquad (5 - 2)$$

（5）重复步骤（2）～（4），直到此迭代所得到的 T 值小于事先定义的估计值。

【例 5 - 3】　迭代选择阈值法分割 HALCON 实例。

程序如下：

```
dev_update_off ()
dev_close_window ()
dev_open_window (0, 0, 512, 512, 'black', WindowHandle)
set_display_font (WindowHandle, 14, 'mono', 'true', 'false')
ImagePath := '../iteration/'
* 读取图像, 如图 5 - 5(a)所示
```

```
read_image (Image, 'dip_switch_02.PNG')

dev_resize_window_fit_image (Image, 0, 0, −1, −1)

dev_display (Image)

Message := 'Test image for binary_threshold'

disp_message (WindowHandle, Message, 'window', 12, 12, 'black', 'true')
```

* 通过参数'smooth_histo'和'light'来平滑图像的灰度直方图，最终得到一个最小值，该值将图
* 像分成两部分，程序选择图像中灰度值最大的一部分作为阈值得到的结果

```
binary_threshold (Image, RegionSmoothHistoLight, 'smooth_histo', 'light', UsedThreshold)
```

* 显示原图

```
dev_display (Image)
```

* 显示迭代阈值法得到的结果，具体如图 5 − 5(b)所示

```
dev_display (RegionSmoothHistoLight)
```

* 显示程序的附加注释信息

```
Message := 'Bright background segmented globally with'

Message[1] := 'Method = \'smooth_histo\''

Message[2] := 'Used threshold: ' + UsedThreshold

disp_message (WindowHandle, Message, 'window', 12, 12, 'black', 'true')

Message := 'Bright background segmented globally with'

Message[2] := 'Used threshold: ' + UsedThreshold

disp_message (WindowHandle, Message, 'window', 12, 12, 'black', 'true')
```

　　　(a) 原始图像　　　　　　　　　(b) 迭代选择阈值法分割后图像

图 5 − 5　迭代选择阈值法分割 HALCON 实例

5.1.4　最大类间方差法

　　最大类间方差法是由 Otsu 在 1979 年提出来的，这是一种比较典型的图像分割方法，也称为 Otsu 分割法。在使用该方法对图像进行阈值分割时，选定的分割阈值应该使前景区域的平均灰度、背景区域的平均灰度与整幅图像的平均灰度之间差异最大，这种差异用方差来表示。最大类间方差法是在最小二乘法原理的基础上推导得出的，它是自适应计算阈值的简单高效算法。

　　设图像中灰度值为 i 的像素数为 n_i，灰度值 i 的范围为 $[0, L-1]$，则总的像素数为

$$N = \sum_{i=0}^{L-1} n_i \qquad\qquad (5-3)$$

各灰度值出现的概率为

$$P_1 = \frac{n_i}{N} \qquad\qquad (5-4)$$

对于 P_i 有

$$\sum_{i=0}^{L-1} P_I = 1 \qquad\qquad (5-5)$$

用阈值 T 将图中的像素分成 C_0 和 C_1 两类，C_0 由灰度值在$[0,T-1]$的像素组成，C_1 由灰度值在$[T,L-1]$的像素组成，则区域 C_0 和 C_1 的概率分别为

$$P_0 = \sum_{i=0}^{T-1} P_i \qquad\qquad (5-6)$$

$$P_1 = \sum_{i=T}^{L-1} P_i = 1 - P_0 \qquad\qquad (5-7)$$

区域 C_0 和 C_1 的平均灰度分别为

$$\mu_0 = \frac{1}{P_0} \sum_{i=0}^{T-1} iP_i = \frac{\mu(T)}{P_0} \qquad\qquad (5-8)$$

$$\mu_1 = \frac{1}{P_1} \sum_{i=T}^{L-1} ip_i = \frac{\mu - \mu(T)}{1 - p_0} \qquad\qquad (5-9)$$

其中：μ 为整幅图像的平均灰度，即

$$\mu = \sum_{i=0}^{L-1} ip_i = \sum_{i=0}^{t-1} ip_i + \sum_{i=T}^{L-1} ip_i = P_0\mu_0 + P_1\mu_1 \qquad\qquad (5-10)$$

两个区域的总方差为

$$\sigma_B{}^2 = P_0 (\mu_0 - \mu)^2 + P_1 (\mu_1 - u)^2 = P_0 P_1 (\mu_0 - \mu_1)^2 \qquad\qquad (5-11)$$

对 T 在$[0,L-1]$范围内依次取值，使 $\sigma_B{}^2$ 达到最大的 T 值便是最佳区域分割阈值。

【例 5 - 4】　最大类间方差法阈值分割 HALCON 实例。

程序如下：

```
dev_close_window ()
dev_clear_window ()
read_image (Image, '例 5.4.jpg')
dev_open_window (0, 0, 512, 512, 'black', WindowHandle)
dev_display (Image)
get_image_size (Image, Width, Height)
rgbl_to_gray (Image, GrayImage)
* 最大方差初始化为 0
MaxVariance：=0.0
* 最佳分割灰度阈值从 1 遍历到 255，初始阈值的选取可以取图像平均灰度值
for TH ：= 1 to 255 by 1
    dev_display (GrayImage)
    * 区域分割
    threshold (GrayImage, Region3, TH, 255)
    * 获得前景区域像素个数
```

```
    area_center (Region3, Area, Row, Column)
    * 获得前景区域均值和方差
    intensity (Region3, GrayImage, Mean, Deviation)
    * 获得背景区域像素个数、均值和方差
    complement (Region3, RegionComplement)
    area_center (RegionComplement, Area1, Row1, Column1)
    intensity (RegionComplement, GrayImage, Mean1, Deviation1)
    * 计算类间方差
    Ostu:=Area * 1.0/[Width * Height] * Area1 * 1.0/[Width * Height] * pow(Mean-Mean1, 2)
    * 获得最大类间方差的最佳阈值
    if(Ostu>MaxVariance)
        MaxVariance:=Ostu
        BestThreshold:=TH
    endif
endfor
* 得到阈值分割
threshold (GrayImage, Region4, BestThreshold, 255)
dev_display (Region4)
```

程序运行结果如图 5-6 所示。

(a) 原始图像　　　　　　　　　　　(b) 阈值分割后图像

图 5-6　最大类间方差法阈值分割 HALCON 实例

　　最大类间方差法是较通用的方法，但是它对两群物体在灰度不明显的情况下会丢失一些整体信息。因此为了解决这种现象采用灰度拉伸的增强大津法。在大津法的思想上，通过增加灰度的级数来增强前两群物体的灰度差。对原来的灰度级乘上同一个系数，则扩大了图像灰度的级数。实验结果表明，不同的拉伸系数分割效果差别比较大。

5.2　边　缘　检　测

5.2.1　边缘检测概述

　　图像的边缘是图像的基本特征，边缘上的点是指图像周围像素灰度产生变化的像素点，即灰度值导数较大的区域。

边缘检测的基本步骤如图 5－7 所示。

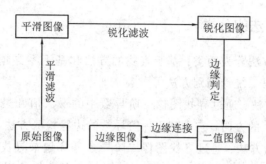

图 5－7　边缘检测的基本步骤

（1）平滑滤波：由于梯度计算易受噪声的影响，因此首先应通过滤波去除噪声，但是降低噪声的能力越强，边界强度的损失越大。

（2）锐化滤波：为了检测边缘，必须确定某点邻域中灰度的变化。锐化滤波使有意义的灰度局部变化位置的像素点得到加强。

（3）边缘判定：在图像中存在许多梯度不为零的点，但是对于特定的应用，不是所有的点都有意义，这就要求操作者根据具体的情况选择和去除无意义的点，具体的方法包括二值化处理和过零检测等。

（4）边缘连接：将间断的边缘连接为有意义的完整边缘，同时去除假边缘。

5.2.2　边缘检测原理

边缘的具体性质如图 5－8 所示。

(a) 一幅纵向边缘的图像　　(b) 每行像素的灰度剖面图　　(c) 一阶导数　　(d) 二阶导数

图 5－8　边缘的性质

从数学上看，图像的模糊相当于图像被平均或被积分。为实现图像的锐化，必须用它的反运算——微分来加强高频分量的作用，使轮廓清晰。梯度对应于一阶导数，对于一个连续图像函数 $f(x, y)$，其梯度矢量定义为

$$\nabla f(x, y) = \begin{bmatrix} G_x & G_y \end{bmatrix}^{\mathrm{T}} = \begin{bmatrix} \dfrac{\partial f}{\partial x} & \dfrac{\partial f}{\partial y} \end{bmatrix}^{\mathrm{T}} \tag{5-12}$$

梯度的幅度为

$$|\nabla f(x, y)| = \mathrm{mag}(\nabla f(x, y)) = (G_x{}^2 + G_y{}^2)^{1/2} \tag{5-13}$$

梯度的方向为

$$\phi(x, y) = \arctan\left(\frac{G_y}{G_x}\right) \qquad\qquad (5-14)$$

5.2.3　边缘检测方法的分类

通常将边缘检测方法分为两类：基于查找的方法和基于零穿越的方法。除此之外，还有 Canny 边缘检测方法、统计判别方法等。

(1) 基于查找的方法：通过寻找图像一阶导数中的最大值和最小值来检测边界，通常将边界定位在梯度最大的方向，它是基于一阶导数的边缘检测方法。

(2) 基于零穿越的方法：通过寻找图像二阶导数零穿越来寻找边界，通常是拉普拉斯过零点或非线性差分表示的过零点，它是基于二阶导数的边缘检测方法。

5.2.4　边缘检测典型算子

基于一阶导数的边缘检测算子包括 Roberts 算子、Sobel 算子、Prewitt 算子等，它们都是梯度算子；基于二阶导数的边缘检测算子主要是高斯-拉普拉斯边缘检测算子。

1. Roberts 算子

Roberts 算子是利用局部差分算子寻找边缘的，其特点是边缘定位较准，但容易丢失一部分边缘，同时由于图像没有经过平滑处理，因此不具有抑制噪声的能力，对噪声敏感。该算子对具有陡峭边缘且含噪声少的图像处理效果较好。

$$G(x, y) = \sqrt{\left[f(x, y) - f(x+1, y+1)\right]^2 + \left[f(x+1, y) - f(x, y+1)\right]^2}$$
$$(5-15)$$

式(5-15)中 $G(x, y)$ 称为 Roberts 交叉算子。在实际应用中，为简化计算，用梯度函数的 Roberts 绝对值来近似，即

$$G(x, y) = \left| f(x, y) - f(x+1, y+1) \right| + \left| f(x+1, y) - f(x, y+1) \right|$$
$$(5-16)$$

用卷积模板可表示为 $G(x, y) = \left| G_x \right| + \left| G_y \right|$，其中 G_x 和 G_y 由如图 5-9 所示的模板表示。

$$\begin{bmatrix} -1 & 0 \\ 0 & 1 \end{bmatrix} \qquad\qquad \begin{bmatrix} 0 & -1 \\ 1 & 0 \end{bmatrix}$$

图 5-9　Roberts 边缘检测算子模板

【例 5-5】　Roberts 边缘提取分割实例。

程序如下：

```
* 读取图像，如图 5-10(a)所示
read_image (Image,'风车')
* 用 Roberts 滤波器提取边缘
roberts (Image, ImageRoberts, 'roberts_max')
```

* 进行阈值后得到的效果如图 5 - 10(b)所示

threshold (ImageRoberts, Region, 9, 255)

* 进行区域骨骼化，具体效果如图 5 - 10(c)所示

skeleton (Region, Skeleton)

dev_display (Image)

dev_set_color ('red')

dev_display (Skeleton)

(a) 原始图像

(b) 阈值后图像

(c) 边缘提取并骨骼化后图像

图 5 - 10   Roberts 边缘提取分割 HALCON 实例

2. Sobel 算子

由于采用 3×3 的模板可以避免在像素之间的内插点上计算梯度，所以设计了如图 5 - 11 所示的点(x, y)周围点的排列，Sobel 算子即是如此排列的一种梯度幅值。

$$G(y, x) = \sqrt{G_x^2 + G_y^2} \qquad (5 - 17)$$

其中：

$$G_x = \{f(x+1, y-1) + 2f(x+1, y) + f(x+1, y+1)\} - \{f(x-1, y-1) + 2f(x-1, y) + f(x-1, y+1)\}$$

$$G_y = \{f(x-1, y+1) + 2f(x+1, y) + f(x+1, y+1)\} - \{f(x-1, y-1) + 2f(x, y-1) + f(x+1, y-1)\}$$

a_0	a_1	a_2
a_7	(x,y)	a_3
a_6	a_5	a_4

图 5-11 Sobel 的八邻域像素点

将图 5-11 的像素点代入 G_x 和 G_y，可得

$$\begin{cases} G_x = (a_2 + ca_3 + a_4) - (a_0 + ca_7 + a_6) \\ G_y = (a_6 + ca_5 + a_4) - (a_0 + ca_1 + a_2) \end{cases}$$

式中：常数 $c=2$。

与其他梯度算子相同，Sobel 算子的 G_x 和 G_y 可用卷积模板来实现(见图 5-12)。该算子把重点放在接近于模板中心的像素点上。

$$\begin{bmatrix} 1 & 0 & -1 \\ 2 & 0 & -2 \\ 1 & 0 & -1 \end{bmatrix} \quad \begin{bmatrix} 1 & 2 & 1 \\ 0 & 0 & 0 \\ -1 & -2 & -1 \end{bmatrix}$$

图 5-12 Sobel 算子卷积模板

Sobel 算子很容易在空域实现。Sobel 算子边缘检测器不但可以产生较好的边缘检测效果，而且 Sobel 算子由于引入了局部平均，所以受噪声的影响也比较小。当使用较大的模板时，该算子的抗噪声特性会更好，但同时会增大计算量，并且得到的边缘比较粗糙。

Sobel 算子是根据当前像素点的八邻域点的灰度加权进行计算的算法，利用在边缘点处达到极值这一现象进行边缘检测。因此，Sobel 算子对噪声具有平滑作用，可提供较为精确的边缘方向信息。但是，正是由于局部平均的影响，Sobel 算子同时也会检测出许多伪边缘，且边缘定位精度不够高。所以，对于精度要求不是很高的场合，Sobel 算子也是一种较为常用的边缘检测方法。

【例 5-6】 Sobel 边缘提取分割 HALCON 实例。

程序如下：

```
* 读取图像，如图 5-13(a)所示
read_image(Image, '风车')
* Sobel 滤波，得到的效果如图 5-13(b)所示
sobel_amp (Image, EdgeAmplitude, 'sum_abs', 3)
* 阈值分割得到边缘，效果如图 5-13(c)所示
threshold (EdgeAmplitude, Region, 10, 255)
* 边缘骨骼化，效果如图 5-13(d)所示
skeleton (Region, Skeleton)
* 显示原图像
dev_display (Image)
dev_set_color ('red')
* 显示骨骼化的边缘
dev_display (Skeleton)
```

(a) 原始图像　(b) Sobel滤波后图像

(c) 阈值后图像　(d) 骨骼化后图像

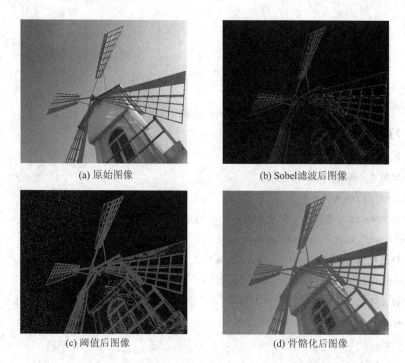

图 5 - 13　Sobel 边缘提取分割 HALCON 案例

3. Prewitt 算子

Prewitt 算子与 Sobel 算子的方程完全相同，只是常量 c 不同，Prewitt 算子的常量 c 为 1，其卷积模板如图 5 - 14 所示。

$$\begin{bmatrix} -1 & -1 & -1 \\ 0 & 0 & 0 \\ 1 & 1 & 1 \end{bmatrix} \quad \begin{bmatrix} -1 & 0 & 1 \\ -1 & 0 & 1 \\ -1 & 0 & 1 \end{bmatrix}$$

图 5 - 14　Prewitt 算子卷积模板

由于常量 c 的不同，所以 Prewitt 算子与 Sobel 算子的不同之处在于没有把重点放在接近模板中心的像素点上。当用两个掩膜板（卷积算子）组成边缘检测器时，通常取较大的幅度作为输出值，这使得该边缘检测器对边缘的走向有些敏感，所以取两个卷积算子卷积后的梯度值的平方和的开方可以获得性能更一致的全方位响应，这与真实的梯度值更接近。另一种方法是将 Prewitt 算子扩展成八个方向，即模板边缘算子，这些算子样板由理想的边缘子图构成。依次用边缘样板去检测图像，由与被检测区域原图相似的样板给出最大值，用这个最大值作为算子的输出值 $P(x, y)$，这样便可将边缘像素检测出来。定义 Prewitt 边缘检测算子模板如图 5 - 15 所示。

$$\begin{bmatrix} 1 & 1 & 1 \\ 1 & -2 & 1 \\ -1 & -1 & -1 \end{bmatrix} \quad \begin{bmatrix} 1 & 1 & 1 \\ 1 & -2 & -1 \\ 1 & -1 & -1 \end{bmatrix} \quad \begin{bmatrix} 1 & 1 & -1 \\ 1 & -2 & -1 \\ 1 & 1 & -1 \end{bmatrix} \quad \begin{bmatrix} 1 & -1 & -1 \\ 1 & -2 & -1 \\ 1 & 1 & 1 \end{bmatrix}$$

(a) 1方向　(b) 2方向　(c) 3方向　(d) 4方向

$$\begin{bmatrix} -1 & -1 & -1 \\ 1 & -2 & 1 \\ 1 & 1 & 1 \end{bmatrix}\qquad \begin{bmatrix} -1 & -1 & 1 \\ -1 & -2 & 1 \\ 1 & 1 & 1 \end{bmatrix}\qquad \begin{bmatrix} -1 & 1 & 1 \\ -1 & -2 & 1 \\ -1 & 1 & 1 \end{bmatrix}\qquad \begin{bmatrix} 1 & 1 & 1 \\ -1 & -2 & 1 \\ -1 & -1 & 1 \end{bmatrix}$$

　　　(e) 5 方向　　　　　　(f) 6 方向　　　　　　(g) 7 方向　　　　　　(h) 8 方向

图 5 - 15　Prewitt 边缘检测算子模板

【例 5 - 7】　Prewitt 边缘提取分割实例。

程序如下:

```
* 读取图像,如图 5 - 16(a)所示
read_image (Image, '风车')
* 进行 Prewitt 边缘提取,效果如图 5 - 16(b)所示
prewitt_amp (Image, ImageEdgeAmp)
* 进行阈值操作,效果如图 5 - 16(c)所示
threshold (ImageEdgeAmp, Region, 20, 255)
* 进行骨骼化,效果如图 5 - 16(d)所示
skeleton (Region, Skeleton)
dev_display (Image)
dev_set_color ('red')
dev_display (Skeleton)
```

(a) 原始图像　　　　　　　　　　　(b) Prewitt边缘提取的图像

(c) 阈值后图像　　　　　　　　　　(d) 骨骼化后图像

图 5 - 16　Prewitt 边缘提取分割实例

4. Kirsch 算子

Kirsch 算子由 $K_0 \sim K_7$ 八个方向的模板决定，该算子通过将 $K_0 \sim K_7$ 的模板元素分别与当前像素点的 3×3 模板区域的像素点作乘求和，然后选择八个值中最大的值作为中央像素的边缘强度，其可表示为

$$g(x, y) = \max(g_0, g_1, \cdots, g_T) \qquad (5-18)$$

其中：

$$g_i(x, y) = \sum_{k=-1}^{1} \sum_{l=-1}^{1} K_i(k, l) f(x+k, y+l)$$

若 g_i 最大，则说明此处的边缘方向为 i 方向。Kirsch 算子的八个方向模板如图 5-17 所示。

$$\begin{bmatrix} 5 & 5 & 5 \\ -3 & 0 & -3 \\ -3 & -3 & -3 \end{bmatrix} \quad \begin{bmatrix} -3 & 5 & 5 \\ -3 & 0 & 5 \\ -3 & -3 & -3 \end{bmatrix} \quad \begin{bmatrix} -3 & -3 & 5 \\ -3 & 0 & 5 \\ -3 & -3 & 5 \end{bmatrix} \quad \begin{bmatrix} -3 & -3 & -3 \\ -3 & 0 & 5 \\ -3 & 5 & 5 \end{bmatrix}$$

$$\begin{bmatrix} -3 & -3 & -3 \\ -3 & 0 & -3 \\ 5 & 5 & 5 \end{bmatrix} \quad \begin{bmatrix} -3 & -3 & -3 \\ 5 & 0 & -3 \\ 5 & 5 & -3 \end{bmatrix} \quad \begin{bmatrix} 5 & -3 & -3 \\ 5 & 0 & -3 \\ 5 & -3 & -3 \end{bmatrix} \quad \begin{bmatrix} 5 & 5 & -3 \\ 5 & 0 & -3 \\ -3 & -3 & -3 \end{bmatrix}$$

图 5-17　Kirsch 算子八个方向模板

【例 5-8】 Kirsch 边缘提取分割实例。

程序如下：

```
* 读取图像，如图 5-18(a)所示
read_image (Image, '风车')
* 使用 Kirsch 算子检测边缘，结果如图 5-18(b)所示
kirsch_amp (Image, ImageEdgeAmp)
* 进行阈值化，结果如图 5-18(c)所示
threshold (ImageEdgeAmp, Region, 70, 255)
* 区域骨骼化，结果如图 5-18(d)所示
skeleton (Region, Skeleton)
* 显示图像
dev_display (Image)
* 设置区域显示颜色
dev_set_color ('red')
* 骨骼化区域显示
dev_display (Skeleton)
```

(a) 原始图像　　　　　　　　　(b) Kirsch滤波后图像

(c) 阈值后图像　　　　　　　　(d) 骨骼化后图像

图 5 - 18　Kirsch边缘提取分割实例

5. 高斯-拉普拉斯算子

　　由于拉普拉斯算子是一个二阶导数，对噪声具有较强的敏感性，而且其幅值会产生双边缘，边缘方向的不可检测性也是拉普拉斯算子的缺点，因此一般不以其原始形式用于边缘检测。为了弥补拉普拉斯算子的缺陷，美国学者 Marr 提出了一种算法，即在使用拉普拉斯算子之前先进行高斯低通滤波，可表示为

$$L(x, y) = \nabla^2 \big[G(x, y) * f(x, y) \big] \tag{5-19}$$

式中：$f(x, y)$ 为图像数据；$G(x, y)$ 为高斯函数，其可表示为

$$G(x, y) = \frac{1}{2\pi\sigma^2} \exp\left(-\frac{x^2 + y^2}{2\sigma^2}\right) \tag{5-20}$$

式中：σ 为标准差。若用高斯卷积模糊一幅图像，则图像模糊的程度是由 σ 决定的。

　　在线性系统中，由于卷积与微分的次序可以交换，所以式(5-19)可写为

$$\nabla^2 \big[G(x, y) * f(x, y) \big] = \nabla^2 G(x, y) * f(x, y) \tag{5-21}$$

　　式(5-21)表明，可以先对高斯算子进行微分运算，然后再与图像进行 $f(x, y)$ 卷积，其效果等价于在运用拉普拉斯之前进行高斯低通滤波。

　　计算式(5-20)的二阶偏导：

$$\frac{\partial^2 G(x, y)}{\partial x^2} = \frac{1}{2\pi\sigma^4}\left(\frac{x^2}{\sigma^2} - 1\right)\exp\left(-\frac{x^2 + y^2}{2\sigma^2}\right) \tag{5-22}$$

$$\frac{\partial^2 G(x, y)}{\partial y^2} = \frac{1}{2\pi\sigma^4}\left(\frac{y^2}{\sigma^2} - 1\right)\exp\left(-\frac{x^2 + y^2}{2\sigma^2}\right) \tag{5-23}$$

可得

$$\nabla^2 G(x, y) = -\frac{1}{\pi\sigma^4}\left(1 - \frac{x^2 + y^2}{2\sigma^2}\right)\exp\left(-\frac{x^2 + y^2}{2\sigma^2}\right) \tag{5-24}$$

式(5-24)称为高斯-拉普拉斯算子，简称 LOG 算子，也称为 Marr 边缘检测算子。

应用 LOG 算子时，高斯函数中标准差参数 σ 的选择很关键，原因是该参数对图像边缘检测效果有很大的影响，因此，对于不同的图像应选择不同的参数。如果 σ 较大，则表明在较大的子域内平滑运算更趋于平滑，有利于抑制噪声，但不利于提高边界定位精度，若 σ 较小则效果相反。可根据图像的特征选择 σ，一般 σ 的取值范围为 $1\sim10$。取不同的 σ 值进行处理可以得到不同的过零点图，其细节丰富程度亦不同。

LOG 算子克服了拉普拉斯算子抗噪声能力较差的缺点，但有可能在抑制噪声的同时将原有的比较尖锐的边缘也平滑掉了，因此导致这些尖锐边缘无法被检测到。

常用的 LOG 算子采用 5×5 的模板，如图 5-19 所示。

$$\begin{bmatrix} 0 & 0 & -1 & 0 & 0 \\ 0 & -1 & -2 & -1 & 0 \\ -1 & -2 & 16 & -2 & -1 \\ 0 & -1 & -2 & -1 & 0 \\ 0 & 0 & -1 & 0 & 0 \end{bmatrix}$$

图 5-19 LOG 算子模板

【例 5-9】 高斯-拉普拉斯边缘提取分割实例。

程序如下：

```
dev_close_window ()
* 读取图像，如图 5-20(a)所示
read_image (Image, 'mreut')
get_image_size (Image, Width, Height)
dev_open_window (0, 0, Width, Height, 'black', WindowID)
set_display_font (WindowID, 14, 'mono', 'true', 'false')
* 进行高斯-拉普拉斯变换，效果如图 5-20(b)所示
laplace_of_gauss (Image, ImageLaplace, 5)
* 通过提取高斯-拉普拉斯图像上的零交叉点进行边缘检测，效果如图 5-20(c)所示
zero_crossing (ImageLaplace, RegionCrossing2)
```

(a) 原始图像

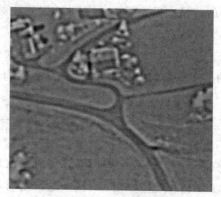

(b) 高斯-拉普拉斯边缘提取

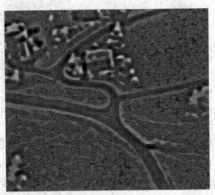

(c) 零交叉边缘检测效果图

图 5 - 20 高斯-拉普拉斯边缘提取实例

6. Canny 算子

Canny 算子是一种具有较好边缘检测性能的算子,该算子利用高斯函数的一阶微分性质,把边缘检测问题转换为检测准则函数极大值的问题,可在噪声抑制和边缘检测之间取得较好的折中效果。一般来说,图像边缘检测必须能有效地抑制噪声,且有较高的信噪比,这样检测的边缘质量更高。Canny 边缘检测就是极小化由图像信噪比和边缘定位精度乘积组成的函数值,以得到最优逼近算子。与 Marr 的 LOG 边缘检测类似,Canny 算子也是采用先平滑后求导的方法。

1) Canny 算子的三个最优准则

利用 Canny 算子对边缘检测质量进行分析,需遵循以下三个准则:

(1) 信噪比准则:尽可能降低边缘的错误检测率,同时尽可能多地检测出图像的真实边缘,避免检测虚假边缘,这样才能获得一个比较好的结果。在数学上,就是尽量增大信噪比 SNR,因为输出信噪比越大,错误率越小。SNR 可表示为

$$\text{SNR} = \frac{\left| \int_{-w}^{+w} G(-x) f(x) \mathrm{d}x \right|}{n_0 \left[\int_{-w}^{+w} f^2(x) \mathrm{d}x \right]^{1/2}} \tag{5-25}$$

式中:$f(x)$ 是边界为 $[-w, w]$ 的有限滤波器的脉冲响应;$G(x)$ 代表边缘;n_0 为高斯噪声的均方根。

(2) 定位精度准则:检测出的边缘要尽可能接近真实边缘,在数学上就是使滤波函数 $f(x)$ 的 Loc 变量的值尽量大。Loc 可表示为

$$\text{Loc} = \frac{\left| \int_{-w}^{+w} G'(-x) f'(x) \mathrm{d}x \right|}{n_0 \left[\int_{-w}^{+w} f'^2(x) \mathrm{d}x \right]^{1/2}} \tag{5-26}$$

式中:$G'(-x)$、$f'(x)$ 分别为 $G(-x)$、$f(x)$ 的一阶导数。

(3) 单边缘响应原则:对同一边缘要有尽量少的响应次数,即对单边缘最好只有一个响应。滤波器对边缘响应的极大值之间的平均距离为

$$d_{\max} = 2\pi \left[\frac{\int_{-w}^{+w} f'^2(x)\,\mathrm{d}x}{\int_{-w}^{+w} f''^2(x)\,\mathrm{d}x} \right]^{1/2} \approx kW \tag{5-27}$$

因此，在 $2W$ 宽度内，极大值的数目为

$$N = \frac{2W}{kW} = \frac{2}{k} \tag{5-28}$$

显然，只要 k 值已知，就可确定极大值的个数。

有了这三个准则，寻找最优滤波器的问题就转化为泛函的约束优化问题了，其解可以用高斯的一阶导数去逼近。

2) Canny 边缘检测算法

Canny 边缘检测算法的基本思想是首先选择一定的 Gauss 滤波器对图像进行平滑滤波，然后采用非极值抑制技术处理得到的边缘图像，其步骤如下：

（1）用高斯滤波器平滑图像。这里使用了一个省略系数的高斯函数 $H(x, y)$，其可表示为

$$H(x, y) = \exp\left(-\frac{x^2 + y^2}{2\sigma^2}\right) \tag{5-29}$$

$$G(x, y) = f(x, y) \times H(x, y) \tag{5-30}$$

式中：$f(x, y)$ 为图像数据。

（2）用一阶偏导的有限差分来计算梯度的幅值和方向。一阶差分卷积模板为

$$H_1 = \begin{vmatrix} -1 & -1 \\ 1 & 1 \end{vmatrix}, \qquad H_2 = \begin{vmatrix} 1 & -1 \\ 1 & -1 \end{vmatrix}$$

$$\varphi_1(x, y) = f(x, y) \times H_1(x, y), \varphi_2(x, y) = f(x, y) \times H_2(x, y)$$

计算得到的幅值为

$$\varphi(x, y) = \sqrt{\varphi_1^2(x, y) + \varphi_2^2(x, y)} \tag{5-31}$$

方向为

$$\theta_\varphi = \arctan \frac{\varphi_2(x, y)}{\varphi_1(x, y)} \tag{5-32}$$

（3）对梯度幅值进行非极大值抑制。仅仅根据全局梯度并不足以确定边缘，因此，为确定边缘，必须保留局部梯度最大的点，而抑制非极大值，即将非局部最大值点置零，以得到细化的边缘。

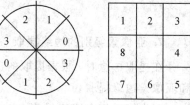

图 5-21　非极大值抑制

如图 5-21 所示，四个扇区的标号分别为 0～3，对应的 3×3 邻域有四种梯度方向组合。

在每一点上，比较邻域的中心像素 M 与沿着梯度线的两个相邻像素的梯度，如果 M 的梯度值小于或等于沿梯度线的两个相邻像素梯度，则令 $M=0$。

（4）用双阈值算法检测边缘和连接边缘。使用两个阈值 T_1 和 T_2（$T_1 < T_2$），可以得到两个阈值边缘图像 $N_1[i, j]$ 和 $N_2[i, j]$。由于 $N_2[i, j]$ 是使用高阈值得到的，因而含有较少的假边缘，但边缘存在间断。双阈值法是在 $N_2[i, j]$ 中把边缘连接成轮廓，当连接到轮廓的端点时，该算法就在 $N_1[i, j]$ 的八邻域点位置寻找可以连接到轮廓上的边缘，这样算法不断地在 $N_1[i, j]$ 中收集边缘，直到将 $N_2[i, j]$ 连接起来为止。T_2 用于寻找每条线段，

T_1 用于在这些线段的两个方向上延伸,以寻找边缘的断裂处,并连接这些边缘。

【例 5 - 10】　Canny 边缘提取分割实例。

程序如下:

```
* 读取图像,如图 5-22(a)所示
read_image (Image,'风车')
* 使用 Canny 算法进行边缘提取,结果如图 5-22(b)所示
edges_image (Image, ImaAmp, ImaDir,'canny', 0.5,'nms', 12, 22)
threshold (ImaAmp, Edges, 1, 255)
* 骨骼化
skeleton (Edges, Skeleton)
* 将骨骼化的区域转化为 XLD 轮廓,结果如图 5-22(c)所示
gen_contours_skeleton_xld (Skeleton, Contours, 1,'filter')
dev_display (Image)
dev_set_colored (6)
dev_display (Contours)
```

　　(a) 原始图像　　　　　　　　(b) Canny边缘提取的图像　　　　　(c) 边缘轮廓化显示图像

图 5 - 22　Canny 边缘提取分割实例

7. 亚像素级别的边缘提取

在提取边缘时,根据提取的边缘是像素还是亚像素,可将边缘提取分为像素边缘提取和亚像素边缘提取。

首先简单地介绍亚像素的定义。面阵摄像机的成像面以像素为最小单位。例如,某 CMOS 摄像机芯片的像素间距为 5.2 μm,表明两个像素之间有 5.2 μm 的距离,在宏观上可以看作是连在一起的,但是在微观上,两像素之间还有更小的"东西"存在,我们将这个更小的"东西"称为亚像素。

【例 5 - 11】　亚像素边缘提取分割实例。

程序如下:

```
* 读取图像,如图 5-23(a)所示
read_image (Image,'风车')
* 利用 Sobel 算法提取亚像素级别上的边缘,结果如图 5-23(b)所示
* 亚像素边缘局部放大图如图 5-23(c)所示
edges_sub_pix (Image, Edges,'sobel', 0.5, 7, 22)
```

```
dev_set_part (0, 0, 511, 511)
dev_display (Image)
dev_set_colored (6)
* 边缘可视化
dev_display (Edges)
```

(a) 原始图像　　　　　　　　(b) Sobel 亚像素边缘提取　　　　(c) 亚像素边缘局部放大图

图 5 - 23　亚像素边缘提取分割实例

5.2.5　Hough 变换

Hough 变换是一种检测、定位直线和解析曲线的有效方法，它将二值图变换到 Hough 参数空间，在 Hough 参数空间用极值点的检测来完成目标的检测。

在实际应用中，由于噪声和光照不均匀等因素，使得在很多情况下所获得的边缘点是不连续的，因此，必须通过边缘连接将它们转化为有意义的边缘。一般的做法是对经过边缘检测的图像进一步使用连接技术，从而将边缘像素组合成完整的边缘。

Hough 变换是一个非常重要的检测间断点边界形状的方法，它通过将图像坐标变换到参数空间来实现直线和曲线的拟合。下面说明 Hough 变换的原理。

1. 直线检测

1）直角坐标参数空间

在图像 $x-y$ 坐标空间中，经过点 (x_i, y_i) 的直线可表示为

$$y_i = ax_i + b \tag{5-33}$$

式中：参数 a 为斜率；b 为截距。

通过点 (x_i, y_i) 的直线有无数条，且对应不同的 a 值和 b 值，它们都满足式(5-33)。如果将 x_i 和 y_i 视为常数，而将原本的参数 a 和 b 视为变量，则式(5-33)可表示为

$$b = -x_i a + y_i \tag{5-34}$$

这样就变换到了参数空间 $a-b$，这个变换就是直角坐标系中对于 (x_i, y_i) 的 Hough 变换。该直线是图像坐标空间中点 (x_i, y_i) 在参数空间的唯一方程。对于图像坐标空间的另一点 (x_j, y_j)，它在参数空间中也有相应的一条直线，可表示为

$$b = -x_j a + y_j \tag{5-35}$$

这条直线与点 (x_i, y_i) 在参数空间的直线相交于点 (a_0, b_0)，如图 5-24 所示。

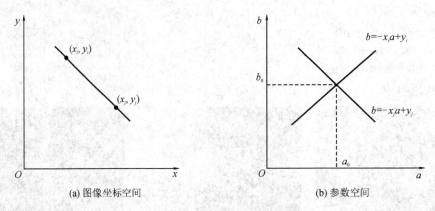

(a) 图像坐标空间　　　　　　　　　(b) 参数空间

图 5 - 24　直角坐标中的 Hough 变换

在图像坐标空间中，过点 (x_i, y_i) 和 (x_j, y_j) 的直线上的每一点在参数空间 $a-b$ 中各对应一条直线，这些直线都相交于点 (a_0, b_0)，而 a_0、b_0 就是图像坐标空间 $x-y$ 中点 (x_i, y_i) 和点 (x_j, y_j) 所确定的直线的参数。反之，在参数空间中相交于同一点的所有直线，在图像坐标空间中都有共线的点与之对应。根据这个特性，若给定图像坐标空间的一些边缘点，则可以通过 Hough 变换确定连接这些点的直线方程。

具体计算时可将参数空间视为离散的。建立一个二维累加数组 $A(a, b)$，第一维元素的范围是图像坐标空间中直线斜率的可能值，第二维元素的范围是图像坐标空间中直线截距的可能值。开始时将数组 $A(a, b)$ 初始化为 0，将参数空间中每一个 a 的离散值代入式(5 - 35)，从而计算出对应的 b 值。每计算出一对 (a, b)，都将对应的数组元素 $A(a, b)$ 加 1，即 $A(a, b) = A(a, b) + 1$。所有的计算都结束后，在参数空间表决结果中找到 $A(a, b)$ 的最大峰值，该值所对应的 a_0、b_0 就是原图像中共线点数目最多(共 $A(a_0, b_0)$ 个共线点)的直线方程的参数，接下来可以继续寻找次峰值、第三峰值和第四峰值等，它们对应于原图中共线点数目略少的一些直线。

图 5 - 24 Hough 变换的参数空间的表决结果如图 5 - 25 所示。

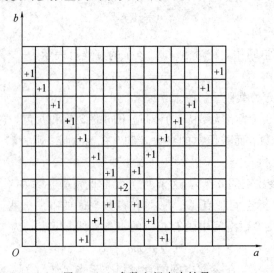

图 5 - 25　参数空间表决结果

这种利用二维累加器的离散化方法大大简化了 Hough 变换的计算,参数空间 $a-b$ 中的细分程序决定了最终找到直线上点的共线精度。上述的二维累加数组 A 也常常被称为 Hough 矩阵。

2) 极坐标参数空间

极坐标参数空间中用如下参数方程表示一条直线:

$$\rho = x\cos\theta + y\sin\theta \tag{5-36}$$

式中:ρ 表示直线到原点的垂直距离;θ 表示 x 轴与直线垂线的夹角,取值范围为 $\pm 90°$。直线的参数表示如图 5-26 所示。

与直角坐标类似,极坐标中的 Hough 变换也将图像坐标空间中的点变换到参数空间中。在极坐标表示下,图像坐标空间共线的点变换到参数空间后,对应直线都相交于同一点,此时所得到的 ρ、θ 即为所求直线的极坐标参数。与直角坐标不同的是,用极坐标表示时,图像坐标空间共线的两点 (x_i, y_i) 和 (x_j, y_j) 映射到参数空间后是两条正弦曲线,且相交于点 (ρ_0, θ_0),如图 5-27 所示。

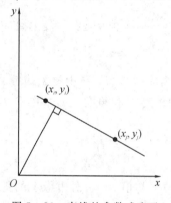

图 5-26　直线的参数式表示

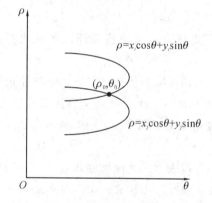

图 5-27　笛卡尔坐标映射到参数空间

在具体计算时,与直角坐标类似,也要在参数空间中建立一个二维累加数组 $A(a, b)$,只是取值范围不同。对一幅大小为 $D \times D$ 的图像,通常 ρ 的取值范围为 $[-\sqrt{2}D/2, \sqrt{2}D/2]$,$\theta$ 的取值范围为 $[-90°, 90°]$,计算方法与直角坐标系中累加器的计算方法相同,最后得到 $A(a, b)$ 最大峰值所对应的 (ρ, θ)。

2. 曲线检测

Hough 变换同样适用于方程已知的曲线检测。对于图像坐标空间的一条已知曲线,也可以建立其相应的参数空间。由此,图像坐标空间中的一点,在参数空间中可以映射为相应的轨迹曲线或者曲面。若参数空间中对应各个间断点的曲线或曲面能够相交,就能够找到参数空间的极大值以及对应的参数;反之,说明间断点不符合某已知曲线。

Hough 变换做曲线检测时,最重要的是写出图像坐标空间到参数空间的变换公式。例如,对于已知的圆,其直角坐标的一般方程为

$$(x-a)^2 + (y-b)^2 = r^2 \tag{5-37}$$

式中:(a, b) 为圆心坐标;r 为圆的半径。圆心坐标和半径均为图像的参数。

因此,参数空间中的点可以表示为 (a, b, r),即图像坐标空间中的一个圆对应参数空

间中的一点。

具体计算的方法与前面讨论的方法相同，只是数组累加器为三维，即 $A(a, b, r)$。计算过程是将 a、b 在取值范围内依次取值，解出满足式(5-37)的 r 值，每计算出一个 (a, b, r) 值，就对数组元素 $A(a, b, r)$ 加 1。计算结束后，找到最大的 $A(a, b, r)$ 所对应的 a、b、r 就是所求的圆的参数。

3. 任意形状的检测

任意形状的检测，是指应用广义 Hough 变换去检测某一任意形状边界的图形。首先选取该形状中的任意点 (a, b) 为参考点，然后针对该任意形状图形的边缘每一点，计算其切线方向 φ、到参考点 (a, b) 位置的偏移矢量 r 以及 r 与 x 轴的夹角 α。广义 Hough 变换如图 5-28 所示，参考点 (a, b) 的位置由下式算出：

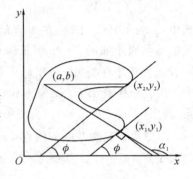

$$a = x + r(\phi)\cos(\alpha(\phi)) \tag{5-38}$$

$$b = x + r(\phi)\sin(\alpha(\phi)) \tag{5-39}$$

图 5-28 广义 Hough 变换

利用广义 Hough 变换检测任意形状边界的主要步骤如下：

(1) 在预知区域形状的条件下，将物体边缘形状编成参考表，对于每个边缘点计算梯度角 φ_i，再对每一个梯度角 φ_i，算出对应于参考点的距离 r_i 和角度 a_i。如图 5-28 所示，同一个梯度角 φ 对应两个点，则参考表表示为

$$\varphi: (r_1, \alpha_1)(r_2, \alpha_2)$$

同理，可以表示出其他梯度角 φ_i 所对应的参考表。

(2) 在参数空间中建立一个二维累加数组 $A(a, b)$，初值为 0。对边缘上的每一个点，计算出该点处的梯度角，然后由式(5-38)和式(5-39)计算出每一个可能参考点的位置值，对相应的数组元素 $A(a, b)$ 加 1。

(3) 计算结束后，具有最大值的数组元素 $A(a, b)$ 所对应的 a、b 值即为图像坐标空间中所求的参考点。

求出参考点以后，整个目标的边界就可以确定了。

Hough 变换的优点是抗噪声能力强，能够在信噪比较低的条件下检测出直线或解析曲线；缺点是首先需要做二值化以及边缘检测等图像预处理工作，因此，损失了原始图像中的许多信息。

【例 5-12】 Hough 变换图像分割实例。

程序如下：

```
* 读取图像，如图 5-29(a)所示
read_image (Image, 'fabrik')
* 获取目标区域图像，如图 5-29(b)所示
rectangle1_domain (Image, ImageReduced, 170, 280, 310, 370)
* 用 Sobel 边缘检测算子提取边缘，结果如图 5-29(c)所示
sobel_dir (ImageReduced, EdgeAmplitude, EdgeDirection, 'sum_abs', 3)
```

```
dev_set_color ('red')
* 阈值分割得到边缘区域, 结果如图 5 - 29(d)所示
threshold (EdgeAmplitude, Region, 55, 255)
* Reduce the direction image to the edge region
reduce_domain (EdgeDirection, Region, EdgeDirectionReduced)
* 用边缘方向信息进行 Hough 变换, 效果如图 5 - 29(e)所示
hough_lines_dir (EdgeDirectionReduced, HoughImage, Lines, 4, 2, 'mean', 3, 25, 5, 5, 'true',
Angle, Dist)
* 根据得到的 Angle、Dist 参数生成线, 如图 5 - 29(f)所示
gen_region_hline (LinesHNF, Angle, Dist)
dev_display (Image)
dev_set_colored (7)
* 显示线条
dev_set_draw ('margin')
dev_display (LinesHNF)
dev_set_draw ('fill')
dev_display (Lines)
```

(a) 原始图像

(b) 剪出的矩形部分

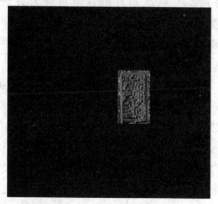

(c) Sobel边缘提取后图像

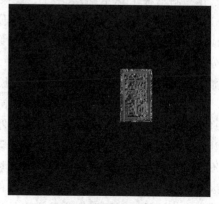

(d) 阈值处理后图像

　　　　(e) 进行Hough变换　　　　　　　　　(f) 生成Hough变换得到的线条

图 5 - 29　Hough 变换图像分割实例

5.3　区 域 分 割

　　区域分割利用的是图像的空间性质，认为分割出来的属于同一区域的像素应具有相似的性质。传统的区域分割方法有区域生长法和区域分裂与合并法，还有源于地形学的分水岭分割法，其中最基础的是区域生长法。本节将对基于区域的图像分割方法中的区域生长法、区域分裂与合并法和分水岭分割法进行详细介绍。

5.3.1　区域生长法

　　区域生长法也称为区域生成法，其基本思想是将一幅图像分成许多小的区域，并将具有相似性质的像素集合起来构成区域。具体来说，就是先在需要分割的区域内找一个种子像素作为生长的起始点，然后将种子像素周围邻域中与种子像素有相同或相似性质的像素（根据某种事先确定的生长或相似准则来判断）合并到种子像素所在的区域中；最后将这些新像素作为新的种子像素继续进行上述操作，直到没有满足条件的像素可被合并进来为止，图像分割随之完成。区域生长法的实质就是把具有某种相似性质的像素连通起来，从而构成最终的分割区域。该方法利用了图像的局部空间信息，可有效克服其他方法存在的图像分割空间不连续的缺点。

　　如图 5 - 30 所示为一个简单的区域生长实例。图 5 - 30(a)为原始图像，数字表示像素的灰度值，以图中所示，灰度值为 4 的像素点为初始生长点。生长准则为种子像素与邻近点像素灰度值差的绝对值小于阈值 $T(T=3)$。种子在像素八邻域内的第一次生长结果如图 5 - 30(b)所示，因为灰度值为 2、3、4、5 的像素点都满足生长准则，所以合并进入区域，而灰度值为 7 的点不符合生长准则，故不能合并进入区域。第二次区域生长结果如图 5 - 30(c)所示。

　　区域生长法的研究重点：一是区域相似性特征度量和区域生长准则的设计；二是算法的高效性和准确性。区域生长法的优点是计算简单；其缺点是需要人工交互以获得种子像素点，使用者必须在每个需要分割的区域中植入一个种子点，同时，区域生长法对噪声敏

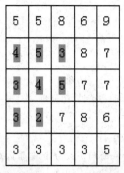
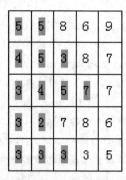

(a) 原始图像　　　　　(b) 第一次区域生长结果　　　(c) 第二次区域生长结果

图 5-30　区域生长实例

感，导致分割出的区域有空洞或者在局部应该分开的区域反而被连接起来。

　　上述实例就是最简单的基于区域灰度差的生长过程，但是这种方法得到的分割效果对区域生长起始点的选择具有较大的依赖性。为了克服这个问题，可采用包括种子像素在内的某个邻域的平均值与要考虑的像素进行比较，如果所考虑的像素与种子像素灰度值差的绝对值小于某个阈值 T，则将该像素合并进种子像素所在区域。

　　对一个含有 N 个像素的图像区域 R，其均值为

$$k = \frac{1}{N} \sum_R f(x, y) \tag{5-40}$$

对像素的比较测试可表示为

$$\max_R |f(x, y) - k| = T \tag{5-41}$$

　　如果以灰度分布相似性作为生长准则来决定合并的区域，则需要比较邻接区域的累积直方图并检测其相似性，过程如下：

　　(1) 把图像分成互不重叠的合适小区域。小区域的尺寸对分割的结果具有较大影响，若尺寸过大，则分割的形状不理想，一些小目标会被淹没；若尺寸过小，则使检测分割的可靠性降低，因为不同的图像可能具有相似的直方图。

　　(2) 比较各个邻接小区域的累积灰度直方图，根据灰度分布的相似性进行区域合并，直方图的相似性常采用柯尔莫哥洛夫-斯米诺夫(Kolmogorov-Smimov)距离检测或平滑差分检测，如果检测结果小于给定的阈值，则将两区域合并。

　　柯尔莫哥洛夫-斯米诺夫检测：

$$\max_R |h_1(z) - h_2(z)| < T \tag{5-42}$$

平滑差分检测：

$$\sum_z |h_1(z) - h_2(z)| < T \tag{5-43}$$

式中：$h_1(z)$ 和 $h_2(z)$ 分别为邻接两个区域的累积灰度直方图；T 为给定的阈值。

　　(3) 通过重复过程(2)中的操作，将各个区域依次合并，直到邻接区域不满足式(5-42)或式(5-43)为止。

　　【例 5-13】　区域生长图像分割实例。

程序如下：

```
* 读取图像，如图 5-31(a)所示
read_image (Image,'风车')
dev_set_colored (12)
* 进行区域生长操作，结果如图 5-31(b)所示
regiongrowing (Image, Regions, 1, 1, 1, 1000)
* 创建一个空的区域
gen_empty_region (EmptyRegion)
* 依据灰度值或颜色填充两个区域的间隙或分割重叠区域，结果如图 5-31(c)所示
expand_gray (Regions, Image, EmptyRegion, RegionExpand,'maximal','image', 4)
```

(a) 原始图像　　　　　　　　(b) 区域生长分割后图像　　　　　　　　(c) 最终结果

图 5-31　区域生长图像分割实例

5.3.2　区域分裂与合并法

前面图像分割的方法表明，图像阈值分割法可以认为是从上到下(对整幅图像根据不同的阈值分成不同区域)将图像分开，而区域生长法相当于从下到上(从种子像素开始不断接纳新像素，最后构成整幅图像)不断对像素进行合并。如果将这两种方法结合起来对图像进行划分，则为区域分裂与合并法。因此，区域分裂与合并法的实质是先把图像分成任意大小且不重叠的区域，然后再合并或分裂这些区域以满足分割的要求。区域分裂与合并法需要采用图像的四叉树结构作为基本数据结构，下面先对四叉树进行简单介绍。

1. 四叉树定义

图像除了用各个像素表示之外，还可以根据应用目的的不同，以其他方式表示。四叉树就是最简单的一种表示方法，图像的四叉树可以用于图像分割，也可以用于图像压缩。四叉树通常要求图像的大小为 2 的整数次幂，设 $N = 2^n$，对于 $N \times N$ 大小的图像 $f(m, n)$，它的金字塔数据结构是一个从 1×1 到 $N \times N$ 逐次增加的$(n+1)$个图像构成的序列。序列中，1×1 图像是 $f(m, n)$ 所有像素灰度的平均值构成的序列，实际上是图像的均值。序列中，2×2 图像是将 $f(m, n)$ 划分为四个大小相同且互不重叠的正方形区域，各区域的像素灰度平均值分别作为 2×2 图像相应位置上的四个像素的灰度。同样，对已经划分的四个区域分别再一分为四，然后求各区域的灰度平均值并将其作为 4×4 图像的像素灰度。重复这个过程，直到图像尺寸变为 $N \times N$ 为止，如图 5-32 所示。

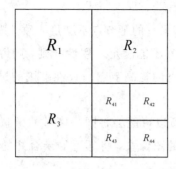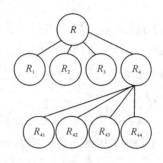

图 5 - 32　四叉树数据结构的几种不同表示

在实际应用中，常常先把图像分成任意大小且不重叠的区域，然后再合并或分裂这些区域以满足分割的要求，即分裂与合并法。一致性测度可以选择基于灰度的统计特征（如同质区域中的方差），假设阈值为 T，则算法步骤如下：

（1）对于任一 R_i，如果 $V(R_i) > T$，则将其分裂成互不重叠的四等分。

（2）对相邻区域 R_i 和 R_j，如果 $V(R_i \bigcup R_j) \leqslant T$，则将二者合并。

（3）如果进一步的分裂或合并都不能进行，则终止算法。

也可以从相反方向构造此四叉树数据结构，序列中的 $N \times N$ 图像就是原始图像 $f(m, n)$。将 $f(m, n)$ 划分成 $\dfrac{N}{2} \times \dfrac{N}{2}$ 个大小相同互不重叠的正方区域，各区域均含有四个像素，且四个像素的灰度平均值分别作为相应位置上 $\dfrac{N}{2} \times \dfrac{N}{2}$ 图像像素的灰度，然后再将 $\dfrac{N}{2} \times \dfrac{N}{2}$ 图像划分成 $\dfrac{N}{2} \times \dfrac{N}{2}$ 个大小相同且互不重叠的正方区域，各区域中四个像素的灰度平均值分别为相应位置上 $\dfrac{N}{4} \times \dfrac{N}{4}$ 图像像素的灰度，依次类推。采用四叉树数据结构的主要优点是可以首先在较低分辨率的图像上进行需要的操作，然后根据操作结果决定是否在高分辨率图像上进一步处理、如何处理，从而节省图像分割需要的时间。

2．利用四叉树进行图像分割

在利用四叉树进行图像分割时，需要判断图像区域内和区域间的均一性，作为是否合并的条件。可以选择的形式如下：

（1）区域中灰度最大值与最小值的方差小于某选定值。

（2）两区域平均灰度之差及方差均小于某选定值。

（3）两区域的纹理特征相同。

（4）两区域的参数统计检验结果相同。

（5）两区域的灰度分布函数之差小于某选定值。

利用四叉树实现图像分割的基本过程如下：

（1）初始化：生成图像的四叉树数据结构。

（2）合并：根据经验和任务需要，从四叉树的某一层开始，由下到上检测每一个节点的一致性准则，如果节点之间的相似性或同质性满足准则，则合并子节点。重复该操作，直到不能合并为止。

（3）分裂：对于上一步不能合并的子块，如果它的子节点不满足一致性准则，则将这个节点永久地分为四个子块。如果分出的子块仍然不能满足一致性准则，则继续划分，直到所有的子块都满足准则为止。这是一个由上至下的检测节点一致性准则的过程，不满足的子节点都将被分裂。

（4）由于人为地将图像进行四叉树分裂，所以可能会将同一区域的像素点不能按照四叉树合并到同一子块内，因此，需要搜索所有的图像块，将邻近的未合并的子块合并为一个区域。

（5）由于噪声的影响或按照四叉树划分的边缘未对准，进行上述操作后可能仍存在大量的小区域，为了消除这些影响，可以将这些小区域按照相似性准则归入邻近的大区域内。

5.3.3　分水岭分割法

现实中我们见到的有山有湖的景象，一定是水绕山、山围水的情形。当然，也可以在需要的时候人工构筑分水岭，以防集水盆之间的互相穿透。这种区分高山与水的界线以及湖与湖之间的间隔，就叫作分水岭。

分水岭分割法是一种基于拓扑理论的数学形态学的分割方法，其基本思想是把图像看作是地形学上的拓扑地貌，图像中的每一点像素的灰度值表示该点的海拔高度，高灰度值代表山脉，低灰度值代表盆地，每一个局部极小值及其影响区域称为集水盆，而集水盆的边界形成了分水岭。

分水岭的概念和形成可以通过模拟浸入过程来说明。在每一个局部极小值表面刺穿一个小孔，然后把整个模型浸入水中，随着浸入深度的增加，每一个局部极小值的影响域慢慢向外扩展，进而在两个集水盆汇合处构筑大坝，即形成分水岭。分水岭的形成过程如图5-33所示，由图可见，最终分割成四个封闭区域。

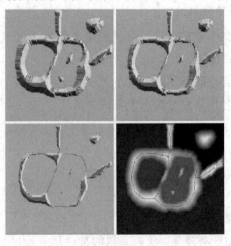

图 5-33　分水岭形成过程

有时直接使用图像灰度值代表高度来实现分水岭算法太困难，需要进行距离变换。

距离变换于 1966 年被学者提出，目前已经被应用于图像分析、计算机视觉和模式识别等领域，人们利用它来实现目标细化、骨架提取、形状插值及匹配和粘连物体的分离等。距离变换是针对二值图像的一种变换。在二维空间中，一幅二值图像可以认为仅仅包括目标和背景两种像素，目标的像素值为 1，背景的像素值为 0。距离变换的结果不是另一幅二值图像，而是一幅灰度值图像，即距离图像，图像中每个像素的灰度值为该像素与距其最近的背景像素间的距离，距离变换也就是此点的灰度值，代表此点到边界的距离。距离边界越近，灰度值越小；距离边界越远，灰度值越大。中心像素的灰度值最大，边界为零。

在距离变换过程中根据度量距离的方法不同，对应的距离也有不同的定义。

假设有两个像素点 $P_1(x_1，y_1)$、$P_2(x_2，y_2)$，用不同的距离定义方法计算两点距离的公式分别如式(5-44)、式(5-45)、式(5-46)所示。

欧几里得距离：

$$\text{Distance} = \sqrt{(x_1 - x_2)^2 + (y_1 - y_2)^2} \tag{5-44}$$

曼哈顿距离(City Block Distance)：

$$\text{Distance} = \mid x_2 - x_1 \mid + \mid y_2 - y_1 \mid \tag{5-45}$$

象棋格距离(Chessboard Distance)：

$$\text{Distance} = \max(\mid x_2 - x_1 \mid，\mid y_2 - y_1 \mid) \tag{5-46}$$

最常见的距离变换算法是通过连续的腐蚀操作来实现的。腐蚀操作的停止条件是所有前景像素都被完全腐蚀，因此，根据腐蚀的先后顺序，可以得到各个前景像素点到前景中心骨架像素点的距离。根据各个像素点的距离值，设置不同的灰度值，这样就完成了二值图像的距离变换。

下面简单介绍使用分水岭分割法时可能用到的算子。

- distance_transform(Region: DistanceImage: Metric, Foreground, Width, Height)

功能：对区域做距离变换，获得距离变换图。

Region：距离变换目标区域。

DistanceImage：获得距离信息图。

Metric：度量距离类型，包括'City-block'、'chessboard'、'euclidean'。

Foreground：为'true'，则针对前景区域(Region)做距离变换；为'false'，则针对背景区域(整个区域减去 Region)做距离变换。

Width、Height：输出图像的宽、高。

- watersheds(Image: Basins, Watersheds)

功能：直接提取图像的盆地区域和分水岭区域。

Image：需要分割的图像(图像类型只能是 byte、uint2、real)。

Basins：盆地区域。

Watersheds：分水岭区域(至少一个像素宽)。

- watersheds_threshold(Image: Basins: Threshold)

功能：阈值化提取分水岭盆地区域。

Image：需要分割的图像(图像类型只能是 byte、uint2、real)。

Basins：分割后得到的盆地区域。

Threshold：分割时的阈值。

应用分水岭分割法的算子时分为两步：第一步计算分水岭不使用阈值，如用算子Watersheds；第二步使用阈值，此阈值是合并相邻两个盆地区域时使用的，如果两个盆地的最小灰度值与分水岭上最小灰度值的差的最大值都小于此阈值，那么这两个盆地区域就会合并。假设 B1、B2 分别表示相邻盆地区域的最小灰度值，W 表示两盆地的分水岭最小灰度值，若满足式(5 - 47)，则分水岭操作会被取消。

$$Max(W-B1, W-B2) < Threshold \qquad (5 - 47)$$

【例 5 - 14】　分水岭分割法实例一。

程序如下：

```
* 显示设置
dev_set_draw ('margin')
dev_set_colored (12)
* 读取图像，如图 5 - 34(a)所示
read_image (Image, 'pellets')
dev_display (Image)
* 利用 Blob 分析得到 SelectedRegions，如图 5 - 34(b)所示。可见有多个 Pellets 为一个连通域，
* 不符合预期
threshold (Image, Region, 105, 255)
connection (Region, ConnectedRegions)
select_shape (ConnectedRegions, SelectedRegions, 'area', 'and', 20, 99999)
dev_display (SelectedRegions)
* 计算区域的距离变换
distance_transform (SelectedRegions, DistanceImage, 'octagonal', 'true', 380, 350)
* 转换图像类型，将 real 类型转换为 byte 类型
convert_image_type (DistanceImage, DistanceImageByte, 'byte')
* 图像取反
invert_image (DistanceImageByte, DistanceImageInv)
* 阈值化提取分水岭盆地区域
watersheds_threshold (DistanceImageInv, Basins, 5)
* 显示 Basins，如图 5 - 34(c)所示
dev_display (Basins)
* 取两个区域重叠的部分
intersection (Basins, SelectedRegions, SegmentedPellets)
* 显示最终分割结果，如图 5 - 34(d)所示
dev_display (SegmentedPellets)
```

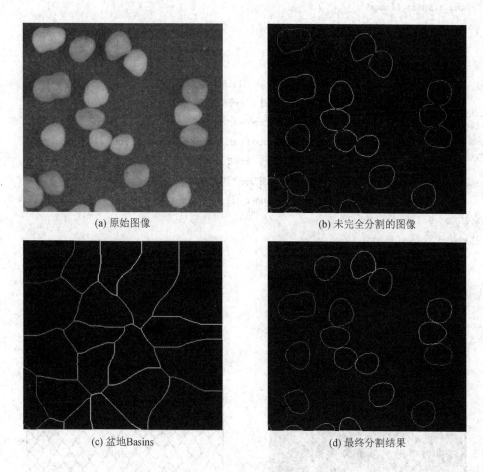

(a) 原始图像　　　　　　　　　　　　　　(b) 未完全分割的图像

(c) 盆地Basins　　　　　　　　　　　　　　(d) 最终分割结果

图 5 - 34　分水岭分割法实例一

【例 5 - 15】　分水岭分割法实例二。

程序如下：

```
* 定位原子网格结构中的不规则项
dev_close_window ()
dev_update_window ('off')
* 读取图像, 如图 5 - 35(a) 所示
read_image (Image, 'atom')
get_image_size (Image, Width, Height)
dev_open_window (0, 0, Width, Height, 'white', WindowHandle)
dev_set_draw ('margin')
dev_set_line_width (2)
dev_display (Image)
* 高斯滤波
gauss_filter (Image, ImageGauss, 5)
* 分水岭分割, 结果如图 5 - 35(b) 所示
watersheds (ImageGauss, Basins, Watersheds)
```

```
dev_display (Image)
dev_set_colored (12)
dev_display (Watersheds)
```
* 跳过图像边界的区域，如图 5 - 35(c)所示
```
smallest_rectangle1 (Basins, Row1, Column1, Row2, Column2)
select_shape (Basins, SelectedRegions1, 'column1', 'and', 2, Width — 1)
select_shape (SelectedRegions1, SelectedRegions2, 'row1', 'and', 2, Height — 1)
select_shape (SelectedRegions2, SelectedRegions3, 'column2', 'and', 1, Width — 3)
select_shape (SelectedRegions3, Inner, 'row2', 'and', 1, Height — 3)
```
* 选择形状不规则的网格，最终结果如图 5 - 35(d)所示
```
select_shape (Inner, Irregular, ['moments_i1', 'moments_i1'], 'or', [4.70174e+009, 0],
[5e+009, 9.34987e+008])
dev_display (Image)
dev_set_line_width (1)
dev_set_color ('white')
dev_display (Inner)
dev_set_line_width (3)
dev_set_color ('red')
```
* 显示形状不规则的原子网格
```
dev_display (Irregular)
```

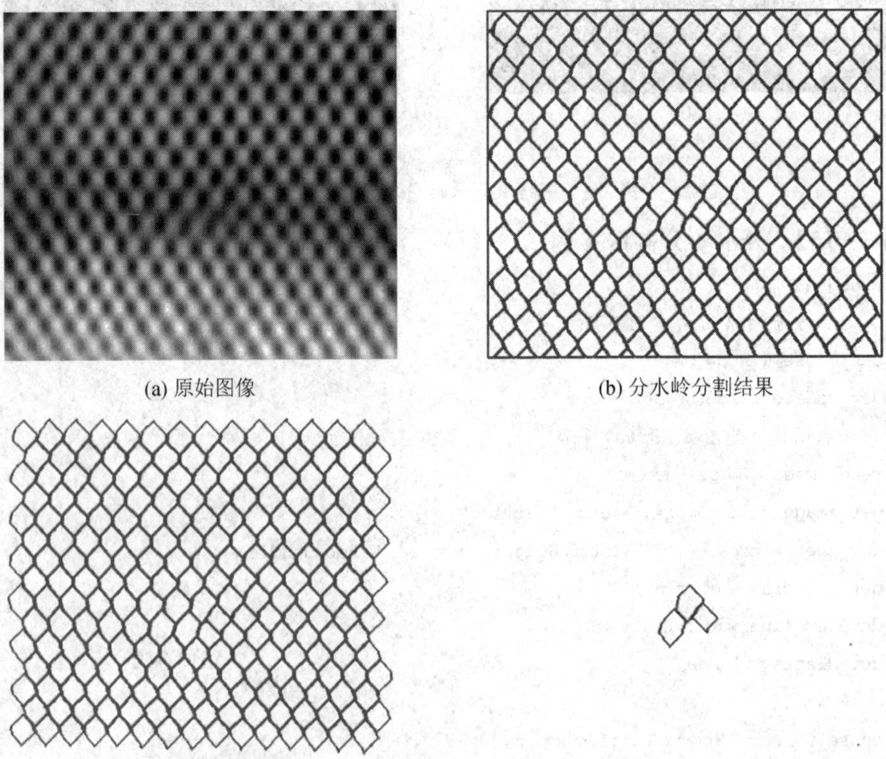

(a) 原始图像

(b) 分水岭分割结果

(c) 跳过图像边界的区域

(d) 形状不规则的网格

图 5 - 35　分水岭分割法实例二

本 章 小 结

图像分割问题是一个十分棘手的问题。例如，物体及其组成部件的二维表现形式受到光照条件、透视畸变、观察点变化等情况的影响，有时图像前景和背景在视觉上无法进行简易的区分。因此，人们需要不断地进行学习，不断地探索并使用新方法对图像进行处理，以得到预期的效果。

本章主要介绍了图像分割的基本概念、公式推导、适用情况及一些例程，具体给出了阈值分割、边缘检测、区域分割、霍夫变换等图像分割算法。对于选择何种图像分割方法进行处理，还要结合实际问题的特殊性而定，本章讨论的方法都是实际应用中普遍使用的具有代表性的技术。

习　　题

5.1　简述图像分割的定义，并举出三种图像分割的方法。

5.2　简述利用图像直方图确定图像阈值的图像分割方法。

5.3　列举三种边缘检测方法，并简述其优缺点。

5.4　简述在哪些场合适合用 Hough 变换算法及用哪种形式的变换法则。

5.5　简述利用区域生长法进行图像分割的过程。

5.6　示例图像 Monkey 如图 5 - 36 所示，请以合适的大小打开一个窗口，再进行图像分割，最终获取其眼睛部分。

图 5 - 36　Monkey

第6章　HALCON 数学形态学与 Blob 分析

数学形态学(Mathematical Morphology)是一门建立在格论和拓扑学基础之上的图像分析学科，是数学形态学图像处理的基本理论。它诞生于 1964 年，当时法国巴黎矿业学院的博士研究生赛拉(J. Serra)和导师马瑟荣，在从事铁矿核的定量岩石学分析及预测其开采价值的研究中，提出"击中/击不中变换"，并在理论层面上第一次引入了形态学的表达式，建立了颗粒分析方法。他们的工作奠定了这门学科的理论基础，如击中/击不中变换、开运算和闭运算、布尔模型及纹理分析器的原型等。

数学形态学的基本思想是用具有一定形态的结构元素去量度和提取图像中的对应形状，以达到对图像分析和识别的目的。即数学形态学是分析几何形状和结构的数学方法，它是建立在集合代数的基础上用集合论方法定量描述目标几何结构的学科，这种结构表示的可以是分析对象的宏观性质(例如在分析印刷字符的形状时，研究的就是其宏观结构)，也可以是微观性质(例如在分析颗粒分布或由小的基元产生的纹理时，研究的便是微观性质)。

6.1　数学形态学基础

在数字图像处理的形态学运算中，常把一幅图像或图像中一个我们感兴趣的区域称作集合，集合用大写字母 A、B、C 等表示，而元素通常是指单个像素，用该元素在图像中的整型位置坐标 $z = (z_1, z_2)$ 来表示，这里 $z \in Z^2$，其中 Z^2 为二元整数序偶对的集合。

1. 元素与集合的关系

元素与集合之间的关系用属于或不属于表示。对于某一个集合 A，若点 a 在 A 内，则称 a 是属于 A 的元素，记作 $a \in A$；反之，若点 b 不在 A 内，则称 b 是不属于 A 的元素，记做 $b \notin A$。元素 a、b 与集合 A 的关系如图 6-1(a)所示。

2. 集合与集合的关系

(1) 并集：$C = \{z \mid z \in A \text{ 或 } z \in B\}$，记作 $C = A \bigcup B$，即 A 与 B 的并集 C 包含集合 A 与集合 B 的所有元素，如图 6-1(b)所示。并集的重要特性为交换性：$A \bigcup B = B \bigcup A$，此外并集还存在结合性：$(A \bigcup B) \bigcup C = A \bigcup (B \bigcup C)$。

通过并集的这两个性质，我们可以推导出非常高效率的形态学实现算法，即仅需对两幅图像进行逻辑或运算。如果区域是用行程来表示的，则并集计算的复杂度会降低。并集的计算原理是观察行程的顺序，同时合并两个区域的行程，然后将互相交叠的几个行程合并成一个行程。

(2) 交集：$C = \{z \mid z \in A \text{ 且 } z \in B\}$，记作 $C = A \bigcap B$，即 A 与 B 的交集 C 包含同时属于 A 与 B 的所有元素，如图 6-1(c)所示。与并集类似，交集是对两幅图像进行逻辑与

运算，且交集也存在交换性和结合性。

（3）补集：$A^c = \{z \mid z \notin A\}$，即 A 的补集是不包含 A 的所有元素组成的集合，如图 6-1(d)所示。一个区域的补集可以无限大，所以不能用二值图像来表示。对于二值图像表示的区域，定义时不应含有补集，但用行程编码表示的区域是可以使用补集定义的，可以通过增加一个标记来指示保存的是区域还是区域的补集。这种方式可被用来定义一组更广义的形态学操作。

（4）差集：$A - B = \{z \mid z \in A, z \notin B\}$，即 A 与 B 的差集由所有属于 A 但不属于 B 的元素构成，如图 6-1(e)所示。差集运算既不能交换也不能结合，但差集可以根据交集和补集来定义。

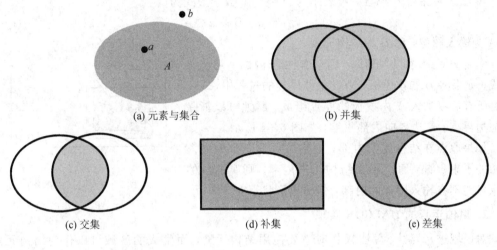

(a) 元素与集合　　　　　　　　　　(b) 并集

(c) 交集　　　　　　(d) 补集　　　　　　(e) 差集

图 6-1　集合

3. 平移与反射

（1）平移：将一个集合 A 平移距离 x 可以表示为 $A+x$，其定义为 $A+x = \{a+x \mid a \in A\}$，如图 6-2 所示。

（2）反射：设有一幅图像 A，将 A 中所有元素相对原点旋转 180°，即 (x, y) 变成 $(-x, -y)$，所得到的新集合称为 A 的反射集，记为 $-A$，如图 6-3 所示。

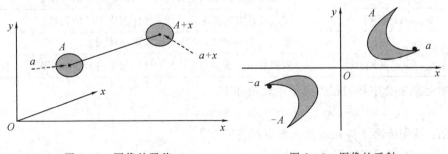

图 6-2　图像的平移　　　　　　　　图 6-3　图像的反射

4. 结构元素

设有两副图像 A 和 B，若 A 是被处理的图像，B 是用来处理 A 的图像，则称 B 为结构元素。结构元素通常是一些比较小的图像，A 与 B 的关系类似于滤波中图像与模板的关系。

6.2　二值图像的基本形态学运算

二值图像的两种最基本也是最重要的形态学运算是腐蚀和膨胀,很多其他的形态学算法都是由这两种基本运算复合而成的。

6.2.1　腐蚀

1. 理论基础

集合 A 被集合 B 腐蚀,可表示为 $A \ominus B$,数学形式为

$$A \ominus B = \{x : B + x \subset A\} \tag{6-1}$$

称 A 为输入图像,称 B 为结构元素。

集合 $A \ominus B$ 由 B 平移 x 仍包含在 A 内的所有点 x 组成。如果将 B 看作模板,则在平移模板的过程中,$A \ominus B$ 由所有可以加入 A 内模板的原点组成。腐蚀可以消除图像边界点,使边界向内部收缩,如图 6-4 所示。

如果原点在结构元素内部,则腐蚀后的图像为输入图像的子集;如果原点不在结构元素内部,则腐蚀后的图像可能不在输入图像的内部,但输出形状不变。

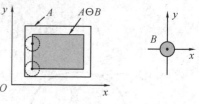

图 6-4　腐蚀示意图

2. 腐蚀运算的 HALCON 实现

对区域进行腐蚀、膨胀操作时需要使用结构元素,而生成的区域可以作为结构元素,这样得到的结构元素本身就是区域。如果使用圆形结构元素,则生成一个圆形区域;如果使用矩形结构元素,则生成一个矩形区域,如表 6-1 所示。

表 6-1　结 构 元 素

生成结构元素算子	算子作用
gen_circle	生成圆形区域,可作为圆形结构元素
gen_rectangle1	生成平行坐标轴的矩形区域,可作为矩形结构元素
gen_rectangle2	生成任意方向的矩形区域,可作为矩形结构元素
gen_ellipse	生成椭圆形区域,可作为椭圆形结构元素
gen_region_pologon	根据数组生成多边形区域,可作为多边形结构元素

腐蚀运算中会用到的相关算子的说明如下:

● erosion_circle(Region: RegionErosion: Radius:)

作用:使用圆形结构元素对区域进行腐蚀操作。

Region:要进行腐蚀操作的区域。

RegionErosion:腐蚀后获得的区域。

Radius:圆形结构元素的半径。

● erosion_rectangle(Region: RegionErosion: Width, Height:)

作用：使用矩形结构元素对区域进行腐蚀操作。

Region：要进行腐蚀操作的区域。

RegionErosion：腐蚀后获得的区域。

Width，Height：矩形结构元素宽和高。

- erosion1(Region, StructElement: RegionErosion: Iterations:)

作用：使用生成的结构元素对区域进行腐蚀操作。

Region：要进行腐蚀操作的区域。

StructElement：生成的结构元素。

RegionErosion：腐蚀后获得的区域。

Iterations：迭代次数，即腐蚀的次数。

- erosion2(Region, StructElement: RegionErosion: Row, Column, Iterations)

作用：使用生成的结构元素对区域做腐蚀操作(可设置参考点位置)。

Region：要进行腐蚀操作的区域。

StructElement：生成的结构元素。

RegionErosion：腐蚀后获得的区域。

Row、Column：设置参考点位置的行、列坐标，一般为原点位置。

Iterations：迭代次数，即腐蚀的次数。

erosion1 算子一般选择结构元素中心为参考点。与 erosion1 算子相比，erosion2 算子进行腐蚀时可以对参考点进行设置。生成的结构元素若是圆形结构，则 erosion1 算子参考点自动设置在圆心，而 erosion2 参考点可以不设置在圆心。若 erosion2 参考点不设置在结构元素中心，则执行 erosion2 算子后图像就会偏移。参考点位置的设置可以改变区域的显示位置，其遵循以下规则：

(1) 若参考点的行坐标值比圆心行坐标值大，则执行 erosion2 算子后图像向下移动，移动距离为参考点的行坐标与圆心行坐标差的绝对值。

(2) 若参考点的列坐标值比圆心列坐标值大，则执行 erosion2 算子后图像向右移动，移动距离为参考点的列坐标与圆心列坐标差的绝对值。

(3) 若参考点的行坐标值比圆心行坐标值小，则执行 erosion2 算子后图像向上移动，移动距离为参考点的行坐标与圆心行坐标差的绝对值。

(4) 若参考点的列坐标值比圆心列坐标值小，则执行 erosion2 算子后图像向左移动，移动距离为参考点的列坐标与圆心列坐标差的绝对值。

【例 6 - 1】 通过使用不同的腐蚀算子可以得到不同的腐蚀结果，同时，若腐蚀算子的参数改变，则得到的腐蚀结果也会发生改变。

程序如下：

```
read_image (Image,'wafer_dies.png')
get_image_size (Image, Width, Height)
dev_open_window (0, 0, Width, Height,'white', WindowHandle)
dev_set_colored (12)
* 阈值分割
```

```
threshold(Image, Region, 120, 250)
* 使用半径为 1 的圆形结构元素腐蚀得到的区域
erosion_circle (Region, RegionErosion, 1)
* 计算连通区域
connection (RegionErosion, ConnectedRegions)
select_shape (ConnectedRegions, SelectedRegions, 'area', 'and', 1500, 99999)
dev_set_color ('black')
erosion_circle(SelectedRegions, RegionErosion, 2)
dev_display (Image)
dev_display (RegionErosion)
* 使用长、宽分别为 10 和 2 的矩形结构元素腐蚀得到的区域
erosion_rectangle1(SelectedRegions, RegionErosion1, 10, 2)
dev_display (Image)
dev_display (RegionErosion1)
gen_circle (Circle, 50, 50, 3)
* 使用生成的圆形结构元素腐蚀得到的区域
erosion1 (SelectedRegions, Circle, RegionErosion2, 1)
dev_display (Image)
dev_display (RegionErosion2)
* 使用生成的圆形结构元素腐蚀得到的区域(可设置参考点位置)
erosion2 (SelectedRegions, Circle, RegionErosion3, -50, 50, 1)
dev_display (Image)
dev_display (RegionErosion3)
```

执行程序,结果如图 6 - 5 所示。

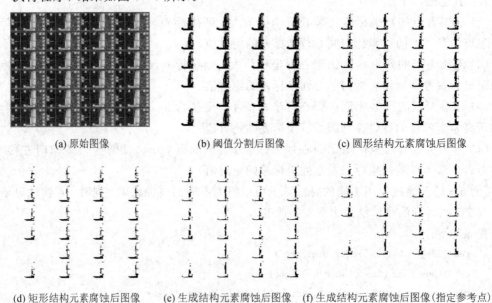

　　(a) 原始图像　　　　　　(b) 阈值分割后图像　　　(c) 圆形结构元素腐蚀后图像

(d)矩形结构元素腐蚀后图像　　(e) 生成结构元素腐蚀后图像　(f) 生成结构元素腐蚀后图像(指定参考点)

图 6 - 5　腐蚀实例

6.2.2　膨胀

1. 理论基础

膨胀是腐蚀运算的对偶运算，若 A 被 B 膨胀，则可表示为 $A \oplus B$，其定义为

$$A \oplus B = [A^c \ominus (-B)]^c \tag{6-2}$$

结构元素 B 膨胀集合 A 是将 B 相对于原点旋转 $180°$ 得到 $-B$，再利用 $-B$ 对 A^c 进行腐蚀，腐蚀结果的补集就是求得的结果。膨胀可以填充图像内部的小孔及图像边缘处的凹陷部分，并能磨平图像向外的尖角，如图 6-6 所示。

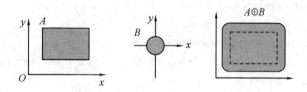

图 6-6　膨胀示意图

2. 膨胀操作的 HALCON 实现

膨胀操作中会用到的相关算子的说明如下：

- `dilation_circle(Region: RegionDilation: Radius:)`

作用：使用圆形结构元素对区域进行膨胀操作。

Region：要进行膨胀操作的区域。

RegionDilation：膨胀后获得的区域。

Radius：圆形结构元素的半径。

- `dilation_rectangle(Region: RegionDilation: Width, Height:)`

作用：使用矩形结构元素对区域进行膨胀操作。

Region：要进行膨胀操作的区域。

RegionDilation：膨胀后获得的区域。

Width、Height：矩形结构元素宽、高。

- `dilation1(Region, StructElement: RegionDilation: Iterations)`

作用：使用生成的结构元素对区域进行膨胀操作。

Region：要进行膨胀操作的区域。

StructElement：生成的结构元素。

RegionDilation：膨胀后获得的区域。

Iterations：迭代次数，即膨胀的次数。

- `dilation2(Region, StructElement: RegionDilation: Row, Column, Iterations)`

作用：使用生成的结构元素对图像进行膨胀操作（可设置参考点位置）。

Region：要进行膨胀操作的区域。

StructElement：生成的结构元素。

RegionDilation：膨胀后获得的区域。

Row、Column：设置参考点位置的行、列坐标，一般为原点位置。

Iterations：迭代次数，即膨胀次数。

dilation2 与 dilation1 的对比类似于 erosion2 与 erosion1 的对比，此处不再赘述。

【例 6 - 2】　膨胀运算实例。

程序如下：

```
read_image (Image, 'wafer_dies.png')
get_image_size (Image, Width, Height)
dev_open_window (0, 0, Width, Height, 'white', WindowHandle)
dev_set_colored (12)
threshold(Image, Region, 120, 250)
erosion_circle (Region, RegionErosion, 1)
connection (RegionErosion, ConnectedRegions)
select_shape (ConnectedRegions, SelectedRegions, 'area', 'and', 1500, 99999)
dev_set_color ('black')
* 使用半径为 3 的圆形结构元素膨胀得到的区域
dilation_circle(SelectedRegions, Regiondilation, 3)
dev_display (Image)
dev_display (Regiondilation)
* 使用长、宽分别为 3 和 15 的矩形结构元素膨胀得到的区域
dilation_rectangle1(SelectedRegions, Regiondilation1, 3, 15)
dev_display (Image)
dev_display (Regiondilation1)
gen_circle (Circle, 20, 20, 3)
* 使用生成的结构元素膨胀得到的区域
dilation1 (SelectedRegions, Circle, Regiondilation2, 3)
dev_display (Image)
dev_display (Regiondilation2)
* 使用圆形结构元素膨胀得到的区域(可设置参考点位置)
dilation2 (SelectedRegions, Circle, Regiondilation3, -10, 30, 3)
dev_display (Image)
dev_display (Regiondilation3)
```

执行程序，结果如图 6 - 7 所示。

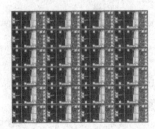
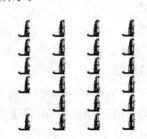
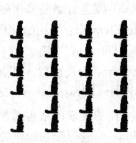

　　　(a) 原始图像　　　　　　　　(b) 阈值分割后图像　　　　(c) 圆形结构元素膨胀后图像

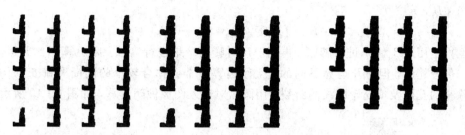

(d) 矩形结构元素膨胀后图像　(e) 生成结构元素膨胀后图像　(f) 生成结构元素膨胀后图像(指定参考点)

图 6 - 7　膨胀实例

6.2.3　开运算和闭运算

1. 理论基础

开运算和闭运算都是由腐蚀和膨胀复合而成的，开运算是先腐蚀后膨胀，而闭运算是先膨胀后腐蚀。

利用结构元素 B 对输入图像 A 进行开运算，用符号 $A \circ B$ 表示，其定义为

$$A \circ B = (A \ominus B) \oplus B \tag{6-3}$$

开运算是 A 先被 B 腐蚀，再被 B 膨胀的结果。开运算能够使图像的轮廓变得光滑，还能使狭窄的连接断开及消除细毛刺。用圆盘对输入图像做开运算，如图 6-8 所示。

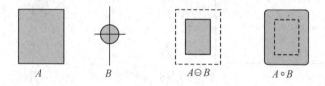

图 6 - 8　用圆盘对输入图像做开运算

开运算还有一个简单的集合解释：假设将结构元素 B 看作一个转动的小球，$A \circ B$ 的边界由 B 中的点构成，当 B 在 A 的边界内侧滚动时，B 所能到达的 A 的边界最远点的集合就是开运算的区域，如图 6-9 所示。

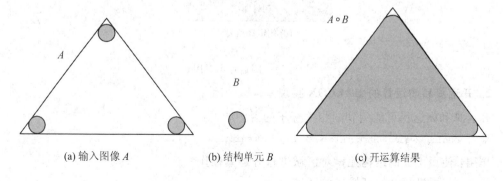

(a) 输入图像 A　　　　　(b) 结构单元 B　　　　　(c) 开运算结果

图 6 - 9　开运算示意图

闭运算是开运算的对偶运算，其定义为先做膨胀再做腐蚀。利用 B 对 A 做闭运算，可

表示为 $A \cdot B$，定义为

$$A \cdot B = [A \oplus (-B) \ominus (-B)] \qquad (6-4)$$

闭运算是用$-B$对A进行膨胀，再用$-B$对膨胀结果进行腐蚀。闭运算相比开运算也会平滑一部分轮廓，但与开运算不同的是，闭运算通常会弥合较窄的间断和细长的沟壑，还能消除小的孔洞及填充轮廓线的断裂。用圆盘对输入图像做闭运算，如图6-10所示。

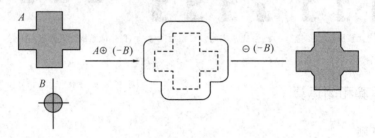

图6-10　用圆盘对输入图像做闭运算

闭运算有和开运算类似的集合解释：开运算和闭运算彼此对偶，所以闭运算是球体在外边界滚动，滚动过程中B始终不离开A，此时B中的点所能达到的最靠近A外边界的位置就构成了闭运算的区域，过程如图6-11所示。

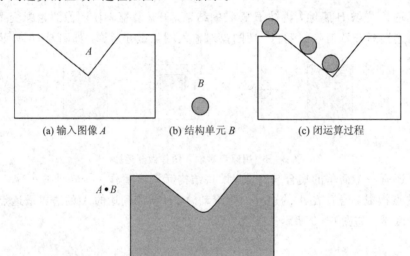

(a) 输入图像 A　　　(b) 结构单元 B　　　(c) 闭运算过程

(d) 闭运算结果

图6-11　闭运算示意图

2. 开运算和闭运算的 HALCON 实现

开运算和闭运算可能用到的相关算子的说明如下：

- opening(Region, StructElement: RegionOpening::)

作用：使用生成的结构元素对区域进行开运算操作。

Region：要进行开运算操作的区域。

StructElement：生成的结构元素。

RegionOpening：开运算后获得的区域。

- opening_circle(Region：RegionOpening：Radius：)

作用：使用圆形结构元素对区域进行开运算操作。

Region：要进行开运算操作的区域。

RegionOpening：开运算后获得的区域。

Radius：圆形结构元素的半径。

- opening_rectangle1(Region：RegionOpening：Width, Height：)

作用：使用矩形结构元素对区域进行开运算操作。

Region：要进行开运算操作的区域。

RegionOpening：开运算后获得的区域。

Width、Height：矩形结构元素宽、高。

- closing(Region, StructElement：RegionClosing：：)

作用：使用生成的结构元素对区域进行闭运算操作。

Region：要进行闭运算操作的区域。

StructElement：生成的结构元素。

RegionClosing：闭运算后获得的区域。

- closing_circle(Region：RegionClosing：Radius：)

作用：使用圆形结构元素对图像进行闭运算操作。

Region：要进行闭运算操作的区域。

RegionClosing：闭运算后获得的区域。

Radius：圆形结构元素的半径。

- closing_rectangle1(Region：RegionClosing：Width, Height：)

作用：使用矩形结构元素对区域进行闭运算操作。

Region：要进行闭运算操作的区域。

RegionClosing：闭运算后获得的区域。

Width、Height：矩形结构元素宽、高。

【例 6-3】　开运算实例。

程序如下：

```
read_image(Image, 'forest_road')
dev_open_window (0, 0, 512, 512, 'white', WindowHandle)
threshold(Image, Light, 160, 255)
dev_set_color ('black')
* 用圆形结构元素做开运算操作
opening_circle (Light, RegionOpening, 5)
dev_display (Image)
dev_display (RegionOpening)
* 用矩形结构元素做开运算操作
opening_rectangle1 (Light, RegionOpening1, 10, 10)
dev_display (Image)
dev_display (RegionOpening1)
```

```
* 生成圆形结构元素
gen_circle(StructElement, 100, 100, 10)
dev_display (Image)
* 使用生成的结构元素对区域做开运算
opening(Light, StructElement, RegionOpening2)
dev_display (Image)
dev_display (RegionOpening2)
```

执行程序，结果如图 6-12 所示。

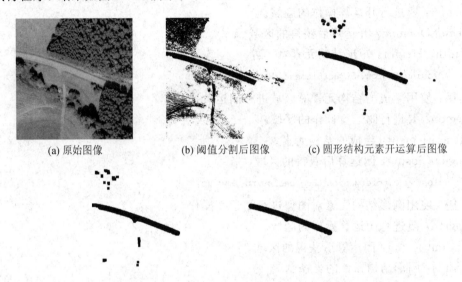

(a) 原始图像　　　(b) 阈值分割后图像　　　(c) 圆形结构元素开运算后图像

(d) 矩形结构元素开运算后图像　　(e) 生成结构元素开运算后图像

图 6-12　开运算实例

【例 6-4】 闭运算实例。

程序如下：

```
dev_close_window ()
dev_open_window (0, 0, 372, 298, 'white', WindowHandle)
read_image (Image, 'needle1')
get_image_size (Image, Width, Height)
read_image (ImageNoise, 'angio—part')
* 裁剪图像
crop_part (ImageNoise, ImagePart, 0, 0, Width, Height)
* 图像相加
mult_image (Image, ImagePart, ImageResult, 0.015, 0)
* 增强圆形区域
dots_image (ImageResult, DotImage, 5, 'dark', 2)
threshold (DotImage, Region, 80, 255)
* 用矩形结构元素进行闭运算
```

closing_rectangle1 (Region, RegionClosing1, 1, 5)

closing_rectangle1 (RegionClosing1, RegionClosing2, 5, 1)

*生成矩形结构元素

gen_rectangle2 (Rectangle, 10, 10, rad(45), 3, 0)

*用指定的结构元素进行闭运算

closing (RegionClosing2, Rectangle, RegionClosing3)

*用圆形结构元素进行闭运算

closing_circle (RegionClosing3, RegionClosing, 1.5)

*生成矩形结构元素

gen_rectangle2 (Rectangle, 10, 10, rad(135), 3, 0)

*用指定的结构元素进行闭运算

closing (RegionClosing, Rectangle, RegionClosing4)

connection (RegionClosing4, ConnectedRegions)

select_shape (ConnectedRegions, SelectedRegions, [' area ', ' height '], ' and ', [100, 20], [700, 40])

*在具有相对小的垂直范围的位置处分割区域

partition_dynamic (SelectedRegions, Partitioned, 25, 20)

*计算两个区域的交集

intersection (Partitioned, Region, Characters)

dev_display (ImageResult)

dev_set_colored (6)

dev_display (Characters)

执行程序，结果如图 6 - 13 所示。

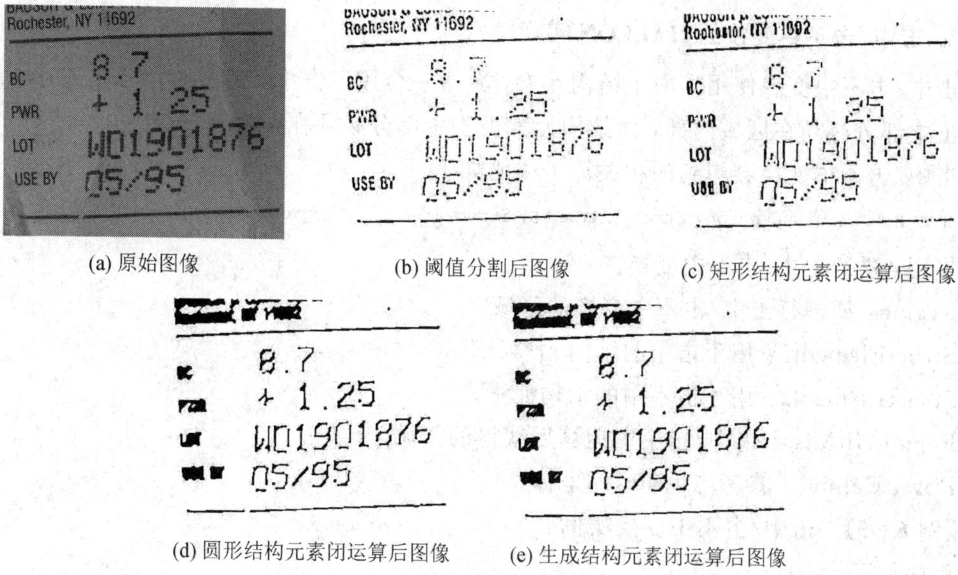

(a) 原始图像　　　　　(b) 阈值分割后图像　　　　(c) 矩形结构元素闭运算后图像

(d) 圆形结构元素闭运算后图像　　(e) 生成结构元素闭运算后图像

图 6 - 13　闭运算实例

6.2.4 击中/击不中变换

1. 理论基础

击中/击不中变换需要两个结构基元 E 和 F，一个探测图像内部，一个探测图像外部，这两个基元组成一个结构元素对 $B=(E, F)$，其定义为

$$A * B = (A \ominus E) \bigcap (A^c \ominus F), \quad E \bigcap F = \varnothing \text{ 且 } E \bigcup F = B \qquad (6-5)$$

从式(6-5)可以看出，击中/击不中变换是用我们感兴趣的 E 去腐蚀图像 A，得到的结果是使 E 完全包含于 A 的图像内部时其中心点位置的集合，设该集合为 U_1，可以将 U_1 看作是 E 在 A 中所有匹配的中心点的集合。

为了在 A 中精确地定位 E，同时排除仅包含 E 但不同于 E 的物体或区域，有必要引入和 E 相关的背景部分 F。一般来说，F 是在 E 周围包络着 E 的背景部分，E 与 F 一起组成了 B。式(6-5)中 $A^c \ominus F$ 是计算图像 A 的背景 A^c 和 B 的背景部分 F 的腐蚀，得到的结果是使 B 的背景部分 F 完全包含于 A^c 时 B 中心位置的集合，设该集合为 U_2。U_1 与 U_2 的交集就是符合击中/击不中变换的集合。击中/击不中变换的示意图如图6-14所示。

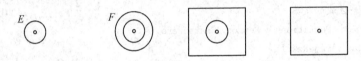

(a) 击中元素结构　　(b) 击不中元素结构　　(c) 输入图像　　(d) 击中/击不中输出图像

图 6-14　击中/击不中变换示意图

2. 击中/击不中变换的 HALCON 实现

击中/击不中变换使用了两个结构元素，其中一个用于击中，另一个用于击不中。结构元素击中部分必须在区域内部，而结构元素击不中部分必须在区域外。

击中/击不中变换会用到的相关算子说明如下：

- hit_or_miss(Region, StructElement1, StructElement2 : RegionHitMiss : Row, Column :)

作用：进行击中/击不中变换。

Region：要进行击中/击不中变换的区域。

StructElement1：用于击中的结构元素。

StructElement2：用于击不中的结构元素。

RegionHitMiss：击中/击不中运算后获得的区域。

Row、Column：参考点的行、列坐标。

【例 6 - 5】　击中/击不中变换实例。

程序如下：

```
read_image (Image, 'ampoules_07.png')
get_image_size (Image, Width, Height)
dev_open_window (0, 0, Width , Height , 'white', WindowID)
```

```
threshold (Image, Region, 150, 200)
connection (Region, ConnectedRegions)
gen_circle (Circle, 125, 182, 18)
boundary (Circle, RegionBorder, 'outer')
gen_circle (Circle1, 228, 301, 9)
boundary (Circle1, RegionBorder1, 'outer')
dev_display (Image)
* 击中/击不中变换
hit_or_miss (Region, RegionBorder, RegionBorder1, RegionHitMiss, 120, 180)
```

程序执行，结果如图 6 - 15 所示。

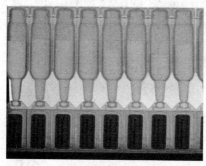
(a) 原始图像

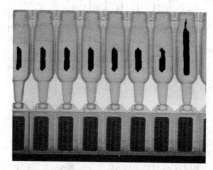
(b) 击中/击不中变换后图像

图 6 - 15　击中/击不中变换实例

6.3　二值图像的 HALCON 形态学应用

6.3.1　边界提取

1. 理论基础

要在二值图像中提取物体的边界，容易想到的一个方法是将所有物体内部的点删除（置为背景色）。在逐行扫描原始图像时，如果发现一个黑点的八邻域都是黑点，那么该点为内部点。对于内部点，需要在目标图像上将它删除，这相当于采用一个 3×3 的结构元素对原图像进行腐蚀，只有八邻域都是黑点的内部点才被保存，再用原图像减去腐蚀后的图像，即可得到物体的边界，过程如图 6 - 16 所示。

腐蚀和膨胀最常用于计算区域的边界。计算出轮廓的真实边界需要复杂的算法，但是计算出一个边界近似值非常容易。如果计算内边界，则只需对区域进行适当的腐蚀，然后从原区域减去腐蚀后的区域即可。HALCON 直接对区域使用 boundary 算子处理也能提取区域边界。

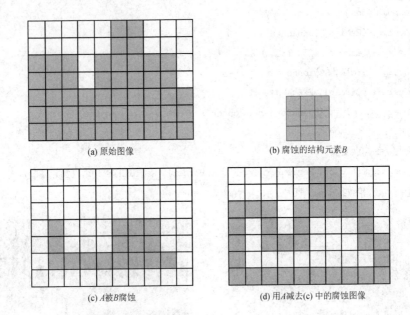

(a) 原始图像　　　　　　　　　　(b) 腐蚀的结构元素*B*

(c) *A*被*B*腐蚀　　　　　　　　(d) 用*A*减去(c)中的腐蚀图像

图 6 - 16　边界提取过程

2. 边界提取的 HALCON 实现

边界提取会用到的相关算子的说明如下：

- boundary(Region：RegionBorder：BoundaryType：)

作用：求取区域的边界。

Region：要进行边界提取的区域。

RegionBorder：边界提取后获得的边界区域。

BoundaryType：边界提取的类型，包括'inner'（内边界）、'inner_filled'（内边界填充）、'outer'（外边界）。

【例 6 - 6】　边界提取实例。

程序如下：

```
read_image (Image, 'screw_thread.png')
get_image_size (Image, Width, Height)
dev_open_window (0, 0, Width/2, Height/2, 'white', WindowHandle)
threshold (Image, Region, 0, 100)
connection (Region, ConnectedRegions)
* 圆形结构元素腐蚀
erosion_circle (ConnectedRegions, RegionErosion, 10)
* 原区域减腐蚀区域后得到的区域边界
difference (ConnectedRegions, RegionErosion, RegionDifference)
dev_display (Image)
dev_display (RegionDifference)
* 使用 boundary 算子提取区域边界
boundary (ConnectedRegions, RegionBorder, 'inner')
```

```
dev_display (Image)
dev_display(RegionBorder)
```

执行程序，结果如图 6-17 所示。

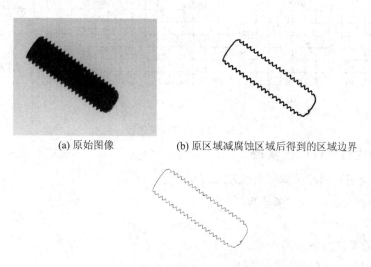

(a) 原始图像　　　　　(b) 原区域减腐蚀区域后得到的区域边界

(c) 使用 boundary 算子后得到的区域边界

图 6-17　边界提取实例

6.3.2　孔洞填充

1. 理论基础

一个孔洞可以定义为由前景像素相连接的边界所包围的背景区域。

下面针对填充图像的孔洞介绍一种基于集合膨胀、求补集和交集的算法。设 A 表示一个集合，其元素是八连通的边界，每个边界包围一个背景区域（即一个孔洞），给定每一个孔洞中一个点，然后从该点开始填充整个边界包围的区域，公式如下：

$$X_k = (X_{k-1} \oplus B) \bigcap A^c \tag{6-6}$$

式中：B 为结构元素。如果 $X_k = X_{k-1}$，则算法在第 k 步迭代结束，集合 X_k 包含了所有被填充的孔洞。X_k 和 A 的并集包含了所有被填充的孔洞及这些孔洞的边界。

如果不加限制，则式(6-6)中的膨胀可以填充整个区域，然而在每一步的填充中，与 A^c 取交集的操作都把结果限制在感兴趣区域内，过程如图 6-18 所示。

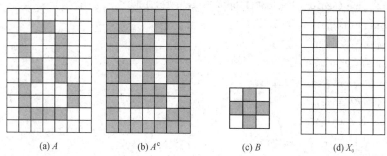

(a) A　　　　　(b) A^c　　　　　(c) B　　　　　(d) X_0

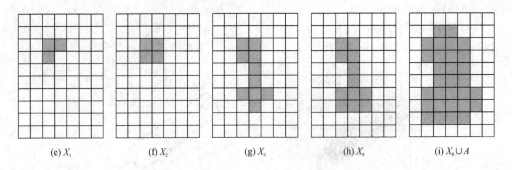

(e) X_1 (f) X_2 (g) X_6 (h) X_8 (i) $X_8 \cup A$

图 6-18 孔洞填充过程

2. 孔洞填充的 HALCON 实现

孔洞填充会用到的相关算子的说明如下：

- fill_up(Region：RegionFillUp::)

作用：孔洞填充。

Region：需要进行填充的区域。

RegionFillUp：填充后获得的区域。

- fill_up_shape(Region：RegionFillUp：Feature, Min, Max:)

作用：填充具有某形状特征的孔洞区域。

Region：需要填充的区域。

RegionFillUp：填充后得到的区域。

Feature：形状特征，包括 'area'、'compactness'、'convexity'、'anisometry'、'phi'、'ra'、'rb'、'inner_circle' 和 'outer_circle'。

Min、Max：形状特征的最小值、最大值。

【例 6-7】 孔洞填充实例。

程序如下：

```
read_image (Image, 'tooth_rim.png')
get_image_size (Image, Width, Height)
dev_open_window (0, 0, Width, Height, 'white', WindowHandle)
dev_set_color ('red')
threshold (Image, Region, 0, 100)
* 基于特征填充孔洞区域；
fill_up_shape (Region, RegionFillUp1, 'area', 10, 1000)
dev_display (Image)
dev_display (RegionFillUp1)
* 填充孔洞区域
fill_up (Region, RegionFillUp)
dev_display (Image)
dev_display (RegionFillUp)
```

执行程序，结果如图 6-19 所示。

(a) 原始图像

(b) 阈值分割后图像

(c) 对某形状特征区域孔洞填充

(d) 孔洞填充后图像

图 6 - 19　孔洞填充实例

6.3.3　骨架

1. 理论基础

骨架是指一幅图像的骨骼部分，它描述物体的几何形状和拓扑结构。计算骨架的过程一般称为细化或骨架化。骨架在文字识别、工业零件形状识别以及印刷电路板自动检测等很多方面都有应用。

二值图像 A 的形态学骨架，可以通过选定合适的结构元素 B 对 A 进行连续腐蚀和开运算求得。设 $S(A)$ 表示 A 的骨架，则图像 A 的骨架表达式为

$$S(A) = \bigcup_{k=0}^{K} S_k(A) \tag{6-7}$$

$$S(A) = A \ominus KB - A \ominus KB \circ B \tag{6-8}$$

式中：$S(A)$ 为 A 的第 n 个骨架子集；K 为 $A \ominus KB$ 运算将 A 腐蚀成空集前的最后一次迭代次数，即

$$K = \max\{n \mid A \ominus KB \neq \Omega\} \tag{6-9}$$

$A \ominus KB$ 表示连续 K 次用 B 对 A 进行腐蚀，即

$$A \ominus KB = (\cdots(A \ominus B) \ominus B) \ominus \cdots) \ominus B \tag{6-10}$$

2. 骨架的 HALCON 实现

骨架处理会用到的相关算子的说明如下：

- skeleton(Region; Skeleton::)

作用：获得区域的骨架。

Region：要进行骨架运算的区域。

Skeleton：骨架处理后得到的区域。

- junctions_skeleton(Region; EndPoints, JuncPoints::)

作用：获得骨架区域的交叉点与端点。

Region：骨架处理后得到的区域。

EndPoints：骨架的端点区域。

JuncPoints：骨架的交叉点区域。

【例 6 - 8】 骨架实例。

程序如下：

```
read_image (Image, 'mreut')
dev_close_window ()
dev_open_window (0, 0, 512, 512, 'black', WindowID)
* 使用 Sobel 算子检测边缘
sobel_amp (Image, EdgeAmplitude, 'sum_abs', 7)
threshold (EdgeAmplitude, Edges, 40, 255)
* 获得区域的骨架
skeleton (Edges, Skeleton)
* 获取骨架交叉点和端点
junctions_skeleton (Skeleton, EndPoints, JuncPoints)
difference (Skeleton, JuncPoints, RegionDifference)
connection (RegionDifference, ConnectedRegions)
split_skeleton_lines (ConnectedRegions, 5, BeginRow, BeginCol, EndRow, EndCol)
dev_display (Image)
dev_set_colored (6)
disp_line (WindowID, BeginRow, BeginCol, EndRow, EndCol)
```

执行程序，结果如图 6 - 20 所示。

(a) 原始图像　　　　　　　(b) 边缘提取后图像　　　　　　(c) 骨架图

图 6 - 20　骨架实例

6.4　Blob 分析

Blob(Binary large object)翻译成中文是"一滴""一抹""一团"的意思。在计算机视觉中的 Blob 是指图像中具有相似颜色、纹理等特征的一块连通区域。Blob 分析(Blob Analysis)是对图像中相同像素的连通域进行分析,该连通域称为 Blob。Blob 分析可以从背景中分离出目标,并可计算出目标的数量、位置、形状、方向和大小,还可以提供相关斑点间的拓扑结构。显然,Blob 分析就是将图像进行二值化,分割后得到前景和背景,然后进行连通区域检测,从而得到 Blob 块的过程。简单来说,Blob 分析就是在一块"光滑"区域内,将出现"灰度突变"的小区域寻找出来。

6.4.1　Blob 分析相关理论

1. Blob 分析概念

在 HALCON 中,Blob 是指对提取的二值区域进行面积、周长、重心等特征分析的过程。例如,现在有一块刚生产出来的玻璃,表面非常平整,如果这块玻璃上面没有瑕疵,那么我们是检测不到"灰度突变"的;相反,如果在玻璃生产线上,由于种种原因造成了玻璃上面有小泡、黑斑、裂缝等,那么我们就能在这块玻璃上面检测到纹理、颜色发生突变的部分,这个过程就是 Blob 分析。显然,纺织品的瑕疵检测、玻璃的瑕疵检测、机械零件表面缺陷检测、可乐瓶缺陷检测及药品胶囊缺陷检测等很多场合都会用到 Blob 分析。

2. Blob 分析包含的图像处理技术

(1)图像分割:Blob 分析实际上是对闭合形状进行特征分析。在 Blob 分析之前,必须将图像分割为目标和背景。图像分割是图像处理的关键技术之一,Blob 分析提供的图像分割技术包括直接输入、固定硬阈值、相对硬阈值、动态硬阈值、固定软阈值、相对软阈值、像素映射及阈值图像等。

(2)形态学操作:形态学操作的目的是消除噪声点的影响。

(3)连通性分析:将目标从像素级转换到连通分量级。

(4)特征值计算:对每个目标进行特征量计算,包括面积、周长、质心坐标等特征。

(5)场景描述:对场景中目标之间的拓扑关系进行描述。

3. Blob 分析的应用场合及局限性

Blob 分析主要适用于以下图像:

(1)二维目标图像。

(2)高对比度图像。

(3)场景简单图像。

Blob 分析并不适用于以下情况:

(1)图像为低对比度的图像。

(2)必要的图像特征不能用两个灰度级描述。

(3)图形检测需求为按照模版检测。

4. Blob 分析的实现流程及难点

Blob 分析的实现流程大致可分为三个步骤：获取图像、提取 Blob 和 Blob 分析。其中，获取图像是指通过相机设备得到原始图像；提取 Blob 是指根据需求提取要分析的目标二值区域；Blob 分析是指对提取出来的二值区域进行特征分析，详细过程如图 6 - 21 所示。

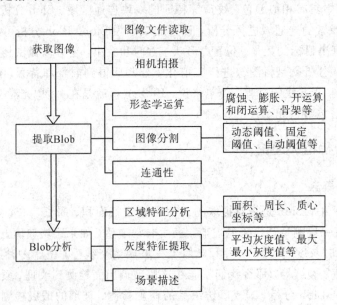

图 6 - 21　Blob 分析流程图

Blob 分析的实现流程看似简单，但实际上存在两个方面的难点：

第一，步骤的完善。以上三步为大致步骤，是一种抽象化的理想状态，实际上，提取 Blob 之前和分析 Blob 之后也存在重要的步骤。比如，提取 Blob 之前一般要设计图像的去噪和增强处理；分析 Blob 之后需要将 Blob 进行选取，或者将 Blob 中心的像素值向物理坐标系坐标值的转化。

第二，实现方法需具体分析。每一个步骤中实现的方法都需要根据具体图片进行具体分析。例如，对于阈值分割提取 Blob，使用固定阈值还是动态阈值，需要根据图片情况进行具体分析。

6.4.2　Blob 分析相关算子

在 Blob 分析的实现流程中，提取 Blob 又可以细分为分割图像和形态学处理，针对每个步骤，HALCON 都提供了丰富的算子，下面介绍部分常用算子。

1. 图像获取相关算子

图像获取相关算子包括 read_image、read_sequence、read_region 等，关于图像获取相关算子的参数介绍及使用场合参考本书第 3 章内容。

2. 图像分割相关算子

图像分割相关算子包括 partition_dynamic、auto_threshold、bin_threshold、char_ threshold、dyn_threshold、fast_threshold、threshold、var_threshold、binary_threshold 等，各算子的详细介绍参考本书第 5 章内容。

3. 形态学处理相关算子

形态学处理相关算子包括 connection、select_shape、erosion、dilation、opening、closing、opening_circle、closing_circle、opening_rectangle1、closing_rectangle1、difference、intersection、union1、shaps_trans、fill_up、boundary、skeleton、top_hat、bottom_hat、hit_or_miss。关于形态学处理相关算子的参数介绍及使用场合参考本章前面几节内容。

4. 特征提取相关算子

特征提取相关算子包括 area_center、smallest_rectangle1、smallest_rectangle2、compactness、eccentricity、elliptic_axis、area_center_gray、intensity、min_max_gray。关于提取特征相关算子的参数介绍及使用场合参考本书第 7 章内容。

6.4.3　Blob 分析例程

关于 Blob 分析，本小节给出了以下两个案例。

【例 6 - 9】　提取圆形焊点的定位与测量。

焊点检测在微电子组装和制造行业中应用较为广泛，其主要目的是检测焊点的完整性、焊点的面积及长宽比、焊点的中心坐标。本实例主要检测图像中圆形焊点的尺寸和位置坐标。

图像分析：由图 6 - 22(a)可以看出，目标区域比背景区域的灰度值小，底部低灰度值的横线容易对检测造成干扰，中间的矩形区域与焊点的区域灰度值相近。

编程思路：首先应将图像四周边缘剪切掉，以免造成各焊点粘连，采用的是区域形状转换与 reduce_domain 结合的方式；然后用阈值分割提取焊点区域，采用开运算排除其他干扰，使用 select_shape_std 算子选择方形区域，用区域相减的方式得到最终焊点区域；最后求取各焊点的最小外接圆半径与中心坐标，并显示在窗口中。

程序如下：

```
dev_update_off ()
read_image (Bond, 'die/die_02.png')
get_image_size (Bond, Width, Height)
dev_open_window (0, 0, Width, Height, 'black', WindowHandle)
set_display_font (WindowHandle, 16, 'mono', 'true', 'false')
dev_set_draw ('margin')
dev_set_line_width (3)
dev_display (Bond)
* 获得灰度图对应区域的灰度最小值与最大值
min_max_gray (Bond, Bond, 0, Min, Max, Range)
threshold (Bond, Bright, Max — 80, 255)
* 将区域转换成矩形区域
shape_trans (Bright, Die, 'rectangle2')
```

```
* 获得最小外接圆
smallest_circle (Die, Row1, Column1, Radius1)
dev_display (Die)
* 提取区域对应图像
reduce_domain (Bond, Die, DieGrey)
min_max_gray (Die, Bond, 0, Min, Max, Range)
dev_set_draw('fill')
threshold (DieGrey, Wires, 0, Min + 30)
* 用给定形状填充区域
fill_up_shape (Wires, WiresFilled, 'area', 1, 100)
* 利用圆形结构元素进行开运算
opening_circle (WiresFilled, Balls, 9.5)
connection (Balls, SingleBalls)
* 选择指定形状的区域
select_shape_std (SingleBalls, Rect, 'rectangle1', 90)
* 计算两个区域的差
difference (SingleBalls, Rect, IntermediateBalls)
* 生成空区域
gen_empty_region (Forbidden)
expand_gray (IntermediateBalls, Bond, Forbidden, RegionExpand, 4, 'image', 6)
* 利用圆形结构元素进行开运算
opening_circle (RegionExpand, RoundBalls, 15.5)
* 区域排序
sort_region (RoundBalls, FinalBalls, 'first_point', 'true', 'column')
* 获得最小外接圆
smallest_circle (FinalBalls, Row, Column, Radius)
NumBalls := |Radius|
Diameter := 2 * Radius
meanDiameter := sum(Diameter) / NumBalls
mimDiameter := min(Diameter)
dev_display (RoundBalls)
dev_set_color ('white')
  for I := 0 to NumBalls - 1 by 1
  if (fmod(I, 2) == 0)
    disp_message (WindowHandle, 'D:' + Diameter[I] $'.1f', 'image', Row[I] - 2.7 * Radius[I],
            max([Column[I] - 20, 0]), 'white', 'false')
  else
    disp_message (WindowHandle, 'D:' + Diameter[I] $'.1f', 'image', Row[I] + 1.2 * Radius[I],
            max([Column[I] - 20, 0]), 'white', 'false')
  endif
Endfor
```

执行程序,结果如图 6 - 22 所示。

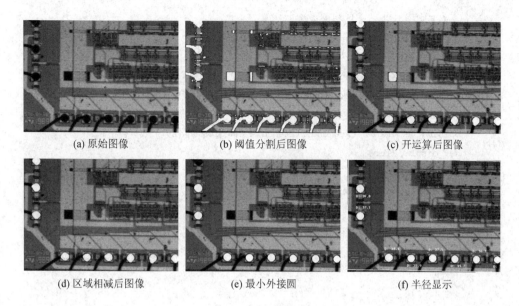

| (a) 原始图像 | (b) 阈值分割后图像 | (c) 开运算后图像 |
| (d) 区域相减后图像 | (e) 最小外接圆 | (f) 半径显示 |

图 6 - 22　Blob 分析实例(一)

【例 6 - 10】　毛刺检测。

金属或塑料产品毛坯的飞边及机器加工后的毛刺不可避免。使用毛刺检测可以获取毛刺的大小、形状和位置，为后续处理和产品检测提供帮助。

图像分析：由图 6 - 23 可以看出，被测工件右侧边缘为规则的圆弧，而圆弧突出的部分则为毛刺，可以用形态学相关方法对毛刺进行处理。

编程思路：由于工件与背景的灰度值有明显分界线，所以首先通过阈值分割将背景区域提取出来，再用闭运算将毛刺区域填充上，然后用区域相减的方式粗略获取毛刺区域，最后用开运算排除干扰区域，并用 area_center 算子计算毛刺中心坐标。

程序如下：

```
dev_update_window ('off')
read_image (Fins, 'fin' + [1：3])
get_image_size (Fins, Width, Height)
dev_close_window ()
dev_open_window (0, 0, Width[0], Height[0], 'black', WindowID)
set_display_font (WindowID, 14, 'mono', 'true', 'false')
for I：= 1 to 3 by 1
    select_obj (Fins, Fin, I)
    dev_display (Fin)
    * 使用二进制阈值分割图像
    binary_threshold (Fin, Background, 'max_separability', 'light', UsedThreshold)
    dev_set_color ('blue')
    dev_set_draw ('margin')
    dev_set_line_width (4)
    dev_display (Background)
```

```
* 利用圆形结构元素进行闭运算
closing_circle (Background, ClosedBackground, 250)
dev_set_color ('green')
dev_display (ClosedBackground)
difference (ClosedBackground, Background, RegionDifference)
* 利用矩形结构元素进行开运算
opening_rectangle1 (RegionDifference, FinRegion, 5, 5)
dev_display (Fin)
dev_set_color ('red')
dev_display (FinRegion)
* 计算面积及中心坐标
area_center (FinRegion, FinArea, Row, Column)
if (I < 3)
    disp_continue_message (WindowID, 'black', 'true')
    stop ()
endif
Endfor
```

执行程序,结果如图 6 - 23 所示。

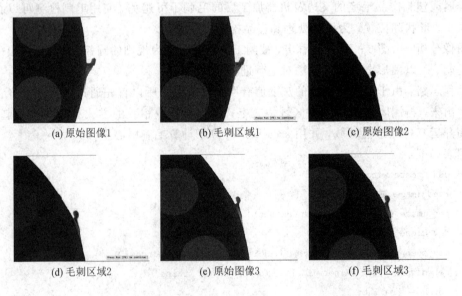

(a) 原始图像1　　　　　　(b) 毛刺区域1　　　　　　(c) 原始图像2

(d) 毛刺区域2　　　　　　(e) 原始图像3　　　　　　(f) 毛刺区域3

图 6 - 23　Blob 分析实例(二)

6.5　数学形态学工程应用

6.5.1　数学形态学工程应用背景

数学形态学是图像处理领域的一类重要方法,它具有常规的对图像线性运算所不具备的良好性质，特别是对图像目标形状和结构的敏感性，使其在图像处理过程中具有独特优势。数学形态学方法基于集合论思想，能定量地描述图像的形状结构，目前在工程领域已得到广泛应用。

数学形态学在图像处理过程中能够完成图像滤波、图像分割、图像测量等任务，是图像处理过程中较为关键的一环。下面将一一介绍数学形态学在各工程领域中应用的现状和所解决的问题。

1. 工业图像处理

在在线自动视觉检测系统中，形态学主要用于消除不均匀背景照明并检测缺陷，比如在钢带生产线中检测钢带的擦伤、裂纹等；形态学也被用于自动提取喷涂在板材上网格模式点处的节点，以估计其冲压后的变形情况。例如，造纸厂的在线水印检测主要采用傅里叶变换和形态学方法，通过 top_hat 算子使水印增强和获取水印轮廓。

2. 材料科学图像处理

形态学在材料科学领域常用于纤维长度和直径的估计。采用形态学方法可以分离扫描电子显微镜图像上的横断面或交叉纤维中发亮的相连纤维，对于低对比度的图像，可采用分水岭分割法和区域生长法。形态学还被用于修正原子显微镜顶端引起的偏差。

3. 医学图像处理

医学图像处理中应用形态学的例子更为广泛，比如利用形态学和统计学工具分析共焦细胞图像；利用形态学多分辨率图像表示和分解技术对核磁共振断层扫描图像的融合。总之，形态学在医学图像分割、特征提取等方面有广泛应用。

6.5.2　数学形态学工程应用案例

关于数学形态学的应用，本小节给出了以下案例。

【例 6 - 11】　小球计数。

图像分析：如图 6 - 24(a)所示，小球所在区域的灰度值较高，但是相邻小球之间存在不同程度的粘连问题，需要思考如何将它们分开。

编程思路：首先，通过自动阈值分割将背景去除，提取出小球所在区域，用开运算去除干扰区域，计算连通性后发现存在粘连；其次，对目标区域用圆结构元素腐蚀，再次计算连通性；最后，膨胀到原始小球大小并计数即可。

程序如下：

```
dev_update_off ()
read_image (Image, 'pellets')
dev_close_window ()
get_image_size (Image, Width, Height)
dev_open_window (0, 0, Width, Height, 'black', WindowID)
dev_set_part (0, 0, Height — 1, Width — 1)
set_display_font (WindowID, 16, 'mono', 'true', 'false')
dev_set_colored (6)
dev_set_draw ('margin')
```

```
dev_set_line_width (3)
dev_display (Image)
* 自动阈值分割
binary_threshold (Image, LightRegion, 'max_separability', 'light', UsedThreshold)
* 利用圆形结构元素进行开运算
opening_circle (LightRegion, Region, 3.5)
dev_display (Region)
connection (Region, ConnectedRegionsWrong)
dev_display (Image)
dev_display (ConnectedRegionsWrong)
* 利用圆形结构元素腐蚀
erosion_circle (Region, RegionErosion, 7.5)
dev_display (Image)
dev_display (RegionErosion)
connection (RegionErosion, ConnectedRegions)
dev_display (Image)
dev_display (ConnectedRegions)
* 利用圆形结构元素膨胀
dilation_circle (ConnectedRegions, RegionDilation, 7.5)
* 计数
count_obj (RegionDilation, Number)
dev_display (Image)
dev_display (RegionDilation)
* 在窗口显示最终计数结果
disp_message (WindowID, Number + 'pellets detected', 'window', 12, 12, 'black', 'true')
```

执行程序,结果如图 6-24 所示。

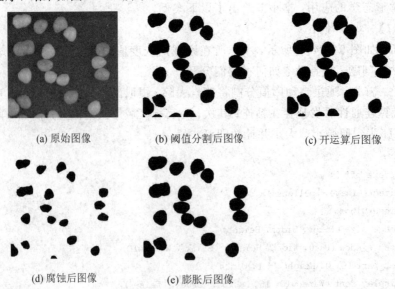

(a) 原始图像　　　　(b) 阈值分割后图像　　　　(c) 开运算后图像

(d) 腐蚀后图像　　　　(e) 膨胀后图像

图 6-24　数学形态学工程案例

本 章 小 结

　　形态学运算最初是依据数学形态学的集合论方法发展而来的，是分析几何形状和结构的数学方法，用以表征图像的基本特征。本章介绍了二值图像形态学的基本运算——腐蚀和膨胀，并以此为基础，引出了其他常见的数学形态学运算，如开运算和闭运算、击中/击不中变换等；还介绍了 Blob 分析的相关技术，详细阐述了 Blob 分析的优缺点、应用条件及部分算子；最后，介绍了形态学的工程应用，并详细分析了相关经典例程。

　　形态学方法是图像处理技术中的一个重要发展方向，基于数字形态学的图像处理算法也有很多，本书限于篇幅不能一一介绍，感兴趣的读者可以查阅相关的理论书籍。

习 题

　　6.1　简述开运算和闭运算的特点以及它们对图像处理的作用。

　　6.2　证明下列表达式的正确性。

　　(a) $A \circ B$ 是 A 的一个子集(子图像)。

　　(b) 若 C 是 D 的一个子集，则 $C \circ B$ 是 $D \circ B$ 的一个子集。

　　(c) $(A \circ B) \circ B = A \circ B$。

　　6.3　使用图 6 - 18(c)的结构元素来代替图 6 - 16(b)的结构元素，试讨论该操作对提取边界的影响。

　　6.4　反复腐蚀一幅图像的极限效果是什么(假设不使用只有一个点的结构元素)?

　　6.5　简述 Blob 分析的流程。

第 7 章　HALCON 图像匹配

　　图像匹配是通过对影像内容、特征、结构、关系、纹理及灰度等的对应关系进行相似性和一致性的分析，寻求相似影像目标的方法。机器视觉的图像匹配通常先确定目标，在某张样图中选取目标作为模板，然后在待匹配的图像中分析是否有模板相似区，如果有则进一步确定位姿，因此也被称作模板匹配。

　　基于像素的匹配方法是直接对模板图像和待匹配图像的像素层次进行操作，通过区域(矩形、圆形或其他变形模板)属性(灰度信息或频域分析等)的比较来反映它们之间的相似性。归一化积相关函数作为一种相似性测度，被广泛用于基于像素的匹配方法中，其数学统计模型以及收敛速度、定位精度、误差估计等均有定量的分析和研究结果。此类方法在图像匹配技术中占有重要地位，但是普遍存在时间复杂度高、对图像尺寸敏感等缺陷。

　　基于特征的匹配方法是对模板图像和待匹配图像的特征层次进行操作，特征提取方法一般涉及大量的几何与图像形态学计算，其计算量大，没有模型可遵循，需要针对不同应用场合选择各自适合的特征。但是基于特征的匹配方法所提取出的图像特征包含更高层的语义信息，且大部分此类方法具有尺度不变性与仿射不变性，如兴趣点检测或在变换域上提取特征，特别是小波特征，它可实现图像的多尺度分解和由粗到精的匹配。

7.1　基于像素的匹配

　　图像像素的灰度值信息包含了图像记录的所有信息。基于图像像素灰度值的匹配(简称基于像素的匹配)是最基本的匹配算法。通常直接利用整幅图像的灰度信息建立两幅图像之间的相似性度量，然后采用某种搜索方法寻找使相似性度量值最大或最小的变换模型的参数值。

7.1.1　归一化积相关灰度匹配

　　归一化积相关(NCC)是一种典型的基于灰度相关的算法，具有不受比例因子误差影响及抗白噪声干扰能力强等优点。

1. 基本原理

归一化积相关灰度匹配使用的相似性度量定义为

$$R(i, j) = \frac{\sum\limits_{m=1}^{M}\sum\limits_{n=1}^{M}[S^{i,j}(m, n) \times T(m, n)]}{\sqrt{\sum\limits_{m=1}^{M}\sum\limits_{n=1}^{M}[S^{i,j}(m, n)]^2}\sqrt{\sum\limits_{m=1}^{M}\sum\limits_{n=1}^{M}[T(m, n)]^2}} \tag{7-1}$$

通过比较参考图像和输入图像在各个位置的相关系数，找到相关值最大的点，该点就是最佳匹配位置。

　　设模板 T 叠放在搜索图 S 上，并在 S 图上平移，模板覆盖下的搜索图称为子图 $S^{i,j}$，其中 i，j 为这块子图的左上角像点在 S 图中的坐标，称为参考点。从图 7-1 中可以看出，i 和 j 的取值范围为 $(1, N-M-1)$。

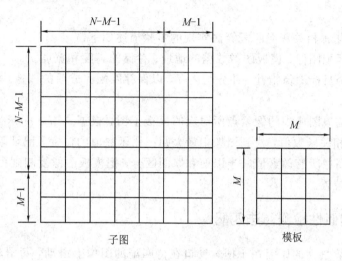

图 7-1　子图和模板

　　比较 T 和 $S^{i,j}$ 的内容，若两者一致，则 T 和 S 之差为零，所以可以用下列两种测度之一来衡量 T 和 $S^{i,j}$ 的相似程度，测度可表示为

$$D(i, j) = \sum_{m=1}^{M} \sum_{n=1}^{M} \left[S^{i,j}(m, n) \times T(m, n) \right]^2 \qquad (7-2)$$

或

$$D(i, j) = \sum_{m=1}^{M} \sum_{n=1}^{M} \left| S^{i,j}(m, n) - T(m, n) \right| \qquad (7-3)$$

　　如果将式(7-2)展开，则有

$$D(i, j) = \sum_{m=1}^{M} \sum_{n=1}^{M} \left[S^{i,j}(m, n) \right]^2 - \sum_{m=1}^{M} \sum_{n=1}^{M} \left[S^{i,j}(m, n) \times T(m, n) \right] + \sum_{m=1}^{M} \sum_{n=1}^{M} \left[T(m, n) \right]^2$$

$$(7-4)$$

　　式(7-4)右边第一项是模板覆盖的图像子图的能量，它随 (i, j) 位置的变化而缓慢改变；第二项是子图像和模板的互相关，随 (i, j) 的改变而改变；第三项表示模板的总能量，是一个常数，与 (i, j) 无关。当 T 和 $S^{i,j}$ 匹配时，第二项取值最大，因此可用下列相关函数做相似性测度：

$$R(i, j) = \frac{\displaystyle\sum_{m=1}^{M} \sum_{n=1}^{M} \left[S^{i,j}(m, n) \times T(m, n) \right]}{\displaystyle\sum_{m=1}^{M} \sum_{n=1}^{M} \left[S^{i,j}(m, n) \right]^2} \qquad (7-5)$$

将其归一化为

$$R(i, j) = \frac{\sum_{m=1}^{M}\sum_{n=1}^{M}\left[S^{i,j}(m, n)\times T(m, n)\right]}{\sqrt{\sum_{m=1}^{M}\sum_{n=1}^{M}\left[S^{i,j}(m, n)\right]^2}\sqrt{\sum_{m=1}^{M}\sum_{n=1}^{M}\left[T(m, n)\right]^2}} \tag{7-6}$$

2. 实现步骤

图像的归一化积相关灰度匹配算法实现的步骤描述如下:

(1) 获得待匹配图像、模板图像数据的地址、存储的高度和宽度。

(2) 建立一个目标图像指针,并分配内存,以保存匹配完成后的图像,将待匹配图像复制到目标图像中。

(3) 逐个扫描原图像中的像素点所对应的模板子图,根据式(7-6)求出每一个像素点位置的归一化积相关函数值,找到图像中最大归一化函数值的位置,记录像素点的位置。

(4) 将目标图像所有像素值减半以便和原图区分,把模板图像复制到目标图像步骤(3)中记录的像素点位置。

7.1.2 序贯相似性检测算法匹配

图像匹配计算量大的原因在于搜索窗口在待匹配的图像上滑动,每滑动一次就要做一次匹配相关运算。除匹配位置外,在其他非匹配位置上做的都是无用功,从而导致了图像匹配算法的计算量增大。所以,一旦发现模板所在的参考位置为非匹配位置,则丢弃不再计算,立即换到新的参考位置进行计算,这样可以大大加速匹配过程。序贯相似性检测算法(Sequential Similarity Detection Algorithms,SSDA)匹配,是指在待匹配图像的每个位置上以随机不重复的顺序选择像元,并累计模板和待匹配图像在该像元处的灰度差,若累计值大于某一指定阈值,则说明该位置为非匹配位置,停止本次计算,进行下一个位置的测试,直到找到最佳匹配位置。SSDA 匹配的判断阈值可以随着匹配运算的进行而不断地调整,能够反映出该次的匹配运算是否有可能给出一个超出预定阈值的结果。这样就可以在每一次匹配运算的过程中,随时检测该次匹配运算是否有继续进行下去的必要。SSDA算法能很快丢弃非匹配位置,减少在非匹配位置上的计算量,从而提高匹配速度。该算法的特点是简单且易于实现。

1. 基本原理

SSDA 匹配根据所采用的匹配相关运算的算法来制定阈值 T 的计算方法,在进行每一个搜索窗口的匹配相关运算时,合理地计算间隔,比较当前所得的相关结果和 SSDA 阈值 T 的关系。

SSDA 算法是用 $\iint |f-t|\,\mathrm{d}x\,\mathrm{d}y$ 作为匹配尺度的。在图像 $f(x, y)$ 中,点 (u, v) 的非相似度 $m(u, v)$ 可表示为

$$m(u, v) = \sum_{k=1}^{n}\sum_{l=1}^{m} |f(k+u-1, l+v-1)-t(k, l)| \tag{7-7}$$

其中:点 (u, v) 表示的不是模板的中央,而是左上角位置。

如果在点 (u, v) 处有和模板一致的图案,则 $m(u, v)$ 的值很小,反之则 $m(u, v)$ 的值

较大。当模板和图像完全不一致时，如果模板内的各像素与图像的灰度差的绝对值依次增加下去，则其会急剧增大。因此，在求和的过程中，如果灰度差的和超过了某一阈值，就认为在该位置上和模板一致的图案不存在，从而转移到下一个位置上进行 $m(u,v)$ 的计算。包括 $m(u,v)$ 在内的计算只是加、减运算，而且该计算大多数情况中途便停止了，因此可大幅度地缩短时间。为了尽早停止计算，可以随机地选择像素的位置进行灰度差的计算。

由于真正的相对应点仅有一个，因此绝大多数情况下都是对非匹配位置的计算，显然，越早丢弃非匹配位置越节省时间。

SSDA 算法过程如下：

(1) 定义绝对误差：

$$\varepsilon(i,j,m_k,n_k)=\left|S^{i,j}(m_k,n_k)-\widehat{S}^{i,j}(i,j)-T(m_k,n_k)+\widehat{T}\right| \qquad (7-8)$$

其中：

$$\widehat{S}^{i,j}(i,j)=\frac{1}{M^2}\sum_{m=1}^{M}\sum_{n=1}^{M}S^{i,j}(m,n) \qquad (7-9)$$

$$\widehat{T}=\frac{1}{M^2}\sum_{m=1}^{M}\sum_{n=1}^{M}T(m,n) \qquad (7-10)$$

(2) 取一个不变阈值 T_k。

(3) 在子图 $S^{i,j}(m,n)$ 中随机选取对象点。计算该点与 T 中对应点的误差值，然后把这个误差值和其他点对的误差值累加起来，若累加 r 次后总误差值超过 T_k，则停止累加，并记下次数 r。定义 SSDA 的检测曲面为

$$I(i,j)=\left\{r\ \Big|\ \min_{1\leqslant r\leqslant m^2}\left[\varepsilon(i,j,m_k,n_k)\geqslant T_k\right]\right\} \qquad (7-11)$$

(4) 将 $I(i,j)$ 值大的 (i,j) 点作为匹配位置，因为该位置上需要多次累加才能使总误差超过 T_k。如图 7-2 所示，图中给出了在不同参考点上得到的累计误差增长曲线 A、B、C，若模板 T 不在匹配点上，则总误差增长很快，超出阈值，如曲线 A 和 B，而曲线 C 的总误差增长很慢，很可能对应的是一个准确的匹配位置。

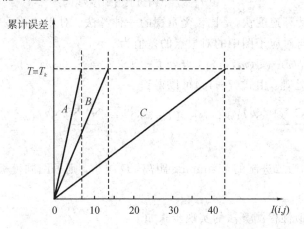

图 7-2　T_k 为常数时的累计误差增长曲线

2. 序贯相似性检测算法的改进

对 SSDA 算法,还可以进一步提高其计算效率,方法如下:

(1) 对于 $(N-M+1)$ 个参考点的选用顺序,可以不逐点推进,即模板不会匹配所有参考点。例如可采用粗细结合的均匀搜索方式,即先每隔 M 点进行初始匹配,然后在极大匹配值出现的局部范围内对各参考点位置进行二次匹配。这种方式能否保证不丢失真正的匹配点,取决于检测曲面 $I(i, j)$ 的平滑性和单峰性。

(2) 在某参考点 (i, j) 处,对于模板覆盖下的 M^2 个点对,可采用与 i, j 无关的随机方式计算误差,也可采用适应图像内容的方式,按模板中的突出特征选取伪随机序列,决定计算误差的先后顺序,以便及早抛弃非匹配位置。

(3) 对于模板在 (i, j) 点得到的累积误差映射为上述曲面数值的方法,该方法是否为最佳方法,还需进一步探索。

(4) 不选用固定阈值 T_k,而改用单调增长的阈值序列,可以使非匹配位置使用更少的计算和时间就达到阈值而被丢弃,真正的匹配位置则需要多次误差累计才能达到阈值,如图 7-3 所示。

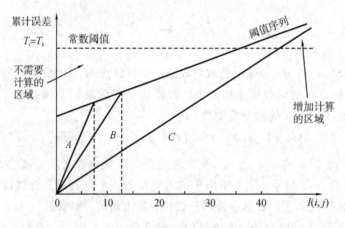

图 7-3 单调阈值增加序列

SSDA 算法的计算速度快,是比较受重视的一种算法。对于二值图像,SSDA 算法还可以简化,这时模板与对应子图中的对象点的差值为

$$\left| S^{i, j}(m, n) - T(m, n) \right| = \overline{S}^{i, j} T - \overline{TS}^{i, j} = S^{i, j}(m, n) \oplus T(m, n) \qquad (7-12)$$

式中:$\oplus$ 表示异或处理。由式(7-12)可以得到

$$D(i, j) = \sum_{m=1}^{M} \sum_{n=1}^{M} \left| S^{i, j}(m, n) - T(m, n) \right| = \sum_{m=1}^{M} \sum_{n=1}^{M} S^{i, j}(m, n) \oplus T(m, n)$$

$$(7-13)$$

式(7-13)被称为二进制的 Hamming 距离,D 越小,则子图同模板越相似。

3. 实现步骤

图像的序贯相似性检测算法的实现步骤如下:

(1) 获得待匹配图像、模板图像数据的地址、存储的高度和宽度。

(2) 建立一个目标图像指针,并分配内存,以保存图像匹配后的图像,将待匹配图像复制到目标图像中。

（3）逐个扫描原图像中的像素点所对应的模板子图，根据式(7-8)求出每一个像素点位置的绝对误差值，当累加绝对误差值超过阈值时，停止累加，记录像素点的位置和累加次数。

（4）循环步骤(3)，直到处理完原图像的全部像素点，累加次数最少的像素点为最佳匹配点。

（5）将目标图像所有像素值减半以便和原图区分，把模板图像复制到目标图像步骤(4)记录的像素点位置。

【例 7-1】　基于像素灰度值的模板匹配实例。

程序如下：

```
dev_update_off ()
*读取模板图像，如图 7-4(a)所示
read_image (Image, 'smd/smd_on_chip_05')
get_image_size (Image, Width, Height)
dev_close_window ()
dev_open_window (0, 0, Width, Height, 'white', WindowHandle)
set_display_font (WindowHandle, 16, 'mono', 'true', 'false')
dev_set_color ('green')
*得到矩形区域，如图 7-4(b)所示
gen_rectangle1 (Rectangle, 175, 156, 440, 460)
area_center (Rectangle, Area, RowRef, ColumnRef)
reduce_domain (Image, Rectangle, ImageReduced)
*创建模板，如图 7-4(c)所示
create_ncc_model (ImageReduced, 'auto', 0, 0, 'auto', 'use_polarity', ModelID)
dev_display (Image)
dev_display (Rectangle)
disp_continue_message (WindowHandle, 'black', 'true')
stop ()
*循环读取目标图像
for J := 1 to 11 by 1
    read_image (Image, 'smd/smd_on_chip_' + J $ '02')
    *在目标图像中寻找模板
    find_ncc_model (Image, ModelID, 0, 0, 0.5, 1, 0.5, 'true', 0, Row, Column, Angle, Score)
    dev_display (Image)
    dev_display_ncc_matching_results (ModelID, 'green', Row, Column, Angle, 0)
    if (J < 11)
    disp_continue_message (WindowHandle, 'black', 'true')
    endif
    stop ()
endfor
```

程序运行的部分结果如图 7-4 所示。

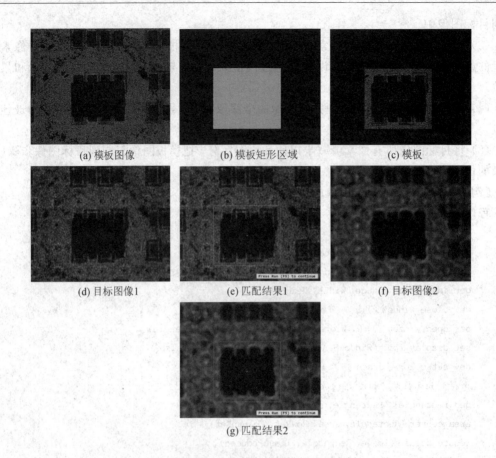

(a) 模板图像　　　　　　(b) 模板矩形区域　　　　　　(c) 模板

(d) 目标图像1　　　　　　(e) 匹配结果1　　　　　　(f) 目标图像2

(g) 匹配结果2

图 7-4　基于像素灰度值的模板匹配实例

例 7-1 中主要算子的说明如下：

- create_ncc_model(Template∷ NumLevels, AngleStart, AngleExtent, AngleStep, Metric∶ ModelID)

功能：使用图像创建 NCC 匹配模板。

Template：模板图像。

NumLevels：最高金字塔层数。

AngleStart：开始角度。

AngleExtent：角度范围。

AngleStep：旋转角度步长。

Metric：物体极性选择。

ModelID：生成模板 ID。

- find_ncc_model(Image∷ModelID, AngleStart, AngleExtent, MinScore, NumMatches, MaxOver-
  lap, SubPixel, NumLevels∶Row, Column, Angle, Score)

功能：搜索 NCC 最佳匹配。

Image：要搜索的图像。

ModelID：模板 ID。

AngleStart：开始角度(与创建模板时相同或相近)。

AngleExtent：角度范围（与创建模板时相同或相近）。

MinScore：最小分值。

NumMatches：匹配目标个数。

MaxOverlap：最大重叠比值。

SubPixel：是否为亚像素级别。

NumLevels：金字塔层数。

Row，Column，Angle：匹配得到的行坐标、列坐标、角度。

Score：匹配得到的分值，分值越高匹配越好。

7.2　基于特征的匹配

　　基于像素的匹配方法的主要缺陷是计算量过大，若在具体应用中对匹配速度有一定要求，则该方法会受到很大的局限。另外，基于像素的匹配方法对图像的灰度变化和目标的旋转、图像形变以及遮挡都比较敏感，尤其是对非线性的光照变化较敏感，这将大大降低算法的性能。所以，为了克服这些缺点，使用基于特征的匹配方法。

　　基于特征的匹配是指建立两幅图像的特征点之间对应关系的过程。用数学语言可以这样描述：两幅图像 A 和 B 中分别有 m 和 n 个特征点（m 和 n 通常是不相等的），其中有 k 个点是两幅图像共同拥有的，则这些点的确定即为特征匹配要解决的问题。

　　基于特征的匹配可以克服基于像素匹配的缺点，由于图像的特征点比像素点要少很多，因此可大大减少匹配过程的计算量。同时，由于特征点的匹配度量值对位置的变化比较敏感，因此基于特征的匹配方法可以极大地提高匹配的精度。此外，特征点的提取过程可以降低噪声的影响，对灰度变化、图像形变以及遮挡等都有较好的适应能力。

7.2.1　不变矩匹配法

　　在图像处理中，矩是一种统计特性，可以使用不同阶次的矩计算模板的位置、方向和尺度变换参数。由于高阶矩对噪声和图像变形非常敏感，因此在实际应用中通常选用低阶矩来实现图像匹配。

1. 基本原理

矩的定义为

$$m_{pq} = \iint x^p y^q f(x, y) \mathrm{d}x \mathrm{d}y, \quad p, q = 0, 1, 2, \cdots \qquad (7-14)$$

式中：p 和 q 可取所有的非负整数值；参数 $p+q$ 称为矩的阶。

　　由于 p 和 q 可取所有的非负整数值，因此它们可以产生一个矩的无限集，而且，利用该集合可以确定函数 $f(x, y)$。也就是说，集合 $\{m_{pq}\}$ 对于函数 $f(x, y)$ 是唯一的，也只有 $f(x, y)$ 才具有该特定的矩集。

　　大小为 $n \times m$ 的数字图像 $f(i, j)$ 的矩为

$$m_{pq} = \sum_{i=1}^{n} \sum_{j=1}^{m} i^p j^q f(i, j) \qquad (7-15)$$

各阶矩的物理解释如下：

1) 0 阶矩和一阶矩(区域形心位置)

0 阶矩 m_{00} 是图像灰度 $f(i, j)$ 的总和，二值图像的 m_{00} 则表示对象物体的面积。如果用 m_{00} 来规格化一阶矩 m_{10} 及 m_{01}，则可得到一个物体的重心坐标 $(\bar{i}, \bar{j})$，即

$$\bar{i} = \frac{m_{10}}{m_{00}} = \frac{\sum\limits_{i=1}^{n}\sum\limits_{j=1}^{m} i f(i, j)}{\sum\limits_{i=1}^{n}\sum\limits_{j=1}^{m} f(i, j)}$$

$$\bar{j} = \frac{m_{01}}{m_{00}} = \frac{\sum\limits_{i=1}^{n}\sum\limits_{j=1}^{m} j f(i, j)}{\sum\limits_{i=1}^{n}\sum\limits_{j=1}^{m} f(i, j)}$$

$$(7 - 16)$$

2) 中心矩

中心矩是以重心作为原点进行计算的，即

$$\mu_{pq} = \sum_{i=1}^{n}\sum_{j=1}^{m} (i - \bar{i})^p (j - \bar{j})^q f(i, j) \tag{7 - 17}$$

中心矩具有位置无关性。中心矩 μ_{pq} 是反映区域中的灰度相对于灰度中心是如何分布的度量。

利用中心矩可以提取区域的一些基本形状特征。例如 μ_{20} 和 μ_{02} 分别表示通过灰度中心的垂直和水平轴线的惯性矩。假如 $\mu_{20} > \mu_{02}$，则所计算的区域为一个水平方向延伸的区域。当 $\mu_{30} = 0$ 时，区域关于 i 轴对称；同理，当 $\mu_{03} = 0$ 时，区域关于 j 轴对称。

利用式(7-17)可以计算出三阶以下的中心矩，即

$$\mu_{00} = \mu_{00}$$
$$\mu_{10} = \mu_{01} = 0$$
$$\mu_{11} = m_{11} - \bar{y} m_{10}$$
$$\mu_{20} = m_{20} - \bar{x} m_{10}$$
$$\mu_{02} = m_{02} - \bar{y} m_{01}$$
$$\mu_{30} = m_{30} - 3 \bar{x} m_{20} + 2 \bar{x}^2 m_{10}$$
$$\mu_{12} = m_{12} - 2 \bar{y} m_{11} - \bar{x} m_{02} + 2 \bar{y}^2 m_{10}$$
$$\mu_{21} = m_{21} - 2 \bar{x} m_{11} - \bar{y} m_{02} + 2 \bar{x}^2 m_{01}$$
$$\mu_{03} = m_{03} - 3 \bar{y} m_{02} + 2 \bar{y}^2 m_{01}$$

把中心矩用零阶中心矩规格化，叫作规格化中心矩，记为 η_{pq}，表达式为

$$\eta_{pq} = \frac{\mu_{pq}}{\mu_{00}^r} \tag{7 - 18}$$

其中：$r = (p + q)/2$，$p + q = 2, 3, 4, \cdots$。

3) 不变矩

μ_{pq} 称为图像的 $(p + q)$ 阶中心矩，具有平移不变性。但是 μ_{pq} 对旋转敏感，为了使矩描述与大小、平移、旋转无关，可以使用二阶和三阶规格化中心矩，以导出七个不变矩。由

于不变矩有对平移、旋转和尺寸大小都不变的性质，所以可以使用不变矩描述分割区域。

利用二阶和三阶规格化中心矩导出的七个不变矩如下：

$$
\begin{cases}
a_1 = \mu_{02} + \mu_{20} \\
a_2 = (\mu_{20} - \mu_{02})^2 + 4\,\mu_{11}^2 \\
a_3 = (\mu_{30} - 3\,\mu_{12})^2 + (3\,\mu_{21} - \mu_{03})^2 \\
a_4 = (\mu_{30} + \mu_{12})^2 + (\mu_{21} + \mu_{03})^2 \\
a_5 = (\mu_{30} - 3\,\mu_{12})(\mu_{30} + \mu_{12})\left[(\mu_{30} + \mu_{12})^2 - 3(\mu_{21} + \mu_{03})^2\right] + \\
\qquad (3\,\mu_{21} - \mu_{03})(\mu_{21} + \mu_{03})\left[3\,(\mu_{30} + \mu_{12})^2 - (\mu_{21} + \mu_{03})^2\right] \\
a_6 = (\mu_{20} - \mu_{02})\left[(\mu_{30} + \mu_{12})^2 - (\mu_{21} + \mu_{03})^2\right] + 4\,\mu_{11}(\mu_{30} + \mu_{12})(\mu_{21} + \mu_{03}) \\
a_7 = (3\,\mu_{21} - \mu_{03})(\mu_{30} + \mu_{12})\left[(\mu_{30} + \mu_{12})^2 - 3(\mu_{21} + \mu_{03})^2\right] + \\
\qquad (\mu_{30} - 3\,\mu_{12})(\mu_{21} + \mu_{03})\left[3\,(\mu_{30} + \mu_{12})^2 - (\mu_{21} + \mu_{03})^2\right]
\end{cases}
\tag{7-19}
$$

但是，上述几种矩特征的定义都不具有尺度不变性，可以通过归一化 η_{pq}、μ_{pq} 和 $a_1 \sim a_7$，实现尺度不变性。

图像有七个不变矩，这些不变矩在比例因子小于 2 和旋转角度不超过 45° 的条件下，对于平移、旋转和比例因子的变化都是不变的，所以它们反映了图像的固有特性。因此，两个图像之间的相似性程度可以用其七个不变矩之间的相似性来描述。这样的算法称为不变矩匹配算法，它不受几何失真影响。

如果令实时图像的不变矩为 $M_i(i = 1, 2, \cdots, 7)$，则两图像之间的相似度可以用任何一种相关算法来度量。归一化计算公式为

$$
R = \frac{\displaystyle\sum_{i=1}^{7} M_i N_i}{\left[\displaystyle\sum_{i=1}^{7} M_i^2 \sum_{i=1}^{7} N_i^2\right]^{\frac{1}{2}}}
\tag{7-20}
$$

式中：R 为模板与待匹配图像上不变矩的相关值。取 R 值最大时所对应的图像作为匹配图像。显然，使用不变矩匹配算法进行相关之前，需要计算七个不变矩。所以，若采用常规搜索方法，则需要较大的计算量。为了提高处理速度，常常采用分层搜索技术，一般将最低搜索级取为 3，因为搜索级小于 3 会影响不变矩的计算精度。

2. 实现步骤

图像不变矩匹配算法的实现步骤描述如下：

（1）获得待匹配图像、模板图像数据的地址、存储的高度和宽度。

（2）根据式（7-19）求出待匹配图像和模板图像的七个不变矩。

（3）根据式（7-20）求出待匹配图像和模板图像的相关值。

7.2.2　距离变换匹配算法

距离变换匹配算法是一种常见的二值图像处理算法，用来计算图像中任意位置到最近边缘点的距离。

1. 基本原理

设二值图像 I 包含两种元素，物体 O 和背景 o'，距离图为 D，则距离变换定义为

$$D(p) = \min\{\text{dist}(p, q), q \in O\} \tag{7-21}$$

式中：(p, q) 为图像的像素点；$\text{dist}()$ 为距离测度函数，常见的距离测度函数有切削距离、街区距离和欧式距离，切削距离和街区距离是欧式距离的一种近似。

距离变换匹配算法的原理是计算模板图覆盖下的子图与模板图之间的距离，也就是计算子图的边缘点到最近的模板图边缘点的距离。这里采用欧式距离，并对欧式距离进行近似，认为与边缘四邻域相邻的点的距离为 0.3，与八邻域相邻的点的距离为 0.7，与不相邻的点的距离都为 1。

欧氏距离变换定义为

$$D[(x_1, y_1)(x_2, y_2)] = \sqrt{(x_1 - x_2)^2 + (y_1 - y_2)^2} \tag{7-22}$$

由于欧氏距离的计算量较大，因此其实际应用受到限制。在精度要求不高的情况下，近似欧氏距离由于具有较高的计算效率而得到广泛应用。

在二维空间 $\mathbf{R}^2$ 中，设 S 为一个集合，对 $\mathbf{R}^2$ 中任一点 r，定义其距离变换为

$$T_s(r) = \min\{\text{dis}(r, s) \mid s \in S\} \tag{7-23}$$

式中：$\text{dis}()$ 为一般的欧几里得空间距离算子，其可定义为

$$\text{dis}(a, b) = \sqrt{(x_1 - x_2)^2 + (y_1 - y_2)^2} \tag{7-24}$$

式中：a，b 为两点，$a = (x_1, y_1)$，$b = (x_2, y_2)$。距离变换值 $T_s(r)$ 反映了点 r 与集合 S 的远近程度。

对于两幅二值图像，其匹配误差度量准则可定义为

$$P_{\text{match}} = \frac{\sum\limits_{a \in A} g[T_B(a)] + \sum\limits_{b \in B} g[T_A(b)]}{N_A + N_B} \tag{7-25}$$

式中：A、B 分别为两个图像中为"1"的像素点的集合；a、b 分别为 A、B 中的任意点；N_A、N_B 分别为 A、B 中点的个数；而 $g()$ 为加权函数，它在 x 轴正半轴上是连续递增的，满足

$$\begin{cases} g(0) = 0 \\ g(x) > 0, \quad \forall x > 0 \end{cases} \tag{7-26}$$

可以证明，P_{match} 有如下性质：

（1）$P_{\text{match}} \geqslant 0$。

（2）当两个图像完全一致时，$P_{\text{match}} = 0$。

（3）由于 $g()$ 对各点距离变换的值连续加权，因此当两个图像间发生一定几何失真时，P_{match} 不会突然增加，而是随几何失真程度的增强逐渐增加。

利用二值图像的匹配误差度量准则可实现不同成像条件下的图像匹配。首先在参考图的任一可能匹配位置上截取与实测图大小相同的图像块，然后对实测图与各参考图像块提取边缘并做二值化，再采用匹配误差度量准则求出二者的匹配误差 P_{match}，直到搜索完参考图的每一个可能匹配位置，匹配误差最小的位置即为匹配位置。由于加权函数 $g()$ 对各点距离变换的值连续加权，因此当两幅图像发生一定几何失真或边缘产生变化时，匹配误差 P_{match} 只稍微增加，不影响对正确匹配的判断，而采用传统的匹配方法则会导致严重的误匹

配状况。由于边缘算子是局部算子，因此采用这一匹配准则还具有抗灰度反转的能力。

在图像匹配的实际应用中，正确匹配位置上的参考图与实测图的几何失真和边缘变化一般具有一定范围，所以采用截断函数作为加权函数，既可以减少匹配算法的计算量，又可以有效保证克服几何失真及边缘变化的影响。这里匹配误差 P_{match} 除具有上述三个性质外，还有归一化的性质，即 $0 \leqslant P_{match} \leqslant 1$。

在匹配误差度量准则中，难点是 $\sum_{a \in A} g[T_B(a)]$ 的求取。如果对 A 中的每个点 a 都做最近邻搜索，则计算量很大，因此可以采用膨胀运算与"或"运算，将加权函数离散化，即

$$\begin{cases} g(0) = 0 \\ g(1) = 0.3 \\ g(\sqrt{2}) = 0.7 \\ g(x) = 1, \ x \geqslant 2 \end{cases} \tag{7-27}$$

根据该加权函数，对参考图像块的二值化边缘图中的每个点 f 进行膨胀运算，即

$$G(f) = g[T_B(f)] \tag{7-28}$$

因此，对 A 中的点 a 求取 $g[T_B(a)]$ 就转化为求 A 的膨胀图，即对相应的点进行比较而保留较小值。

2. 实现步骤

图像的距离变换匹配算法实现的步骤描述如下：

（1）获得待匹配图像、模板图像数据的地址、存储的高度和宽度。

（2）建立一个目标图像指针并分配内存，以保留图像匹配后的图像，将待匹配图像复制到目标图像中。

（3）逐个扫描原图像中的像素点所对应的模板子图，根据式(7-27)求出每个像素点位置的最小距离值，并记录像素点的位置。

（4）循环步骤(3)，直到处理完原图像的全部像素点，距离最小的像素点为最佳匹配点。

（5）将目标图像的所有像素值减半以便和原图像区分，将模板图像复制到目标图像步骤(4)记录的像素点位置。

7.2.3　最小均方误差匹配算法

最小均方误差匹配算法是指利用图像中的对应特征点，通过解特征点的变换方程来计算图像间的变换参数。

1. 基本原理

对于图像间的仿射变换 $(X, Y) \rightarrow (X', Y')$，其变换方程为

$$\begin{pmatrix} x' \\ y' \end{pmatrix} = s \begin{pmatrix} \cos\theta & \sin\theta \\ -\sin\theta & \cos\theta \end{pmatrix} \begin{pmatrix} x \\ y \end{pmatrix} + \begin{pmatrix} tx \\ ty \end{pmatrix} = \begin{bmatrix} x & y & 1 & 0 \\ y & -x & 0 & 1 \end{bmatrix} [s\cos\theta \quad s\sin\theta \quad tx \quad ty]^T \tag{7-29}$$

式中：仿射变换参数用向量 $\mathbf{a} = [s\cos\theta \quad s\sin\theta \quad tx \quad ty]^T$ 表示，根据给定的 $n(n \geqslant 4)$ 对相应

特征点，构造点坐标矩阵为

$$
\boldsymbol{X} = \begin{bmatrix} x_1 & y_1 & 1 & 0 \\ y_1 & -x_1 & 0 & 1 \\ \vdots & \vdots & \vdots & \vdots \\ x_n & y_n & 1 & 0 \\ y_n & -x_n & 0 & 1 \end{bmatrix} \tag{7-30}
$$

$$
\boldsymbol{Y} = \begin{bmatrix} x'_1 & y'_1 & \cdots & x'_n & y'_n \end{bmatrix}^{\mathrm{T}}
$$

由最小均方误差原理求解 $E^2 = (\boldsymbol{Y} - \boldsymbol{X}\partial)^{\mathrm{T}}(\boldsymbol{Y} - \boldsymbol{X}\partial)$，可以得到放射变换参数向量的解方程为

$$
\partial = (\boldsymbol{X}^{\mathrm{T}}\boldsymbol{X})^{-1}\boldsymbol{X}^{\mathrm{T}}\boldsymbol{Y} \tag{7-31}
$$

解出 ∂ 后，便可以计算出 E^2。

2. 实现步骤

图像的最小均方误差匹配算法的实现步骤描述如下：

(1) 获得待匹配图像、模板图像数据的地址、存储的高度和宽度。

(2) 建立一个目标图像指针并分配内存，以保留图像匹配后的图像，将待匹配图像复制到目标图像中。

(3) 逐个扫描原图像中的像素点所对应的模板子图，根据式(7-30)构造点坐标矩阵，然后根据式(7-31)求出放射变换参数向量，解出最小均方误差值。

(4) 循环步骤(3)，直到处理完原图像的全部像素点，最小均方误差值最小的像素点为最佳匹配位置。

(5) 将目标图像的所有像素值减半以便和原图区分，将模板图像复制到目标图像中步骤(4)记录的像素点位置。

【例 7-2】 基于形状特征的模板匹配实例。

程序如下：

```
dev_update_pc ('off')
dev_update_window ('off')
dev_update_var ('off')
* 读取模板图像，如图 7-5(a)所示
read_image (Image, 'green—dot')
get_image_size (Image, Width, Height)
dev_close_window ()
dev_open_window (0, 0, Width, Height, 'black', WindowHandle)
dev_set_color ('red')
dev_display (Image)
threshold (Image, Region, 0, 128)
connection (Region, ConnectedRegions)
select_shape (ConnectedRegions, SelectedRegions, 'area', 'and', 10000, 20000)
fill_up (SelectedRegions, RegionFillUp)
dilation_circle (RegionFillUp, RegionDilation, 5.5)
```

(a) 原始图像

(b) 模板图像

(c) 目标图像

(d) 匹配结果

图 7 - 5 基于形状特征的模板匹配实例

```
* 缩小图像的区域
reduce_domain (Image, RegionDilation, ImageReduced)
* 创建形状可缩放模板，如图 7 - 5(b)所示
create_scaled_shape_model (ImageReduced, 5, rad(-45), rad(90), 'auto', 0.8, 1.0, 'auto',
'none', 'ignore_global_polarity', 40, 10, ModelID)
* 得到形状模板的轮廓
get_shape_model_contours (Model, ModelID, 1)
area_center (RegionFillUp, Area, RowRef, ColumnRef)
vector_angle_to_rigid (0, 0, 0, RowRef, ColumnRef, 0, HomMat2D)
affine_trans_contour_xld (Model, ModelTrans, HomMat2D)
dev_display (Image)
dev_display (ModelTrans)
* 读取目标图像，如图 7 - 5(c)所示
read_image (ImageSearch, 'green-dots')
dev_display (ImageSearch)
* 在目标图像中寻找模板
find_scaled_shape_model (ImageSearch, ModelID, rad(-45), rad(90), 0.8, 1.0, 0.5, 0, 0.5,
'least_squares', 5, 0.8, Row, Column, Angle, Scale, Score)
for I:= 0 to |Score| - 1 by 1
    hom_mat2d_identity (HomMat2DIdentity)
    hom_mat2d_translate (HomMat2DIdentity, Row[I], Column[I], HomMat2DTranslate)
```

　　　　　hom_mat2d_rotate (HomMat2DTranslate, Angle[I], Row[I], Column[I], HomMat2DRotate)

　　　　　hom_mat2d_scale (HomMat2DRotate, Scale[I], Scale[I], Row[I], Column[I], HomMat2DScale)

　　　　　affine_trans_contour_xld (Model, ModelTrans, HomMat2DScale)

　　　　　* 显示模板匹配的结果, 如图 7 - 5(d)所示

　　　　dev_display (ModelTrans)

　　　　endfor

程序运行的部分结果如图 7 - 5 所示。

例 7 - 2 中主要算子的说明如下:

- create_scaled_shape_model(Template :: NumLevels, AngleStart, AngleExtent, AngleStep, ScaleMin, ScaleMax, ScaleStep, Optimization, Metric, Contrast, MinContrast : ModelID)

功能:使用图像创建可缩放的形状匹配模型。

Template:模板图像。

NumLevels:最高金字塔层数。

AngleStart:开始角度。

AngleExtent:角度范围。

AngleStep:旋转角度步长。

ScaleMin:模板缩放最小尺度。

ScaleMax:模板缩放最大尺度。

ScaleStep:缩放步长。

Optimization:优化选项(是否减少模板点数)。

Metric:匹配度量极性选择。

Contrast:对比度(由阈值或滞后阈值表示)。

MinContrast:最小对比度。

ModelID:生成的模板 ID。

- get_shape_model_contours(: ModelContours : ModelID, Level;)

功能:获取形状模版的轮廓。

ModelContours:得到的轮廓 XLD。

ModelID:输入的模板 ID。

Level:对应的金字塔层数。

- find_scaled_shape_model(Image :: ModelID, AngleStart, AngleExtent, ScaleMin, ScaleMax, MinScore, NumMatches, MaxOverlap, SubPixel, NumLevels, Greediness : Row, Column, Angle, Scale, Score)

功能:寻找单个带尺度形状模板的最佳匹配。

Image:要搜索的图像。

ModelID:模板 ID。

AngleStart:开始角度。

AngleExtent:角度范围。

ScaleMin:最小缩放尺度。

ScaleMax:最大缩放尺度。

MinScore：最低分值。

NumMatches：匹配实例个数。

MaxOverlap：最大重叠。

SubPixel：是否为亚像素精度(不同模式)。

NumLevels：金字塔层数。

Greediness：搜索贪婪度。

Row、Column、Angle、Scale：获得的行坐标、列坐标、角度、缩放。

Score：获得模版匹配分值。

对于参数 Greediness，当其值为 0 时，搜索安全但速度慢；当其值为 1 时，搜索速度快但是不稳定，有可能搜索不到，该参数默认值为 0.9。

7.3 图像金字塔

图像金字塔是一种以多分辨率来解释图像的简单结构，广泛应用于图像分割、机器视觉和图像压缩。一幅图像的金字塔是一系列以金字塔形状排列的分辨率逐步降低，且来源于同一张原始图像的图像集合。图像金字塔通过梯次向下采样获得，直到达到某个终止条件才停止采样。金字塔的底部是待处理图像的高分辨率表示，而顶部是低分辨率的近似。我们将一层一层的图像比喻成金字塔，层级越高，则图像越小，分辨率越低。

常见的图像金字塔有两种：高斯金字塔和拉普拉斯金字塔。

高斯金字塔(Gaussian Pyramid)用于向下采样，是主要的图像金字塔。

拉普拉斯金字塔(Laplacian Pyramid, LP)用于从金字塔低层图像中向上采样，以重建上层未采样的图像，相当于数字图像处理中的预测残差。拉普拉斯金字塔可以对图像进行最大程度的还原，配合高斯金字塔一起使用。

注意：这里的向下与向上采样，是相对图像的尺寸而言的(和金字塔的方向相反)，向上就是图像尺寸加倍，向下就是图像尺寸减半。

1. 高斯金字塔

高斯金字塔是通过高斯平滑和亚采样获得的采样图像，即通过对第 i 层高斯金字塔进行平滑和亚采样就可以获得 $i+1$ 层高斯图像。高斯金字塔包含了一系列低通滤波器，其截止频率从上一层到下一层是以因子 2 逐渐增加的，所以高斯金字塔可以跨越很大的频率范围，如图 7-6 所示。

为了获取层级为 G_{i+1} 的高斯金字塔图像，可以采用如下方法：

(1) 对图像 G_i 进行高斯内核卷积。

(2) 将所有偶数行和偶数列去除，如图 7-6 所示。

通过以上方法得到的图像即为 G_{i+1} 的图像，显而易见，结果图像只有原图的四分之一。通过对输入图像 G_i (原始图像)不停迭代以上步骤就会得到整个图像金字塔。但是，向下取样(即缩小图像)会逐渐丢失图像的信息。

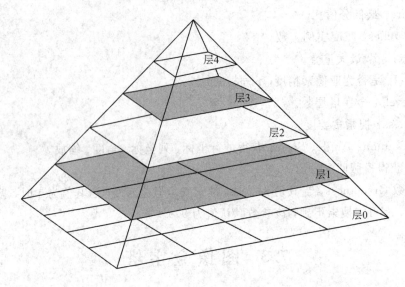

图 7-6　高斯图像金字塔

2. 拉普拉斯金字塔

在高斯金字塔的运算过程中，图像经过卷积和向下采样操作会丢失部分高频细节信息。为了描述这些高频信息，人们定义了拉普拉斯金字塔。用高斯金字塔的每一层图像减去其上一层采样并进行高斯卷积之后的预测图像，得到一系列的差值图像即为 LP 分解图像。

如果想放大图像，则需要通过向上取样操作得到，具体做法如下：

(1) 将图像在每个方向上都扩大为原来的两倍，新增的行和列以 0 填充。

(2) 使用高斯核对放大后的图像卷积，获得"新增像素"的近似值，得到的图像即为放大后的图像，但是该图像比原来的图像模糊，因为在缩放的过程中丢失了一些信息，如果想在缩小或放大图像的过程中减少信息的丢失，则需要用到拉普拉斯金字塔。

基于金字塔分层搜索的策略：由高层开始向低层搜索，将在高层搜索到的模板实例追踪到图像金字塔的最底层，在这个过程中需要将高层的匹配结果映射到金字塔的下一层，也就是直接将搜索到的坐标乘以 2。考虑到匹配位置的不确定性，在下一层搜索区域定位匹配结果周围的一个小区域（如 5×5 的矩阵），然后在该小区域内进行匹配，也就是在这个区域内计算相似度，进行阈值分割，提取局部极值。

在模板匹配时，需选取适当的金字塔层数，最高层应多于四个点。若金字塔层数太多，则可能无法识别模板，甚至报错；而若金字塔层数太低，则会延长寻找目标的时间。若对层数不好把握，则可设置为自动。

【例 7-3】 图像金字塔的应用实例。

程序如下：

```
dev_close_window ()
 * 读取模板图像，如图 7-7(a)所示
read_image (ModelImage, 'rings_01')
```

```
get_image_size (ModelImage, Width, Height)
dev_open_window (0, 0, Width, Height, 'white', WindowHandle)
dev_display (ModelImage)
* 显示设置
dev_set_color ('blue')
dev_set_draw ('margin')
dev_set_line_width (2)
* 选择模板物体，如图 7 - 7(b)所示
Row: = 251
Column: = 196
Radius: = 103
gen_circle (ModelROI, Row, Column, Radius)
dev_display (ModelROI)
reduce_domain (ModelImage, ModelROI, ImageROI)
* 创建图像金字塔，根据金字塔层数和对比度检查要生成的模板是否合适
inspect_shape_model (ImageROI, ShapeModelImage, ShapeModelRegion, 10, 30)
dev_clear_window ()
* 显示图像金字塔，如图 7 - 7(c)所示
dev_display (ShapeModelRegion)
* 图像金字塔各层面积
area_center (ShapeModelRegion, AreaModelRegions, RowModelRegions, ColumnModelRegions)
* 提取金字塔层数
count_obj (ShapeModelRegion, HeightPyramid)
for i: = 1 to HeightPyramid by 1
if (AreaModelRegions[i — 1] >= 15)
NumLevels: = i
endif
endfor
* 创建形状模板
create_shape_model (ImageROI, 'auto', 0, rad(360), 'auto', 'none', 'use_polarity', 30, 10,
                ModelID)
* 获得形状模板轮廓
get_shape_model_contours (ShapeModel, ModelID, 1)
* 读取目标图像，如图 7 - 7(d)所示
read_image (SearchImage, 'rings_02')
dev_display (SearchImage)
* 进行模板匹配，结果如图 7 - 7(e)所示
find_shape_model (SearchImage, ModelID, 0, rad(360), 0.6, 0, 0.55, 'least_squares', 0,
                0.8, RowCheck, ColumnCheck, AngleCheck, Score)
for j: = 0 to |Score| — 1 by 1
vector_angle_to_rigid (0, 0, 0, RowCheck[j], ColumnCheck[j], AngleCheck[j], MovementOfObject)
```

```
affine_trans_contour_xld (ShapeModel, ModelAtNewPosition, MovementOfObject)
dev_set_color ('cyan')
dev_display (ModelAtNewPosition)
dev_set_color ('blue')
affine_trans_pixel (MovementOfObject, -120, 0, RowArrowHead, ColumnArrowHead)
disp_arrow (WindowHandle, RowCheck[j], ColumnCheck[j], RowArrowHead, ColumnArrowHead, 2)
endfor
* 清除模板内容
clear_shape_model (ModelID)
dev_update_window ('on')
```

程序运行的部分结果如图 7-7 所示。

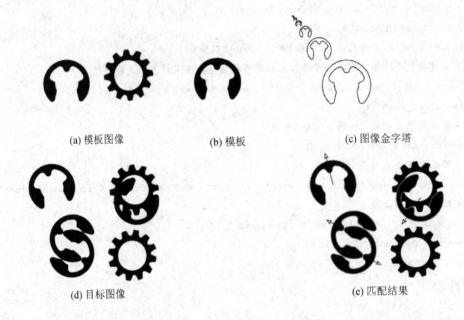

(a) 模板图像　　　　　　(b) 模板　　　　　　　(c) 图像金字塔

(d) 目标图像　　　　　　　　　　　　(e) 匹配结果

图 7-7　图像金字塔的应用实例

例 7-3 中相关算子的说明如下：

* inspect_shape_model(Image: ModelImages, ModelRegions: NumLevels, Contrast)

功能：根据金字塔层数和对比度检查要生成的模板是否合适。

Image：输入的图像。

ModelImages：获得的金字塔图像。

ModelRegions：模板区域。

NumLevels：金字塔层数。

Contrast：对比度。

一般在创建模板之前使用该算子，可以通过不同的金字塔层数和对比度，检查要生成的模板是否合适。

* create_shape_model(Template:: NumLevels, AngleStart, AngleExtent, AngleStep, Optimization,

Metric, Contrast, MinContrast: ModelID)

功能：使用图像创建形状匹配模型。

Template：模板图像。

NumLevels：最高金字塔层数。

AngleStart：开始角度。

AngleExtent：角度范围。

AngleStep：旋转角度步长。

Optimization：优化选项（是否减少模板点数）。

Metric：匹配度量极性选择。

Contrast：对比度（由阈值或滞后阈值来表示）。

MinContrast：最小对比度。

ModelID：生成模板 ID。

- find_shape_model(Image::ModelID, AngleStart, AngleExtent, MinScore, NumMatches, MaxOverlap, SubPixel, NumLevels, Greediness: Row, Column, Angle, Score)

功能：寻找单个形状模板的最佳匹配。

Image：要搜索的图像。

ModelID：模板 ID。

AngleStart：开始角度。

AngleExtent：角度范围。

MinScore：最低分值。

NumMatches：匹配的实例个数。

MaxOverlap：最大重叠。

SubPixel：是否为亚像素精度（不同模式）。

NumLevels：金字塔层数。

Greediness：搜索贪婪度。

Row、Column、Angle：获得的行坐标、列坐标、角度。

Score：获得的模板匹配分值。

对于参数 Greediness，当其值为 0 时，搜索安全但速度慢；当其值为 1 时，搜索速度快但是不稳定，有可能搜索不到，该参数默认值为 0.9。

7.4　Matching 助手

打开 HALCON 软件之后，从菜单栏中点击"助手"→"打开新的 Matching"可打开"Matching"窗口，如图 7 - 8 所示。在"创建"选项卡里加载想要创建模板的图像，之后在"模板感兴趣区域"中选择想要创建的区域的形状，选择好形状后在图像上画出该区域，点击鼠标右键退出后，想要的创建模板的区域就选择好了。此外，在工具栏中选择想要进行模板匹配的类型，如图 7 - 9 所示。

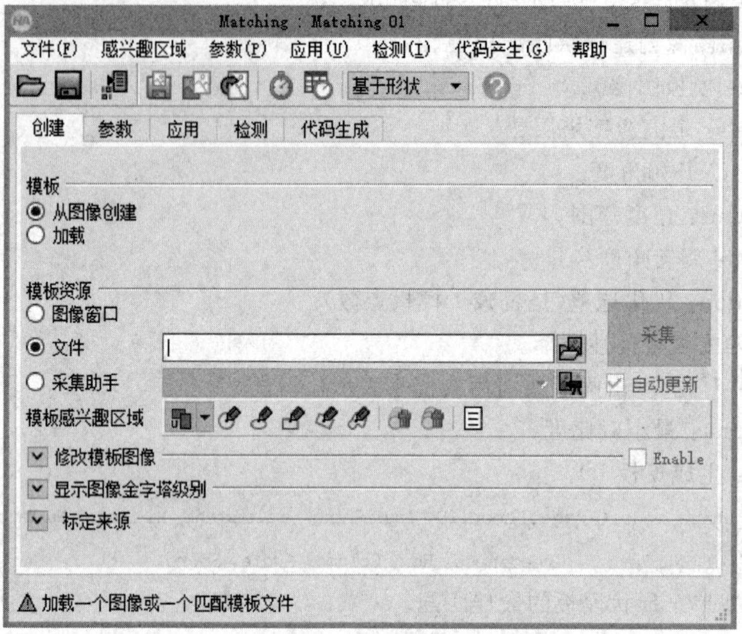

图 7 - 8 "Matching"窗口

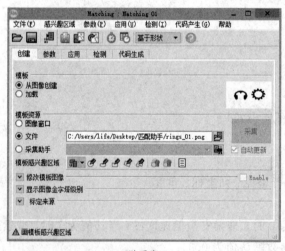

(a) 助手窗口　　　　　　　　　　　　　　　(b) 模板感兴趣区域

图 7 - 9　助手窗口和模板感兴趣区域

点击"参数"选项卡可以设置金字塔级别、起始角度、角度范围、角度步长及度量等参数。其中,金字塔级别和角度步长一般设置为"自动选择",而起始角度、角度范围和度量可根据模板进行设置,参数设置如图 7 - 10 所示。

参数设置完成之后,点击"应用"选项卡,并在该选项卡中设置加载图像文件的路径,选择进行模板匹配的图像,然后设置匹配参数,比如最小分数、匹配的最大数等,设置完参数后加载模板图像并进行匹配。"应用"选项卡如图 7 - 11 所示。

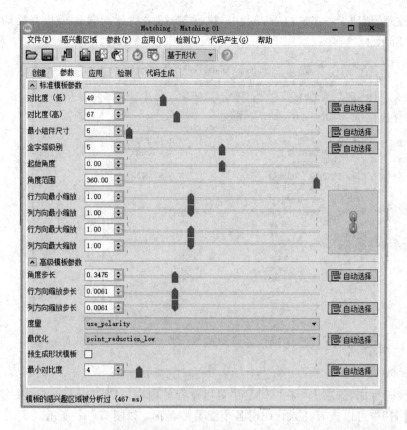

图 7 - 10　设置"参数"选项卡

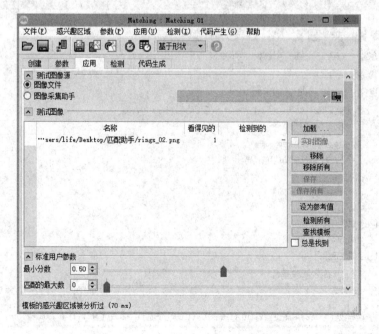

图 7 - 11　"应用"选项卡

　　点击"检测"选项卡,在窗口下方点击"执行"按钮之后就会显示模板匹配的结果信息,如图 7 - 12 所示。

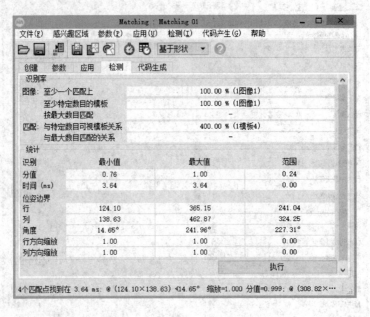

图 7 - 12　"检测"选项卡

　　点击"代码生成"选项卡,在"选项"中可以选择的内容如图 7 - 13 所示。在"基于形状模板匹配变量名"中可以查看插入代码时各个变量的名称,如图 7 - 14 所示。

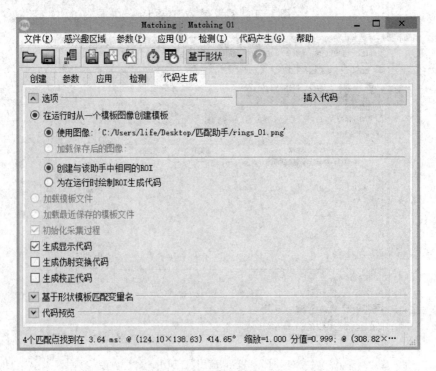

图 7 - 13　"代码生成"选项卡

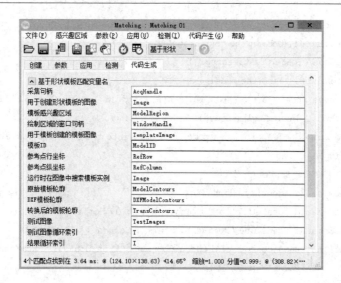

图 7-14　代码中所用变量

点击"插入代码"按钮后所产生的代码如下：

```
* Matching 01: BEGIN of generated code for model initialization
set_system ('border_shape_models', 'false')
* Matching 01: Obtain the model image
read_image (Image, 'C: /Users/life/Desktop/匹配助手/rings_01.png')
* Matching 01: Build the ROI from basic regions
gen_circle (ModelRegion, 247.759, 195.328, 93.6877)
* Matching 01: Reduce the model template
reduce_domain (Image, ModelRegion, TemplateImage)
* Matching 01: Create the shape model
create_shape_model (TemplateImage, 5, rad(0), rad(360), rad(1.2822), ['none',
    'no_pregeneration'], 'use_polarity', [10, 11, 4], 10, ModelID)
* Matching 01: Get the model contour for transforming it later into the image
get_shape_model_contours (ModelContours, ModelID, 1)
* Matching 01: Get the reference position
area_center (ModelRegion, ModelRegionArea, RefRow, RefColumn)
vector_angle_to_rigid (0, 0, 0, RefRow, RefColumn, 0, HomMat2D)
affine_trans_contour_xld (ModelContours, TransContours, HomMat2D)
* Matching 01: Display the model contours
dev_display (Image)
dev_set_color ('green')
dev_set_draw ('margin')
dev_display (ModelRegion)
dev_display (TransContours)
stop ()
* Matching 01: END of generated code for model initialization
* Matching 01: BEGIN of generated code for model application
TestImages:= ['C: /Users/life/Desktop/匹配助手/rings_02.png']
```

```
for T:= 0 to 0 by 1
    * Matching 01: Obtain the test image
    read_image (Image, TestImages[T])
    * Matching 01: Find the model
    find_shape_model (Image, ModelID, rad(0), rad(360), 0.5, 0, 0.5, 'least_squares', [5,
1], 0.75, Row, Column, Angle, Score)
    * Matching 01: Transform the model contours into the detected positions
    dev_display (Image)
    for I:= 0 to |Score| — 1 by 1
        hom_mat2d_identity (HomMat2D)
        hom_mat2d_rotate (HomMat2D, Angle[I], 0, 0, HomMat2D)
        hom_mat2d_translate (HomMat2D, Row[I], Column[I], HomMat2D)
        affine_trans_contour_xld (ModelContours, TransContours, HomMat2D)
        dev_set_color ('green')
        dev_display (TransContours)
        stop ()
    endfor
endfor
```

本 章 小 结

　　图像匹配是机器视觉的重要组成部分。本章介绍了图像匹配的概念及两种常用的方法，即基于像素的匹配和基于特征的匹配。此外，本章还详细介绍了图像金字塔在图像匹配中的作用及常用类型，以及 HALCON 软件的匹配助手，并且给出了对应的 HALCON 匹配实例，以方便读者学习。

习　　题

7.1　简述图像匹配的定义和常用方法。

7.2　分析本章介绍的图像匹配方法的特点，简述每种方法适用的应用场景。

7.3　编写 HALCON 程序，找出图 7-15 中所有的数字 3 和 5。

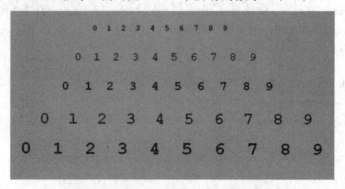

图 7-15　提取数字 3 和 5

第 8 章　HALCON 图像测量

图像测量是指对图像中的目标或区域特征进行测量和估计。广义的图像测量是指对图像灰度特征、纹理特征和几何特征的测量和描述；狭义的图像测量仅指对图像目标几何特征的测量，包括对目标或区域几何尺寸的测量和对几何形状特征的分析。

图像测量主要测量以下内容：

(1) 几何尺寸：包括长度、区域面积、长轴（主轴或直径）、短轴。

(2) 形状参数：包括曲线的曲率或曲率半径、长宽比、长轴与短轴的比值、矩形度、面积周长比、圆度、边界平均能量(E)、边界的复杂程度以及描述图像灰度分布的特性、几何重心和质心、圆形性、形状描述子等。

(3) 距离：包括欧氏距离、街区距离、棋盘距离等。

(4) 空间关系。

8.1　机器视觉与测量

机器视觉在图像测量中的应用非常广泛，按照测量功能可分为定位、缺陷检测、计数和尺寸测量等；按照其安装的载体可分为在线测量系统和离线测量系统；按照测量技术分，通常有立体视觉测量技术、斑点检测技术、尺寸测量技术及 OCR 技术等。

机器视觉的测量可以消除图像瑕疵、模糊、碎屑或凹陷等产品缺陷，以确保产品的功能和性能，其已被广泛用于各大行业的产品缺陷检测、尺寸测量中。例如，利用机器视觉系统测量电子部件的缺陷大小或针脚偏移的大小；利用机器视觉系统测量注射器形状或通过颜色区分来检查错误装配等。此外，五金行业的螺丝钉检测、电子行业的焊盘检测和装配定位、钢铁行业的钢板表面缺陷检测等，都可以应用基于机器视觉的测量技术。

基于机器视觉的测量技术，对于控制产品品质、保障产品质量有着非常重要的作用，该技术可以防止不合格产品外流，从而提高企业的核心竞争力。

8.1.1　基于机器视觉的测量原理

基于机器视觉的检测过程：对感兴趣的对象或区域进行成像，然后结合其图像信息利用图像处理软件进行处理，根据处理结果自动判断检测对象的位置、尺寸、外观信息，并依据人为预先设定的标准进行合格与否的判断，最后输出其判断信息给执行机构。机器视觉检测系统采用 CCD 相机或 CMOS 相机将被检测的对象信息转换成图像信号，传送给专用的图像处理软件，图像处理软件根据像素分布、亮度、颜色等信息，将图像信号转变成数字化信号，并对这些信号进行各种运算来抽取对象的特征(如面积、数量、位置、长度)，再根据预设的值和其他条件输出结果，包括尺寸、角度、个数、合格/不合格、有/无等，以实现自动检测功能。

8.1.2　机器视觉在测量领域的优势

机器视觉检测系统的优势主要体现在非接触测量上，具体包括以下内容：

(1) 非接触测量可以避免在测量过程中损坏被测对象。基于机器视觉的测量系统可以同时进行多项测量，以保证测量工作的快速完成，适用于在线测量。

(2) 对于微小尺寸对象的测量也是机器视觉系统的长处，它可以利用高倍镜头放大被测对象，使得测量精度达到微米以上。相比于人工测量，机器视觉的测量不仅能保证测量精度，还能保持测量的重复性和客观性，该系统能够长时间稳定地工作，可以节省大量劳动力资源。

事实表明，基于机器视觉技术的图像测量具有良好的连续性和精度，大大提高了工业在线测量的实时性和准确性，同时生产效率和产品质量控制也得到明显提升。

8.2　HALCON 一维测量

8.2.1　一维测量过程

1. 构造测量对象——建立测量区域

首先，创建一个矩形或扇环形的 ROI(测量区域)，然后作等距投影线，等距投影线与测量线或测量弧(也称为轮廓线)垂直，长度等于 ROI 的宽度，如图 8-1 和图 8-2 所示。

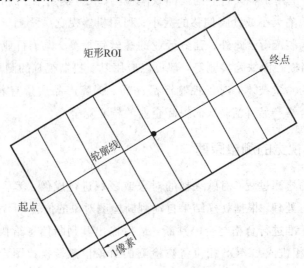

图 8-1　矩形测量区域

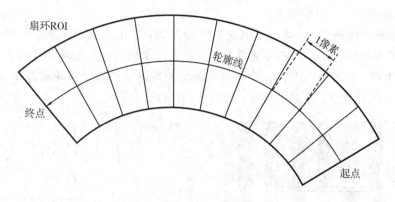

图 8-2　扇环测量区域

2. 提取边缘(对)

1) 轮廓线计算——求取投影线的平均灰度值

HALCON 一维测量主要是指提取测量对象的边缘，所以必须获得测量区域的灰度变化。边缘提取已在 5.2 节中介绍过，这里不再赘述。计算测量区域内垂直于轮廓线上单位像素间隔的平均灰度值，其实就是计算投影线的平均灰度值，其中投影线的长度是测量区域的宽，计算出各个平均灰度值后即可得到整个轮廓线的灰度值。在求取平均灰度值的过程中，如果测量矩形不是水平或者垂直状态，则必须沿投影线对像素值进行插值，可以选择不同的插值方法，目前 HALCON 支持的有邻近区域法(Nearest_neighbor)、双线性插值法(Bilinear)、双三次插值法(Bicubic)等。

测量助手轮廓线是由各个平均灰度值组成的。打开菜单栏中的"助手"→"打开新的Measure"→"边缘"→"显示轮廓线"，即可显示轮廓线，如图 8-3 所示。

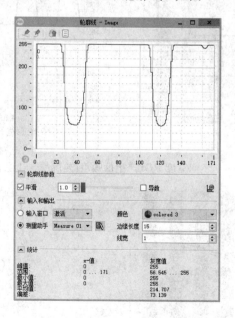

图 8-3　测量助手中的轮廓线

2）轮廓线平滑——消除噪声

获得轮廓线灰度值后，还需要对其进行平滑处理，以消除噪声干扰，可使用高斯平滑滤波器进行平滑处理。噪声与 ROI 宽度有关，如果测量的边缘近似垂直于轮廓线，则应尽量增大 ROI 宽度，以减少噪声，如图 8－4 所示；如果测量的边缘与轮廓线不是垂直关系，则应尽量减小 ROI 宽度，以减少噪声，如图 8－5 所示。

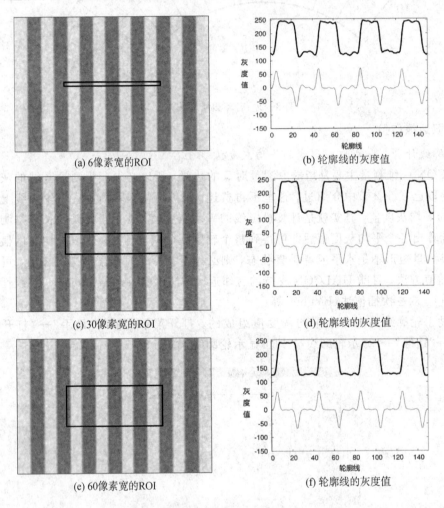

(a) 6像素宽的ROI

(b) 轮廓线的灰度值

(c) 30像素宽的ROI

(d) 轮廓线的灰度值

(e) 60像素宽的ROI

(f) 轮廓线的灰度值

图 8－4　不同宽度 ROI 产生的噪声（轮廓线与边缘垂直）

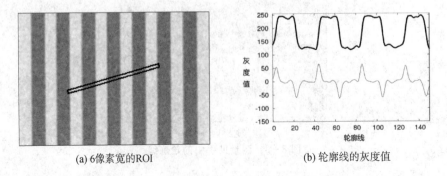

(a) 6像素宽的ROI

(b) 轮廓线的灰度值

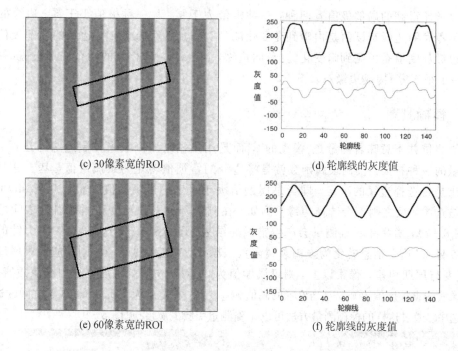

图 8-5　不同宽度 ROI 产生的噪声(轮廓线与边缘不垂直)

因此,在进行一维测量时,尽量使轮廓线与待测边缘垂直,并且尽量增加 ROI 宽度。如果不能保证垂直关系,那么应减小 ROI 宽度。

3) 求轮廓线一阶导数

求平滑处理后轮廓线的一阶导数,可以确定轮廓线上所有的极值点,这些极值点就是边缘。在测量助手中,只要选中"轮廓线"的"导数"选项就可生成导数图像,如图 8-6 所示。

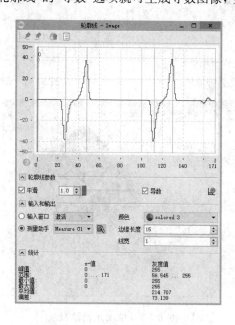

图 8-6　轮廓线导数图

通过求导得到的局部极值有两种:一种极值大于零,另一种极值小于零。边缘的局部极值大于零表明边缘灰度值是由暗到亮变化的(正向边缘,Positive),边缘的局部极值小于零表明边缘灰度值是由亮到暗变化的(负向边缘,Negative),相邻的两个局部极值(一个大于零,一个小于零)构成边缘对。

8.2.2 模糊测量

模糊测量并不意味着测量是"模糊的",而是用模糊隶属函数来控制边缘的选择,它是标准测量的一种扩展。模糊隶属函数就是将边缘的特征值转化为隶属度值,基于这些隶属度值做出是否选择边缘的决定,即当隶属度值大于设定的模糊阈值(Fuzzy Thresh)时,边缘就会被选中,反之则不会选择边缘。例如,在测量开关引脚宽度和相邻引脚之间的距离时(见图 8-7),直接用一维测量会产生错误的结果(见图 8-8),这时可将"大头针的宽度大约为 9 像素"这个信息转化为模糊隶属函数。若预期宽度为 9 像素,则对应的隶属度值为 1;若宽度与预期相差 3 像素以上,则隶属度值为 0;对于中间的宽度则采用线性插值,即宽度为 8 像素的隶属度值为 0.67。当设置的阈值为 0.5 时,在宽度为 7.5~10.5 像素之间的边缘对才会被选中。通过这样的模糊测量方法可以正确测量引脚的宽度(见图 8-9)。

图 8-7 开关引脚原图

图 8-8 错误的测量结果

图 8-9 模糊测量结果

　　像上述这样对特征值进行加权得到的隶属度值的集合，就是模糊集。如果定义了多个模糊集，则需要聚合各个模糊集的隶属度值，即整体的隶属度值等于各个模糊集的隶属度值的几何平均值。例如，可以使用"contrast"和"position"两种模糊集来选择轮廓线起点处的显著边缘。设沿轮廓线 a 处的边缘幅值为 b，则应先确定两个模糊集各自的隶属度值。如果根据 b 算出"contrast"模糊集的隶属度值为 m，根据 a 算出"position"模糊集的隶属度值为 n，则整体的隶属度值 k 可以表示为

$$k = \sqrt{m \cdot n} \tag{8-1}$$

模糊测量的主要步骤如下：

（1）使用算子 create_funct_1d_pairs 创建模糊函数。

（2）使用算子 set_fuzzy_measure 或 set_fuzzy_measure_norm_pair 为模糊集指定模糊隶属函数。

　　注意：可以重复调用算子定义多个模糊集，但是不能对同一模糊集指定多个模糊隶属函数，指定第二个模糊隶属函数意味着放弃第一个已定义的模糊隶属函数并将其替换为第二个模糊函数，之前为模糊集指定的模糊隶属函数可以通过 reset_fuzzy_measure 算子删除。

（3）使用算子 fuzzy_measure_pos、fuzzy_measure_pairs 或 fuzzy_measure_pairing 提取模糊测量的边缘或边缘对。

8.2.3　一维测量典型相关算子

　　一维测量有以下典型的相关算子：

- gen_measure_rectangle2(::Row,Column,Phi,Length1,Length2,Width,Height,Interpolation: MeasureHandle)

功能：通过矩形创建一个线性测量对象，如图 8-10 所示。

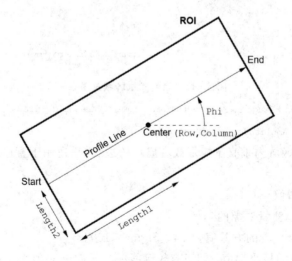

图 8-10　矩形测量区域及参数

Row、Column：矩形的中心行、列坐标。

Phi：轮廓线与水平轴的夹角。

Length1：轮廓线长度的一半。

Length2：投影线长度的一半。

Width、Height：需要处理的图像的宽、高。

Interpolation：插值方法。

MeasureHandle：测量对象的句柄。

- gen_measure_arc(::CenterRow, CenterCol, Radius, AngleStart, AngleExtent, AnnulusRadius, Width, Height, Interpolation : MeasureHandle)

功能：通过圆弧创建一个扇环测量对象，如图 8-11 所示。

CenterRow、CenterCol：轮廓线所在圆的圆心行、列坐标。

Radius：轮廓线所在圆的半径。

AngleStart：轮廓线上起始点角度(弧度值)。

AngleExtent：轮廓线的角度范围。

AnnulusRadius：扇环投影区域宽度的一半。

Width、Height：需要处理的图像的宽、高。

Interpolation：插值方法。

MeasureHandle：测量对象的句柄。

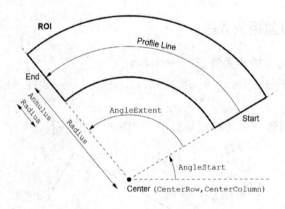

图 8-11　扇环测量区域及参数

- measure_pos(Image :: MeasureHandle, Sigma, Threshold, Transition, Select : RowEdge, ColumnEdge, Amplitude, Distance)

功能：提取测量区域内垂直于矩形或者扇环的边缘(只适用于直边缘，不适用于从曲面对象中提取边缘)。

Image：输入的图像。

MeasureHandle：测量对象的句柄。

Sigma：进行高斯平滑的方差值，$0.4 \leqslant Sigma \leqslant 100$。

Threshold：边缘的最小幅值，即只有轮廓线一阶导数绝对值大于该参数时，边缘才会被选中，$1 \leqslant Threshold \leqslant 255$。

Transition：边缘灰度值过渡类型，将沿主轴方向从暗到亮定义为正向边缘(Positive)，将从亮到暗定义为负向边缘(Negative)。

Select：选择返回的边缘点。如果 Select 设置为"all"，则返回所有边缘点；如果设置为"first"，则只返回第一个提取的边缘点；若设置为"last"，则只返回最后一个。

RowEdge、ColumnEdge：边缘中心行、列坐标。

Amplitude：边缘梯度幅值，即相应的一阶导数值(带符号)。

Distance：连续边缘之间的距离。

- measure_pairs(Image::MeasureHandle, Sigma, Threshold, Transition, Select : RowEdgeFirst, ColumnEdgeFirst, AmplitudeFirst, RowEdgeSecond, ColumnEdgeSecond, AmplitudeSecond, IntraDistance, InterDistance)

功能：提取测量区域内垂直于矩形或者扇环的边缘对(只适用于直边缘，不适用于从曲面对象中提取边缘)。

Sigma：进行高斯平滑的方差值，$0.4 \leqslant Sigma \leqslant 100$。

Threshold：边缘的最小幅值，即只有轮廓线一阶导数绝对值大于该参数时，边缘才会被选中，$1 \leqslant Threshold \leqslant 255$。

Transition：边缘灰度值过渡类型。

Select：选择返回的边缘点。如果 Select 设置为"all"，则返回所有边缘对；如果设置为"first"，则只返回第一个提取的边缘对；若设置为"last"，则只返回最后一个边缘对。

RowEdgeFirst、ColumnEdgeFirst：边缘对中第一个边缘的中心行、列坐标。

AmplitudeFirst：边缘对中第一个边缘的过渡幅值，即第一个边缘的一阶导数值(带符号)。

RowEdgeSecond、ColumnEdgeSecond：边缘对中第二个边缘的中心行、列坐标。

AmplitudeSecond：边缘对中第二个边缘的过渡幅值，即第二个边缘的一阶导数值(带符号)。

IntraDistance：一组边缘对内两个边缘之间的距离(亚像素)。

InterDistance：连续边缘对之间的距离(亚像素)。

对于参数 Transition，如果 Transition ＝"positive"，则在 RowEdgeFirst 和 ColumnEdgeFirst 中将返回沿矩形长轴方向的由暗到亮过渡的边缘点，在 RowEdgeSecond 和 ColumnEdgeSecond 中将返回由明到暗的边缘点；如果 Transition ＝ "negative"，则相反；如果 Transition ＝ "all"，则 RowEdgeFirst 和 ColumnEdgeFirst 定义为首先检测到的边缘，即根据测量对象的定位，返回"亮暗亮"的边缘对或"暗亮暗"的边缘对。对于有多个相同过渡的连续边缘时，如果把第一个边缘用作边缘对的元素，则会导致不能选择足够高的 Threshold 来抑制相同过渡的连续边缘，这种情况下可以使用第二种找边缘对模式，仅选择一系列连续的上升沿和下降沿中的相应最强边沿。通过将"_strongest"附加到用于转换的上述任何模式中(例如 negative_strongest)来选择该模式。

- measure_thresh(Image::MeasureHandle, Sigma, Threshold, Select : RowThresh, ColumnThresh, Distance)

功能：提取测量区域内轮廓线上具有指定灰度值的点(只适用于直边缘，不适用于从曲面对象中提取边缘)。

Threshold：阈值，即指定的灰度值。

Select：要返回的点，"first"指返回第一个点，"last"指最后一个点，"first_last"指第一个和最后一个点，"all"指所有的点。

RowThresh、ColumnThresh：提取点的行、列坐标。

Distance：两连续点之间的距离。

- measure_projection(Image::MeasureHandle : GrayValues)

功能：提取测量区域内投影线上的一维灰度值分布。

GrayValues：投影线上的灰度值分布，用数组表示。

- close_measure(::MeasureHandle :)

功能：关闭测量对象(测量句柄)。

- close_all_measures(:::)

功能：关闭所有测量对象(测量句柄)。

- write_measure(::MeasureHandle, FileName :)

功能：保存测量对象到文件，测量对象文件的后缀是 .msr。

FileName：保存的文件名。

- read_measure(::FileName : MeasureHandle)

功能：从文件中读取测量对象。

- translate_measure(::MeasureHandle, Row, Column :)

功能：移动测量对象到新的参考点。

Row、Column：新的参考点行、列坐标。

- create_funct_1d_pairs(::XValues, YValues : Function)

功能：通过二维数组创建一个离散一维函数，即生成模糊函数。

XValues：函数点的 x 值，指边缘特征。

YValues：函数点的 y 值，指相应特征值的权重，$0 < y < 1$。

Function：已创建的模糊函数。

- set_fuzzy_measure(::MeasureHandle, SetType, Function :)

功能：指定一个模糊函数。

SetType：选择模糊集。

模糊集使得 fuzzy_measure_pos 和 fuzzy_measure_pairs / fuzzy_measure_pairing 算子能够评估和选择检测到的候选边缘。主要有以下五种类型的模糊集(其中 position_pair、size 和 gary 仅由 fuzzy_measure_pairs / fuzzy_measure_pairing 算子使用)：

(1) contrast：使用模糊函数来评估候选边缘的振幅(一阶导数值)。在提取边缘对时，通过两条边缘振幅的模糊分数的几何平均值来获得模糊评估。

(2) position：使用模糊函数评估每个候选边缘到测量对象的参考点的距离，参考点为测量对象轮廓线的起点。而 position_center 或 position_end 将参考点设置为轮廓线的中点或末端；position_first_edge/position_last_edge 将参考点设置为第一个/最后提取的边缘的位置。当提取边缘对时，通过两条边缘位置的模糊分数的几何平均值来获得模糊评估。

(3) position_pair：与 position 相似，计算每个边缘对的中心点与测量对象的参考点之间的距离。参考点可以分别由 position_pair_center、position_pair_end 和 position_first_pair、position_last_pair 来设置。

（4）size：以像素为单位，用模糊函数评估边缘对内两条边缘的规定距离。

（5）gray：使用模糊函数评估边缘对的两个边缘之间的平均投影灰度值。

- set_fuzzy_measure_norm_pair(::MeasureHandle, PairSize, SetType, Function :)

功能：设置归一化的模糊隶属度函数。与 set_fuzzy_measure 算子不同，这些函数的横坐标 x 必须由边缘对的预期宽度 s（在参数 PairSize 中传递）来定义。

PairSize：边缘对的预期宽度。

SetType：选择模糊集。选择模糊集主要有三种类型，即 size、position 和 position_pair，其中 position_pair 仅由 fuzzy_measure_pairs 和 fuzzy_measure_pairing 算子使用。

size 模糊集以像素为单位，用模糊函数评估边缘对内两条边缘的归一化距离。这个模糊集也可以通过 size_diff 指定为归一化的大小差异，或通过 size_abs_diff 指定为绝对归一化大小差异。另外两个模糊集 position 和 position_pair 参考算子 set_fuzzy_measure 参数详解。

- fuzzy_measure_pos(Image::MeasureHandle, Sigma, AmpThresh, FuzzyThresh, Transition :
  RowEdge, ColumnEdge, Amplitude, FuzzyScore, Distance)

功能：提取垂直于矩形或扇环的直边，与 measure_pos 不同的是，该算子使用模糊函数来判断和选择边缘。

AmpThresh：最小的边缘梯度阈值，即边缘的一阶导数绝对值大于该值才会被选中。

FuzzyThresh：最小模糊阈值，即权重的几何平均值大于该值，边缘才会被选中。

RowEdge、ColumnEdge：边缘点的行、列坐标。

Amplitude：边缘梯度幅值（带符号），即一阶导数值。

FuzzyScore：边缘模糊评估的分数。

- fuzzy_measure_pairs(Image::MeasureHandle, Sigma, AmpThresh, FuzzyThresh, Transition :
  RowEdgeFirst, ColumnEdgeFirst, AmplitudeFirst, RowEdgeSecond, ColumnEdgeSecond, Amplitude-
  Second, RowEdgeCenter, ColumnEdgeCenter, FuzzyScore, IntraDistance, InterDistance)

功能：提取垂直于矩形或扇环的直边对。与 measure_pairs 不同的是，该算子使用模糊函数来判断和选择边缘对。

RowEdgeCenter、ColumnEdgeCenter：边缘对的中心行、列坐标。

- fuzzy_measure_pairing(Image::MeasureHandle, Sigma, AmpThresh, FuzzyThresh, Transition,
  Pairing, NumPairs : RowEdgeFirst, ColumnEdgeFirst, AmplitudeFirst, RowEdgeSecond,
  ColumnEdgeSecond, AmplitudeSecond, RowPairCenter, ColumnPairCenter, FuzzyScore, Intra-
  Distance)

功能：提取垂直于矩形或扇环的直边对。提取算法与 fuzzy_measure_pairs 相同，但该算子可以使用参数 Pairing 来提取彼此相交或者包含的边缘对。

Pairing：配对约束。

NumPairs：返回边缘对的数量。

RowPairCenter、ColumnPairCenter：边缘对的中心行、列坐标。

● reset_fuzzy_measure(::MeasureHandle, SetType :)

功能：重置一个模糊函数。

8.2.4　一维测量实例

【例 8 - 1】　机器视觉以其检测精度和速度高，同时有效的避免人工检测带来的主观性和个体差异的优势，在工业检测领域中占有越来越重要的地位。请使用一维测量方法来测量如图 8 - 12 所示的零件的弧形边缘。

图 8 - 12　测量弧形边缘的宽度

思路：

(1) 使用 gen_measure_arc 算子创建测量区域。

(2) 使用 measure_pairs 算子提取边缘对。

(3) 显示结果。

程序如下：

```
* 读取图像
read_image (Zeiss1, 'zeiss1')
* 获得图像的大小
get_image_size (Zeiss1, Width, Height)
* 关闭图形窗口
dev_close_window ()
* 打开合适图像大小的窗口
dev_open_window (0, 0, Width, Height, 'black', WindowHandle)
* 设置字体
set_display_font (WindowHandle, 14, 'mono', 'true', 'false')
* 显示图片
dev_display (Zeiss1)
* 显示"Press Run (F5) to continue"
disp_continue_message (WindowHandle, 'black', 'true')
stop ()
* 设置弧形中心点的坐标
```

```
Row := 275
Column := 335
* 设置弧形的半径
Radius := 107
* 设置弧形的长度范围
AngleStart := -rad(55)
AngleExtent := rad(170)
* 设置填充方式、颜色、线宽
dev_set_draw ('fill')
dev_set_color ('green')
dev_set_line_width (1)
* 得到椭圆周长上的各点
get_points_ellipse (AngleStart + AngleExtent, Row, Column, 0, Radius, Radius, RowPoint,
        ColPoint)
* 绘制弧形线
disp_arc (WindowHandle, Row, Column, AngleExtent, RowPoint, ColPoint)
dev_set_line_width (3)
* 生成扇环测量对象
gen_measure_arc (Row, Column, Radius, AngleStart, AngleExtent, 10, Width, Height, 'nearest_
        neighbor', MeasureHandle)
disp_continue_message (WindowHandle, 'black', 'true')
stop ()
* 提取垂直于矩形或扇环的直线边缘
n := 10
for i := 1 to n by 1
    measure_pos (Zeiss1, MeasureHandle, 1, 10, 'all', 'all', RowEdge, ColumnEdge,
            Amplitude, Distance)
endfor
disp_continue_message (WindowHandle, 'black', 'true')
* 计算两点之间的距离
distance_pp (RowEdge[1], ColumnEdge[1], RowEdge[2], ColumnEdge[2], IntermedDist)
* 设置线段颜色
dev_set_color ('red')
* 绘制两点之间的直线
disp_line (WindowHandle, RowEdge[1], ColumnEdge[1], RowEdge[2], ColumnEdge[2])
* 设置文本颜色
dev_set_color ('yellow')
* 显示测量得到的像素距离
disp_message (WindowHandle, 'Distance:' + IntermedDist, 'image', 200, 460, 'red', 'false')
* 清除图形窗口
dev_clear_window ()
```

程序运行结果如图 8-13 所示。

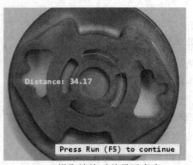

(a) 生成测量区域　　　　　　(b) 提取边缘对并显示宽度

图 8-13　测量弧形边缘的宽度结果

8.3　HALCON 二维测量

　　针对各种不同的二维测量任务，HALCON 提供了多种测量方法。二维测量提取的二维特征通常包括面积(表示对象的像素数)、方向、角度、位置、尺寸(直径、宽度、高度或对象之间的距离)及对象的数量。

　　二维测量任务从创建提取图像的区域或轮廓开始，提取感兴趣的特征主要有区域处理、轮廓处理和几何运算三种方法。

8.3.1　区域处理

　　区域处理主要指的是 Blob 分析，该方法只能提取像素精度的边缘，主要包括四个步骤，即预处理、图像区域的分割、区域的处理和特征的提取。Blob 分析已在 6.4 节中详细介绍，下面介绍一些常用的算子。

1. 预处理常用算子

(1) 有关图像的算子及算子功能。

mean_image 和 binomial_filter：消除噪声。

median_image：抑制小斑点或细线。

gray_opening_shape 和 gray_closing_shape：灰度值的开运算和闭运算。

smooth_image：图像平滑。

anisotropic_diffusion：保留边缘的图像平滑。

sub_image：图像灰度值的相减。

(2) 有关区域的算子及算子功能。

fill_up：填充。

opening_circle 和 opening_rectangle1：消除小区域(比如圆形/矩形结构元素)和平滑区域边界。

closing_circle 和 closing_rectangle1：填充小于设置参数尺寸的圆形/矩形结构元素的

孔洞和平滑区域边界。

2. 图像区域分割算子

（1）threshold、binary_threshold、auto_threshold、dyn_threshold、fast_threshold、local_threshold：根据灰度值分割出感兴趣的区域。

（2）gray_histo、histo_to_thresh、intensity：获得图片的灰度值。

（3）connection：将图像中感兴趣的区域分割成几个区域，即每个连接的组件都是单独的区域。

（4）watershed：分水岭算子，根据拓扑结构来分割图片。

（5）regiongrowing：区域生长算子，按照强度分割图片。

3. 区域处理算子

（1）select_shape 和 select_gray：选择有特定特征的区域。

（2）dilation_rectangle1：扩张有矩形元素的区域。

（3）union1 和 union2：合并多个区域。

（4）intersection：获得两区域的交集。

（5）difference：计算两个区域的不同。

（6）complement：计算区域的补集。

（7）shape_trans：拟合区域。

（8）skeleton：计算区域的框架。

注意：difference 和 sub_image 都是相减的操作，但是 difference 是计算两个区域的区别，参数必须是 region，如果区域都是同一个灰度值，那么 difference 的功能是找出两个区域在形状上的差别，而 sub_image 是灰度值的相减，与形状无关。

4. 特征提取算子

（1）area_center：得到区域的面积和中心坐标。

（2）smallest_circle：确定包围区域的最小封闭圆。

（3）smallest_rectangle1：计算平行坐标轴的最小外接矩形参数。

（4）smallest_rectangle2：计算区域任意方向最小外接矩形参数。

（5）inner_rectangle1：计算平行于坐标轴的最大内接矩形。

（6）inner_circle：计算最大内接圆。

（7）diameter_region：计算区域边界的最大距离。

（8）orientation_region：计算区域方向。

注意：orientation_region 和 smallest_rectangle2 都可以确定对象的方向，但方法不同。orientation_region 是基于 elliptic_axis 计算等效椭圆的方向，而 smallest_rectangle2 是计算最小包围矩形的方向。因此，需要根据对象的形状选择最合适的算子。图 8 - 14(a)、图 8 - 14(b)分别表示由等效椭圆和最小包围矩形确定字符"L"得到的结果。除了方向不同之外，两个算子返回值的范围也不同。orientation_region 返回 $-180°\sim180°$ 范围内的方向，而 smallest_rectangle2 的返回值范围则为 $-90°\sim90°$。

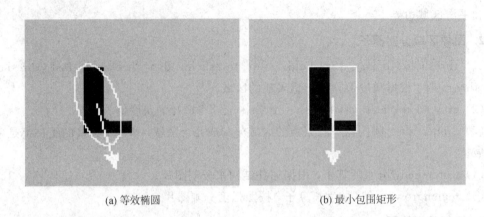

(a) 等效椭圆   (b) 最小包围矩形

图 8-14 等效椭圆或最小包围矩形确定的方向

8.3.2 轮廓处理

轮廓处理适用于高精度测量,可提取像素精度及亚像素精度的边缘和线条,其主要包括五个步骤:① 创建轮廓;② 选择轮廓;③ 分割轮廓;④ 利用已知形状拟合轮廓来提取特征;⑤ 提取未知轮廓的特征。

1. 创建轮廓

轮廓处理从创建轮廓开始,创建轮廓常用的方法是提取边缘。边缘是一张图片中亮暗区域的过渡位置,可以由图片梯度计算得出。图片梯度也可以表示为边缘幅度和边缘方向。通过选择有高的边缘幅值的像素点或者有特定边缘方向的像素点,可以提取区域的边缘以创建轮廓。

1) 像素精度的边缘和线条

提取像素精度的边缘可以使用边缘滤波器。边缘滤波器通过阈值算子,选取具有给定最小边缘幅度的像素来提取边缘区域,再对得到的边缘区域进行细化(如使用算子 Skeleton),就可以得到一个像素精度的边缘。常见的像素精度边缘滤波器包括运算速度较快的 Sobel_amp 算子和运算速度较慢但已经阈值化和细化的 edges_image 算子,edges_image 算子的运算结果比 Sobel_amp 算子更精确。如图 8-15 所示为使用 edges_image 算子获得的像素精度边缘。edges_image 算子及其在彩色图像中对应的算子 edges_color 的参数 Filter 可以设置为"Sobel_fast",该算子的运算速度也很快,但其只适合于噪声或纹理小、边缘锐利的图像。

图 8-15 像素精度边缘

除了提取边缘之外,还可以提取具有一定宽度的线条。一般采用滤波算子 bandpass_image,该算子具有阈值化和细化功能。

注意：对边缘滤波器产生的边缘图像进行阈值化和细化之后，可将细化后的边缘区域转化为 XLD 轮廓(如算子 gen_contours_skeleton_xld)。

2) 提取亚像素精度的边缘和线条

亚像素精度边缘是比像素精度边缘精度更高的边缘，即 XLD 轮廓。

(1) 提取亚像素精度边缘的常用算子。

edges_sub_pix：用于一般边缘提取。

edges_color_sub_pix：用于提取彩色图像的边缘。

zero_crossing_sub_pix：以亚像素精度提取图像中的零交叉点。如果输入图像是拉普拉斯滤波图像，则可以用作亚像素精度边缘提取器。

(2) 提取亚像素精度线条(有一定宽度)的常用算子。

lines_gauss：用于一般的线提取。

lines_facet：用 facet 模型进行线提取。

lines_color：对彩色图像进行线提取。

此外：提取 XLD 轮廓的另一种快速方法是亚像素精度阈值分割，即算子 threshold_sub_pix，该算子可以应用于整个图像。

如图 8-16 所示为使用 edges_sub_pix 算子获得的亚像素精度边缘。

图 8-16　亚像素精度边缘

2. 选择轮廓

1) 根据特征选择轮廓的常用算子

select_shape_xld：选择特定形状特征的 XLD 轮廓或多边形(例如轮廓的凹凸度、圆度或面积)，有大约 30 种不同的形状特征可供选择。

select_contures_xld：选择多种特征要求的 XLD 轮廓(如长度、开闭、方向等特征，不支持多边形)。

select_xld_point：与鼠标结合使用，以交互方式选择轮廓。

2) 通过轮廓合并将接近的轮廓段合并成一个 XLD 的常用算子

union_collinear_contours_xld：合并在同一直线上的 XLD。

union_cocircular_contours_xld：合并在同一个圆上的 XLD。

union_adjacent_contours_xld：合并相邻的 XLD。

union_cotangential_contours_xld：合并余切的 XLD。

3) 集合论算子选择轮廓的算子

intersection_closed_contours_xld(intersection_closed_polygons_xld)：计算由闭合轮廓(多边形)包围的区域之间的交集。

difference_closed_contours_xld(difference_closed_polygons_xld)：计算由闭合轮廓(多边形)包围的区域之间的差异。

symm_difference_closed_contours_xld(symm_difference_closed_polygons_xld)：计算

由闭合轮廓(多边形)包围的区域之间的对称差。

union2_closed_contours_xld(union2_closed_polygons_xld):计算由闭合轮廓(多边形)包围的区域之间的并集。

4) 简化轮廓的算子

shape_trans_xld:将轮廓转换为最小的封闭圆、具有相同参数(长短轴之比和面积)的椭圆、凸区域或最小的封闭矩形(平行于坐标轴或具有任意方向)。

如图 8-17 所示为将轮廓转化为最小的封闭圆、具有相同参数的椭圆和任意方向的最小封闭矩形。

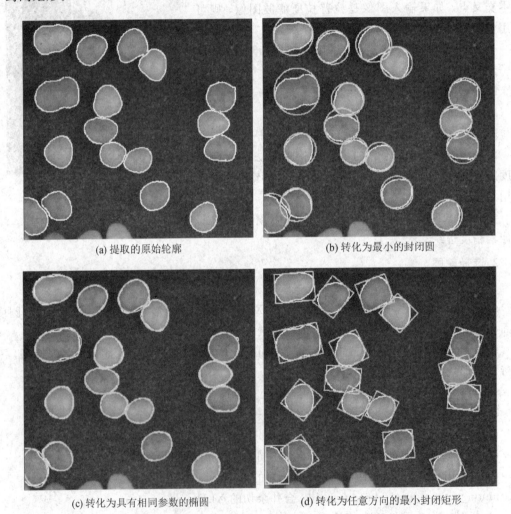

(a) 提取的原始轮廓　　　　　　　　　　　(b) 转化为最小的封闭圆

(c) 转化为具有相同参数的椭圆　　　　　　　(d) 转化为任意方向的最小封闭矩形

图 8-17　将轮廓转化为近似形状

3. 分割轮廓

选择的轮廓通常由或多或少的复杂形状组成。将轮廓分割成相对简单的轮廓段(如直线、圆等)可以使轮廓分析更容易,因为由轮廓段组成的形状基元便于测量。形状基元包括线、圆弧、椭圆弧和矩形。

　　算子 segment_contours_xld 用于分割轮廓。根据选择的参数，可将轮廓分割成直线段（见图 8－18）、直线和圆形段或直线和椭圆段，每个单独轮廓段的形状信息存储在属性 cont_approx 中。如果只需要直线段，则也可以使用算子 gen_polygons_xld。若要获取多边形的各个边，则可使用算子 split_contours_xld。

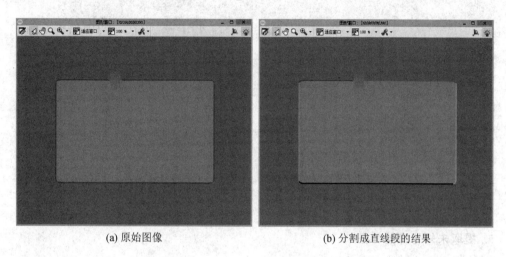

(a) 原始图像　　　　　　　　　　　　　　　　　　(b) 分割成直线段的结果

图 8－18　分割轮廓

4. 利用已知形状拟合轮廓来提取特征

　　在选择轮廓和分割轮廓之后，将形状基元拟合到轮廓或轮廓段以获得它们特定的形状参数。可以选择的形状基元包括线段、圆弧、椭圆弧和矩形，特定的形状参数包括线段的端点、圆的半径和中心。各个单独的轮廓段通过属性 cont_approx 的值来确定，可以使用算子 get_contour_global_attrib_xld 来查询属性 cont_approx 的值。如果 cont_approx＝－1，则对应的轮廓最适合被拟合为线段；如果 cont_approx＝0，则对应的轮廓最适合被拟合为椭圆弧；如果 cont_approx＝1，则对应的轮廓最适合被拟合为圆弧。

　　主要的拟合算子如下：

　　fit_line_contour_xld：拟合线段。

　　fit_circle_contour_xld：拟合圆弧。

　　fit_ellipse_contour_xld：拟合椭圆弧。

　　fit_rectangle2_contour_xld：拟合矩形。

　　利用拟合得到的参数可以生成相应的轮廓，从而进行可视化或进一步处理。生成轮廓的算子如下：

　　gen_contour_polygon_xld：生成线段。

　　gen_circle_contour_xld：生成圆弧。

　　gen_ellipse_contour_xld：生成椭圆弧。

gen_rectangle2_contour_xld：生成矩形。

如图 8 - 19 所示为将圆弧拟合到各个圆弧轮廓段中，并显示半径。

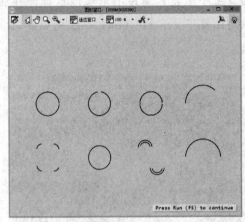 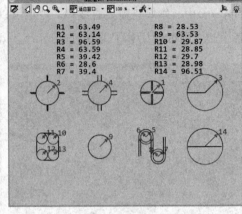

(a) 提取得到的轮廓段　　　　　　　　　　(b) 拟合圆弧的结果

图 8 - 19　拟合圆

5. 提取未知轮廓的特征

对于不能用已知的形状基元来描述的轮廓，HALCON 提供了以下算子来计算轮廓的一般特征。

area_center_xld：求 XLD 包围的区域面积、重心以及边界点的排列顺序。

diameter_xld：计算 XLD 上距离最远的两个点的坐标及距离。

elliptic_axis_xld：获得 XLD 的等效椭圆参数。

length_xld：获得 XLD 的长度。

orientation_xld：获得 XLD 的方向。

smallest_circle_xld：获得 XLD 的最小封闭圆的圆心和半径。

smallest_rectangle1_xld：获得 XLD 的最小包围矩形(与坐标轴平行)的左上角与右下角的坐标。

smallest_rectangle2_xld：获得 XLD 的最小外接矩形(任意方向)的参数。

注意：在使用 area_center_xld 算子计算 XLD 面积时，得到的是轮廓围成的整个区域的面积。当 XLD 包围的区域内存在孔洞时，必须提取孔洞的轮廓以得到其面积，并从外部轮廓包围的面积中减去孔洞的面积。可以使用算子 area_holes 计算区域中孔洞的面积。

有些算子只作用于没有自相交的轮廓。由于自相交可能是由于算子的内部计算而发生的，所以可以应用算子 test_self_intersection_xld 来检查轮廓是否有自相交；也可以使用相应的点云算子解决由于自相交而导致的问题，可用的算子包括 area_center_points_xld、moments_points_xld、orientation_points_xld、elliptic_axis_points_xld、eccentricity_points_xld、moments_any_points_xld。

8.3.3 几何运算

HALCON 为几何运算提供了一系列算子，用于计算点、线、线段、轮廓或区域等元素之间的关系。如表 8-1 所示为计算元素间距离关系的算子。

表 8-1 计算元素间距离关系的算子

	点	线	线段	轮廓	区域
点	distance_pp	distance_pl	distance_ps	distance_pc	distance_pr
线	distance_pl	—	distance_sl	distance_lc	distance_lr
线段	distance_ps	distance_sl	distance_ss	distance_sc	distance_sr
轮廓	distance_pc	distance_lc	distance_sc	distance_cc distance_cc_min	—
区域	distance_pr	distance_lr	distance_sr	—	distance_rr_min distance_rr_min_dil

此外，HALCON 还提供了进一步几何运算的算子，主要有：

angle_ll：获得两条直线之间的夹角。

angle_lx：获得直线与垂直轴的夹角。

get_points_ellipse：获得椭圆上对应特定角度的点。

intersection_lines：获得两条直线的交点。

projection_pl：获得点在直线上的投影。

8.3.4 二维测量例程

【例 8-2】 从一个芯片中提取其特征，并计算芯片中各引脚之间的距离和宽度，如图 8-20 所示。

图 8-20 待测的芯片部件

程序如下：

```
* 关闭窗口
dev_close_window ()
* 读取图片
read_image (Image, 'ic_pin')
* 获取图像的大小
get_image_size (Image, Width, Height)
* 打开窗口
dev_open_window (0, 0, Width / 2, Height / 2, 'black', WindowHandle)
* 设置字体
set_display_font (WindowHandle, 21, 'mono', 'true', 'false')
* 显示图片
dev_display (Image)
disp_continue_message (WindowHandle, 'black', 'true')
stop ()
* 设置矩形框的参数
Row := 47
Column := 485
Phi := 0
Length1 := 420
Length2 := 10
* 设置颜色
dev_set_color ('green')
* 设置区域填充形式为边界
dev_set_draw ('margin')
* 设置线宽
dev_set_line_width (3)
* 创建矩形
gen_rectangle2 (Rectangle, Row, Column, Phi, Length1, Length2)
* 准备提取垂直于矩形的直边
gen_measure_rectangle2 (Row, Column, Phi, Length1, Length2, Width, Height, 'nearest_neighbor',
                        MeasureHandle)
disp_continue_message (WindowHandle, 'black', 'true')
* 停止
stop ()
* 在程序执行期间关闭 PC 的更新
dev_update_pc ('off')
* 在程序执行期间关闭变量窗口的更新
dev_update_var ('off')
n := 100
* 计时
count_seconds (Seconds1)
```

```
for i := 1 to n by 1
    * 提取垂直于矩形或环形弧的直边对
    measure_pairs (Image, MeasureHandle, 1.5, 30, 'negative', 'all', RowEdgeFirst,
                   ColumnEdgeFirst, AmplitudeFirst, RowEdgeSecond, ColumnEdgeSecond,
                   AmplitudeSecond, PinWidth, PinDistance)
endfor
count_seconds (Seconds2)
* 计算时间差
Time := Seconds2－Seconds1
disp_continue_message (WindowHandle, 'black', 'true')
stop ()
* 设置颜色
dev_set_color ('red')
* 在窗口中画线
disp_line (WindowHandle, RowEdgeFirst, ColumnEdgeFirst, RowEdgeSecond, ColumnEdgeSecond)
* 计算线宽的平均值
avgPinWidth := sum(PinWidth) / |PinWidth|
* 计算线距离的平均值
avgPinDistance := sum(PinDistance) / |PinDistance|
numPins := |PinWidth|
* 设置颜色
dev_set_color ('yellow')
* 显示信息
disp_message (WindowHandle, 'Number of pins: ' + numPins, 'image', 200, 100, 'yellow',
              'false')
disp_message (WindowHandle, 'Average Pin Width: ' + avgPinWidth, 'image', 260, 100,
              'yellow', 'false')
disp_message (WindowHandle, 'Average Pin Distance: ' + avgPinDistance, 'image', 320, 100,
              'yellow', 'false')
disp_continue_message (WindowHandle, 'black', 'true')
stop ()
* 设置矩形框的参数
Row1 := 0
Column1 := 600
Row2 := 100
Column2 := 700
dev_set_color ('blue')
* 显示与坐标轴对齐的矩形
disp_rectangle1 (WindowHandle, Row1, Column1, Row2, Column2)
stop ()
* 设置显示的区域
dev_set_part (Row1, Column1, Row2, Column2)
```

```
* 显示图片
dev_display (Image)
* 显示颜色
dev_set_color ('green')
* 显示矩形
dev_display (Rectangle)
dev_set_color ('red')
* 在窗口中画线
disp_line (WindowHandle, RowEdgeFirst, ColumnEdgeFirst, RowEdgeSecond, ColumnEdgeSecond)
disp_continue_message (WindowHandle, 'black', 'true')
stop ()
* 设置显示区域
dev_set_part (0, 0, Height-1, Width-1)
dev_display (Image)
disp_continue_message (WindowHandle, 'black', 'true')
stop ()
dev_set_color ('green')
* 设置矩形框的参数
Row := 508
Column := 200
Phi := -1.5708
Length1 := 482
Length2 := 35
* 创建矩形
gen_rectangle2 (Rectangle, Row, Column, Phi, Length1, Length2)
* 准备提取垂直于矩形的直边
gen_measure_rectangle2 (Row, Column, Phi, Length1, Length2, Width, Height,
            'nearest_neighbor', MeasureHandle)
stop ()
* 提取垂直于矩形或环形弧的直边
measure_pos (Image, MeasureHandle, 1.5, 30, 'all', 'all', RowEdge, ColumnEdge, Amplitude,
        Distance)
* 计算引脚的高度
PinHeight1 := RowEdge[1]-RowEdge[0]
PinHeight2 := RowEdge[3]-RowEdge[2]
dev_set_color ('red')
* 画线
disp_line (WindowHandle, RowEdge, ColumnEdge - Length2, RowEdge, ColumnEdge + Length2)
* 显示信息
disp_message (WindowHandle, 'Pin Height:' + PinHeight1, 'image', RowEdge[1] + 40,
        ColumnEdge[1] + 100, 'yellow', 'false')
disp_message (WindowHandle, 'Pin Height:' + PinHeight2, 'image', RowEdge[3] - 120,
```

ColumnEdge[3]+ 100,'yellow','false')

＊设置区域填充形式为全部区域

dev_set_draw ('fill')

＊设置线宽

dev_set_line_width (1)

程序运行结果如图 8-21 所示。

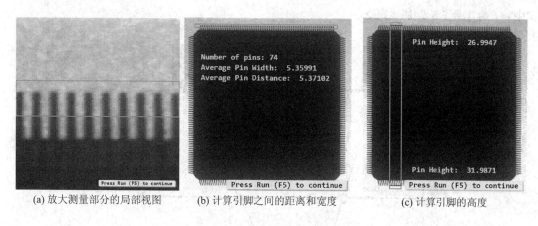

(a) 放大测量部分的局部视图 　(b) 计算引脚之间的距离和宽度 　(c) 计算引脚的高度

图 8-21 从芯片中提取特征并进行测量的结果

8.4 HALCON 三维测量

三维物体有多种测量方法。如果能够在一个指定的平面上测量，则可结合相机标定（参照第 10 章）和二维测量；如果需要三维对象的表面测量或无法将测量缩减到单个指定平面上，则可以将三维重建与测量结合使用。也就是说，可以使用三维重建为三维对象返回点、曲面或深度信息，再对该信息进行测量。

要重建三维对象的表面，可以使用以下方法：

（1）HALCON 的立体视觉功能允许基于两个（双目立体）或多个（多目立体）图像确定物体表面上任何点的三维坐标，这些图像从不同相机的视角获取。

（2）通过用激光三角测量可以获得物体的深度信息。需注意的是，除了摄像头外，还需要使用额外的硬件，如激光线投影仪和相对于相机和激光器移动物体的装置。

8.4.1 双目立体视觉测量

双目立体视觉是机器视觉的一种重要形式，它是基于视差原理并由多幅图像获取物体三维几何信息的方法。双目立体视觉系统一般由双相机从不同角度同时获得被测物体的两幅数字图像，或由单相机在不同时刻获得被测物的两幅数字图像，并基于视差原理恢复出物体的三维几何信息，重建物体三维轮廓及位置。

1. 双目立体视觉测量的原理

假设两个具有相同内参的相机如图 8-22 所示平行放置，且连接两台相机光学中心的直线与第一台相机的 x 轴重合,将点 $P(x^c, z^c)$ 投影到两台相机的成像平面中,得到点 P 在两个图像平面中的坐标为

$$u_1 = f \cdot \frac{x^c}{z^c} \tag{8-2}$$

$$u_2 = f \cdot \frac{x^c - b}{z^c} \tag{8-3}$$

式中:f 为焦距;b 为基线距。

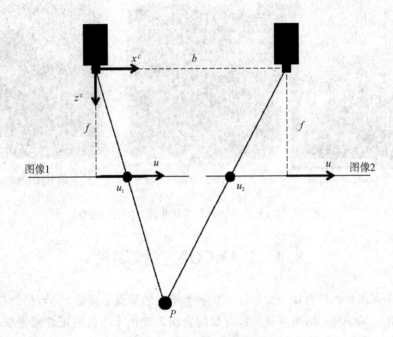

图 8-22   双目视觉成像原理图

由 P 点投影到两个成像平面中得到的一对图像点通常称为共轭点或同源点。共轭点在这两个成像平面内的位置差称为视差 d,可表示为

$$d = (u_2 - u_1) = -\frac{f \cdot b}{z^c} \tag{8-4}$$

若给定相机参数和两个共轭点的图像坐标,则可得点 P 的纵坐标 z^c,即其与立体相机系统的距离:

$$z^c = -\frac{f \cdot b}{d} \tag{8-5}$$

要确定点 P 与立体相机系统的距离,则需要确定两个相机的参数以及第二个相机相对于第一个相机的相对位姿。

因此,立体视觉所要解决的问题是确定相机的参数和共轭点。两个相机的参数可通过标定立体相机系统来完成,标定方法与单相机标定十分相似,算子也相同。对于共轭点的确定,只需在立体匹配过程中调用算子 binocular_disparity。

2. 双目立体视觉的系统结构和精度分析

由双目立体视觉的基本原理可知,若要获得三维空间某点的三维坐标,则需在两个成

像平面上都存在相应点。双目立体视觉的一般结构为交叉摆放的两个相机从不同角度观测同一物体，如图 8-23 和图 8-24 所示分别为实物图和原理图。事实上，也可以由一台相机获取两幅图像。例如，一个相机通过给定方式的运动，在不同位置观测同一个静止的物体，或者通过光学成像的方式将两幅图像投影到一个相机上。

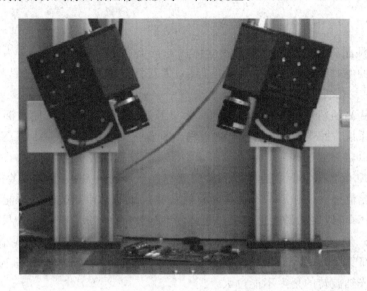

图 8-23　一般双目立体视觉系统实物图

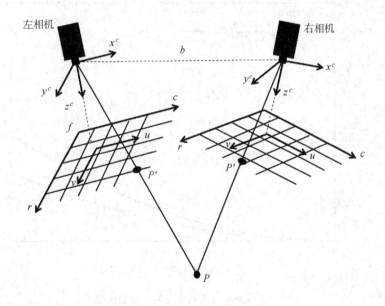

图 8-24　一般双目立体视觉系统原理图

各种结构的双目立体视觉系统都有各自的优缺点，这些结构适用于不同的应用场合。对于大测量范围和较高测量精度的场合，可采用基于双相机的双目立体视觉系统；对于测量范围比较小且对视觉系统体积和质量要求严格，需要高速实时测量对象的场合，可选择基于光学成像的单相机视觉系统。

　　基于双相机的双目立体视觉系统必须安装在一个稳定的平台上，在进行双目立体视觉系统标定以及应用该系统进行测量时，应确保相机的内参(如焦距)和两个相机的相对位姿关系不变，如果任何一项发生变化，则需要重新对双目立体视觉系统进行标定。

　　双目立体视觉系统的安装方法会影响测量结果的精度。测量的精度可表示为

$$\Delta z = \frac{z^2}{f \cdot b} \Delta d \tag{8-6}$$

式中：Δz 表示测量得出的被测点与双目立体视觉系统之间距离的精度；z 为被测点与双目立体视觉系统的绝对距离；f 为相机的焦距；b 为双目立体视觉系统的基线距；Δd 为被测点视差精度。

　　为了得到更高的精度，应增大相机的焦距以及基线距，同时应该使被测物体尽可能地靠近立体视觉系统。另外，测量精度与视差精度有直接的关系。在 HALCON 中，一般情况下视差结果可以精确到 $1/5 \sim 1/10$ 个像素，如果一个像素代表 $7.4~\mu m$，那么视差的精度可以达到 $1~\mu m$。如图 8-25 所示为深度测量精度与各个参数的关系(假设视差精度为 $1~\mu m$)。如果 b 与 z 的比值过大，则立体图像对之间的交叠区域非常小，这样就不能得到足够的物体表面信息。b/z 可以取的最大值取决于物体的表面特征。一般情况下，如果物体高度变化不明显，则 b/z 值可以大一些；如果物体表面高度变化明显，则 b/z 的值要小一些。无论在何种情况下，都要确保立体图像对之间的交叠区域足够大，并且两个相机应该大约对齐，即每个相机绕光轴旋转的角度不能过大。

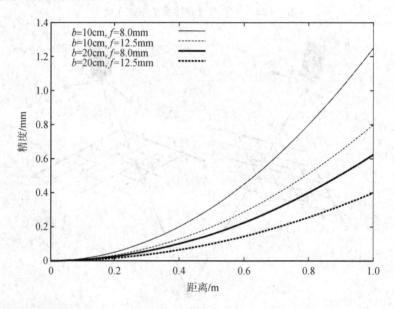

图 8-25　深度测量精度与各个参数的关系

3. 双目立体视觉系统的标定

　　为了进行双目立体视觉系统的标定，需要得到空间点的三维坐标以及该点在两幅图像中坐标的对应关系，另外还需要给定两个相机的初始参数。拍摄标定板图像时，要保证标定板在两个相机中都能完整地成像。

如果使用 HALCON 标准标定板，则首先可以通过算子 find_caltab 在标定板图像中分离出标定板区域，然后利用算子 find_marks_and_pose 通过亚像素阈值分割、亚像素边缘提取、圆心确定等一系列操作，计算标定板上每个点的图像坐标以及标定板与相机之间的大约位姿关系，即相机的外参初始值。

如果使用自定义的标定板，则可以使用 HALCON 中的图像滤波、亚像素边缘及线提取、亚像素轮廓处理等基本算子，求取标定点的坐标并估算相机的外参初始值。

获得标定点的坐标以及相机的初始参数后，通过调用算子 binocular_calibration 来确定两个相机的内、外参以及两个相机的相对位姿关系。

双目立体视觉的标定使用的算子如下：

- find_caltab(Image : CalPlate : CalPlateDescr, SizeGauss, MarkThresh, MinDiamMarks :)

功能：分割图像中的标准标定板区域。

- find_marks_and_pose(Image, CalPlateRegion :: CalPlateDescr, StartCamParam, StartThresh, DeltaThresh, MinThresh, Alpha, MinContLength, MaxDiamMarks : RCoord, CCoord, StartPose)

功能：抽取标定点并计算相机的内参，输出 MARKS 坐标数组以及估算的相机外参。标定板在相机坐标系中的位姿由三个平移量和三个旋转量构成。

上述两个算子的参数说明会在第 10 章详细介绍。

- binocular_calibration(:: NX, NY, NZ, NRow1, NCol1, NRow2, NCol2, StartCamParam1, StartCamParam2, NStartPose1, NStartPose2, EstimateParams : CamParam1, CamParam2, NFinalPose1, NFinalPose2, RelPose, Errors)

功能：计算双目立体视觉系统的所有参数。

NX、NY、NZ：标定点空间坐标的数组。

NRow1、NCol1、NRow2、NCol2：标定点在两相机中的图像坐标的数组。

StartCamParam1、StartCamParam2：相机 1、相机 2 的初始内参。

NStartPose1、NStartPose2：标定板在相机 1、相机 2 的初始位姿。

EstimateParams：选择将被计算的相机参数。

CamParam1、CamParam2：计算得到的相机 1、相机 2 的内参。

NFinalPose1、NFinalPose2：所有标定模型在相机坐标系中的位姿数组。

RelPose：相机 2 相对相机 1 的位姿。

Errors：像素距离的平均错位率。

4. 校正立体图像对

为了更精确地进行匹配，提高运算的效率，在获得相机的内、外参后，应首先对立体图像对进行校正。校正的过程是将图像投影到一个公共的图像平面上，这个公共图像平面的方向由双目立体视觉系统的基线与两个原始图像平面交线的交集确定。

校正后的图像对可以看作是虚拟立体视觉系统采集的图像对，该视觉系统中相机的光心与实际相机一致，只是通过相机绕光心的旋转使光轴平行，并且视觉系统中两个相机的焦距相同。这个虚拟立体视觉系统就是双目立体视觉原理中提到的最简单的平视双目视觉模型。

HALCON 将标定过程中获得的相机内参以及两个相机的相对位姿关系作为参数传递

给算子 gen_binocular_rectification_map，再将获得的两个图像的映射图传递给算子 map_image，由此即可得到校正后的两幅图像，并可获得校正后虚拟立体视觉系统中两个相机的内、外参。

如图 8-26 所示为原始的立体图像对，其中两个相机相对的旋转角度很大，相应的校正图像对如图 8-27 所示。

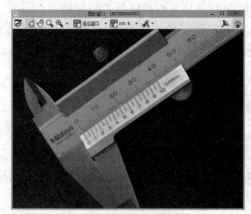

(a) 相机1采集　　　　　　　　　　　　　(b) 相机2采集

图 8-26　原始立体图像

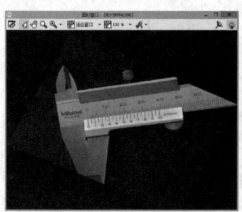 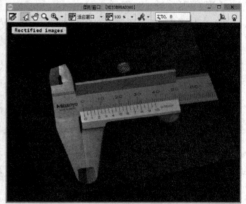

(a) 相机1采集图像校正　　　　　　　　　(b) 相机2采集图像校正

图 8-27　校正的立体图像

校正立体图像对使用的算子如下：

- gen_binocular_rectification_map (: Map1, Map2 : CamParam1, CamParam2, RelPose, SubSampling, Method, MapType: CamParamRect1, CamParamRect2, CamPoseRect1, CamPoseRect2, RelPoseRect)

功能：产生变换映射，该算子描述的是两相机的图像到图像校正后的基平面的映射。

Map1、Map2：包含两相机映射数据的映射图。

CamParam1、CamParam2：两相机的原始参数。

RelPose：相机 2 对相机 1 的位姿。

SubSampling：相机的二次采样因素，可用于更改相对于原始图像的校正图像的大小和分辨率。

Method：图像校正方法，校正过程将原始图像投影到普通的校正图像平面上。可以通过参数 Method 选择定义此平面的方法，方法包括 geometric 和 viewing_direction 两种。

MapType：映射的插值方式，双线性插值法能产生更平滑的图像，而最近邻插值法的速度更快。

CamParamRect1、CamParamRect2：相机经图像校正后的内、外参。

CamPoseRect1、CamPoseRect2：校正前的相机在校正后相机平面的位姿。

RelPoseRect：校正后相机 2 相对于相机 1 的位姿。

对于参数 SubSampling，其值为 1 时表示经过校正的图像与原始图像大小相同。该参数值越大，图像越小，分辨率越低。减小图像尺寸会使匹配过程进行得更快，但同时使结果中显示的细节更少。一般而言，该参数不应低于 0.5 或高于 2。

- map_image(Image，Map : ImageMapped::)

功能：校正图像。

Image：待校正的图像。

Map：包含校正数据的图像。

ImageMapped：校正结果图。

5. 获得图像中三维信息

为了得到图像中某点的三维信息，需要在另一幅图像中找到该点的对应点坐标。因此，要想获得物体的深度信息，则首先需要对校正后的立体图像对进行匹配。由于经过校正后，两幅图像中的对应点在图像的同一行中，因此在匹配时只需要在相应的行中寻找匹配点。为了得到更佳的匹配结果，如果被测物体表面没有明显的特征信息，则需要在测量时在物体表面增加特征点。另外，应避免被测物体上有重复图案在同一行中。

将校正后的图像以及虚拟立体视觉系统中的相机内、外参数传递给 binocular_disparity 算子，这时可以设置匹配窗大小、相似度计算方式等参数，在匹配中使用图像金字塔可提高匹配速度，并且可以自我检测匹配结果的正确性。binocular_disparity 算子返回一个视差图（物体表面三维信息的表示）和一个匹配分值图（表示匹配结果的准确程度）。

算子 binocular_distance 与 binocular_disparity 类似，只是返回一个深度图（物体表面在第一个相机坐标系中的深度信息）和一个匹配分值图。

得到视差图之后，可以使用算子 disparity_to_point_3d 和 disparity_image_to_xyz 得到点的 x、y、z 坐标。如果想得到立体视觉系统中两个给定点的距离，则可以使用算子 disparity_to_distance 从视差图确定相应的视差并将它们转换为距离。

各算子的说明如下：

- binocular_disparity(ImageRect1，ImageRect2 : Disparity，Score : Method，MaskWidth，MaskHeight，TextureThresh，MinDisparity，MaxDisparity，NumLevels，ScoreThresh，Filter，SubDisparity :)

功能：基于相关性的方法计算得到视差图和匹配分值图。

ImageRect1、ImageRect2：经过校正的图像。

Disparity：视差图。

Score：匹配分值图。

Method：选择匹配函数，有三种方法，即 sad(对应像素差的绝对值)、ssd(对应像素差的平方和)、ncc(图像的相关性)，其中 ncc 方法较慢。

MaskWidth、MaskHeight：设置匹配窗口的宽度、高度(较大匹配窗口可以得到更平滑的视差图，但可能导致细节比较模糊。相比之下，较小匹配窗口的结果往往有比较多的噪声，但显示了更多的细节)。

TextureThresh：定义匹配窗口允许的最小方差。

MinDisparity、MaxDisparity：定义最小和最大视差值(如果视差范围过大，则匹配时间变长且匹配失败的概率增加。因此，应正确设置参数 MinDisparity 和 MaxDisparity)。

NumLevels：图像金字塔层数。

ScoreThresh：相关函数的阈值，用于指定匹配分值的范围。

Filter：激活下游滤波器，可以选择的方法为 left_right_check，该方法基于反向的二次匹配来验证匹配结果，只有当两个匹配结果对应时，才接收所得到的共轭点。

SubDisparity：视差的亚像素插值，设置为"interpolation"表示开启视差的亚像素精度；设置为"none"表示关闭。

需注意，必须根据 Method 选择的匹配函数设置 ScoreThresh 的值。方法 sad($0 \leqslant$ score $\leqslant 255$)和方法 ssd($0 \leqslant$ score $\leqslant 65\ 025$)的匹配程度越高，分值越低，而方法 ncc ($-1 \leqslant$ score $\leqslant 1$)的匹配程度越高，分值越高。分值为 0 表示两个匹配窗口完全不同；分值为 -1 表示第二个匹配窗口与第一个匹配窗口完全相反。

- binocular _ distance (ImageRect1, ImageRect2 : Distance, Score : CamParamRect1, CamParamRect2, RelPoseRect, Method, MaskWidth, MaskHeight, TextureThresh, MinDisparity, MaxDisparity, NumLevels, ScoreThresh, Filter, SubDistance :)

功能：确定深度图和匹配分值图。

CamParamRect1、CamParamRect2：两台相机(已标定)的内部参数。

RelPoseRect：相机 2 相对于相机 1 的位姿。

SubDistance：深度的亚像素插值。

- disparity _ to _ point _ 3d (:: CamParamRect1, CamParamRect2, RelPoseRect, Row1, Col1, Disparity: X, Y, Z)

功能：在经过校正的立体系统中，将图像点及其视差转换为 3D 点。

Row1、Col1：相机 1 中点的行、列坐标。

X、Y、Z：点的三维坐标。

6. 双目立体视觉例程

【例 8-3】 通过双目立体视觉技术，获得如图 8-28 所示电路板的深度信息，并对不同深度进行可视化(注：由于例程代码过多，故此处省略了一些简单的代码，若需要整个例程的代码，则可参照 HALCON 例程 height_above_reference_plane_from_stereo. hdev)。

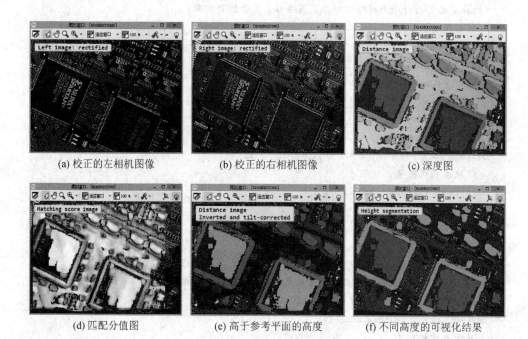

　　(a) 校正的左相机图像　　　　　(b) 校正的右相机图像　　　　　　(c) 深度图

　　(d) 匹配分值图　　　　　　(e) 高于参考平面的高度　　　　(f) 不同高度的可视化结果

图 8-28　双目立体视觉获得深度信息

程序如下：

```
* 关闭更新
dev_update_off ()
* 关闭窗口
dev_close_window ()
* 获取图像
ImageFiles:= ['board_aligned_l', 'board_aligned_r', 'board_rotated_l', 'board_rotated_r']
* 设置标定相机模型，采用 division 畸变模型并设置相机模型的初始参数
gen_cam_par_area_scan_division (0.0131207, −622.291, 7.40051e−006, 7.4e−006,
                313.212, 257.118, 640, 480, CamParamL)
gen_cam_par_area_scan_division (0.0131949, −622.579, 7.41561e−006, 7.4e−006,
                319.161, 229.867, 640, 480, CamParamR)
* 创建 3D 位姿，即右相机相对于左相机的位姿
create_pose (0.153128, −0.00389049, 0.0453321, 0.640628, 319.764, 0.141582, 'Rp＋T',
                'gba', 'point', RelPose)
* 生成校正立体图像对所需的映射图
gen_binocular_rectification_map (MapL, MapR, CamParamL, CamParamR, RelPose, 1, 'viewing_
                direction', 'bilinear', RectCamParL, RectCamParR,
                CamPoseRectL, CamPoseRectR, RectLPosRectR)
* 返回右相机的映射图尺寸
get_image_size (MapR, WidthR, HeightR)
* 返回左相机的映射图尺寸
get_image_size (MapL, WidthL, HeightL)
```

(此处省略了打开两个图像窗口及设置字体、显示信息步骤)

* 循环两幅图像

for I: = 0 to 2 by 2

* 激活图形窗口 1

dev_set_window (WindowHandle1)

* 清除图形窗口 1

dev_clear_window ()

* 设置显示区域

dev_set_part (0, 0, HeightL — 1, WidthL — 1)

* 读取左相机图像

read_image (ImageL, ImageFiles[I])

* 增强图像对比度

emphasize (ImageL, ImageL, 7, 7, 1)

* 校正左相机图像

map_image (ImageL, MapL, ImageRectifiedL)

(此处省略了右相机图像的显示和校正步骤,该过程与左相机相同)

* 激活图形窗口 1

dev_set_window (WindowHandle1)

* 显示左相机图像

dev_display (ImageL)

* 在图形窗口 1 显示'Left image'

disp_message (WindowHandle1, 'Left image', 'window', 12, 12, 'black', 'true')

(此处省略了图形窗口 2 右相机图像的显示步骤,该过程与图形窗口 1 过程相同)

stop ()

* 激活图形窗口 1

dev_set_window (WindowHandle1)

* 显示校正的左相机图像

dev_display (ImageRectifiedL)

* 在图形窗口 1 显示'Left image: rectified'

disp_message (WindowHandle1, 'Left image: rectified', 'window', 12, 12, 'black', 'true')

(此处省略了校正的右相机图像的显示步骤,该过程与校正左相机图像的显示相同)

stop ()

(此处省略了 binocular_difference 和 binocular_distance 参数值的定义步骤)

* 确定深度图和匹配分值图

binocular_distance (ImageRectifiedL, ImageRectifiedR, DistanceImage, ScoreImageDistance,

RectCamParL, RectCamParR, RectLPosRectR, 'ncc', MaskWidth,

MaskHeight, TextureThresh, MinDisparity, MaxDisparity, NumLevels,

ScoreThresh, 'left_right_check', 'interpolation')

* 确定视差图和匹配分值图

binocular_disparity (ImageRectifiedL, ImageRectifiedR, DisparityImage,

ScoreImageDisparity, 'ncc', MaskWidth, MaskHeight, TextureThresh,

MinDisparity, MaxDisparity, NumLevels, ScoreThresh, 'left_right_

check', 'interpolation')

(此处省略了深度图和匹配分值图在两个窗口的显示步骤)

```
stop ()
* 定义一个区域
if (I == 0)
    * 设置颜色
    dev_set_color ('green')
    * 画圆
    gen_circle (Circle, [65, 145, 455], [50, 590, 210], [15, 15, 15])
    * 合并多个区域
    union1 (Circle, RegionDefiningReferencePlane)
    * 设置颜色
    dev_set_color ('red')
else
    dev_set_color ('green')
    gen_circle (Circle, [60, 260, 420], [40, 590, 90], [15, 15, 15])
    union1 (Circle, RegionDefiningReferencePlane)
    dev_set_color ('red')
endif
* 激活图形窗口 1
dev_set_window (WindowHandle1)
* 消除相机坐标系对物体表面倾斜的影响
tilt_correction (DistanceImage, RegionDefiningReferencePlane, DistanceImageCorrected)
* 获得最小高度
MinHeight:= —0.0005
* 获得最大高度
MaxHeight:= 0.05
* 将深度图转换为参考平面以上的高度
height _ range _ above _ reference _ plane (DistanceImageCorrected, HeightAboveReference-
                                    PlaneReduced, MinHeight, MaxHeight)
* 显示参考平面以上的高度
dev_display (HeightAboveReferencePlaneReduced)
* 可视化不同的高度
visualize _ height _ ranges (ImageRectifiedL, HeightAboveReferencePlaneReduced, WindowHandle2,
                0.0004, 0.0015, 0.0015, 0.0025, 0.0025, 0.004)
(此处省略了两个图像窗口字符信息的显示步骤)
stop ()
if (I == 0)
    * 激活图形窗口 1
    dev_set_window (WindowHandle1)
    * 设置颜色
    dev_set_color ('red')
    * 设置显示区域
    dev_set_part (0, 0, HeightR — 1, WidthR — 1)
    * 显示右相机的校正图像
        dev_display (ImageRectifiedR)
```

（此处省略图像窗口字符信息的显示步骤）

```
disp_message (WindowHandle1, Message, 'window', 5, 5, 'black', 'true')
* 设置区域填充模式为边框
dev_set_draw ('margin')
* 为重复图案生成矩形区域
gen_rectangle1 (AreaOfRepetitivePatterns, [142, 375, 172, 405], [115, 115, 460,
            460], [172, 405, 202, 435], [330, 330, 680, 680])
* 显示重复图案
dev_display (AreaOfRepetitivePatterns)
* 设置区域填充模式为全部填充
dev_set_draw ('fill')
stop ()
            endif
        endfor
```

8.4.2　激光三角测量

1. 激光三角测量的原理

使用 Sheet-of-light 技术进行激光三角测量的基本原理是将由激光投影仪(激光器)产生的细长发光直线，投射到待重建的物体表面，然后用相机对投射的直线进行成像。激光线的投影建立了一个光平面，相机的光轴与光平面形成的角度 α 称为三角测量角。激光线和相机视野之间的交叉点位置取决于物体的高度。如果物体的高度有变化，那么激光线和相机视野的交叉点会移动，相机拍摄到的物体表面激光线的成像就不是直线，而是物体表面的轮廓，利用该轮廓可以得到该物体的高度差。为了重建物体的整个表面，即获得一组物体的高度轮廓，物体必须相对于激光投影仪和相机组成的系统移动，使得整个物体表面都被扫描，从而完成整个物体表面的重建，如图 8 - 29 所示。

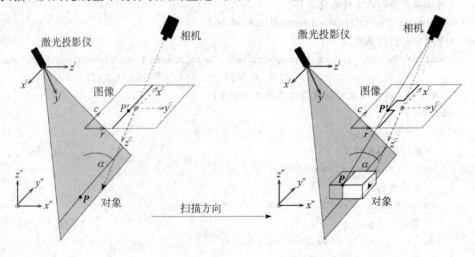

图 8 - 29　激光三角测量原理图

由于物体相对于激光和相机在移动，所以相机每一次拍摄都可以获得一张物体表面某一水平线上的轮廓图。依次将相机获取的激光线图像（即轮廓图）储存为图像中的一行，即可得到视差图。如果测量系统是经过标定的，那么视差图中每个点的坐标及其灰度值，代表着对应的物体表面上的点在世界坐标系中的 x、y、z 坐标。根据各个点的 x、y、z 坐标，将点绘制在三维坐标系中，就可以得到物体的三维模型，并可将其可视化。三维模型包含有关三维坐标和相应的二维映射信息。如果系统没有经过标定，则测量只返回视差图和测量结果可靠的分值。激光三角测量返回的视差图和双目立体视觉返回的视差图并不完全相同。对于双目立体视觉，视差图是立体图像对行坐标之间的差异；对于激光三角测量，视差图是所拍轮廓线的亚像素行坐标值。

2. 硬件系统及精度分析

激光三角测量所需的硬件包括可以投射细长光线的激光投影仪、相机、移动平台（一般是传送带）和被测对象。激光投影仪、相机和移动平台的位置关系是不变的，而物体的位置随着移动平台的移动而相对于激光投影仪和相机移动。激光投射到物体上形成的激光线轮廓应大致与相机所采集图像的行平行。

激光投影仪、相机和待测量对象的位置关系有三种，如图 8-30 所示。

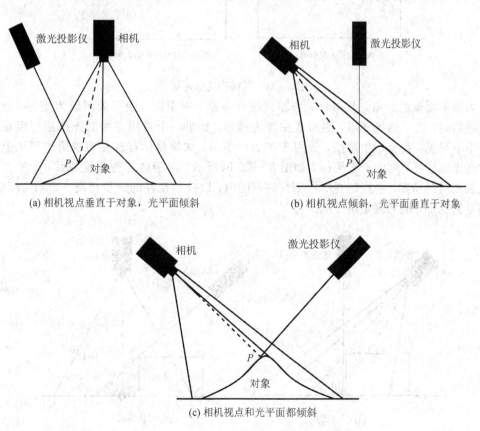

图 8-30　激光投影仪、相机和待测量对象的位置关系

成像效果取决于待测量对象的几何特性，如图 8-31 所示。

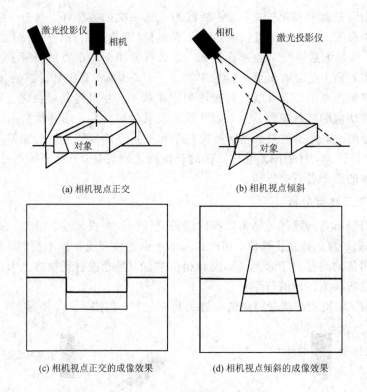

(a) 相机视点正交　　　　　　　　　(b) 相机视点倾斜

(c) 相机视点正交的成像效果　　　　(d) 相机视点倾斜的成像效果

图 8 - 31　不同的成像效果

　　如果被测量的对象是长方体，当相机视点垂直于对象时，则所成图像为矩形；当相机视点倾斜时，由于透视变形，则所成图像为梯形。如果一个目标点被激光线照亮但在相机视野中不可见，则会产生遮挡，如图 8 - 32(a)所示；如果目标点在相机视野中可见但是没有被激光线照亮，则会产生阴影，如图 8 - 32(b)所示。对于这三种位置关系，光平面和相机光轴之间的角度，应控制在 $30°\sim60°$ 的范围内，以获得良好的测量精度。如果角度较小，则测量精度低，反之测量精度高。

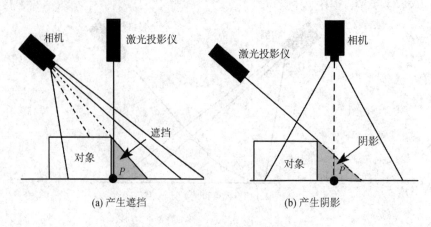

(a) 产生遮挡　　　　　　　　　　　(b) 产生阴影

图 8 - 32　位置关系不当导致的后果

3. 标定

使用 Sheet-of-light 技术进行激光三角测量的装置有两种标定方式，即使用 HALCON 标准标定板和使用特定的 3D 标定对象。

方法一：使用 HALCON 标准标定板。

首先，对相机按照常规方法进行标定，即确定相机的内、外参（参考 10.3 节，这里不再赘述）；然后，根据标定板的附加图像标定光平面和物体相对于测量装置的移动位姿。

光平面标定的具体步骤如下：

（1）获取光平面相对于世界坐标系（World Coordinate System，WCS）的方向，需要两个标定板图像的位姿。一幅图像的位姿用于定义 WCS；另一幅图像的位姿用于定义临时坐标系（Temporary Coordinate System，TCS）。这两幅图像均使用 set_origin_pose 来移动位姿的原点，以适合于标定板的厚度。

（2）分别获取两个标定板图像的激光线图像，使用 compute_3d_coordinates_of_light_line 算子计算激光线上点的三维坐标，获得的点云包括 WCS 和 TCS 中的光平面点。

（3）使用 fit_3d_plane_xyz 将光平面拟合到点云中，再通过 get_light_plane_pose 得到其位姿。

对于移动位姿的标定，即物体在连续两次测量之间的相对位姿变换，需要使用不同运动状态的两个图像。为了提高准确性，一般不使用两个连续移动步骤的图像，而是使用已知移动步数的两幅图像（同一个标定板），标定的大致步骤如下：

（1）使用 find_calib_object 和 get_calib_data_observ_points 分别从两幅图像中推导出标定板的位姿。

（2）计算这两个位姿的转换。

（3）计算单个移动步骤的位姿。

使用 HALCON 标准标定板进行激光三角测量的主要算子如下：

- get_calib_data

功能：获得存储在标定模型中的存储数据。

- set_origin_pose

功能：设置 3D 坐标原点。

- find_calib_object(Image::CalibDataID, CameraIdx, CalibObjIdx, CalibObjPoseIdx, GenParamName, GenParamValue :)

功能：寻找 HALCON 标定板，并从标定模型中获取标定点的数据。

Image：输入的图像。

CalibDataID：标定数据模型的句柄。

CameraIdx：相机索引。

CalibObjIdx：标定板索引。

CalibObjPoseIdx：不同图像标定板位置索引。

GenParamName：模型参数的名称。该参数应根据 Sheet-of-light 测量模型进行调整。

GenParamValue：模型参数的值。该参数应根据 Sheet-of-light 测量模型进行调整。

- get_calib_data_observ_points(::CalibDataID, CameraIdx, CalibObjIdx, CalibObjPoseIdx : Row, Column, Index, Pose)

功能：从标定数据模型中获取标定信息。

Row、Column：标定板上标定点的圆心行、列坐标。

Index：标定点的索引。

Pose：预估的相机外参。

- pose_to_hom_mat3d(::Pose : HomMat3D)

功能：将三维位姿转换为齐次变换矩阵。

Pose：3D 位姿。

HomMat3D：齐次变换矩阵。

- hom_mat3d_invert(::HomMat3D : HomMat3DInvert)

功能：求 3D 齐次变换矩阵的逆矩阵。

HomMat3DInvert：3D 齐次变换矩阵的逆矩阵。

- hom_mat3d_compose(::HomMat3DLeft, HomMat3DRight : HomMat3DCompose)

功能：将两个 3D 齐次变换矩阵相乘。

HomMat3DLeft：左输入变换矩阵。

HomMat3DRight：右输入变换矩阵。

HomMat3DCompose：输出变换矩阵。

- affine_trans_point_3d(::HomMat3D, Px, Py, Pz : Qx, Qy, Qz)

功能：进行两个坐标系之间的 3D 坐标的仿射变换。

Px、Py、Pz：输入点的坐标。

Qx、Qy、Qz：输出点的坐标。

- create_pose(::TransX, TransY, TransZ, RotX, RotY, RotZ, OrderOfTransform, OrderOfRotation, ViewOfTransform : Pose)

功能：创建一个 3D 位姿。

TransX、TransY、TransZ：沿 X 轴、Y 轴、Z 轴的平移量。

RotX、RotY、RotZ：沿 X 轴、Y 轴、Z 轴的旋转量。

OrderOfTransform：平移矩阵和旋转矩阵相乘的顺序以及平移矩阵中 TransX、TransY、TransZ 的正负性。

OrderOfRotation：围绕任意轴的 3D 旋转的表示方法，包括 gba、abg、rodriguez 三种方法。

ViewOfTransform：旋转矩阵中 RotX、RotY、RotZ 的正负性。

Pose：输出的 3D 位姿。

方法二：使用特定的 3D 标定对象。

使用特定的 3D 标定对象的方法比使用 HALCON 标准标定板的方法简单，但是精度略低。该方法的标定对象必须与 create_sheet_of_light_calib_object 算子创建的 CAD 模型相对应，并且其尺寸必须能完全覆盖被测对象的体积。如图 8-33 所示为一个 3D 标定对象。为了标定带有特定 3D 标定对象的激光三角测量系统，需要先用此系统获得 3D 标定对象的视差图(见图 8-34)，然后利用视差图和算子 calibrate_sheet_of_light 进行标定。

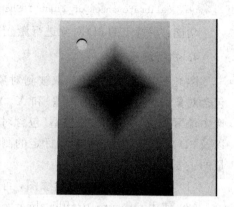

图 8-33　3D 标定对象　　　　　　　　　　图 8-34　3D 标定对象的视差图

使用特定的 3D 标定对象进行激光三角测量的主要算子如下:

- create_sheet_of_light_calib_object(::Width, Length, HeightMin, HeightMax, FileName :)

功能:创建一个标定对象。

Width、Length:标定对象的宽度、长度。

HeightMin、HeightMax:标定对象斜平面的最小高度和最大高度(见图 8-35)。

FileName:存储标定对象模型的文件名。

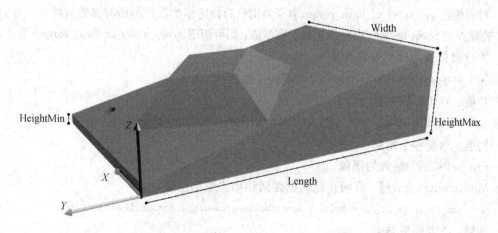

图 8-35　标定对象的参数

- create_sheet_of_light_model(ProfileRegion::GenParamName, GenParamValue : SheetOfLightModelID)

功能:创建模型来执行激光三角测量。

ProfileRegion:图像中包含的待处理轮廓线的区域,如果提供的区域不是矩形,则使用其最小的包围矩形。

SheetOfLightModelID:激光三角测量模型的句柄。

- set_sheet_of_light_param(::SheetOfLightModelID, GenParamName, GenParamValue :)

功能：设置相机的初始参数(只支持除法模型的针孔相机)。

- calibrate_sheet_of_light(::SheetOfLightModelID : Error)

功能：用特定的 3D 对象进行激光三角测量装置的标定。

4. 执行测量

激光三角测量被用于获取被测对象的深度信息，该深度信息由一个视差图(其中每行包含对象一个测量轮廓的视差)和 X、Y、Z 坐标图像(被测轮廓的 X、Y 和 Z 坐标表示为图像中像素的值)或 3D 对象模型(包含对象的 3D 点坐标和相应的 2D 映射)。X、Y 和 Z 图像以及 3D 对象模型只能用于已标定的测量装置，而视差图也可以用于未标定的装置。执行测量的主要步骤如下：

(1) 获取待测量的每个轮廓图，可使用 grab_image_async 算子。

(2) 使用 measure_profile_sheet_of_light 算子测量每个图像的轮廓。

(3) 通过连续调用 get_sheet_of_light_result 算子获取测量结果，如果需要 3D 对象模型，则只需调用一次 get_sheet_of_light_result_object_model_3d 算子。

(4) 如果在未标定的情况获得了视差图，但仍需要 X、Y 和 Z 坐标图像或 3D 对象模型，则可以随后标定，并使用 set_sheet_of_light_param 算子将标定获得的相机参数添加到模型中；然后调用算子 apply_sheet_of_light_calibration 校正视差图；最后使用算子 get_sheet_of_light_result 或 get_sheet_of_light_result_object_model_3d 分别从模型中查询包含 X、Y 和 Z 坐标图像或 3D 对象模型的结果图。

可以使用 get_sheet_of_light_param 算子查询已为特定模型设置的所有参数或默认设置的参数。若要查询 Sheet-of-light 模型设置的所有参数，则可调用 query_sheet_of_light_params 算子。

执行测量使用的主要算子如下：

- grab_image_async(: Image : AcqHandle, MaxDelay :)

功能：异步抓取图像。

- measure_profile_sheet_of_light(ProfileImage::SheetOfLightModelID, MovementPose :)

功能：测量各个轮廓。

ProfileImage：输入的图像。

MovementPose：前、后两张轮廓图之间移动步骤的位姿。

- get_sheet_of_light_result(: ResultValue : SheetOfLightModelID, ResultName :)

功能：查询测量结果。

ResultValue：测量结果。

ResultName：指定想要的测量结果，即 disparity(视差图)，score(分值)及 X、Y、Z 坐标图像。

- get_sheet_of_light_result_object_model_3d(::SheetOfLightModelID : ObjectModel3D)

功能：从 3D 对象模型中获得测量结果。

ObjectModel3D：生成的 3D 对象模型句柄。

- apply_sheet_of_light_calibration(Disparity::SheetOfLightModelID :)

功能：对输入的视差图进行校正。

- get_sheet_of_light_param(::SheetOfLightModelID, GenParamName : GenParamValue)

功能：获取 Sheet-of-light 测量模型设置的参数值。

- query_sheet_of_light_params(::SheetOfLightModelID, QueryName : GenParamName)

功能：返回一个列表，包含可以为 Sheet-of-light 模型设置的所有参数的名称。

QueryName：参数组的名称。

5. 激光三角测量例程

【例 8 - 4】 用已标定的激光三角测量对金属扳手进行三维重建，获得其深度信息，即视差图，3D 对象模型及 X、Y、Z 坐标图像，如图 8 - 36 所示。

程序如下：

```
* 关闭更新
dev_update_off ()
* 读取图片
read_image (ProfileImage, '初始轮廓线图像.png')
* 关闭窗口
dev_close_window ()
* 打开适合图像大小的窗口
dev_open_window_fit_image (ProfileImage, 0, 0, 1024, 768, WindowHandle1)
* 设置区域填充形式为边界
dev_set_draw ('margin')
* 设置线宽
dev_set_line_width (3)
* 设置颜色
dev_set_color ('green')
* 设置活动图形窗口的查询表
dev_set_lut ('default')
* 采用 polynomial 畸变模型并设置相机模型初始参数
gen_cam_par_area_scan_polynomial (0.0126514, 640.275, -2.07143e+007, 3.18867e+011,
                -0.0895689, 0.0231197, 6.00051e-006, 6e-006,
                387.036, 120.112, 752, 240, CamParam)
* 创建 3D 位姿
create_pose (-0.00164029, 1.91372e-006, 0.300135, 0.575347, 0.587877, 180.026, 'Rp+T', 'gba',
        'point', CamPose)
create_pose (0.00270989, -0.00548841, 0.00843714, 66.9928, 359.72, 0.659384, 'Rp+T',
        'gba', 'point', LightplanePose)
create_pose (7.86235e-008, 0.000120112, 1.9745e-006, 0, 0, 0, 'Rp+T', 'gba', 'point',
        MovementPose)
* 生成平行于坐标轴的矩形 ROI
gen_rectangle1 (ProfileRegion, 120, 75, 195, 710)
* 创建测量模型
```

```
create_sheet_of_light_model (ProfileRegion, ['min_gray', 'num_profiles', 'ambiguity_
                             solving'], [70, 290, 'first'], SheetOfLightModelID)

* 设置模型参数
set_sheet_of_light_param (SheetOfLightModelID, 'calibration', 'xyz')
set_sheet_of_light_param (SheetOfLightModelID, 'scale', 'mm')
set_sheet_of_light_param (SheetOfLightModelID, 'camera_parameter', CamParam)
set_sheet_of_light_param (SheetOfLightModelID, 'camera_pose', CamPose)
set_sheet_of_light_param (SheetOfLightModelID, 'lightplane_pose', LightplanePose)
set_sheet_of_light_param (SheetOfLightModelID, 'movement_pose', MovementPose)
* 获取轮廓图像并进行测量
for Index := 1 to 290 by 1
* 读取每个移动步骤的图像
    read_image (ProfileImage, 'sheet_of_light/connection_rod_' + Index $'.3')
    dev_display (ProfileImage)
    dev_display (ProfileRegion)
    * 测量每个图像矩形 ROI 的轮廓线
    measure_profile_sheet_of_light (ProfileImage, SheetOfLightModelID, [])
Endfor
* 获取测量结果
get_sheet_of_light_result (Disparity, SheetOfLightModelID, 'disparity')
get_sheet_of_light_result (X, SheetOfLightModelID, 'x')
get_sheet_of_light_result (Y, SheetOfLightModelID, 'y')
get_sheet_of_light_result (Z, SheetOfLightModelID, 'z')
get_sheet_of_light_result_object_model_3d (SheetOfLightModelID, ObjectModel3DID)
* 返回视差图的尺寸
get_image_size (Disparity, Width, Height)
* 更改图形窗口的大小
dev_set_window_extents (0, 0, Width, Height)
* 设置查询表
dev_set_lut ('temperature')
* 设置字体
set_display_font (WindowHandle1, 14, 'mono', 'true', 'false')
* 清除窗口
dev_clear_window ()
* 显示视差图
dev_display (Disparity)
disp_message (WindowHandle1, 'Disparity', 'window', 12, 12, 'black', 'true')
disp_continue_message (WindowHandle1, 'black', 'true')
stop ()
* 关闭图形窗口
dev_close_window ()
```

```
* 打开图形窗口
dev_open_window (Height + 10, 0, Width * .5, Height * .5, 'black', WindowHandle3)
set_display_font (WindowHandle3, 14, 'mono', 'true', 'false')
* 显示 Z 图像
dev_display (Z)
disp_message (WindowHandle3, 'Calibrated Z-coordinates', 'window', 12, 12, 'black', 'true')
dev_open_window ((Height + 10) * .5, 0, Width * .5, Height * .5, 'black', WindowHandle2)
set_display_font (WindowHandle2, 14, 'mono', 'true', 'false')
* 显示 Y 图像
dev_display (Y)
disp_message (WindowHandle2, 'Calibrated Y-coordinates', 'window', 12, 12, 'black', 'true')
dev_open_window (0, 0, Width * .5, Height * .5, 'black', WindowHandle1)
* 显示 X 图像
dev_display (X)
dev_set_lut ('default')
set_display_font (WindowHandle1, 14, 'mono', 'true', 'false')
disp_message (WindowHandle1, 'Calibrated X-coordinates', 'window', 12, 12, 'black', 'true')
disp_continue_message (WindowHandle3, 'black', 'true')
stop ()
* 采用 division 畸变模型并设置相机模型初始参数
gen_cam_par_area_scan_division (0.012, 0, 6e-006, 6e-006, 376, 240, 752, 480,
                                CameraParam1)
* 初始可视化 3D 位姿中的操作指导信息
Instructions[0] := 'Rotate: Left button'
Instructions[1] := 'Zoom:   Shift + left button'
Instructions[2] := 'Move:   Ctrl  + left button'
* 创建 3D 位姿
create_pose (0, -10, 300, -30, 0, -30, 'Rp+T', 'gba', 'point', PoseIn)
* 关闭窗口
dev_close_window ()
dev_close_window ()
dev_close_window ()
* 获得相机参数
get_cam_par_data (CameraParam1, 'image_width', Width)
get_cam_par_data (CameraParam1, 'image_height', Height)
dev_open_window (0, 0, Width, Height, 'black', WindowHandle)
set_display_font (WindowHandle, 14, 'mono', 'true', 'false')
* 显示 3D 对象模型
visualize_object_model_3d (WindowHandle, ObjectModel3DID, CameraParam1, PoseIn, 'color',
                           'blue', 'Reconstructed Connection Rod', '', Instructions,
                           PoseOut)
```

(a) 初始轮廓线图像

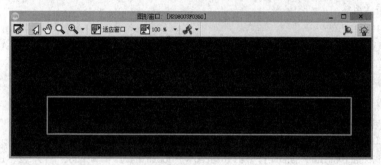

(b) 生成矩形ROI

(c) 视差图

(d) Z图像

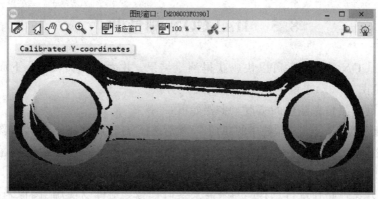

(e) Y图像

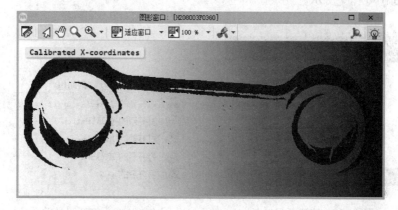

(f) X图像

(g) 3D对象模型

图 8 - 36　通过激光三角测量获得其深度信息

8.5 HALCON 测量助手

使用 HALCON 测量助手可以快速获得测量结果,并生成相关代码。下面以测量保险丝宽度为例(见图 8-37)来说明测量助手的使用方法。

利用测量助手测量保险丝的宽度,步骤如下:

(1)打开测量助手,点击菜单栏中的"助手",然后选择"打开新的 Measure",如图 8-38 所示。

(2)读取图像。可以在打开图像之后打开测量助手,也可以直接通过测量助手读取图像。若是单张图像,则可以选中"图像窗口",直接通过快捷键 Ctrl+R 打开,也可以选中"图像文件"打开文件路径进行选择。如果需要实时图像,则可以使用"图像采集助手"进行实时采集,如图 8-39 所示。

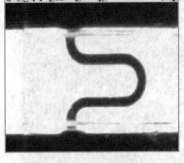

图 8-37 待测量保险丝   图 8-38 打开测量助手

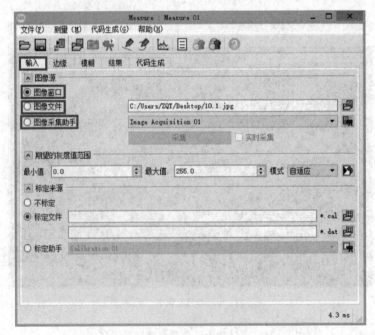

图 8-39 读取图像

如果读取的文件没有进行标定，则可以单击"标定助手"直接进入标定界面，也可以直接读取标定文件，如图 8 - 40 所示。

图 8 - 40　图像标定

（3）选择"边缘"选项卡，然后选中 ✎ 图标按钮，按住鼠标左键不放，在图像的测量处画线段，松开鼠标左键，点击鼠标右键生成线段和边缘，如图 8 - 41 所示。使用鼠标左键点击线段的两端可以改变线段的长度和方向，点击线段的中间部分可以自由移动线段的位置。

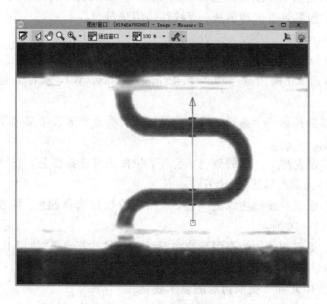

图 8 - 41　生成的线段和边缘

(4) 使用测量助手设置"边缘"选项卡，如图 8-42 所示。

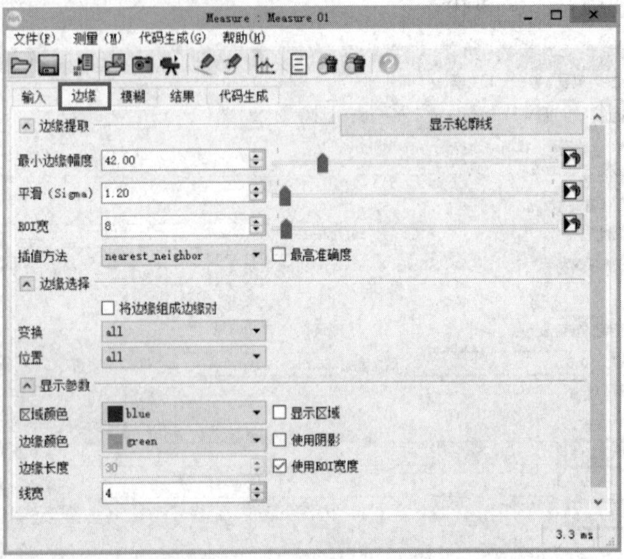

图 8-42 "边缘"选项卡

"边缘"选项卡的具体参数如下：

(1) 边缘提取。

① 最小边缘幅度：决定边缘强度的阈值。从轮廓线上提取出来的边缘点阈值必须大于该值，并且应尽量提高此值以排除干扰。如果最小边缘幅度设置过小，则可能导致提取出多组边缘。

② 平滑(Sigma)：高斯光滑系数，值越大光滑效果越明显。

③ ROI 宽：决定用于灰度值插值的区域宽度。该参数会影响轮廓线的投影点数。

④ 插值方法：包括最近邻插值法、双线性插值法等。

(2) 边缘选择。

如果勾选了"将边缘组成边缘对"，则提取出来的边缘成对。

① 变换：可以选择正向边缘(positive)、负向边缘(negative)，或者全选(all)，如图 8-43 所示。

② 位置：可以选择第一个边缘、最后一个边缘，或者全部边缘都选择。

(3) 显示参数。

① 区域颜色：设置测量区域的颜色。点击下拉按钮可选择颜色，若勾选后面的"显示区域"，则在图形窗口出现测量区域(ROI)。

② 边缘颜色：设置所提取边缘的颜色。点击下拉按钮选择颜色，则在图形窗口会显示边缘的颜色，如图 8-44 所示。

③ 边缘长度：提取到的边缘在图形窗口显示的长度。若勾选"使用 ROI 的宽度"，则边缘的长度会匹配 ROI 的宽度。

④ 线宽：设置 ROI 和所提取边缘的显示线宽。

在"边缘"窗口中，最重要的参数是最小边缘幅度和平滑，使用时应根据图像边缘情况，结合参数意义，选择合适的参数。

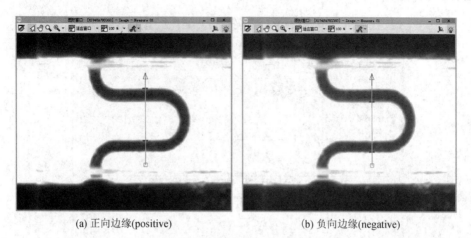

(a) 正向边缘(positive)　　　　　　　　(b) 负向边缘(negative)

图 8 - 43　边缘选择中的"变换"

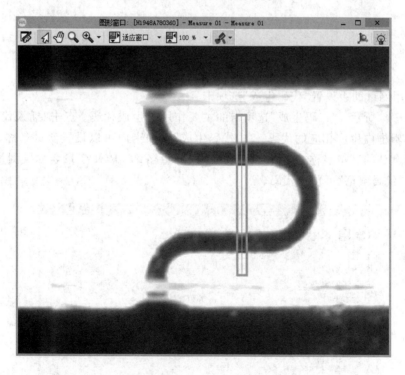

图 8 - 44　显示 ROI 和边缘的颜色

（4）使用测量助手设置"结果"选项卡，如图 8-45 所示。其具体参数说明如下：

① 特征选择：如果勾选了"位置""幅度""距离""边缘对宽度"，就会在最下面的边缘数据中显示这些特征。

② 特征处理：使用标定后用来变换到世界坐标系。

③ 边缘数据：显示激活的 ROI（测量句柄）。如点击"Measure 01"后可显示其激活的 ROI，最下面就是其获得的边缘数据，行和列是边缘点的坐标；幅度为负表示负向边缘，幅

度为正表示正向边缘；距离表示连续边缘对的间距；宽表示边缘对内两边缘的间距。

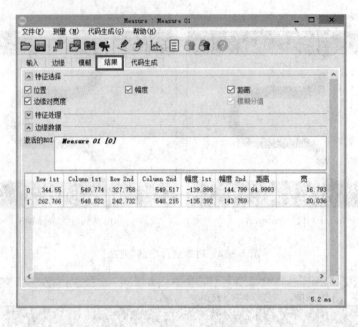

图 8 - 45   "结果"选项卡

(5) 使用测量助手设置"代码生成"选项卡。

如图 8 - 46 所示，"代码生成"选项卡的主要作用是生成代码。点击"插入代码"按钮就会在程序编辑框内生成相应的代码。在"代码生成"选项卡内可以设置变量名称，如果不设置就会使用默认的变量名称。变量名称包括一般变量名称、ROI 变量名称及测量结果变量名称。点击"代码预览"可预览代码。

图 8 - 46   "代码生成"选项卡

本 章 小 结

本章主要介绍了一维、二维测量的主要方法及相应的算子和例程，并详细地介绍了三维测量中三维重建的两个方法：双目立体视觉和激光三角测量。

测量是 HALCON 的一个重要功能，对于一维和二维测量来说，提取边缘或边缘对是难点，也是提高测量精度的关键所在。而对于三维测量来说，三维配准（确定物体的位姿）和三维重建（确定物体的三维形状）是难点，同时三维测量还需要进行相机的标定和图像的校正，过程比较复杂。因此，面对任何一个项目，在决定使用哪个测量方法以前，首先要明确待测量物体、测量要求的精度及目标物体的特征，这个过程非常重要。

习　题

8.1　如图 8-47 所示，用两种方法求出图中金属部件两个角的角度。

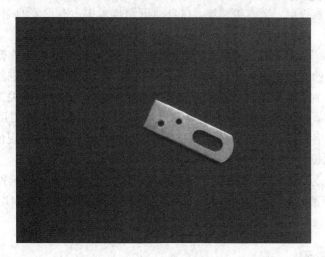

图 8-47　待处理图片

8.2　在双目立体视觉的三维重建过程中，为什么立体图像对中纹理不足的区域或者具有重复图案的区域会干扰匹配过程？

8.3　在基于 Sheet-of-light 方法的激光三角测量过程中，物体表面的曲率会对测量的精度产生影响吗？为什么？如果物体表面的纹理很粗糙，则会对测量的精度产生影响吗？为什么？

第9章 HALCON 其他应用

HALCON 在制造业、商业、农业、安防等领域都有应用,特别是在字符识别、条形码识别、物品分类、金属表面自动探伤等方面具有明显优势,本章主要介绍 HALCON 在条形码识别技术、图像拼接技术、支持向量机技术方面的应用。

9.1 HALCON 条形码识别技术

条形码识别技术是在计算机技术和信息技术的基础上发展起来的一门集编码、印刷、识别、数据采集和处理于一身的技术。条形码识别技术广泛应用于商业、邮政、图书管理、仓储、工业生产过程控制、交通等领域,在自动识别技术中占有重要的地位。

条形码就是由一组规则排列的条、空以及对应的字符组成的标记。"条"指对光线反射率较低的部分,"空"指对光线反射率较高的部分,这些条和空组成的数据可以表达一定的信息,能够用特定的设备识读,并转换成与计算机兼容的二进制和十进制信息。每一种物品通过编码唯一识别,编码通过数据库建立条形码与物品信息的对应关系,当条形码的数据传输到计算机时,计算机对数据进行操作和处理。因此,条形码在使用过程中作为识别信息,它的意义是通过在计算机系统的数据库中提取相应的信息而实现的。条形码系统是指由条形码符号的设计、制作及扫描阅读组成的自动识别系统。

条形码是迄今为止最经济、最实用的一种自动识别技术。条形码识别技术具有以下几方面的优点:① 可靠准确;② 数据输入速率快;③ 经济便宜;④ 灵活实用;⑤ 自由度大;⑥ 识读设备简单。

9.1.1 一维条形码

条形码主要分为一维条形码和二维条形码。一维条形码只在水平方向表达信息,而在竖直方向不表达任何信息,其高度通常是为了便于阅读器对准。一维条形码可以提高信息录入的速率,减少差错率,其主要特征是简单、直观,条形码表示的信息与其下方的数字一致,生成设备与识读设备品种多、价格低,对生成设备要求不高,管理方案众多、成熟。

现在普遍使用的一维条形码有国际物品通用条形码(European Article Number,EAN 条形码)、产品通用条形码(Uniform Product Code,UPC 条形码)、二五条形码(Code25)、三九条形码(Code39)、库得巴条形码(Code Bar Code),这些条形码的功能不同,分别适用于不同的领域。

下面以 EAN - 13 为例介绍一维条形码的编码规则。EAN - 13 条形码主要由左侧空白区、右侧空白区、起始符、左侧数据符、中间分隔符、右侧数据符、校验符、终止符等几部分组成,如图 9 - 1 所示。

图 9-1　EAN-13 条形码实例

1. 一维条形码相关算子

一维条形码相关算子说明如下：

- creat_bar_code_model(::GenparamNames, GenParamValues:BarCodeHandle)

功能：创建一维条形码模型。

GenparamNames：条形码模型可调整的参数名称。如果不确定条形码类型，则该参数和对应的参数值可以设置为空。

GenParamValues：调整条形码模型所用参数的值。

BarCodeHandle：条形码句柄，代表条形码模型的相关算子，可以保存该模型，以备使用时可以直接读取。

- set_bar_code_param(::BarCodeHandle, GenparamNames, GenParamValues)

功能：设置条形码参数。

对于该算子的参数 GenparamNames，可以从下面的选项中进行选择。

（1）element_size_min：条形码宽度的最小尺寸，指条形码的宽度和间距。对于小码，该参数应设为 1.5；对于大码，一般将参数设置大一点，以减少程序的运行时间。

（2）element_size_max：条形码宽度的最大尺寸，该参数值必须设置得足够小，如 4、6、10、16、32 等。

（3）check_char：是否检验校验位。Code39、Code bar、2/5Industrial、2/5Interleave 等条形码都有一个校验位，该参数用来设置是否验证校验位，对应值包括 absent 和 present。absent 表示不检查校验和，不验证条形码的正确性；present 表示检查校验和，验证条形码的正确性。

（4）persistence：设为 1 时，表示在解码过程中会储存一些中间结果，当需要评估条形码印刷质量或检查扫描线时，就会用到这些中间结果。

（5）composite_code：表示组合码，EAN、UPC 等条形码都可以附加一个二维条形码构成组合码。

（6）meas_thresh：当使用扫描线来识别条形码的边缘时，该参数作为相对阈值来识别这些边缘，这个阈值是个相对值，取值范围为 $[0.05, 0.2]$。

（7）num_scanlines：扫描条形码时所用扫描线的最大数目，设为 0 时表示程序会自动决定采用多少条扫描线来解码。

(8) min_identical_scanlines：认定成功解码所需的最少扫描线数，默认值为 1。当两条扫描线完全相同，即得到相同的解码结果时，认为解码成功，该方法仅适用于 Code128。

(9) start_stop_tolerance：当检测扫描线的起点和终点图案时，用该参数设置"允许误差"。设为"high"时表示允许误差大。如果图像质量好，则会增加找到条形码的概率；如果图像噪声大，则可能会引起误检。设为"low"时表示允许误差小，会提高条形码检测的鲁棒性，但也会降低找到条形码的概率。

(10) orientation：条形码的方向，单位为度（与水平轴夹角），范围是[0，100]和[−100，0]。"all"参数表示查看所有识别结果的方向。

(11) orientation_tol：方向的容差，单位为度。

(12) max_diff_orient：设置相邻边缘方向的最大角度容差，单位为度。该参数值越大，产生的候选区域越多；参数值越小，则候选区域越少。对于质量好的图像，可以将该参数值设置得小一些，以提高程序的运行速度。

(13) element_height_min：条形码的最小高度，默认值为 −1，表示程序自动求出条形码高度。

(14) stop_after_result_num：设置要解码的条形码数目。设为 0 时表示程序要找出所有条形码。

- find_bar_code(Image：SymbolRegions：BarCodeHandle，Codetype：DecodeDataStrings)

功能：检测并读取图像中的一维条形码。

Image：待处理的图像。

SymbolRegions：存储对应条形码所在区域。

BarCodeHandle：一维条形码模型句柄。

Codetype：一维条形码类型。

DecodeDataStrings：解码结果存储在此字符串数组中。可以通过 DecodeDataStrings[0]访问第一个解码结果，其他依此类推。

- get_bar_code_result(::BarCodeHandle，CandidateHandle，ResultName：BarCodeResults)

功能：获取解读条形码标志时计算得到的字母或数字结果。

BarCodeHandle：条形码模型的句柄。

CandidateHandle：指定需要查询的条形码解码结果的索引值或者选择查询所有的结果。

ResultName：返回的结果数据名称。

BarCodeResults：得到的结果列表。

- get_bar_code_object(：BarCodeObjects：BarCodeHandle，CandidateHandle，ObjectName)

功能：访问在搜索条形码或解码期间创建的图标对象。

BarCodeObjects：在检测或评估一维条形码过程中作为中间结果创建的对象。

BarCodeHandle：条形码模型句柄。

CandidateHandle：指示需要数据的条形码结果候选项。

ObjectName：要返回的标志性对象的名称。

　　该算子用于访问中间结果，若候选区域中存在包含条形码的区域，则为正确的识别结果，否则为错误结果。

- clear_bar_code_model(::BarCodeHandle)

功能：删除条形码模型并释放分配的内存。

BarCodeHandle：一维条形码模型的句柄。

2. 一维条形码实例

【例 9 - 1】　利用 HALCON 条形码识别技术识别图 9 - 2 中的一维条码图。

图 9 - 2　一维条形码图

程序如下：

```
* 创建一维条形码
create_bar_code_model ([], [], BarCodeHandle)
dev_close_window ()
dev_open_window (0, 0, 120, 300, 'black', WindowHandle)
dev_set_draw ('margin')
dev_set_line_width (3)
Colors: = ['forest green', 'magenta']
set_display_font (WindowHandle, 14, 'mono', 'true', 'false')
for I: = 1 to 6 by 1
    read_image (Image, 'barcode/code39/code39' + (I $ '.2'))
    dev_resize_window_fit_image (Image, 0, 0, -1, -1)
    * 设置一维条形码参数
    set_bar_code_param (BarCodeHandle, 'element_size_max', 6)
    * 检测并读取图像中的一维条形码
    find_bar_code (Image, SymbolRegions, BarCodeHandle, 'Code 39', DecodedDataStrings)
    dev_display (Image)
    dev_display (SymbolRegions)
    * 访问在搜索条形码或解码期间创建的图标对象
    get_bar_code_object (BarCodeObjects, BarCodeHandle, 'all', 'symbol_regions')
    * 获取解读条形码标志时计算得到的字母或数字结果
```

```
        get_bar_code_result (BarCodeHandle, 'all', 'decoded_strings', BarCodeResults)
    for J: = 0 to |DecodedDataStrings| - 1 by 1
            dev_set_color (Colors[J])
            select_obj (BarCodeObjects, ObjectSelected, J + 1)
            dev_display (ObjectSelected)
    endfor
        disp_message (WindowHandle, DecodedDataStrings, 'window', 12, 12, Colors, 'true')
    if (I < 6)
            disp_continue_message (WindowHandle, 'black', 'true')
        stop ()
        endif
    endfor
```

程序运行结果如图 9-3 所示。

图 9-3　一维条形码识别结果

9.1.2　二维条形码

二维条形码(2-Dimensional Bar Code)在水平和竖直方向的二维空间存储信息,其特点是信息容量大、安全性强、保密性高(可加密)、识别率高、编码范围广等。除此之外,二维条形码还可将汉字、图像等信息进行优化编码处理,具有全方位识别,并可引入加密机制的功能。因此,二维条形码在证件识读、运输包装、嵌入式识别、电子数据交换等方面得到了广泛的应用。

二维条形码可分为堆叠式/行排式二维条形码和矩阵式二维码。堆叠式/行排式二维条形码在形态上是由多行一维条形码堆叠而成的;矩阵式二维条形码以矩阵的形式编码,在矩阵相应的元素位置上用"点"表示二进制"1",用"空"表示二进制"0"。

二维条形码技术的研究始于 20 世纪 80 年代末,目前已研制出多种码制,得到广泛应用的二维条形码有 QR 码、PD F417 码、DM 码和 CM 码。

QR 码是由日本 Denso 公司于 1994 年 9 月研制的一种矩阵式二维条形码符号,其全称为 Quickly Response,含义为快速响应。QR 码除具有一维条形码及其他二维条形码的特点外,还可高效地表示汉字,在表示相同内容的情况下,其尺寸小于相同密度的 PD F417 条形码。QR 码是目前日本主流的手机二维条形码技术标准，目前市场上的大部分条形码打印机都支持该条形码。

HALCON 中识别二维条形码的流程如图 9-4 所示。

1. 二维条形码相关算子

二维条形码技术的相关算子如下：

- create_data_code_2d_model(∷SymbolType, GenParam-Name, GenParamValue：DataCodeHandle)

功能：创建二维条形码模型。

SymbolType：二维条形码类型。

GenParamName：二维条形码模型可调整的通用参数名称。

图 9-4　二维条形码识别流程图

GenParamValue：二维条形码模型可调整的通用参数值。

DataCodeHandle：使用和访问二维条形码模型的句柄。

在 DataCodeHandle 中，操作符返回二维条形码模型的句柄，该句柄用于条形码的所有进一步操作，如修改模型、读取符号或访问符号搜索的结果。

- set_data_code_2d_param(∷DataCodeHandle, GenParamName, GenParamValue；)

功能：设置二维条形码模型的选定参数。

DataCodeHandle：二维条形码模型的句柄。

GenParamName：二维条形码可调整的通用参数名称。

GenParamValue：二维条形码可调整的通用参数值。

使用 create_data_code_2d_model 算子创建二维条形码模型时，也可以设置所有参数。可以使用 get_data_code_2d_param 算子查询条形码模型的当前配置，再利用 query_data_code_2d_params 算子返回一个列表，其中包含可为给定二维条形码类型设置的所有参数名称。

- find_data_code_2d(Image：SymbolXLDs：DataCodeHandle, GenParamNames, GenParamValues：ResultHandles, DecodedDataStrings)

功能：检测并且读取二维条形码标志结果。

Image：输入的图像。如果图像区域缩小为一个局部区域，则搜索时间减少，但同时也可能出现由于条形码不完整而导致不能找到二维条形码的情况。

SymbolXLDs：被成功解码的二维条形码周边 XLD 轮廓。

DataCodeHandle：二维条形码模型的句柄。

GenParamNames：可设置的参数名称。

GenParamValues：设置的参数对应的参数值。

ResultHandles：所有成功解码的二维条形码的句柄。

DecodedDataStrings：在图像中搜索到的二维条形码的解码字符结果。

在调用 find_data_code_2d 算子之前，需使用 create_data_code_2d_model 算子或 read_data_code_2d_model 算子创建与图像中的二维条形码类型匹配的模型。如果要在图像中搜索多个二维条形码标志，则可以选择参数"stop_after_result_num"和请求的二维条形码标志数一起赋值给参数 GenParamNames。

    find_data_code_2d 算子被执行后会自动返回识别出的二维条形码 XLD 轮廓和得到的解码结果句柄,解码结果句柄具体包括二维码的附加信息、搜索的方式以及解码结果。调用算子 get_data_code_2d_results,并将其对应的参数 ResultHandles 中的模型句柄与参数"decoded_data"一起设置,则会返回带有字符串字符的 ASCII 代码的元组。

- clear_data_code_2d_model(∷DataCodeHandle∶)

功能:删除二维条形码模型并释放分配的内存。

DataCodeHandle:二维条形码模型的句柄。

2. 二维条形码实例

【例 9-2】 利用 HALCON 条码识别技术对图 9-5 中的两个二维条形码图进行识别。

(a) 二维条形码图1   (b) 二维条形码图2

图 9-5 二维条形码图

程序如下:

```
* 读取图像并显示
ImageFiles:= 'qr/qr_workpiece_'
ImageNum:= 6
read_image (Image, ImageFiles + '01')
dev_open_window_fit_image (Image, 0, 0, -1, -1, WindowHandle)
set_display_font (WindowHandle, 20, 'mono', 'true', 'false')
dev_set_line_width (3)
dev_set_color ('green')
* 创建二维条形码模型
create_data_code_2d_model ('QR Code', [], [], DataCodeHandle)
* 设置二维条形码参数
set_data_code_2d_param (DataCodeHandle, 'version', 1)
set_data_code_2d_param (DataCodeHandle, 'model_type', 2)
set_data_code_2d_param (DataCodeHandle, ['module_size_min', 'module_size_max'], [5, 6])
set_data_code_2d_param (DataCodeHandle, 'module_gap', 'no')
set_data_code_2d_param (DataCodeHandle, 'mirrored', 'no')
set_data_code_2d_param (DataCodeHandle, 'contrast_min', 10)
```

```
* 循环读取二维条形码图
for Index: = 1 to ImageNum by 1
    read_image (Image, ImageFiles + Index $ '.2d')
    count_seconds (T1)
    * 检测并读取二维条形码标志结果
    find_data_code_2d (Image, SymbolXLDs, DataCodeHandle, [], [], ResultHandles,
                    DecodedDataStrings)
    count_seconds (T2)
    Time: = 1000 * (T2 - T1)
    dev_display (Image)
    dev_display (SymbolXLDs)
    TitleMessage: = 'Image' + Index + 'of' + ImageNum
    ResultMessage: = 'Data code found in' + Time $ '.1f' + 'ms'
    for J: = 0 to |DecodedDataStrings| - 1 by 1
        select_obj (SymbolXLDs, SymbolXLD, J + 1)
        get_contour_xld (SymbolXLD, Row, Column)
        dev_display (SymbolXLD)
        get_window_extents (WindowHandle, Row1, Column1, Width, Height)
        get_string_extents (WindowHandle, DecodedDataStrings[J], Ascent, Descent,
                        TWidth, THeight)
    if (TWidth > Width)
        DecodedDataStrings[J]: = DecodedDataStrings[J]{0: 50} + '...'
        get_string_extents (WindowHandle, DecodedDataStrings[J], Ascent, Descent,
                        TWidth, THeight)
    endif
        * 使用正则表达式替换子字符串
        tuple_regexp_replace (DecodedDataStrings[J], ['[\\r\\f, ^#;]', 'replace_all'],
                        '\n', DecodedData)
        * 使用预定义的分隔符将字符串拆分为子字符串
        tuple_split (DecodedData, '\n', DecodedDataSubstrings)
    * 设置标志结果显示位置
    if (max(Row) > 420 and min(Row) < 40)
        TPosRow: = max(Row)+50
    elseif (max(Row) > 420)
        TPosRow: = min(Row) +50
    elseif (min(Row) < 100)
        TPosRow: = max(Row)+50
    else
        TPosRow: = max(Row)+50
    endif
    TPosColumn: = max([min([mean(Column) - TWidth / 2, Width - 32 - TWidth]), 12])
    disp_message (WindowHandle, DecodedDataStrings[J], 'image', TPosRow, TPosColumn, 'blue',
```

```
'true')
        endfor
        disp_message (WindowHandle, 'Image ' + Index + ' of ' + ImageNum, 'window', 12, 12,
                  'black', 'true')
        disp_message (WindowHandle, DecodedDataStrings, 'window', 40, 12, 'black', 'true')
        if (|DecodedDataStrings| == 0)
            disp_message (WindowHandle, 'No data code found.', 'window', 40, 12, 'red', 'true')
        endif
        if (Index < ImageNum)
            disp_continue_message (WindowHandle, 'black', 'true')
            stop ()
        endif
    endfor
    * 删除二维条形码模型
    clear_data_code_2d_model (DataCodeHandle)
```

程序运行结果如图 9-6 所示。

(a) 二维条形码图1的识别结果　　　　　　　　(b) 二维条形码图2的识别结果

图 9-6　二维条形码图的识别结果

9.2　HALCON 图像拼接技术

9.2.1　图像拼接技术概述

图像拼接(Image Mosaic)技术是将一组相互重叠的图像序列进行空间匹配对准,经重采样融合后形成一幅包含各图像序列信息的宽视角场景的、完整的、高清晰的新图像的技术。

为了获取高分辨率的场景照片,必须通过缩放相机镜头来减小拍摄的视野,但采用该方法无法得到完整的场景照片,因此需要在场景的大小和分辨率之间进行折中。研究图像拼接是为了把图像的各个部分通过对齐一系列空间重叠的图像,在不降低图像分辨率的条件下获取大视野范围的场景照片,这样可以解决由于相机等成像仪器的视角和大小的局限，以及不可能一次拍出大视野图片而产生的问题。图像拼接技术是指利用计算机进行自动匹配，构造一个无缝的、高清晰的图像。该技术具有比单个图像更高的分辨率和更大的视野，因此，在摄影测量学、计算机视觉、遥感图像处理、医学图像分析、计算机图形学等领域有着广泛的应用价值。

一般来说，图像拼接的过程主要包括图像获取、图像配准、图像融合等步骤，其中图像配准是整个图像拼接的基础。根据图像配准方法的不同可以将图像拼接分为以下两类：

（1）基于模板的拼接。基于模板的拼接是指在一幅大的图像中搜寻已知模板，找到的目标模板内容应该是相同的。其具体操作为：首先要在参考图像中确定一个模板，再通过一定的算法在待拼接图像中找到相类似的目标模板并确定目标，最终实现图像的拼接。该方法计算量比较大。

（2）基于图像特征的拼接。基于图像特征的拼接是图像配准中最常见的方法。该方法对于不同特性的图像，选择图像中容易提取并且能够在一定程度上代表待配准图像相似性的特征作为配准依据。该方法在图像配准方法中具有最强的适应性，而根据特征选择和特征匹配方法的不同所衍生出的具体配准方法也是多种多样的。其中，图像特征主要包括点、边缘、轮廓、区域等。

以特征点为例，在基于特征的图像拼接算法中，特征点因其具有信息量丰富、便于测量和表示、能够适应环境光照变化，尤其适用于处理遮挡及几何变形问题等优点，成为很多图像特征配准算法的首选。特征点的检测主要分为以下两类：

（1）基于图像边缘的特征点检测算法。此类算法先检测出图像边缘，再检测边缘上方向发生突变的特征点作为检测出的特征点。

（2）基于图像灰度的特征点检测算法。此类算法将计算出的局部范围内灰度和梯度变化剧烈的极大值点作为特征点。

HALCON 采用基于图像特征的接接方法进行图像拼接，流程如图 9-7 所示。

图 9-7　图像拼接流程图

（1）特征点提取：这里的特征点通常是指图像中灰度变化剧烈的像素点，如物体轮廓上曲率变化最大的像素点以及单调背景中的孤立点等。常用的图像特征点提取算子有 Foerstner 算子、Harris 算子、SUSAN 算子等。

（2）图像配准：在提取图像的特征点之后，每幅图像都包含了许多特征点，只有在重叠区域内相匹配的特征点才是所需要的特征点，所以需要将待拼接的两幅图像中的特征点一一对应起来，即寻找对应的特征点对。常采用归一化互相关法来确定匹配的特征点对，再利用随机搜索函数（RANSAC）算法过滤特征点对，并计算出两幅图像的仿射变换矩阵。RANSAC 算法是利用包含异常数据的样本集合来计算数据的数学模型参数，实现剔除异常数据而得到有效数据的一种算法，该算法的优点在于它能鲁棒地估计模型的参数。

（3）图像融合：经过图像配准，在求出两幅待拼接图像间的仿射变换矩阵之后，定义其中一幅图像为参考图像，另外一幅为输入图像，只要将输入图像按照仿射变换矩阵映射到参考图像中，就可以实现两幅图像的拼接了。根据此原理，可以实现把多幅局部子图像拼接成一张大的全景图。由于在图像采集时光线强度的不均匀以及拍摄像机本身参数和拍摄环境的影响,在图像重叠区域存在明暗强度差异,所以在图像拼接处存在明显的拼接痕迹,为此,必须进行拼接痕迹的消除。消除拼接痕迹主要是利用图像在拼接处的光线强度平滑过渡来消除其突变的,从而实现整个图像的平滑过渡,以达到过渡区域更加符合人视觉习惯的目的。目前,可以消除拼接痕迹的方法主要有以下三种。

(1) 直接平均法:直接将配准之后两幅图像的重叠区域的像素点进行叠加平均,但是拼接后的全景图像还是会有比较明显的拼接痕迹。

(2) 加权平均法:将配准后两幅图像的重叠区域的像素点进行加权后再叠加平均。该方法可以对图像中心区域的像素点赋以较高的权值,而对图像边缘的像素点赋以较低的权值,从而实现图像重叠区域的平滑过渡。

(3) 中值滤波法:对图像的重叠区域进行中值滤波,但是该方法在最后的拼接全景图中还是会有明显的拼接痕迹。

9.2.2 HALCON 图像拼接相关算子

图像拼接相关算子的说明如下:

- tile_images_offset(Images: TiledImage: OffsetRow, OffsetCol, Row1, Col1, Row2, Col2, Width, Height;)

功能:将多个输入图像对象平铺为大图像。

Images:输入的图像。

TiledImage:平铺后的输出图像。

OffsetRow、OffsetCol:输出图像中输入图像左上角的行、列坐标。

Row1、Col1:各个输入图像复制部分左上角的行、列坐标。

Row2、Col2:各个输入图像复制部分右下角的行、列坐标。

Width、Height:输出图像的宽度、高度。

tile_images_offset 算子平铺的多个图像必须包含相同数量的通道。输入的图像包含多幅大小可能不同的图像。输出图像 TiledImage 包含与输入图像相同数量的通道。

- points_foerstner(Image:: SigmaGrad, SigmaInt, SigmaPoints, ThreshInhom, ThreshShape, Smoothing, EliminateDoublets: RowJunctions, ColumnJunctions, CoRRJunctions, CoRCJunctions, CoCCJunctions, RowArea, ColumnArea, CoRRArea, CoRCArea, CoCCArea)

功能:使用 Foerstner 算子检测特征点。

Image:输入的图像。

SigmaGrad:用于计算梯度的平滑量。如果平滑是平均值,则此值被忽略。

SigmaInt:用于梯度积分的平滑量。

SigmaPoints:在优化功能中使用的平滑量。

ThreshInhom:用于不均匀图像区域分割的阈值。

ThreshShape:点区域的分割阈值。

Smoothing:使用的平滑方法。

EliminateDoublets:是否设置消除多重检测点。

RowJunctions、ColumnJunctions：检测到的特征点的行、列坐标。

CoRRJunctions：检测到的特征点的协方差矩阵的行部分。

CoRCJunctions：检测到的特征点的协方差矩阵的混合部分。

CoCCJunctions：检测到的特征点的协方差矩阵的列部分。

RowArea、ColumnArea：检测到的区域点的行、列坐标。

CoRRArea：检测区域点的协方差矩阵的行部分。

CoRCArea：检测区域点的协方差矩阵的混合部分。

CoCCArea：检测区域点的协方差矩阵的列部分。

points_foerstner 算子从图像中提取的特征点是与其邻域不同的点，特征点有的出现在图像边缘（称为连接点）的交叉处，有的出现在颜色或亮度与周围邻域（称为区域点）不同的区域。

- proj_match_points_ransac(Image1, Image2∷Rows1, Cols1, Rows2, Cols2, GrayMatchMethod, MaskSize, RowMove, ColMove, RowTolerance, ColTolerance, Rotation, MatchThreshold, EstimationMethod, DistanceThreshold, RandSeed∶HomMat2D, Points1, Points2)

功能：通过两幅图像中的对应点计算投影变换矩阵。

Image1、Image2：两幅输入的图像。

Rows1、Cols1：图像 1 中的特征点的行、列坐标。

Rows2、Cols2：图像 2 中的特征点的行、列坐标。

GrayMatchMethod：灰度值比较指标。

MaskSize：灰度值掩模的大小。

RowMove、ColMove：平均行、列坐标移位。

RowTolerance：匹配搜索窗口高度的一半。

ColTolerance：匹配搜索窗口宽度的一半。

Rotation：旋转角度的范围。

MatchThreshold：进行灰度值匹配时的阈值。

EstimationMethod：变换矩阵估计算法。

DistanceThreshold：变换一致性检查时的阈值。

RandSeed：随机数发生器的种子。

HomMat2D：计算投影变换矩阵。

Points1、Points2：图像 1、图像 2 中输入点匹配时的指标。

若给定输入图像 Image1 和 Image2 中的特征点（Cols1，Rows1）和一组坐标（Cols2，Rows2），则 proj_match_points_ransac 算子可自动确定对应点和均匀投影变换矩阵 HomMat2D。

以下两个步骤计算投影变换矩阵：首先，确定两幅图像中输入点周围掩模窗口的灰度值相关性，并使用两幅图像中窗口的相似性生成掩模窗口的初始匹配。掩模窗口的大小为 MaskSize×MaskSize。对于参数 GrayMatchMethod，可以选择三个相关度量，即 'ssd'、'sad' 和 'ncc'。'ssd' 表示平方灰度值差的总和；'sad' 表示绝对差的总和；'ncc' 表示归一化的互相关。初始匹配完成后，使用随机搜索算法来确定变换矩阵 HomMat2D，该算法的思想是找到与最大对应数一致的矩阵。

- gen_projective_mosaic(Images:MosaicImage:StartImage, MappingSource, MappingDest, Hom-Matrices2D, StackingOrder, TransformDomain:MosaicMatrices2D)

功能:将多幅子图像拼接为一幅图像。

Images:拼接过程输入的子图像。

MosaicImage:拼接得到的结果图像。

StartImage:确定最终图像平面对应图像的索引。

MappingSource:转换原图像的指标。

MappingDest:转换目标图像的指标。

HomMatrices2D:3×3 投影变换矩阵。

StackingOrder:各子图像在拼接图像中的堆叠顺序。

TransformDomain:判断输入图像的域是否被转换。

MosaicMatrices2D:决定各子图像在拼接后的结果图像中位置的 3×3 投影变换矩阵。

9.2.3 HALCON 图像拼接实例

【例 9 - 3】 利用 HALCON 图像拼接技术对图 9-8 中的图像进行拼接。

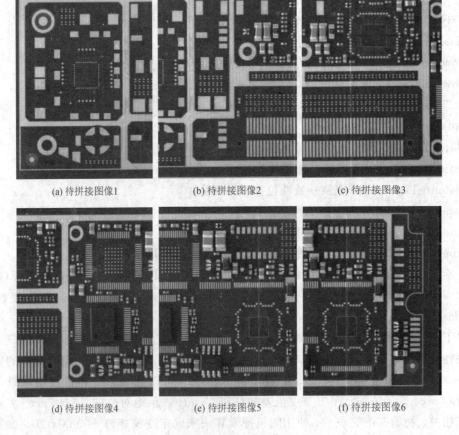

(a) 待拼接图像1　　　　(b) 待拼接图像2　　　　(c) 待拼接图像3

(d) 待拼接图像4　　　　(e) 待拼接图像5　　　　(f) 待拼接图像6

图 9-8　待拼接图像

程序如下：

```
dev_open_window (0, 0, 480/2, 640/2, 'white', WindowHandle)
dev_set_color ('green')
set_display_font (WindowHandle, 14, 'mono', 'true', 'false')
gen_empty_obj (Images)
* 将待拼接的六幅图像放入同一对象元组
for J:= 1 to 6 by 1
    read_image (Image, 'pcb/pcb_' + J $ '02')
    concat_obj (Images, Image, Images)
    dev_display (Image)
    disp_message (WindowHandle, 'Image' + J $ 'd', 'window', 12, 12, 'black', 'true')
endfor
disp_continue_message (WindowHandle, 'black', 'true')
stop ()
dev_set_window_extents (-1, -1, 2980 / 4, 640 / 4)
* 将六个图像平铺为一个大图像
tile_images_offset (Images, TiledImage, [0, 0, 0, 0, 0, 0], [0, 500, 1000, 1500, 2000,
                    2500], [-1, -1, -1, -1, -1, -1], [-1, -1, -1, -1, -1,
                    -1], [-1, -1, -1, -1, -1, -1], [-1, -1, -1, -1, -1, -1],
                    2980, 640)
dev_clear_window ()
dev_display (TiledImage)
disp_message (WindowHandle, 'All 6 images', 'window', 12, 12, 'black', 'true')
disp_continue_message (WindowHandle, 'black', 'true')
stop ()
dev_clear_window ()
dev_display (TiledImage)
disp_message (WindowHandle, 'Point matches', 'window', 12, 3, 'black', 'true')
* 设置特征点检测相关参数
From:= [1, 2, 3, 4, 5]
To:= [2, 3, 4, 5, 6]
Num:= |From|
ProjMatrices:= []
Rows1:= []
Cols1:= []
Rows2:= []
Cols2:= []
NumMatches:= []
for J:= 0 to Num - 1 by 1
    F:= From[J]
    T:= To[J]
    select_obj (Images, ImageF, F)
```

```
    select_obj (Images, ImageT, T)
    * 使用 Foerstner 算子检测特征点
    points_foerstner (ImageF, 1, 2, 3, 200, 0.3, 'gauss', 'false', RowJunctionsF,
                      ColJunctionsF, CoRRJunctionsF, CoRCJunctionsF, CoCCJunctionsF,
                      RowAreaF, ColAreaF, CoRRAreaF, CoRCAreaF, CoCCAreaF)
    points_foerstner (ImageT, 1, 2, 3, 200, 0.3, 'gauss', 'false', RowJunctionsT,
                      ColJunctionsT, CoRRJunctionsT, CoRCJunctionsT, CoCCJunctionsT,
                      RowAreaT, ColAreaT, CoRRAreaT, CoRCAreaT, CoCCAreaT)
    * 根据两幅图像中的对应点计算投影变换矩阵
    proj_match_points_ransac (ImageF, ImageT, RowJunctionsF, ColJunctionsF,
                      RowJunctionsT, ColJunctionsT, 'ncc', 21, 0, 0, 640, 480, 0,
                      0.5, 'gold_standard', 1, 4364537, ProjMatrix, Points1,
                      Points2)
    ProjMatrices:= [ProjMatrices, ProjMatrix]
endfor
disp_continue_message (WindowHandle, 'black', 'true')
stop ()
* 将多幅子图像拼接为一幅图像
gen_projective_mosaic (Images, MosaicImage, 2, From, To, ProjMatrices, 'default', 'false',
                      MosaicMatrices2D)
get_image_size (MosaicImage, Width, Height)
dev_set_window_extents (-1, -1, Width / 3, Height / 3)
dev_clear_window ()
dev_display (MosaicImage)
disp_message (WindowHandle, 'Projective mosaic', 'window', 12, 12, 'black', 'true')
disp_continue_message (WindowHandle, 'black', 'true')
stop ()
* 显示拼接位置
get_image_size (Image, Width, Height)
gen_image_const (ImageBlank, 'byte', Width, Height)
gen_rectangle1 (Rectangle, 0, 0, Height - 1, Width - 1)
paint_region (Rectangle, ImageBlank, ImageBorder, 255, 'margin')
gen_empty_obj (ImagesBorder)
for J:= 1 to 6 by 1
    concat_obj (ImagesBorder, ImageBorder, ImagesBorder)
endfor
gen_projective_mosaic (ImagesBorder, MosaicImageBorder, 2, From, To, ProjMatrices,
                      'default', 'false', MosaicMatrices2D)
threshold (MosaicImageBorder, Seams, 128, 255)
dev_clear_window ()
dev_display (MosaicImage)
disp_message (WindowHandle, 'Seams between the\nimages', 'window', 12, 12, 'black', 'true')
```

```
dev_set_color ('yellow')
dev_display (Seams)
disp_message (WindowHandle, 'Click \'Run\'\ntocontinue', 'window', 550, 12, 'black', 'true')
stop ()
```

程序运行结果如图 9-9 所示。

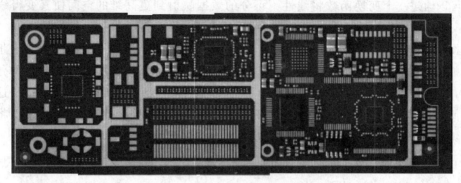

图 9-9　拼接结果图像

9.3　基于 HALCON 的支持向量机(SVM)技术

支持向量机理论、神经网络理论和多层分类器理论都属于智能学习理论，它们都是通过统计学习理论建立模型，并使用这个模型检测数据，对数据进行分类与回归处理的。学习方法可分为监督式学习和无监督式学习。所谓监督式学习，是指根据已知的训练数据获得一个函数或模型，训练数据包括输入向量和预期输出。支持向量机技术属于监督式学习，它是基于统计学习理论发展起来的，在解决小样本问题和非线性问题时表现出特有的优势。传统的智能方法(如神经网络方法)求得的最优解往往是局部最优解，而支持向量机可求出全局最优解，并且可以避免陷入维数灾难。

支持向量机起源于 20 世纪 90 年代，当时它并没有被人们所重视，其跨越式发展在最近 20 年左右，经过人们的不断努力，支持向量机技术的理论基础越来越完善，使之趋近于一门专业学科。目前，支持向量机被大范围地使用于生产、生活的各个领域，并取得了可喜的成果。支持向量机的发展阶段可以大致划分为模糊支持向量机、最小二乘支持向量机、加权支持向量机、主动学习支持向量机、粗糙集支持向量机、分级聚类支持向量机、基于决策树的支持向量机。

支持向量机的应用非常广泛，其主要用于机器故障类型的分析与诊断、金融市场的未来预测、指纹的识别、信号的分类与分析、行人的检测、人脸的匹配、工业产品的分类检测、手写字体的识别以及数据挖掘与数据分析等领域。由于支持向量机的使用，人们对很多以前不能解决或者难以解决的问题有了新的启发，并可利用支持向量机技术处理这些难题。

支持向量机的提出最早是用于解决二分类问题，即如何划分开两类问题，这两类问题可以是线性的，也可以是非线性的。如何构造一个最优分类面将两类数据完美地划分开，也就是最优分类线问题。所谓最优分类线，是指可以将两类数据正确区分开，并且使区分程度最大，也就是使其经验风险最小为 0。

　　支持向量机是根据分类间隔最大化来处理数据的，对于平面上线性可分的数据，其分类过程相对简单，可以通过构造最优分类线使两类数据尽可能大地区分开，则该分类线就是所谓的最优分类线。对于平面上线性不可分的数据，其分类问题在实际生产生活中较为常见，可以通过一个变换函数将线性不可分的数据映射到更高维的空间使其变得线性可分。在高维的空间中，分割数据的不是直线而是平面，我们称这个平面为分类面。

　　如图 9-10 所示，黑点和白点是两类不同的数据，且两类数据是线性可分的。直线 H 就是我们需要的最优分类线，它可以最大限度地将两类数据分开，这时两类数据的分类间隔最大，错分误差最小。在直线 H_1 和 H_2 上面的白点和黑点就是所谓的支持向量，这两条直线之间的距离 margin 就是这两类数据的最大分类间隔。对于线性不可分的数据，将其映射到高维空间仍然是求取其最大分类面使 margin 最大。

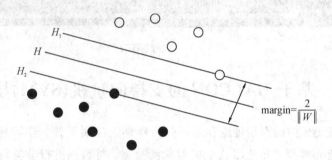

图 9-10　支持向量机最优分类面

　　由于在实际应用中需要通过支持向量机解决的问题基本属于线性不可分问题，因此使用支持向量机解决问题的基本步骤可以归纳为：首先将数据所属空间映射到高维空间，那么对于在低维空间线性不可分的数据，通过高维空间的映射使其变得线性可分，然后在高维空间求得最优分类面，将数据线性分开。

　　支持向量机可以解决分类问题、预测问题和回归问题，其计算的复杂程度由支持向量的数目所决定。支持向量机算法与其他的智能分类算法不同，它不是采用降维即减少特征量等方法，而是利用核函数将原有数据映射到高维空间，这种方法虽然使维度增加但是并没有增加太多的运算量。通过维度空间的提升，可将不能线性分割的数据变得线性可分，并且使整个问题变为全局的二次规划问题，可以求出全局最优解，避免了局部最优解。

　　在数字图像处理中，分类对象一般为图像或区域。针对区域的分类是指训练的样本特征为区域特征，如面积、长度、圆度、椭圆度等。针对图像的分类是指训练的样本特征为图像特征，如纹理、灰度直方图等。

　　支持向量机分类流程图如图 9-11 所示。

图 9-11　支持向量机分类流程图

9.3.1　基于区域特征的 SVM 分类

支持向量机(SVM)通过特征实现分类。以区分橘子与柠檬为例，由于橘子偏向于圆形，柠檬偏向于椭圆形，两者尺寸大小也有一定的差异，所以可通过确定一组区域特征来实现分类。

1. 基于区域特征的 SVM 分类的相关算子

- create_class_svm(::NumFeatures, KernelType, KernelParam, Nu, NumClasses, Mode, Preprocessing, NumComponents:SVMHandle)

功能：创建 SVM 模型。

NumFeatures：SVM 的输入变量(特征)数。

KernelType：内核类型。

KernelParam：内核函数的附加参数。

Nu：SVM 的正则化常数。

NumClasses：样本分类个数。

Mode：SVM 的模式。

Preprocessing：用于变换特征向量的预处理类型。

NumComponents：预处理参数(转换特征数)。

SVMHandle：SVM 句柄。

create_class_svm 算子创建一个可用于模式分类的支持向量机。分类模式的维度在 NumFeatures 中指定，NumFeatures 是 NumClasses 中的类别个数。

- add_sample_class_svm(::SVMHandle, Features, Class:)

功能：将训练样本添加至 SVM 中。

SVMHandle：SVM 句柄。

Features：需要存储训练样本的特征向量。

Class：需要存储训练样本的类别，范围为 0～Numclassess—1。

add_sample_class_svm 算子用于将训练样本添加到 SVM 句柄对应的支持向量机 (SVM)中，训练样本由特征和类别给出。特征是指样本的特征向量，该向量是长度为 NumFeatures 的实数向量。在使用 train_class_svm 算子训练 SVM 之前，必须使用 add_sample_class_svm 算子将训练样本添加到 SVM 中。

- train_class_svm(::SVMHandle, Epsilon, TrainMode:)

功能：训练支持向量机。

SVMHandle：SVM 句柄。

Epsilon：停止训练的参数。

TrainMode：训练模式。

训练支持向量机的目的是解决凸二次优化问题，保证训练在全局最优的有限步骤后终止。为了识别终止标志，内部优化函数的梯度值必须低于 Epsilon 中设置的阈值，默认情况下，Epsilon 中的阈值为 0.001。若梯度值过大，则会导致训练过早终止，通常不会得到最优解决方案。在梯度值太小的情况下，优化需要更长的时间，通常不会显著改变识别率。

- classify_class_svm(::SVMHandle, Features, Num: Class)

功能：使用支持向量机对特征向量进行分类。

SVMHandle：SVM 句柄。

Features：特征向量。

Num：确定类的数目。

Class：利用支持向量机对特征向量进行分类的结果。

classify_class_svm 算子使用支持向量机句柄 SVMHandle 来计算特征向量的最佳分类，并在 Class 中返回结果。

2. 基于特征的 SVM 分类实例

【例 9 - 4】 利用 SVM 对图 9 - 12 中的橘子和柠檬进行分类。

(a) 橘子和柠檬图1　　　　　　　　　(b) 橘子和柠檬图2

图 9 - 12　橘子和柠檬图

程序如下：

```
read_image (Image, 'fruits/citrus_fruits_01')
get_image_pointer1 (Image, Pointer, Type, Width, Height)
dev_open_window (0, 0, Width, Height, 'white', WindowHandle)
set_display_font (WindowHandle, 20, 'mono', 'true', 'false')
dev_set_draw ('margin')
dev_set_line_width (2)
dev_display (Image)
FeaturesArea:= []
FeaturesCircularity:= []
* 确定分类名称
ClassName:= ['orange', 'lemon']
* 创建 SVM 模型
create_class_svm (2, 'rbf', 0.02, 0.05, 2, 'one-versus-one', 'normalization', 2, SVMHandle)
```

```
* 循环读取图像并训练
for I: = 1 to 4 by 1
    read_image (Image, 'fruits/citrus_fruits_' + I $'.2d')
    dev_display (Image)
    get_regions (Image, SelectedRegions)
    dev_display (SelectedRegions)
    count_obj (SelectedRegions, NumberObjects)
    for J: = 1 to NumberObjects by 1
        select_obj (SelectedRegions, ObjectSelected, J)
        * 提取面积及圆度特征
        get_features (ObjectSelected, WindowHandle, Circularity, Area, RowRegionCenter,
                    ColumnRegionCenter)
        * 将面积特征添加到元组
        FeaturesArea: = [FeaturesArea, Area]
        * 将圆度特征添加到元组
        FeaturesCircularity: = [FeaturesCircularity, Circularity]
        FeatureVector: = real([Circularity, Area])
        if (I <= 2)
            * 将橘子训练样本添加到支持向量机的训练数据
            add_sample_class_svm (SVMHandle, FeatureVector, 0)
            disp_message (WindowHandle, 'Add to Class: ' +ClassName[0], 'window',
                        RowRegionCenter, ColumnRegionCenter — 100, 'black', 'true')
        else
            * 将柠檬训练样本添加到支持向量机的训练数据
            add_sample_class_svm (SVMHandle, FeatureVector, 1)
            disp_message (WindowHandle, 'Add to Class: ' +ClassName[1], 'window',
                        RowRegionCenter, ColumnRegionCenter — 100, 'black', 'true')
        endif
    endfor
    disp_continue_message (WindowHandle, 'black', 'true')
    stop ()
endfor
dev_clear_window ()
* 训练 SVM 分类器
train_class_svm(SVMHandle, 0.001, 'default')
* 循环读取待分类图像
for I: = 1 to 15 by 1
    read_image (Image, 'fruits/citrus_fruits_' + I $'.2d')
    dev_display (Image)
```

```
get_regions (Image, SelectedRegions)
dev_display (SelectedRegions)
count_obj (SelectedRegions, NumberObjects)
for J:= 1 to NumberObjects by 1
    select_obj (SelectedRegions, ObjectSelected, J)
    get_features (ObjectSelected, WindowHandle, Circularity, Area, RowRegionCenter,
            ColumnRegionCenter)
    FeaturesArea:= [FeaturesArea, Area]
    FeaturesCircularity:= [FeaturesCircularity, Circularity]
    FeatureVector:= real([Circularity, Area])
    * 使用 SVM 分类器分类
    classify_class_svm (SVMHandle, FeatureVector, 1, Class)
    disp_message (WindowHandle, 'Class: '+ClassName[Class], 'window',
            RowRegionCenter, ColumnRegionCenter - 100, 'black', 'true')
endfor
if (I ! = 15)
    disp_continue_message (WindowHandle, 'black', 'true')
endif
stop ()
endfor
dev_close_window()
* 清除支持向量机模型
clear_class_svm (SVMHandle)
```

程序运行结果如图 9-13 所示。

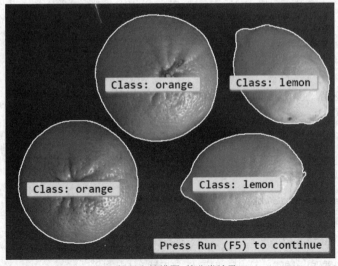

(a) 橘子和柠檬图1的分类结果

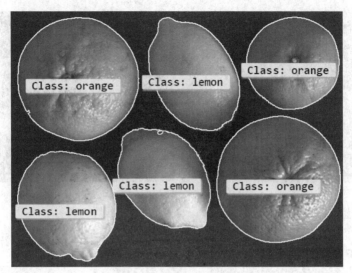

(b) 橘子和柠檬图2的分类结果

图 9 - 13　基于 SVM 的橘子和柠檬的分类结果

9.3.2　基于 Laws 纹理特征的 SVM 分类

与基于区域特征的 SVM 分类不同，针对图像特征的 SVM 分类的算子不需要直接提取特征，下面介绍基于 Laws 纹理特征的 SVM 分类。

纹理在计算机视觉领域的图像分割、模式识别等方面都有着重要的意义和广泛的应用。纹理是指由于物体表面的物理属性不同所引起的灰度或颜色变化，不同的物体表面会产生不同的纹理图像，所以纹理是图像的一种十分重要的属性。

纹理虽然很容易从直观上查看，但却很难用精准的数学公式来表述，它是由非单一颜色或明暗度所呈现出来的某种规律性特征。纹理包含物体表面组织结构排列的重要信息及其与周围环境的联系。纹理基元是基本的纹理元素，它可以是一个像素的灰度，也可以是具有特定性质的连通像素集合。准确而高效的纹理特征提取是成功进行图像纹理描述、分类与分割的前提，因为提取的纹理特征直接影响后续处理的图像质量。如图 9 - 14 所示为纹理图。

(a) 墙类纹理　　　　　　　　　　　　　　　　　　(b) 金属纹理

(c) 木质纹理　　　　　　　　　　　　(d) 布花纹纹理

图 9-14　纹理图

1. 纹理分析法

在涉及具体的纹理特征提取时，研究学者们总是习惯于先寻找更多的能够反映纹理特征的度量方式，然后通过分析或者变换提取有效的特征，以用于纹理的描述和分类。提取的目标纹理特征应满足：特征维数小，鉴别能力强，稳健性好，提取过程消耗时间短，空间复杂度小，易于实际应用等。常用的纹理分析法主要有以下四类：

1) 统计法

统计法是目前研究最多，应用最早且占主导的一种纹理分析法。纹理特征在局部上表现出很大的随机性，但从整体和统计意义上看存在某种规律性。从区域统计方面分析纹理图像的方法称为基于统计的分析方法，简称统计法。统计法主要利用图像的统计特性求出某种特征值，再基于图像特征的一致性进行分析。典型的统计法包括灰度共生矩阵、滤波模板、随机模型等。

2) 结构法

结构法是建立在纹理基元理论基础上的一种纹理特征分析方法。纹理基元理论认为，复杂的纹理可以由若干简单的纹理基元以一定的有规律的形式重复排列组合构成。若纹理基元能够单独被分割和描述，则要使用结构法，即首先确定纹理基元的形状，然后确定控制这些纹理基元位置的规则。

结构法大致可以分为以下两步：

第一步，确定图像中纹理基元的位置并提取图像中的纹理基元。

第二步，确定纹理基元的排列方式，即研究纹理基元间的结构关系。

其中，第一步描述了图像的局部纹理特征，第二步将整幅图像中的不同纹理基元进行统计分析，得到纹理基元的排列规律，也就获得了整幅图像全面的纹理信息。结构法中比较有影响的算法是 Voronoi 棋盘格特征分析法。

结构法的优点是纹理构成易理解，适合于高层检索以及描述规则的人工纹理。但对于不规则的自然纹理，由于纹理基元本身提取困难以及纹理基元之间的排布规则复杂，因此结构法受到很大的限制。

3）模型法

模型法以图像模型为基础，通过构造图像模型，利用模型的参数作为其纹理特征。模型法的关键在于构造模型，使模型表示出来的纹理图像能最接近原来的图像。最典型的模型法是随机场模型法，如马尔可夫(Markov)随机场模型法和 Gibbs 随机场模型法。

4）频谱法

频谱法是依赖图像的频谱特性来描述纹理特征的方法。常用的频谱法主要包括傅里叶功率频谱法、塔式小波变换法、Gabor 变换法等。

在图像处理中，一种生成纹理特征的方案是利用局部模板来检测不同类型的纹理。Laws 纹理掩膜就是一种典型的基于模板卷积的纹理描述方法。

对于滤波模板，Laws 进行了深入研究，首先定义一维滤波模板，然后通过卷积运算形成了用于检测和度量纹理结构信息的一系列一维和二维滤波模板。

Laws 选定了三组一维滤波模板，分别用于检测灰度、边缘、点特征，模板如下：

$$l=[1\ 2\ 1]$$
$$e=[-1\ 0\ 1]$$
$$s=[-1\ 2\ -1]$$

两个一维滤波模板经过卷积形成长度为 5 的五组一维向量，分别检测灰度、边缘、点、波、涟漪特征，模板如下：

$$l=[1\ 4\ 6\ 4\ 1]$$
$$e=[-1\ -2\ 0\ 2\ 1]$$
$$s=[-1\ 0\ 2\ 0\ -1]$$
$$w=[-1\ 2\ 0\ -2\ 1]$$
$$r=[1\ -4\ 6\ -4\ 1]$$

由滤波模板与图像卷积运算可以得到不同的纹理能量信息。利用 Laws 纹理提取纹理信息，结合 SVM 分类器可进行纹理缺陷检测。由于 Laws 纹理滤波模板少，所以可将纹理图组合成多通道纹理图以便得到准确的检测结果。

2. 基于 Laws 纹理特征的相关算子

- texture_laws(Image：ImageTexture：FilterTypes, Shift, FilterSize：)

功能：使用 Laws 纹理滤波模板对图像进行纹理滤波处理。

Image：准备进行纹理滤波处理的图像。

ImageTexture：滤波后得到的纹理图像。

FilterTypes：滤波形式，包括'el'、'rr'、'es'、'ls'等。

Shift：灰度值放缩因子。

FilterSize：滤波大小。

- add_samples_image_class_svm(Image, ClassRegions：：SVMHandle：)

功能：增加训练样本图像到支持向量机。

Image：训练图像。

ClassRegions：图像中用于训练的区域。

SVMHandle：支持向量机句柄。

- reduce_class_svm(∷SVMHandle，Method，MinRemainingSV，MaxError：

  SVMHandleReduced)

功能：通过简化支持向量机实现支持向量机的近似，从而进行更快的分类。

SVMHandle：原始的支持向量机句柄。

Method：处理后类型，以减少支持向量的数量。

MinRemainingSV：剩余支持向量的最小数量。

MaxError：减少误差的最大允许值。

SVMHandleReduced：简化后的支持向量机句柄。

- classify_image_class_svm(Image：ClassRegions：SVMHandle：)

功能：使用支持向量机对图像进行分类。

Image：待分类的图像(多通道)。

ClassRegions：待分类的各个区域。

SVMHandle：SVM 句柄。

3. 基于纹理的 SVM 分类实例

【例 9 - 5】　利用 SVM 技术对图 9 - 15 中的纹理图进行缺陷检测。

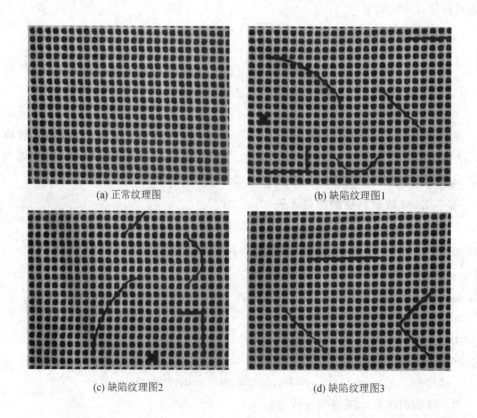

(a) 正常纹理图　　　　　　　　　　(b) 缺陷纹理图1

(c) 缺陷纹理图2　　　　　　　　　　(d) 缺陷纹理图3

图 9 - 15　纹理图

程序如下：

```
read_image (Image, 'plastic/plastic_mesh_01')
get_image_size (Image, Width, Height)
dev_close_window ()
dev_open_window (0, 0, Width, Height, 'black', WindowHandle)
dev_set_color ('red')
set_display_font (WindowHandle, 25, 'mono', 'true', 'false')
gen_rectangle1 (Rectangle, 10, 10, Height / 2 - 11, Width / 2 - 11)
* 创建 SVM 分类器模型
create_class_svm (5, 'rbf', 0.01, 0.0005, 1, 'novelty-detection', 'normalization', 5,
                  SVMHandle)
* 循环读取图像并利用 SVM 进行训练
for J: = 1 to 5 by 1
    read_image (Image, 'plastic_mesh/plastic_mesh_' + J $'02')
    * 缩短运行时间
    zoom_image_factor (Image, ImageZoomed, 0.5, 0.5, 'constant')
    dev_display (ImageZoomed)
    disp_message (WindowHandle, 'Adding training samples...', 'window', 12, 12, 'black', 'true')
    * 生成纹理图像
    *'el'模板 Laws 纹理滤波卷积
    texture_laws (ImageZoomed, ImageEL, 'el', 5, 5)
    *'le'模板 Laws 纹理滤波卷积
    texture_laws (ImageZoomed, ImageLE, 'le', 5, 5)
    *'es'模板 Laws 纹理滤波卷积
    texture_laws (ImageZoomed, ImageES, 'es', 1, 5)
    *'se'模板 Laws 纹理滤波卷积
    texture_laws (ImageZoomed, ImageSE, 'se', 1, 5)
    *'ee'模板 Laws 纹理滤波卷积
    texture_laws (ImageZoomed, ImageEE, 'ee', 2, 5)
    compose5 (ImageEL, ImageLE, ImageES, ImageSE, ImageEE, ImageLaws)
    smooth_image (ImageLaws, ImageTexture, 'gauss', 5)
    * 将样本添加到分类器中
    add_samples_image_class_svm (ImageTexture, Rectangle, SVMHandle)
endfor
dev_display (ImageZoomed)
disp_message (WindowHandle, 'Training SVM...', 'window', 12, 12, 'black', 'true')
* 训练支持向量机
train_class_svm (SVMHandle, 0.001, 'default')
* 提高分类速度，减少支持向量的数目
reduce_class_svm (SVMHandle, 'bottom_up', 2, 0.001, SVMHandleReduced)
dev_set_draw ('margin')
dev_set_line_width (3)
```

```
* 循环读取图像，通过 SVM 实现缺陷识别
for J: = 1 to 14 by 1
    read_image (Image, 'plastic_mesh/plastic_mesh_' + J $ '02')
    zoom_image_factor (Image, ImageZoomed, 0.5, 0.5, 'constant')
    texture_laws (ImageZoomed, ImageEL, 'el', 5, 5)
    texture_laws (ImageZoomed, ImageLE, 'le', 5, 5)
    texture_laws (ImageZoomed, ImageES, 'es', 1, 5)
    texture_laws (ImageZoomed, ImageSE, 'se', 1, 5)
    texture_laws (ImageZoomed, ImageEE, 'ee', 2, 5)
    compose5 (ImageEL, ImageLE, ImageES, ImageSE, ImageEE, ImageLaws)
    smooth_image (ImageLaws, ImageTexture, 'gauss', 5)
    reduce_domain (ImageTexture, Rectangle, ImageTextureReduced)
    * 使用支持向量机对图像进行分类
    classify_image_class_svm (ImageTextureReduced, Errors, SVMHandleReduced)
    * 通过开运算和闭运算去掉干扰
    opening_circle (Errors, ErrorsOpening, 3.5)
    closing_circle (ErrorsOpening, ErrorsClosing, 10.5)
    connection (ErrorsClosing, ErrorsConnected)
    select_shape (ErrorsConnected, FinalErrors, 'area', 'and', 300, 1000000)
    count_obj (FinalErrors, NumErrors)
    dev_display (ImageZoomed)
    dev_set_color ('white')
    dev_display (Rectangle)
    dev_set_color ('red')
    dev_display (FinalErrors)
    if (NumErrors > 0)
        * 产品有瑕疵时
        disp_message (WindowHandle, 'Mesh not OK', 'window', 12, 12, 'red', 'true')
    else
        * 产品无瑕疵时
        disp_message (WindowHandle, 'Mesh OK', 'window', 12, 12, 'forest green', 'true')
    endif
    if (J < 14)
        disp_continue_message (WindowHandle, 'black', 'true')
    endif
    stop ()
endfor
* 清除支持向量机模型
clear_class_svm(SVMHandle)
```

程序运行结果如图 9-16 所示。

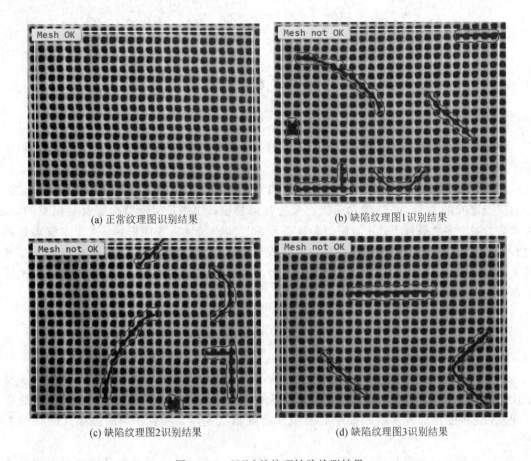

(a) 正常纹理图识别结果　　　　　　　　(b) 缺陷纹理图1识别结果

(c) 缺陷纹理图2识别结果　　　　　　　　(d) 缺陷纹理图3识别结果

图 9 - 16　SVM 的纹理缺陷检测结果

本 章 小 结

　　本章主要介绍了 HALCON 工程应用实例，分别是条形码识别技术、图像拼接技术、支持向量机技术。针对实例介绍了相关的原理及代码，体现了 HALCON 在工程领域应用的优势及广阔的应用前景。

习　　题

9.1　常见的一维码与二维码分别有哪些？

9.2　简述图像拼接的基本步骤。

9.3　常用的图像特征点提取算子有哪些？

9.4　简述支持向量机算法与其他智能分类算法的不同之处。

9.5　简述 SVM 分类的基本步骤。

9.6　常用的纹理分析法主要有哪几类？

第 10 章　HALCON 标定方法

　　本章主要介绍相机的 HALCON 标定方法，包括其内、外参数的求解，HALCON 标定助手及相关例程。

　　在机器视觉领域中，为了确定空间物体表面某点的三维几何位置与其投影图像（二维）中对应点之间的关系，必须建立相机成像的几何模型，这些几何模型参数就是相机的内、外参数。在大多数条件下，几何模型参数必须通过实验与计算才能得到，这个求解参数的过程称为标定（或相机标定）。无论是在机器视觉还是在图像测量应用中，相机标定都是非常关键的环节，其标定的精度及算法的稳定性直接影响结果的准确性。因此，做好相机标定是进行后续工作及实验的前提。

10.1　标　定　简　介

　　相机需要标定的原因之一是镜头畸变。所有光学相机镜头都存在畸变的问题，畸变属于成像的几何失真，它是由于焦平面上不同区域对影像的放大率不同而形成的画面扭曲变形现象，这种变形的程度从画面中心至画面边缘依次递增，主要在画面边缘反映得较为明显。

　　镜头畸变可分为桶形畸变和枕形畸变，如图 10-1 所示；也可分为径向畸变和梯形畸变，如图 10-2 所示。

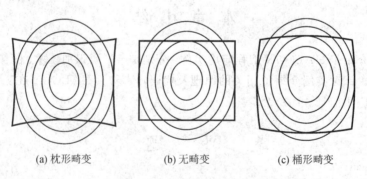

(a) 枕形畸变　　　　　　　(b) 无畸变　　　　　　　(c) 桶形畸变

图 10-1　镜头枕形、桶形畸变示意图

　　大多数镜头都有径向畸变，而切向畸变影响相对较小。在正确的拍摄条件下，矩形物体的像仍然是矩形。如果将矩形物体拍摄成四边向外凸的桶形影像，则称镜头具有负畸变，或桶形畸变。相反，如果影像为四边凹进，则称镜头具有正畸变，或枕形畸变。桶形畸变是由于视场边缘的放大率比中心部分低引起的，即缩小光圈也不能矫正；枕形畸变是由于视场边缘部分的放大率比中心部分放大率高引起的，即倾斜角度大的光线的放大率比倾斜角度小的光线的放大率高。而相机标定就是为了消除相机镜头在拍摄过程中产生的畸变。

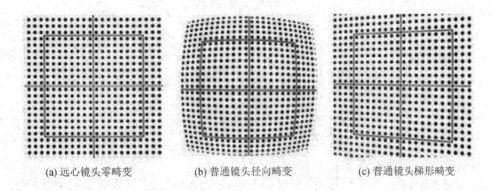

(a) 远心镜头零畸变　　　　(b) 普通镜头径向畸变　　　　(c) 普通镜头梯形畸变

图 10 - 2　镜头径向畸变、梯形畸变示意图

　　如图 10 - 3 所示，原本笔直的高楼却是弯曲的，这就是镜头畸变引起的，对图 10 - 3 (a)中弯曲的高楼进行矫正后的效果如图 10 - 3(b)所示。

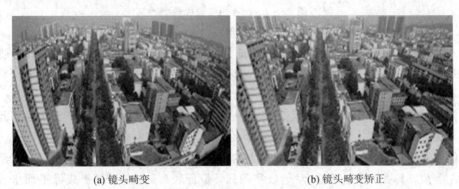

(a) 镜头畸变　　　　　　　　　(b) 镜头畸变矫正

图 10 - 3　镜头畸变及校正示意图

10.2　标 定 理 论

10.2.1　坐标系的转换

　　在图像测量、定位过程以及其他机器视觉应用中，相机成像的几何模型参数就是相机的内、外部参数，这个求解参数的过程称为相机标定。

　　求解出镜头的畸变参数，就可以将有畸变的图像转换为正常状态的图像。

　　基于小孔成像原理建立的相机成像模型如图 10 - 4 所示。相机的成像模型包含三种坐标系：世界坐标系、相机坐标系、图像坐标系。相机成像过程的数学模型就是目标点在这三种坐标系中的转化过程。

　　在计算机视觉中，常采用右手定则来定义图 10 - 4 中的坐标系。以下是对这三种坐标系的定义：

　　(1) 世界坐标系(X_w, Y_w, Z_w)：或称现实坐标系、全局坐标系，是客观世界的绝对坐标系，也是由用户任意定义的三维空间坐标系。一般的 3D 场景用的就是世界坐标系

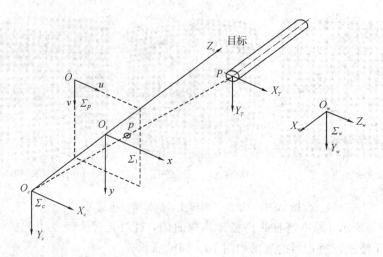

图 10-4　小孔相机成像模型

(HALCON 标定中以标定板为参考坐标系基准)。

(2) 相机坐标系(X_c, Y_c)：以小孔相机成像模型的聚焦中心为原点，以相机光轴为 Z_c 构成三维坐标系，其中 X_c、Y_c 与成像平面坐标系平行。

(3) 图像坐标系：分为成像平面坐标系和图像像素坐标系。

成像平面坐标系(x, y)：其原点为透镜光轴与成像平面的交点，X、Y 轴分别平行于相机坐标系 X_c 轴和 Y_c 轴，属于平面直角坐标系，x、y 的单位为毫米。

图像像素坐标系(u, v)：固定在图像上的以像素为单位的平面直角坐标系，其原点位于图像左上角，其横、纵坐标轴(对于数字图像，是行和列)分别平行于成像平面坐标系的 X、Y 轴。HALCON 中使用的就是图像坐标系。

以上是对三种坐标系定义的描述，图 10-5 是将相机平面移至小孔与目标物体之间的模型示意图，描述的是在这个移动过程中，成像平面上的投影点(点 q)的变化情况。

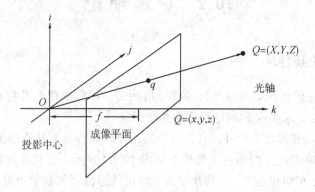

图 10-5　相机平面在小孔与目标物体之间的模型

空间上的点成像到图像平面的过程中会产生畸变，需要进行变换处理，主要步骤如下：

(1) 从世界坐标到相机坐标系。空间点 $P_w(X_w, Y_w, Z_w)$ 转换为点 $P(X_c, Y_c, Z_c)$，转换公式为

$$P = RP_w + T \tag{10-1}$$

式中：R 为旋转矩阵；T 为平移矩阵。

任何一个世界坐标的对象都可以通过旋转和平移变换到相机坐标系上。将目标点旋转 θ 角度，等价于将坐标系按相反的方向旋转 θ 角度。如图 10-6 所示为二维坐标的旋转变换，旋转后坐标 (x', y') 与世界坐标 (x, y) 的关系如式（10-2）所示。三维坐标的旋转原理与二维坐标相同。如果世界坐标分别绕 X、Y 和 Z 轴旋转 α、β、γ 角度，那么旋转矩阵 $R(\alpha)$、$R(\beta)$、$R(\gamma)$ 如式（10-3）所示。

$$\begin{bmatrix} x' \\ y' \end{bmatrix} = \begin{bmatrix} \cos\theta & \sin\theta \\ -\sin\theta & \cos\theta \end{bmatrix} \begin{bmatrix} x \\ y \end{bmatrix} \qquad (10-2)$$

$$\begin{cases} R(\alpha) = \begin{bmatrix} 1 & 0 & 0 \\ 0 & \cos\alpha & -\sin\alpha \\ 0 & \sin\alpha & \cos\alpha \end{bmatrix} \\[4mm] R(\beta) = \begin{bmatrix} \cos\beta & 0 & \sin\beta \\ 0 & 1 & 0 \\ -\sin\beta & 0 & \cos\beta \end{bmatrix} \\[4mm] R(\gamma) = \begin{bmatrix} \cos\gamma & \sin\gamma & 0 \\ -\sin\gamma & \cos\gamma & 0 \\ 0 & 0 & 1 \end{bmatrix} \end{cases} \qquad (10-3)$$

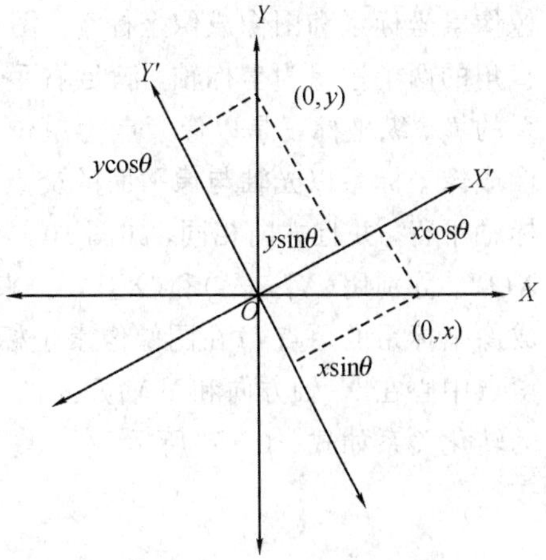

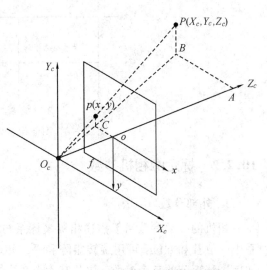

总的旋转矩阵等于三者的乘积，即

$$R(\alpha, \beta, \gamma) = R(\alpha)R(\beta)R(\gamma) \qquad (10-4)$$

图 10-6　二维坐标旋转变换

平移矩阵 $T = (t_x, t_y, t_z)$，t_x、t_y、t_z 是世界坐标系原点与相机坐标系目标点之间的差值。

（2）从相机坐标系到图像坐标系。其原理如图 10-7 所示。从相机坐标系到图像坐标系属于透视投影变换关系，即将 3D 图像信息转换成 2D 图像信息，其中点 $P(X_c, Y_c, Z_c)$ 是相机坐标系中的点，点 $p(x, y)$ 是相机坐标系中的点 P 在图像坐标系上的投影点。

图 10-7 中存在如下几何关系：

$\triangle ABO_c \sim \triangle oCO_c$，$\triangle PBO_c \sim \triangle pCO_c$

即

$$\frac{AB}{oC} = \frac{AO_c}{oO_c} = \frac{PB}{pC} = \frac{X_c}{x}$$
$$= \frac{Z_c}{f} = \frac{Y_c}{y} \qquad (10-5)$$
$$x = f\frac{X_c}{Z_c}, \quad y = f\frac{Y_c}{Z_c}$$

图 10-7　相机成像坐标变换原理图

可得如下坐标转换矩阵：

$$Z_c \begin{bmatrix} x \\ y \\ 1 \end{bmatrix} = \begin{bmatrix} f & 0 & 0 & 0 \\ 0 & f & 0 & 0 \\ 0 & 0 & 1 & 0 \end{bmatrix} \begin{bmatrix} X_c \\ Y_c \\ Z_c \\ 1 \end{bmatrix} \tag{10-6}$$

此时投影点 p 的单位仍为毫米,并不是像素,需要进一步转换到像素坐标系。

(3) 从图像成像坐标系到图像像素坐标系:图像坐标系是一个二维坐标系,又分为图像像素坐标系和图像成像坐标系。图像像素坐标系 uO_0v 以图像左上角为原点,以图像互为直角的两个边缘为坐标轴,满足右手准则。图像由若干个小的像素点组成,图像像素坐标系的横、纵坐标正是以像素点为单位,用来描述图像中每一个像素点在图像中的位置。图像成像坐标系以光轴与像平面的交点为原点,它的两个坐标轴分别与图像像素坐标系的坐标轴平行,并且方向相同,如图 10-8 所示,图像成像坐标系是以毫米为单位的直角坐标系 XOY。分别用 (X_f, Y_f) 和 (X_d, Y_d) 来描述图像像素坐标系和图像成像坐标系中的点,图像成像坐标系的原点 O 在图像像素坐标系中的坐标为 (C_x, C_y),分别用 d_x、d_y 来表示相邻像素点中心在 X 轴方向和 Y 轴方向的实际物理距离,则图像成像坐标系与图像像素坐标系的转化关系如式(10-7)所示。

$$\begin{cases} X_f = \dfrac{X_d}{d_x} + C_x \\ Y_f = \dfrac{Y_d}{d_y} + C_y \end{cases} \tag{10-7}$$

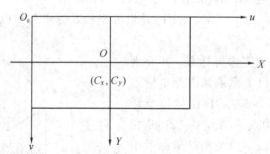

图 10-8　图像像素坐标系和图像成像坐标系

10.2.2　标定的相机参数

1. 外部参数

相机的外部参数用于描述相机坐标系与世界坐标系的关系,它标明了相机在世界坐标系中的位置和方位,可用旋转矩阵和平移矩阵来表示。实质上旋转矩阵只有三个独立参数,加上平移矩阵的三个参数,故共有六个独立的外部参数。

2. 内部参数

内部参数只与相机内部结构有关,而与相机位置参数无关,主要包括图像主点坐标 (C_x, C_y)(图像与相机光轴相交的点),单个像元的高宽 S_x、S_y,相机的有效焦距 f 和透镜

的畸变失真系数 k 等。

相机的内部参数可以从制造商提供的说明书中查到，但是其精确性不能满足要求，仅可作为参考。在实际应用中，还需要对内部参数进行标定。主点坐标 (C_x, C_y) 理论上位于图像中心处，但实际上由于相机制作的精度和使用过程中相机镜头的转动和拆卸等原因，使得面阵相机的中心不在透镜光轴上，且图像采集数字化窗口的中心不一定与光学中心重合，这就使得主点不一定在图像的中心，故而需要标定。

单个像元的高 S_x、宽 S_y 可以在制造商提供的技术文档中查到，但是该数据不是完全准确的。单个像元的高、宽理论上应该是相等的，但是由于制造的误差，两者不可能完全相等，因此需要根据实际情况对其进行修正。只有理想的透镜成像才满足透镜畸变失真系数的线性关系，实际上透镜存在多种非线性畸变，需要根据实际情况对它们进行修正。

10.3　HALCON 标定流程

10.3.1　相机参数确定

相机分两种，一种是面扫描相机，也称面阵相机(Area Scan Camera)，另一种是线扫描相机，也称线阵相机(Line Scan Camera)。准确来说，面阵相机是指可以通过单纯曝光取得面积影像；而对于线阵相机，必须保证相机和目标是相对运动的，然后利用相对运动速度才能取得影像。

两种不同的摄像系统由于成像过程不同，所以标定过程也有区别，这里仅讨论面扫描摄像系统。下面通过 HALCON 算子描述标定的过程。

(1) startCamPar:=[f, k, Sx, Sy, Cx, Cy, NumCol, NumRow]：初始相机参数。

其中：f 为焦距；k 为初始参数，其初始值为 0.0195；Sx 为两个相邻像素点的水平距离；Sy 为两个相邻像素点的垂直距离；Cx、Cy 分别为图像中心点的行、列坐标；NumCol、NumRow 分别为图像的长和宽。

下面对具体参数做进一步说明(这里以 CCD 尺寸 1/4 英寸，标定图像分辨率 320×240 为例)。

初始参数 k 为 0.0195，在 HALCON 标定中其单位为米(m)。

Sx 和 Sy 分别为相邻像素的水平和垂直距离，根据 CCD 尺寸为 1/4 英寸，可以查得该 CCD 图像传感器芯片的宽和高尺寸分别是 3.2 mm 和 2.4 mm，然后用 320×240 分辨率图像的宽、高分别除以 CCD 图像传感器芯片的宽和高，得到 Sx 和 Sy 均为 0.01 mm，Cx 和 Cy 分别为图像中心点的行、列坐标，其值可以初始化为 160 和 120。最后两个参数 NumCol、NumRow 的值分别为 320 和 240。

(2) caltab_points：读取标定板描述文件里面描述的点 (X, Y, Z)，描述文件由 gen_caltab 生成。

(3) find_caltab：找到标定板的位置。

(4) find_marks_and_pose：输出标定点的位置和外部参数 startpose。

(5) camera_calibration：输出内部参数和所有外部参数。

计算出各个参数后可以用 map_image 算子还原畸变的图像或者用坐标转换参数将坐标转换到世界坐标系中。

10.3.2 HALCON 标定板规格

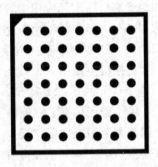

图 10 - 9 常见标定板示意图

如图 10 - 9 所示为常见标定板的示意图,在后面的标定助手和标定例程中用到的也是这种标定板。下面将介绍这种标定板每一类规格的详细参数。

1) 30×30 规格的标定板参数

黑色圆点行数:7。

黑色圆点列数:7。

黑色圆点半径:0.9375 mm。

圆点中心间距:3.75 mm。

外边框尺寸:30 mm×30 mm。

内边框尺寸:28.125 mm×28.125 mm,即黑色边框宽度等于圆点半径(0.9375 mm)。

裁剪尺寸:30.75 mm×30.75 mm,即由黑色边框向外延伸 0.375 mm。

边角:由黑色外边框向内缩进一个中心边距的长度。

2) 40×40 规格的标定板参数

黑色圆点行数:7。

黑色圆点列数:7。

黑色圆点半径:0.125 mm。

圆点中心间距:5 mm。

外边框尺寸:40 mm×40 mm。

内边框尺寸:37.5 mm×37.5 mm,即黑色边框宽度等于圆点半径(0.125 mm)。

裁剪尺寸:21 mm×21 mm,即由黑色边框向外延伸 0.5 mm。

边角:由黑色外边框向内缩进一个中心边距的长度。

3) 50×50 规格的标定板参数

黑色圆点行数:7。

黑色圆点列数:7。

黑色圆点半径:1.5625 mm。

圆点中心间距:6.25 mm。

外边框尺寸:50 mm×50 mm。

内边框尺寸:46.875 mm×46.875 mm,即黑色边框宽度等于圆点半径(1.5625 mm)。

裁剪尺寸:51.25 mm×51.25 mm,即由黑色边框向外延伸 0.625 mm。

边角:由黑色外边框向内缩进一个中心边距的长度。

4) 60×60 规格的标定板参数

黑色圆点行数:7。

黑色圆点列数:7。

黑色圆点半径：1.875 mm。

圆点中心间距：7.5 mm。

外边框尺寸：60 mm×60 mm。

内边框尺寸：56.25 mm×56.25 mm，即黑色边框宽度等于圆点半径(1.875 mm)。

裁剪尺寸：61.5 mm×61.5 mm，即由黑色边框向外延伸 0.75 mm。

边角：由黑色外边框向内缩进一个中心边距的长度。

10.3.3　生成标定板

方法一：用 HALCON 软件自动生成的 .ps 文件来制作标定板。

打开 HALCON 软件，调用 gen_caltab 算子，格式如下：

 gen_caltab(::XNum, YNum, MarkDist, DiameterRatio, CalTabDescrFile, CalTabPSFile ;)

具体参数如下：

XNum：每行黑色圆点的数量。

YNum：每列黑色圆点的数量。

MarkDist ：两个就近黑色圆点中心的距离。

DiameterRatio：黑色圆点半径与圆点中心距离的比值。

CalTabDescrFile：标定板描述文件的路径(.descr 格式表示标定板描述文件)。

CalTabPSFile：标定板图像文件的路径(.ps 格式表示标定板图形文件)。

例如，生成一个 30×30 标准标定板的 HALCON 源代码为

 gen_caltab(7, 7, 0.00375, 0.5, 'F:/HALCON 程序/gencaltab/30_30.descr')

方法二：用 HALCON 软件自动生成的 .descr 文件来制作标定板。

打开 HALCON，输入算子 gen_caltab，打开如图 10 - 10 所示的算子窗口，生成一个 .descr的文件。点击打开文件的图标，会显示 .descr 文件，然后用写字板打开该文件(注意要用写字板打开，若用记事本打开，则会有部分数据不可见)。

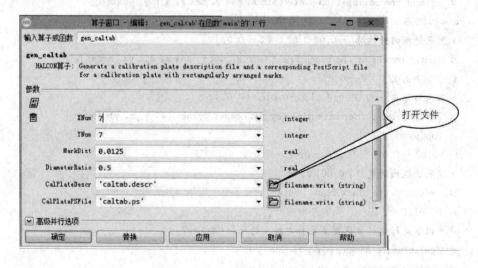

图 10 - 10　生成.descr 文件示意图

以 40×40 规格的标定板为例，打开后的文件如下：

* 标准标定板的描述
# Plate Description Version 2
# HALCON Version 10.0 —— Mon Dec 19 11：08：07 2011
# Description of the standard calibration plate
# used for the CCD camera calibration in HALCON
*（由）gen_caltab 算子生成
(generated bygen_caltab)
* 7 行×7 列
# 7 rows×7 columns
* 标定板的宽和高均为 0.04 米
# Width, height of calibration plate [meter]：0.04, 0.04
* 黑色圆点中心间距为 0.005 米
# Distance between mark centers [meter]：0.005
* r 7
* Y 方向黑色圆点的数量
# Number of marks in y—dimension (rows)
* c 7
* X 方向黑色圆点的数量
# Number of marks in x—dimension (columns)
* z 0
* Z 坐标偏移
#   offset of coordinate system in z—dimension [meter] (optional)：
* 标定板的矩形边框(包括边缘和黑色边框)
# Rectangular border (rim and black frame) of calibration plate
* 标定板的剪切边缘[−0.0205 0.0205 0.0205 −0.0205](以标定板中心为坐标原点)
#   rim of the calibration plate (min x, max y, max x, min y) [meter]：
o −0.0205 0.0205 0.0205 −0.0205
* 黑色边框的外边缘[−0.02 0.02 0.02 −0.02]
#   outer border of the black frame (min x, max y, max x, min y) [meter]：
i −0.02 0.02 0.02 −0.02
* 三角形标志[−0.02 −0.015 −0.015 −0.02]
#   triangular corner mark given by two corner points (x, y, x, y) [meter]
# (optional)：
t −0.02 −0.015 −0.015 −0.02
* 黑色边框线的宽度：0.001 25 米
#   width of the black frame [meter]：
w 0.00125
* * 以下是标定板黑色圆点在标定板上的坐标(共 7×7 个)
calibration marks： x y radius [meter]
calibration marks at y = −0.015 m
* 标定板上标记点的位置(以下数据分别是标定板上标记点的横、纵坐标和半径)

−0.015 −0.015 0.00125

−0.01 −0.015 0.00125

−0.005 −0.015 0.00125

0 −0.015 0.00125

0.005 −0.015 0.00125

0.01 −0.015 0.00125

0.015 −0.015 0.00125

#calibration marks at y = −0.01 m

*标定板上标记点的位置

−0.015 −0.01 0.00125

−0.01 −0.01 0.00125

−0.005 −0.01 0.00125

0 −0.01 0.00125

0.005 −0.01 0.00125

0.01 −0.01 0.00125

0.015 −0.01 0.00125

#calibration marks at y = −0.005 m

*标定板上标记点的位置

−0.015 −0.005 0.00125

−0.01 −0.005 0.00125

−0.005 −0.005 0.00125

0 −0.005 0.00125

0.005 −0.005 0.00125

0.01 −0.005 0.00125

0.015 −0.005 0.00125

#calibration marks at y = 0 m

*标定板上标记点的位置

−0.015 0 0.00125

−0.01 0 0.00125

−0.005 0 0.00125

0 0 0.00125

0.005 0 0.00125

0.01 0 0.00125

0.015 0 0.00125

#calibration marks at y = 0.005 m

*标定板上标记点的位置

−0.015 0.005 0.00125

−0.01 0.005 0.00125

−0.005 0.005 0.00125

0 0.005 0.00125

0.005 0.005 0.00125

0.01 0.005 0.00125

0.015 0.005 0.00125

#calibration marks at y = 0.01 m

* 标定板上标记点的位置

−0.015 0.01 0.00125

−0.01 0.01 0.00125

−0.005 0.01 0.00125

0 0.01 0.00125

0.005 0.01 0.00125

0.01 0.01 0.00125

0.015 0.01 0.00125

#calibration marks at y = 0.015 m

* 标定板上标记点的位置

−0.015 0.015 0.00125

−0.01 0.015 0.00125

−0.005 0.015 0.00125

0 0.015 0.00125

0.005 0.015 0.00125

0.01 0.015 0.00125

0.015 0.015 0.00125

通过以上数据可知标定板的全部参数，包括标定点的位置坐标、标定点半径等，若参数与所需的标定板图像参数无差异，则可以通过 CAD 等绘图软件将标定板绘出，然后打印。该方法的优势在于标定板的数据是透明的，通过 CAD 等绘图软件打印标定板也可以控制标定板的精度。但是在精度要求不高的情况下，推荐用方法一。

HALCON 并非只能用专用的标定板，也可以使用自定义标定板进行标定。使用 HALCON定义标定板的优势在于可以通过 HALCON 的标定板提取算子，从而提取标记点；使用自定义的标定板格式则需自己完成这部分工作。

10.4　HALCON 标定助手

10.4.1　标定注意事项

HALCON 标定助手为图像处理提供了一种简便的标定方式，不仅简化了标定步骤，也省去了繁琐的编程过程，我们只需采集到符合标定标准的标定板图像，了解设备的参数信息（如相机类型、标定板厚度等）即可。

下面介绍使用 HALCON 标定助手的一些注意事项：

（1）标定板材质最好选用玻璃或者陶瓷。

（2）光源尽量在标定板前方，在与相机相反的方向上。

（3）标定板采集图像尽量在 12 幅以上，因为数量越多，所得的参数就越精确。

（4）为了确保参数的精确性，要保证标定板的四角全部在视野范围内。原因是一般标定板的四角畸变量比较大，需要通过四角的畸变程度获得准确的畸变系数。

（5）要保证标定板的标志点灰度值与其背景灰度值的差值在 100 以上，否则 HALCON 会提示有品质问题。

图 10-11(a)～(o)是本次使用标定助手采集的标定板图像（在实验室环境下）。

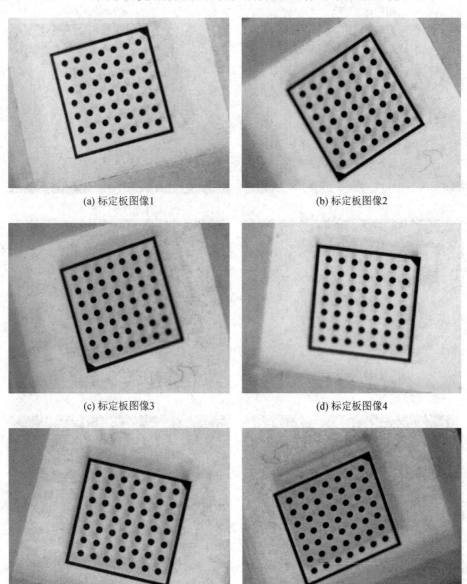

(a) 标定板图像1

(b) 标定板图像2

(c) 标定板图像3

(d) 标定板图像4

(e) 标定板图像5

(f) 标定板图像6

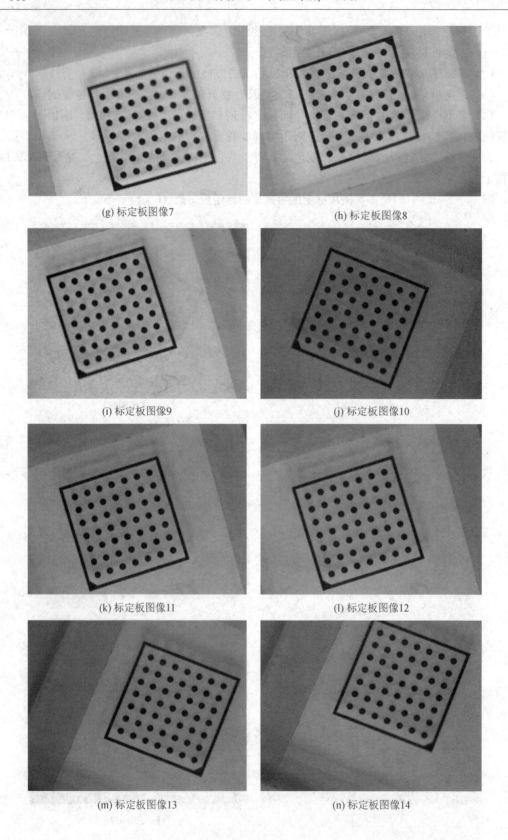

(g) 标定板图像7　　　　　　　　　　　(h) 标定板图像8

(i) 标定板图像9　　　　　　　　　　　(j) 标定板图像10

(k) 标定板图像11　　　　　　　　　　(l) 标定板图像12

(m) 标定板图像13　　　　　　　　　　(n) 标定板图像14

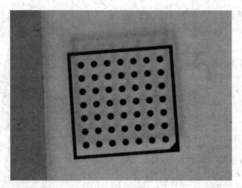

(o) 标定板图像15

图 10 - 11　采集的标定板图像

10.4.2　HALCON 标定助手标定过程

利用 HALCON 标定助手对图像进行标定主要分为以下四个步骤：

(1) 打开标定助手(见图 10 - 12)，设定标定板的描述文件、厚度和单个像元的宽、高以及焦距等参数。

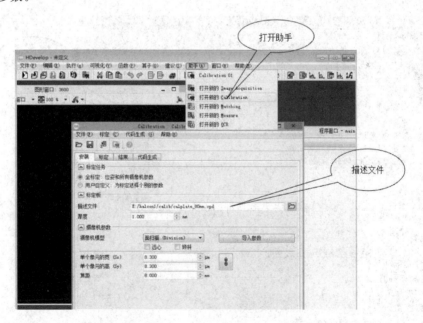

图 10 - 12　标定步骤(1)

图 10 - 12 中的图标 表示 Sx 和 Sy 按照 1∶1 的比例关联，即同步调节，因为面阵相机的像元一般是方形的，所以宽和高相等。如果取消关联，那么 Sx 和 Sy 可以异步调节。

(2) 加载图像，可以实时采集，也可以采集好后再一起标定，建议先采集后标定。如图 10 - 13(a)所示为加载标定板图像窗口，需要将其中一幅图像设置为参考位姿；图10 - 13 (b)所示为载入图像的品质检测区，用来检验载入的图像是否可以用于标定。

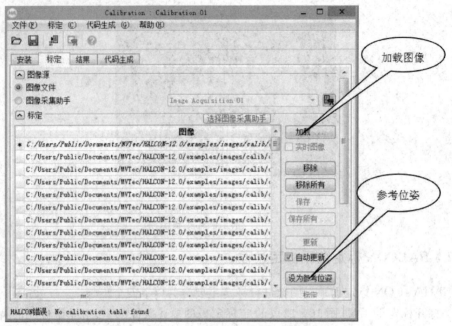

(a) 加载标定板图像窗口

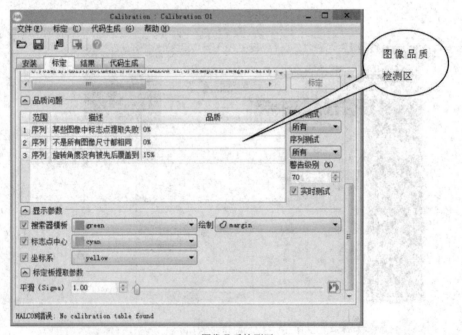

(b) 图像品质检测区

图 10 - 13　标定步骤(2)

（3）在采集图像无品质问题后，点击图 10 - 13(a)中的"标定"选项卡则会显示标定结果，包括相机的内、外部参数，如图 10 - 14 所示。

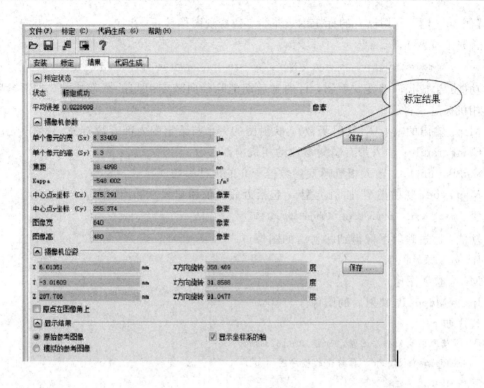

图 10 - 14　标定结果

（4）在标定完成后，点击"生成代码"选项卡可得如图 10 - 15 所示的界面。

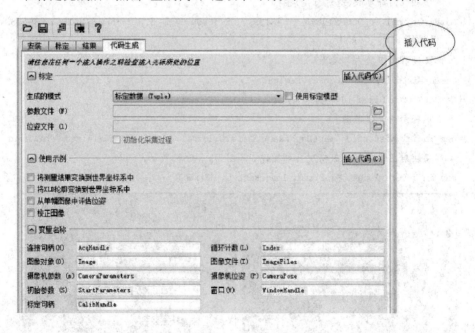

图 10 - 15　生成代码界面

　　完成标定过程后，选择插入标定函数，这时标定函数就会在编译器中显示，选择运行
（F5），也可获得标定所需的内、外部参数。

【例 10 - 1】 利用已有的标定内、外部参数实现图像校正。

首先了解两个算子:

- gen_radial_distortion_map(: Map : CamParamIn, CamParamOut, MapType :)

功能:生成径向畸变映射图,目的是后期消除径向畸变引起的图像扭曲,内部参数是通过相机标定获得的。

Map:输出的映射图(映射函数),映射图的大小与给定的内部参数有关。

CamParamIn:输入带有畸变参数的相机内部参数。

CamParamOut:输入相机畸变参数等于 0 的内部参数。

MapType:映射类型(插值类型),包括近邻插值和双线性插值。

- map_image(Image, Map : ImageMapped::)

功能:通过映射图像得到映射后的图像。

Image:原始图像。

Map:映射图像。

ImageMapped:映射后的图像。

程序如下:

```
* 读取畸变的楼房图像,如图 10 - 16(a)所示
read_image (Image, '有畸变的楼房图.jpg')
* 转化为单通道灰度图
rgb1_to_gray (Image, GrayImage)
* 赋值相机内部参数(通过标定获得)
CamParOrginal:=[0.00219846, -78129.2, 5.4649e-06, 5.5e-06, 318.206, 236.732, 640,
              480]
* 定义没有畸变的内部参数
CamParVirtualFixed:=CamParOriginal
CamParVirtualFixed[1]:=0
* 生成径向畸变映射图
gen_radial_distortion_map(MapFixed, CamParOriginal, \CamParVirtualFixed, 'bilinear')
* 利用映射图像获得消除畸变后的图像,如图 10 - 16(b)所示。
map_image(GrayImage, MapFixed, ImageRectifiedFixed)
```

(a) 有畸变的楼房图   (b) 校正后的图像

图 10 - 16　图像校正前后示意图

10.5　标定应用例程之二维测量

采用 HALCON 标定助手生成的代码只能获取相机的内、外部参数,在实际应用中还需要进一步处理,因为标定代码是更加复杂的,包含内、外部参数的获取,将图像坐标系转换到世界坐标系,获取像素的实际物理距离,生成用于矫正的 Map 图像,将畸变图像矫正等。

之前已经介绍了 HALCON 标定助手的使用,并且学习了相关算子。接下来通过这些算子进行图像的校正,然后测量出图像中划痕的长度。

首先介绍一下例程中应用的算子。

* create_calib_data(::CalibSetup, NumCameras, NumCalibObjects : CalibDataID)

功能:创建标定数据模型,用于储存标定数据、标定描述文件及标定过程中的设置。

CalibSetup:指定标定类型,如果不是做手眼标定,则选择 calibration_object。

NumCameras:相机数量。

NumCalibObjects:标定板数量。

CalibDataID:标定板模型句柄(代表标定板模型)。

* set_calib_data_cam_param(::CalibDataID, CameraIdx, CameraType, CameraParam :)

功能:设置相机参数和相机类型。

CalibDataID:标定数据模型。

CameraIdx:相机索引,多个相机时使用。

CameraType:相机类型(面阵相机和线阵相机,以及是否考虑切向畸变)。

CameraParam:相机内部参数。

* set_calib_data_calib_object(::CalibDataID, CalibObjIdx, CalibObjDescr :)

功能:在标定模型中指定标定板所使用的标定板描述文件。

CalibDataID:标定模型句柄。

CalibObjIdx:标定板索引。

CalibObjDescr:标定板描述文件。

* find_caltab(Image : CalPlate : CalPlateDescr, SizeGauss, MarkThresh, MinDiamMarks :)

功能:在图像中寻找标定板所在区域。

Image:包含标定板的图像。

CalPlate:标定板所在区域。

CalPlateDescr:标定板描述文件。

SizeGauss:高斯滤波大小,用于图像的光滑处理,便于提取标定板所在区域。

MarkThresh:标定板标志点的阈值。

MinDiamMarks:标定板标志点的最小半径。

* find_marks_and_pose(Image, CalPlateRegion::CalPlateDescr, StartCamParam, StartThresh, DeltaThresh, MinThresh, Alpha, MinContLength, MaxDiamMarks : RCoord, CCoord, StartPose)

功能:获得标定板黑色圆点的信息和预估外部参数。

Image:包含标定板的图像。

CalPlateRegion:标定板所在区域。

CalPlateDescr：标定板描述文件。

StartCamParam：相机初始内部参数。

StartThresh：标定板上标志点轮廓的阈值。

DeltaThresh：轮廓阈值的步长设定值。

MinThresh：标定板上标志点的最小阈值。

Alpha：提取标志点轮廓的滤波器参数。

MinContLength：标志点的最小轮廓长度。

MaxDiamMarks：标志点的最大直径。

RCoord、CCoord：标志点圆心的行、列坐标。

StartPose：预估的相机外部参数。

- set_calib_data_observ_points(::CalibDataID, CameraIdx, CalibObjIdx, CalibObjPoseIdx, Row, Column, Index, Pose :)

功能：存储标定信息到标定模型中。

CalibDataID：标定数据模型。

CameraIdx：相机索引。

CalibObjIdx：标定板索引。

CalibObjPoseIdx：不同图像标定板的位置索引。

Row、Column：标志点圆心的行、列坐标。

Index：标志点索引。

Pose：预估的相机外部参数。

- set_origin_pose(::PoseIn, DX, DY, DZ : PoseNewOrigin)

功能：设置 3D 坐标原点。

PoseIn：原始的 3D 位置。

DX、DY、DZ：3D 位置在各自坐标轴移动的距离。

PoseNewOrigin：变换校正后的 3D 位置。

- gen_image_to_world_plane_map(: Map : CameraParam, WorldPose, WidthIn, HeightIn, WidthMapped, HeightMapped, Scale, MapType :)

功能：生成图像坐标系到世界坐标系的映射。

Map：生成的映射图像。

CameraParam：相机内部参数。

WorldPose：世界坐标系的 3D 位置。

WidthIn、HeightIn：要转换图像的宽、高。

WidthMapped、HeightMapped：映射图像的宽、高。

Scale：转换后图像像素的大小。

MapType：映射类型。

- get_calib_data(::CalibDataID, ItemType, ItemIdx, DataName : DataValue CalibDataID, ItemType, ItemIdx, DataName : DataValue)

功能：获得存储在标定模型中的数据。

CalibDataID：标定模型 ID。

ItemType：标定模型中的数据项类型。

ItemIdx：相关数据类型索引。

DataName：数据项名称。

DataValue：数据项属性值。

【例 10 - 2】　基于 HALCON 标定助手的二维测量实例，如图 10 - 17 和图 10 - 18 所示是实例中用到的图像。

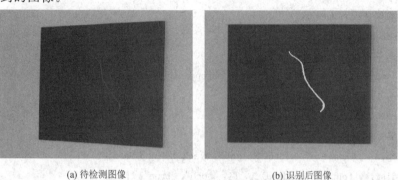

(a) 待检测图像　　　　　　　　　　　　(b) 识别后图像

图 10 - 17　检测前后的图像对比

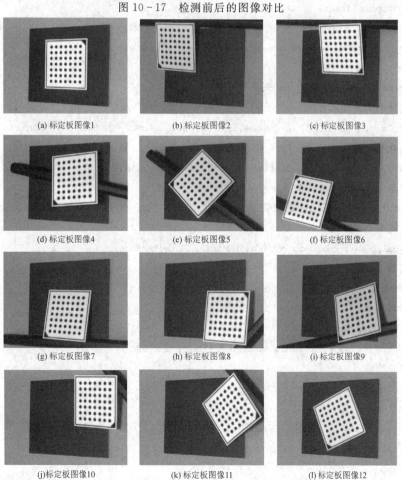

(a) 标定板图像1　　　　　(b) 标定板图像2　　　　　(c) 标定板图像3

(d) 标定板图像4　　　　　(e) 标定板图像5　　　　　(f) 标定板图像6

(g) 标定板图像7　　　　　(h) 标定板图像8　　　　　(i) 标定板图像9

(j)标定板图像10　　　　　(k) 标定板图像11　　　　　(l) 标定板图像12

图 10 - 18　采集的标定板图像

程序如下：

```
* 相机标定程序包括相机内部参数与外部参数的获取，单个像素的物理距离＝实际距离/物理距离
* 关闭更新
dev_close_window ()
dev_close_window ()
dev_update_off ()
* 设置阈值方式为轮廓
dev_set_draw ('margin')
* 读取带有划痕的图片
read_image (Image, 'scratch/scratch_perspective')
* 指向 Image 的第一通道指针
get_image_pointer1 (Image, Pointer, Type, Width, Height)
* 设置字体的格式
dev_open_window (0, 0, Width, Height, 'black', WindowHandle1)
set_display_font (WindowHandle1, 14, 'mono', 'true', 'false')
dev_display (Image)
dev_set_line_width (2)
disp_continue_message (WindowHandle1, 'black', 'true')
stop ()
CaltabName: = 'caltab_30mm.descr'
* 创建初始内部参数
StartCamPar: = [0.012, 0, 0.0000055, 0.0000055, Width / 2, Height / 2, Width, Height]
* 创建标定数据模型
create_calib_data ('calibration_object', 1, 1, CalibDataID)
* 设置相机标定参数类型为面阵扫描
set_calib_data_cam_param (CalibDataID, 0, 'area_scan_division', StartCamPar)
* 指定标定板描述文件
set_calib_data_calib_object (CalibDataID, 0, CaltabName)
* 读取 12 幅图像
NumImages: = 12
* 读取图像
for I: = 1 to NumImages by 1
read_image (Image, 'scratch/scratch_calib_' + I $ '02d')
* 显示图像
dev_display (Image)
* 标定相机参数
find_calib_object (Image, CalibDataID, 0, 0, I, [], [])
get_calib_data_observ_contours (Caltab, CalibDataID, 'caltab', 0, 0, I)
dev_set_color ('green')
dev_display (Caltab)
```

```
get_calib_data_observ_points (CalibDataID, 0, 0, I, RCoord, CCoord, Index, StartPose)
dev_set_color ('red')
disp_circle (WindowHandle1, RCoord, CCoord, gen_tuple_const(|RCoord|, 2.5))
dev_set_part (0, 0, Height - 1, Width - 1)
endfor
dev_update_time ('on')
disp_continue_message (WindowHandle1, 'black', 'true')
stop ()
calibrate_cameras (CalibDataID, Error)
* 获得相机内部参数
get_calib_data (CalibDataID, 'camera', 0, 'params', CamParam)
* 获得相机外部参数
get_calib_data (CalibDataID, 'calib_obj_pose', [0, 1], 'pose', PoseCalib)
* 进行数组的替换
* Step: transform images
dev_open_window (0, Width + 5, Width, Height, 'black', WindowHandle2)
set_display_font (WindowHandle2, 14, 'mono', 'true', 'false')
tuple_replace (PoseCalib, 5, PoseCalib[5] - 90, PoseCalibRot)
* 替换输入数组中的一个或多个元素，并用 Replaced 返回
set_origin_pose (PoseCalibRot, -0.04, -0.03, 0.00075, Pose)
* 将 3D 位姿信息转换成矩阵模型，即 HomMat3D
PixelDist: = 0.00013
pose_to_hom_mat3d (Pose, HomMat3D)
* 生成基于世界坐标系的图像信息
gen_image_to_world_plane_map (Map, CamParam, Pose, Width, Height, Width, Height,
                              PixelDist, 'bilinear')
* * * * * * * * * * * * * * * *以下是目标图像的校正过程* * * * * * * * * * * * * * *
Imagefiles: = ['scratch/scratch_calib_01', 'scratch/scratch_perspective']
for I: = 1 to 2 by 1
  read_image (Image, Imagefiles[I - 1])
  dev_set_window (WindowHandle1)
  dev_display (Image)
  dev_set_window (WindowHandle2)
  map_image (Image, Map, ModelImageMapped)
  dev_display (ModelImageMapped)
  if (I == 1)
    gen_contour_polygon_xld (Polygon, [230, 230], [189, 189 + 0.03 / PixelDist])
    disp_message (WindowHandle2, '3cm', 'window', 205, 195, 'red', 'false')
    dev_display (Polygon)
```

```
        disp_continue_message (WindowHandle2, 'black', 'true')
        stop ()
    endif
endfor
* * * * * * * * * * * * 目标图像的校正过程结束 * * * * * * * * * * * * *
* 设置阈值方式为区域
dev_set_draw ('fill')
* 快速阈值
fast_threshold (ModelImageMapped, Region, 0, 80, 20)
* 区域填充,默认为 8 邻域
fill_up (Region, RegionFillUp)
* 腐蚀轮廓区域
erosion_rectangle1 (RegionFillUp, RegionErosion, 5, 5)
* 模糊处理
reduce_domain (ModelImageMapped, RegionErosion, ImageReduced)
fast_threshold (ImageReduced, Region1, 55, 100, 20)
* 圆度膨胀
dilation_circle (Region1, RegionDilation1, 2.0)
* 圆度腐蚀
erosion_circle (RegionDilation1, RegionErosion1, 1.0)
* 连通区域
connection (RegionErosion1, ConnectedRegions)
* 形状筛选,这里基于面积大小来筛选
select_shape (ConnectedRegions, SelectedRegions, ['area', 'ra'], 'and', [40, 15], [2000,
        1000])
* 识别对象数组中的对象数
count_obj (SelectedRegions, NumScratches)
dev_display (ModelImageMapped)
* * * * * * * * * * * * * 以下是对标定板的读取、识别 * * * * * * * * * * * *
* 设置区域颜色为黄色
for I := 1 to NumScratches by 1
dev_set_color ('yellow')
* 从输入对象数组元素 ObjectSelected 中输出索引复制对象,其对象数就是 count_obj 中识别
* 出来的对象数
select_obj (SelectedRegions, ObjectSelected, I)
* 输入区域的中间轴
skeleton (ObjectSelected, Skeleton)
* 将以上识别出来的骨架,即中间轴转变为 XLD 轮廓
gen_contours_skeleton_xld (Skeleton, Contours, 1, 'filter')
```

* 识别生成的 XLD 轮廓长度，从而测量划痕长度

dev_display (Contours)

length_xld (Contours, ContLength)

* 生成区域中心的 XLD 点

area_center_points_xld (Contours, Area, Row, Column)

* 划痕长度计算公式

disp_message (WindowHandle2, 'L＝ ' ＋ (ContLength ＊ PixelDist ＊ 100) $'. 4' ＋ 'cm',

　　　　　'window', Row － 10, Column ＋ 20, 'yellow', 'false')

* 清除数据，释放相机内存

　　disp_continue_message (WindowHandle2, 'black', 'true')

　　stop ()

endfor

dev_close_window ()

clear_calib_data (CalibDataID)

以上是二维测量的完整程序及相关释义，其中程序运行所得数据，即标定结果及测得的划痕长度如图 10 - 19 和图 10 - 20 所示。由图 10 - 20 可知，划痕一共有两条，经测量得到较长的划痕长度为 3.272 cm，较短的划痕长度为 0.4219 cm。

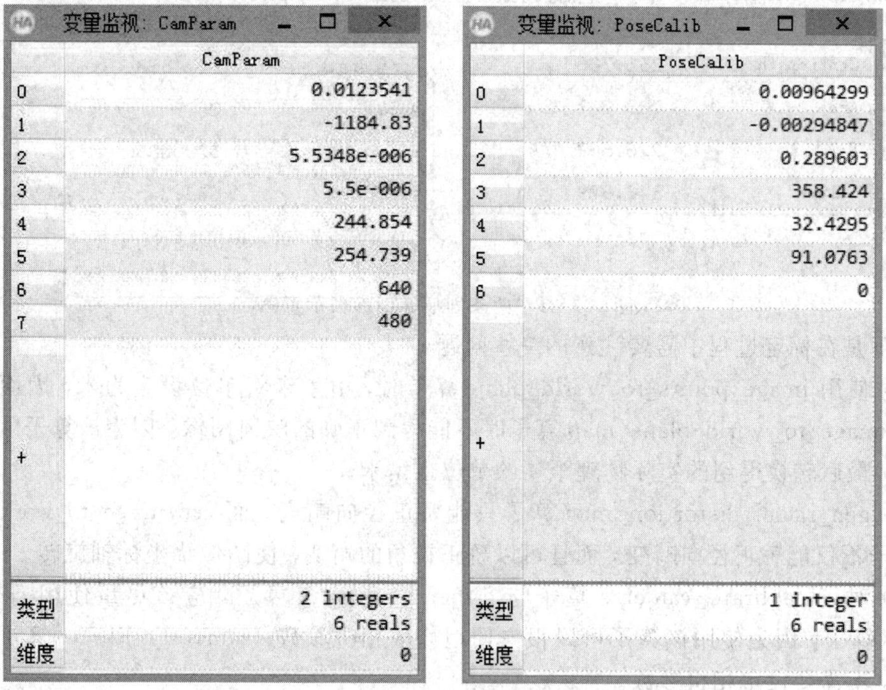

(a)相机内部参数　　　　　　　　　(b)相机外部参数

图 10 - 19　标定所得相机的内、外部参数

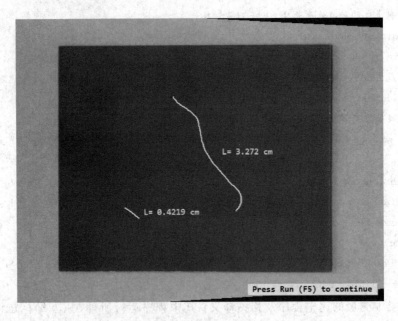

图 10 - 20　测量结果及显示

图 10 - 20 中两条划痕的详细参数如图 10 - 21 所示,其中参数 ContLength 需经过公式 "ContLength×PixelDist×100"才能转化成单位为厘米的数据。

ContLength	251.706
Area	203.0
Row	226.567
Column	340.079

ContLength	32.4558
Area	26.0
Row	328.885
Column	203.5

(a) 较长划痕参数　　　　　　　　　　　　　　　(b) 较短划痕参数

图 10 - 21　两条划痕详细参数示意图

以下是在标定过程中需要注意的一些问题:

(1) 使用 image_points_to_world_plane 算子时,由于未将单位设定为米,因而导致使用 gen_image_to_world_plane_map 算子时不能得到正确的映射图像,因为该算子默认的单位是米,最后转换得到的实际物理距离的单位也是米。

(2) gen_radial_distortion_map 算子只能矫正径向畸变,而 gen_image_to_world_plane_map 算子不仅能矫正径向畸变,而且可以矫正视角的畸变,使图像绕坐标轴旋转。

(3) 对于 calibrate_cameras 算子与 camera_calibrate 算子,应该尽量使用 calibrate_cameras 算子,因为使用该算子可以很方便地修改相机参数;camera_calibrate 算子一次标定完成,不需要设定相机参数。

本 章 小 结

本章主要围绕"标定"这一主题,结合 HALCON 算子对相机标定、畸变校正、图像测量这三大部分进行了系统地介绍。

首先,介绍了相机成像的畸变种类及相机在标定过程中需要初始化或者测量的参数。

然后,在标定方面,应用了 HALCON 的标定助手,通过助手获得标定数据。而且着重介绍了标定板的详细参数及获得途径,方便读者进行标定前的准备工作。

最后,通过一个二维测量实例完成了从标定到校正畸变,再到测量的完整过程,并且每一步的数据也都有展示。

习　　题

10.1　相机成像的畸变种类有哪些?

10.2　在相机标定过程中,三大坐标系是指什么? 画出这三大坐标系的位置关系图。

10.3　标定过程中需要注意的事项有哪些?

10.4　通过标定助手独立完成相机的标定过程,并得出具体的相机内、外部参数,最后完成带有畸变图像的校正处理(畸变图像可以参考本章中的图像)。

第 11 章　　HALCON 工程应用与混合编程

　　HALCON 软件是一款交互式编程开发的图像处理软件,可导出 C/C++、C♯、VB 等代码,利用其自有的 HDevelop 编程工具,可以轻松地实现代码从 HALCON 算子到 C、C++、C♯ 等程序语言的转化。利用 HDevelop 进行图像分析,可以完成视觉处理程序的开发,主程序可以分成不同的子程序,每个子程序可以只有一项功能,如初始化、计算及清除。主程序用于调用其他子程序,也可以传递图像信息和接收显示结果。完整的程序开发是在程序设计环境中进行的,如 Microsoft Visual Studio。将 HDevelop 输出的程序代码通过指令加入程序中(如 include)。程序的接口则是利用程序语言的功能来建构的,接下来进行编辑和连接,完成应用程序的开发。

　　本章通过两个工程实例介绍 HALCON 与 C++、C♯ 编程语言的混合编程方法和技巧。

11.1　成捆棒材复核计数系统

11.1.1　工程背景

　　在棒材生产流程中,成捆棒材入库前需要人工复核计数。人工复核计数主要依靠工人手持粉笔对成捆棒材进行点支计数,如图 11 - 1 所示。在棒材整个生产流程基本自动化的情况下,复核环节仍然需要人工完成,但其劳动强度大、自动化程度低、经济效益低,因此市场迫切需要一款能准确复核计数的产品。

图 11 - 1　人工复核计数

随着图像处理的快速发展，各种高效的图像处理算法不断被
提出，计算机、工控机等硬件设备处理速度不断提高，图像处理
算法被应用于成捆棒材复核计数，并取得了不错的效果。

基于图像处理的成捆棒材复核计数系统的开发是应市场的
需求产生的，它的出现可以在很大程度上满足钢筋生产企业自动
化检测计数的要求，解决检测成本高、精度低的问题，填补市场
的空白。

成捆棒材复核计数系统采集的棒材图像如图 11-2 所示，棒
材图像命名为 steelbar.jpg。

图 11-2 采集的棒材图像

11.1.2 算法的开发

成捆棒材复核计数系统算法流程图如图 11-3 所示。

HALCON 代码如下：

```
* 读取图像
read_image(steelar, 'steelbar.jpg')
get_image_size(steelar, Width, Height)
dev_set_part(0, 0, Height—1, Width—1)
dev_open_window (0, 0, Width, Height, 'black',
                WindowHandle)
dev_display(steelar)
* 增加对比度
scale_image_max(steelar, ImageScaleMax)
* 平滑处理
mean_image(ImageScaleMax, ImageMean, 17, 17)
* 动态阈值分割
dyn_threshold(ImageScaleMax, ImageMean,
              RegionDynThresh, 3, 'light')
* 区域填充
fill_up(RegionDynThresh, RegionFillUp1)
* 区域腐蚀
erosion_circle(RegionFillUp1, RegionErosion3, 4)
* 计算连通部分
connection(RegionErosion3, ConnectedRegions)
* 区域选择
select_shape(ConnectedRegions, SelectedRegions, 'area', 'and', 100, 99999)
* 计算两个区域的差
difference(ConnectedRegions, SelectedRegions, RegionDifference)
erosion_circle(SelectedRegions, RegionErosion, 3)
* 合并所有区域
union1(RegionErosion, RegionUnion)
```

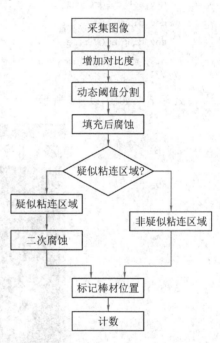

图 11-3 成捆棒材复核计数
系统算法流程图

```
* 合并两个区域
union2(RegionUnion, RegionDifference, RegionUnion1)
connection(RegionUnion1, ConnectedRegions1)
select_shape(ConnectedRegions1, SelectedRegions1, 'area', 'and', 10, 99999)
* 计算棒材数目
count_obj(SelectedRegions1, Number)
* 得到所有棒材的面积与坐标
area_center(SelectedRegions1, Area, Row, Column)
* 生成固定长度的 tuple 数组，数组个数等于棒材数目
tuple_gen_const(|Area|, 5, Newtuple)
* 在所有棒材中心画圆
gen_circle(Circle, Row, Column, Newtuple)
dev_clear_window()
dev_set_color('red')
dev_display(steelar)
dev_display(Circle)
disp_message(WindowHandle, '棒材数目：'+Number, 'window', Width-69, Height-79, 'black',
             'true')
```

处理结果如图 11-4 所示。

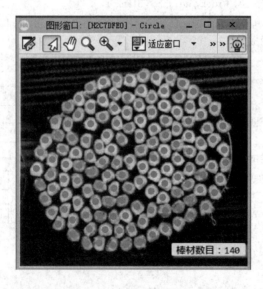

图 11-4　棒材计数处理结果

11.1.3　HALCON 与 C# 混合编程

本实例的编程环境为 Visual Studio 2010＋HALCON 18.11＋Win7 64 位。

（1）导出编写的 HALCON 程序。在 HALCON 菜单栏中单击"文件"→"导出"，如图 11-5 所示，获得 HALCON"导出"对话框。

在 HALCON"导出"对话框中选择对应的文件导出路径、导出格式、导出范围等。本实

例导出位置为桌面，文件名为"fuhe"，导出文件格式为"C♯ - HALCON/. NET"，如图 11 - 6 所示。最后单击"导出"按钮即可在桌面生成 fuhe.cs 文件。

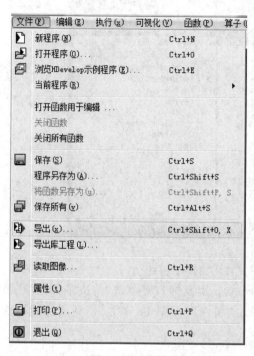

图 11 - 5 HALCON 程序导出

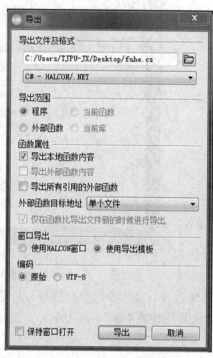

图 11 - 6 "导出"对话框

(2) 新建 C♯ 项目。打开 Visual Studio 2010 软件，选择"Visual C♯"→"Windows 窗体应用程序"，对创建的项目进行命名，选择保存位置。本实例项目名称为"棒材复核计数实例"，如图 11 - 7 所示。

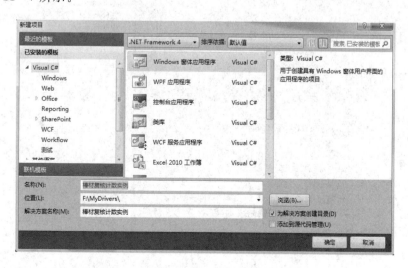

图 11 - 7 新建项目

单击"确定"按钮，创建"棒材复核计数实例"项目，如图 11 - 8 所示。

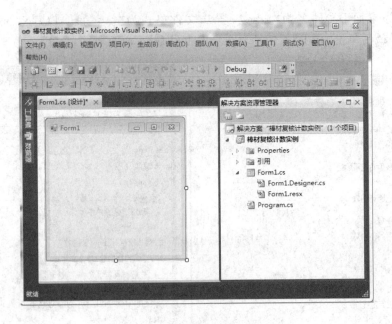

图 11-8　"棒材复核计数实例"项目

(3) 更改项目属性中的目标框架与目标平台。用鼠标右键单击"解决方案资源管理器"中的"棒材复核计数实例",再用鼠标左键单击"属性"(见图 11-9),得到项目的属性设置界面。

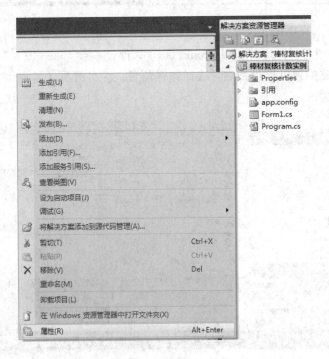

图 11-9　属性位置

在项目的属性设置界面中选择"应用程序"选项卡,将"目标框架"更改为".NET

Framework 4",如图 11 – 10 所示。

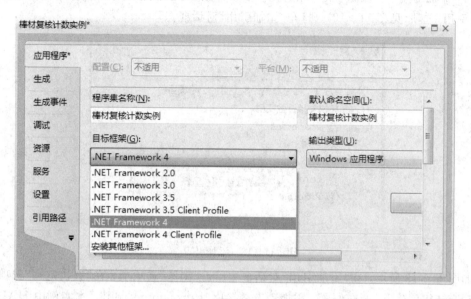

图 11 – 10 "应用程序"选项卡

在项目的属性设置界面中选择"生成 * "选项卡,将目标平台更改为"x64"或"x86"(由
Visual Studio 实际系统平台确定),如图 11 – 11 所示。

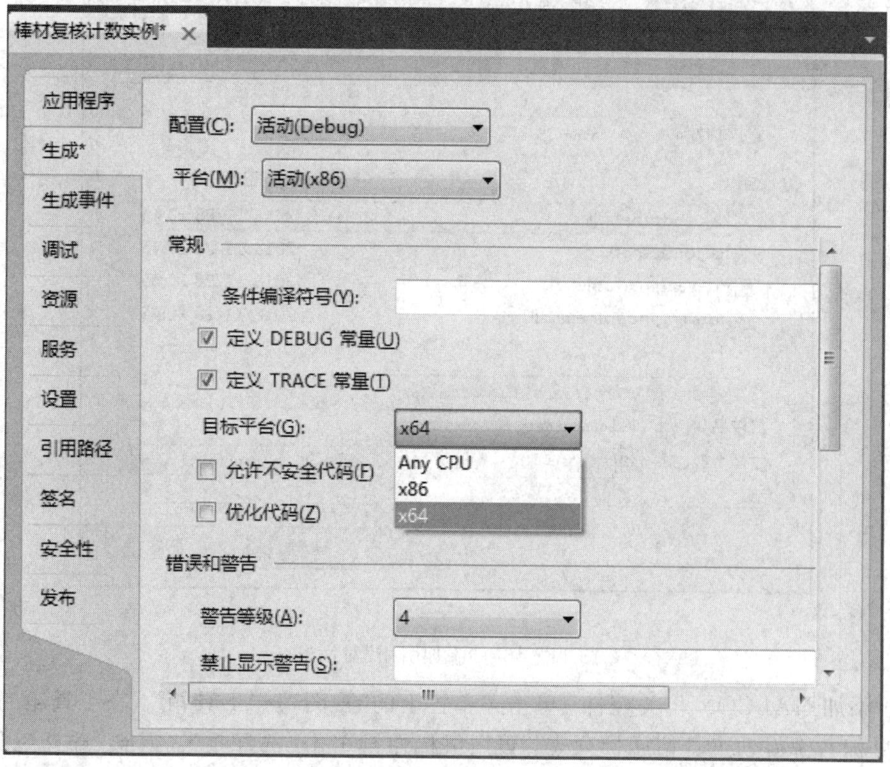

图 11 – 11 "生成 * "选项卡

(4) 添加引用。用鼠标右键单击"棒材复核计数实例"中的"引用",再用鼠标左键单击"添加引用"选项(见图 11-12),打开"添加引用"对话框。

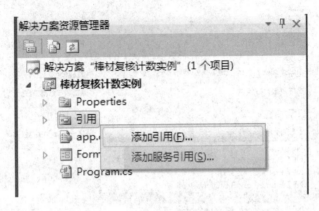

图 11-12　添加引用

如图 11-13 所示,在"添加引用"对话框中单击"浏览"选项卡,在"查找范围"选项框中找到动态链接库(.dll)所在位置,添加动态链接库"halcondotnet.dll"。本实例中 HALCON 软件的安装路径为 D:\Program Files\halcon,所以动态链接库所在位置为 D:\Program Files\halcon\bin\dotnet35\halcondotnet.dll,最后单击"确定"按钮完成操作。

图 11-13　"添加引用"对话框

(5) 添加 HALCON 相关控件。单击菜单栏上的"视图"→"工具箱",在工具箱的空白位置单击鼠标右键得到工具箱属性列表,再用鼠标左键单击"选择项",得到"选择工具箱项"对话框,如图11-14所示。

图 11 - 14　"选择工具箱项"对话框

　　在"选择工具箱项"对话框中单击"浏览"按钮，添加动态链接库，位置为 D：\Program Files\halcon\bin\dotnet35\halcondotnet.dll，单击"确定"按钮，即可在工具箱中添加 HAL-CON 相关控件，如图 11 - 15 所示。

图 11 - 15　加载 HALCON 相关控件

　　（6）对 Form1 窗体进行布局设计。将工具箱中的一个 panel 容器、一个 groupBox 容器、两个 label 控件、三个 button 控件拖入 Form1 窗体中。通过鼠标右键单击 panel 容器选择属性选项，获得属性列表，利用属性列表修改 panel 容器的背景图像，将 label1 控件拖入

panel 容器中,将属性列表中的 Text 属性设置为"棒材复核计数系统",label2 控件用于帮助说明。将三个 button 控件拖入 groupBox 容器中,通过属性列表修改三个 button 控件的 Text 属性与 Name 属性,Text 属性依次设置为"运行""帮助""退出",Name 属性依次设置为"Startbutton""Helpbutton""Stopbutton",如图 11 - 16 所示。

图 11 - 16　Form1 窗体布局设计

(7) 使用 Form1 界面中的三个 button 控件创建单击事件。双击"运行"按钮,创建"运行"按钮的单击事件,程序如下:

```
private void Startbutton_Click(object sender, EventArgs e)
{
    Form2 f2 = new Form2();
    f2.Show();
}
```

双击"帮助"按钮,创建"帮助"按钮的单击事件,程序如下:

```
private void Helpbutton_Click(object sender, EventArgs e)
{
    Form helpForm = new Form();
    helpForm.StartPosition = FormStartPosition.Manual;
    helpForm.Size = new Size(360, 300);
    helpForm.DesktopLocation =
    new Point(this.DesktopBounds.X + this.Size.Width, this.DesktopBounds.Top);
    helpForm.Text = "帮助";
    label2.Visible = true;
    helpForm.Controls.Add(label2);
    label2.Dock = DockStyle.Fill;
    label2.Text =
    " \r\n 使用 Halcon 与 C# 进行混合编程实现棒材复核计数";
    label2.Font = new Font("宋体", 12, FontStyle.Italic);
```

```
    this.AddOwnedForm(helpForm);
    helpForm.Show();
}
```

双击"退出"按钮，创建"退出"按钮的单击事件，程序如下：

```
private void Stopbutton_Click(object sender, EventArgs e)
{
    Application.Exit();
}
```

（8）新建窗体 Form2。新建窗体 Form2 的过程是：用鼠标右键单击"解决方案资源管理器"中的"棒材复核计数实例"，再用鼠标左键单击"添加"→"新建"→"Windows 窗体"，最后单击"添加"按钮创建 Form2 窗体，如图 11-17 所示。

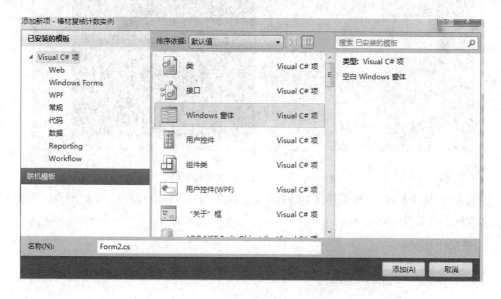

图 11-17　添加 Form2 窗体

（9）对窗体 Form2 进行布局设计。将工具箱中的四个 groupbox 容器、一个 textbox 控件、三个 combobox 控件、四个 label 控件、五个 button 控件、一个与 HALCON 相关的 hWindowControl 控件、一个 timer 控件、一个 dataGridView 控件拖入 Form2 窗体中。

label1 控件用于显示时间与日期。利用 groupbox 容器的属性列表设置 groupbox 容器的 Text 属性，将其中三个属性分别设置为"支数补偿""计数结果""常规设置"。将两个 button控件拖入"支数补偿"容器中，利用 button 控件的属性列表设置 Name 属性和 Text 属性，Name 属性依次设置为"Addone""Subone"，Text 属性依次设置为"＋1""－1"。将 textbox 控件拖入"计数结果"容器中，用来显示棒材数目。"常规设置"容器内放入三个label 控件和三个 textbox 控件，三个 label 控件的 Text 属性分别设置为"班次""规格""钢种"。"班次"后面的 textbox 控件的 Item 属性的添加内容为"早班""中班""晚班"；"规格"后 textbox控件的 Item 属性的添加内容为"8""10""12""14""16"，单位为毫米；"钢种"后

textbox 控件的 Item 属性的添加内容为"圆钢""螺纹钢"。未命名的 groupbox 容器内放入三个 Button 控件，利用属性列表设置 button 控件的 Text 属性与 Name 属性，Text 属性分别设置为"采集""处理""退出"，Name 属性分别设置为"Acquirebutton""Dealbutton""Stopbutton"。在 dataGridView 控件中添加六列 DateSource，将 HeaderText 属性分别设置为"编号""时间""班次""规格""钢种""棒材数目"。最终的布局设计如图 11 - 18 所示。

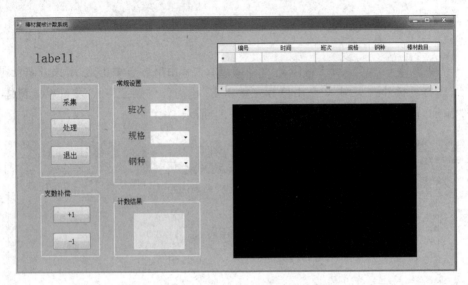

图 11 - 18   Form2 窗体布局设计

右键单击窗体 Form2 的工作区，选择"查看代码"打开 Form2. cs，添加 HALCON 相关的命名空间，代码为 using HalconDotNet，整体程序代码如下：

```
using System;
using System.Collections.Generic;
using System.ComponentModel;
using System.Data;
using System.Drawing;
using System.Linq;
using System.Text;
using System.Windows.Forms;
using HalconDotNet;
```

将 HALCON 导出文件 fuhe. cs 中的图像变量及控制变量粘贴到 Form2 中，同时定义静态变量 number 用来标记棒材数目，程序如下：

```
public partial class Form2 : Form
{
    // Local iconic variables
    HObject ho_steelar, ho_ImageScaleMax, ho_ImageMean;
    HObject ho_RegionDynThresh, ho_RegionFillUp1, ho_RegionErosion3;
    HObject ho_ConnectedRegions, ho_SelectedRegions, ho_RegionDifference;
```

```
HObject ho_RegionErosion, ho_RegionUnion, ho_RegionUnion1;
HObject ho_ConnectedRegions1, ho_SelectedRegions1, ho_Circle;
// Local control variables
HTuple hv_Width = new HTuple(), hv_Height = new HTuple();
HTuple hv_Number = new HTuple(), hv_Area = new HTuple();
HTuple hv_Row = new HTuple(), hv_Column = new HTuple();
HTuple hv_Newtuple = new HTuple();
HTuple hv_ExpDefaultWinHandle;
static int number;
public Form2()
{
    InitializeComponent();
}
}
```

（10）使用 Form2 界面中的五个 button 控件创建单击事件。双击"采集"按钮，创建"采集"按钮的单击事件，通过条件语句确保在常规设置完成后才能触发采集事件，事件中添加的语句为"HW1＝hWindowControl1. HalconWindow;"，粘贴 fuhe. cs 中的采集相关代码，程序如下：

```
private void Acquirebutton_Click(object sender, EventArgs e)
{
    //如果没有选择班次，则通过对话框提示选择班次
    if (comboBox1.Text.Trim().Length == 0)
    {
        MessageBox.Show("请选择班次");
    }
    //如果选择了班次，没有选择规格，则通过对话框提示选择规格
    if ((comboBox1.Text.Trim().Length ! = 0) && comboBox2.Text.Trim().Length == 0)
    {
        MessageBox.Show("请选择规格");
    }
    // 如果选择了班次、规格，没有选择钢种，则通过对话框提示选择钢种
    if ((comboBox1.Text.Trim().Length ! = 0) && (comboBox2.Text.Trim().Length ! = 0) &&
        comboBox3.Text.Trim().Length == 0)
    {
        MessageBox.Show("请选择钢种");
    }
    if ((comboBox1.Text.Trim().Length ! = 0) && (comboBox2.Text.Trim().Length ! = 0) &&
        (comboBox3.Text.Trim().Length ! = 0))
    {
        hv_ExpDefaultWinHandle = hWindowControl1.HalconWindow;
        HOperatorSet.GenEmptyObj(out ho_steelar);
        HOperatorSet.GenEmptyObj(out ho_ImageScaleMax);
```

```
HOperatorSet.GenEmptyObj(out ho_ImageMean);
HOperatorSet.GenEmptyObj(out ho_RegionDynThresh);
HOperatorSet.GenEmptyObj(out ho_RegionFillUp1);
HOperatorSet.GenEmptyObj(out ho_RegionErosion3);
HOperatorSet.GenEmptyObj(out ho_ConnectedRegions);
HOperatorSet.GenEmptyObj(out ho_SelectedRegions);
HOperatorSet.GenEmptyObj(out ho_RegionDifference);
HOperatorSet.GenEmptyObj(out ho_RegionErosion);
HOperatorSet.GenEmptyObj(out ho_RegionUnion);
HOperatorSet.GenEmptyObj(out ho_RegionUnion1);
HOperatorSet.GenEmptyObj(out ho_ConnectedRegions1);
HOperatorSet.GenEmptyObj(out ho_SelectedRegions1);
HOperatorSet.GenEmptyObj(out ho_Circle);
ho_steelar.Dispose();
HOperatorSet.ReadImage(out ho_steelar, "steelbar.bmp");
hv_Width.Dispose(); hv_Height.Dispose();
HOperatorSet.GetImageSize(ho_steelar, out hv_Width, out hv_Height);
using (HDevDisposeHelper dh = new HDevDisposeHelper())
{
    HOperatorSet.SetPart(hv_ExpDefaultWinHandle, 0, 0, hv_Height - 1, hv_Width - 1);
}
HOperatorSet.DispObj(ho_steelar, hv_ExpDefaultWinHandle);
    }
  }
```

双击"处理"按钮,创建"处理"按钮的单击事件。粘贴 fuhe.cs 中图像处理相关代码,添加语句"number=hv_Number 和 Sumtext.Text=number.ToString()",将棒材数目显示到 textbox 控件中,粘贴 fuhe.cs 中的图像资源释放相关代码,程序如下:

```
private void Dealbutton_Click(object sender, EventArgs e)
{
    ho_ImageScaleMax.Dispose();
    HOperatorSet.ScaleImageMax(ho_steelar, out ho_ImageScaleMax);
    ho_ImageMean.Dispose();
    HOperatorSet.MeanImage(ho_ImageScaleMax, out ho_ImageMean, 17, 17);
    ho_RegionDynThresh.Dispose();
    HOperatorSet.DynThreshold(ho_ImageScaleMax, ho_ImageMean,
                        out ho_RegionDynThresh, 3, "light");
    ho_RegionFillUp1.Dispose();
    HOperatorSet.FillUp(ho_RegionDynThresh, out ho_RegionFillUp1);
    ho_RegionErosion3.Dispose();
    HOperatorSet.ErosionCircle(ho_RegionFillUp1, out ho_RegionErosion3, 4);
    ho_ConnectedRegions.Dispose();
    HOperatorSet.Connection(ho_RegionErosion3, out ho_ConnectedRegions);
```

```
ho_SelectedRegions.Dispose();
HOperatorSet.SelectShape(ho_ConnectedRegions, outho_SelectedRegions, "area",
                "and", 100, 99999);
ho_RegionDifference.Dispose();
HOperatorSet.Difference(ho_ConnectedRegions, ho_SelectedRegions, out
                ho_RegionDifference );
ho_RegionErosion.Dispose();
HOperatorSet.ErosionCircle(ho_SelectedRegions, out ho_RegionErosion, 3);
ho_RegionUnion.Dispose();
HOperatorSet.Union1(ho_RegionErosion, out ho_RegionUnion);
ho_RegionUnion1.Dispose();
HOperatorSet.Union2(ho_RegionUnion, ho_RegionDifference, outho_RegionUnion1);
ho_ConnectedRegions1.Dispose();
HOperatorSet.Connection(ho_RegionUnion1, out ho_ConnectedRegions1);
ho_SelectedRegions1.Dispose();
HOperatorSet.SelectShape(ho_ConnectedRegions1, outho_SelectedRegions1, "area",
                "and", 10, 99999);
hv_Number.Dispose();
HOperatorSet.CountObj(ho_SelectedRegions1, out hv_Number);
hv_Area.Dispose(); hv_Row.Dispose(); hv_Column.Dispose();
HOperatorSet.AreaCenter(ho_SelectedRegions1, out hv_Area,
out hv_Row, out hv_Column);
using (HDevDisposeHelper dh = new HDevDisposeHelper())
{
    hv_Newtuple.Dispose();
    HOperatorSet.TupleGenConst(new HTuple(hv_Area.TupleLength()),
                    5, out hv_Newtuple);
}
ho_Circle.Dispose();
HOperatorSet.GenCircle(out ho_Circle, hv_Row, hv_Column, hv_Newtuple);
HOperatorSet.ClearWindow(hv_ExpDefaultWinHandle);
HOperatorSet.SetColor(hv_ExpDefaultWinHandle, "red");
HOperatorSet.DispObj(ho_steelar, hv_ExpDefaultWinHandle);
HOperatorSet.DispObj(ho_Circle, hv_ExpDefaultWinHandle);
number = hv_Number;
textBox1.Text = number.ToString();
ho_steelar.Dispose();
ho_ImageScaleMax.Dispose();
ho_ImageMean.Dispose();
ho_RegionDynThresh.Dispose();
ho_RegionFillUp1.Dispose();
ho_RegionErosion3.Dispose();
```

```
            ho_ConnectedRegions.Dispose();
            ho_SelectedRegions.Dispose();
            ho_RegionDifference.Dispose();
            ho_RegionErosion.Dispose();
            ho_RegionUnion.Dispose();
            ho_RegionUnion1.Dispose();
            ho_ConnectedRegions1.Dispose();
            ho_SelectedRegions1.Dispose();
            ho_Circle.Dispose();
            hv_Width.Dispose();
            hv_Height.Dispose();
            hv_Number.Dispose();
            hv_Area.Dispose();
            hv_Row.Dispose();
            hv_Column.Dispose();
            hv_Newtuple.Dispose();
        }
```

双击"退出"按钮, 创建"退出"按钮的单击事件, 程序如下:

```
    private void Stopbutton_Click(object sender, EventArgs e)
    {
            Application.Exit();
    }
```

双击"+1"按钮, 创建棒材数目加 1 事件, 程序如下:

```
    private void AddOne_Click(object sender, EventArgs e)
    {
            number += 1;
            textBox1.Text = number.ToString();
    }
```

双击"-1"按钮, 创建棒材数目减 1 事件, 程序如下:

```
    private void SubOne_Click(object sender, EventArgs e)
    {
            number -= 1;
            textBox1.Text = number.ToString();
    }
```

(11) 实时显示当前日期与时间。创建计时器 timer 控件的 Tick 事件, 在 label1 控件上实时显示当前日期与时间, 程序如下:

```
    // 声明一个 DateTime 对象
    DateTime dt = DateTime.Now;
        private void timer1_Tick(object sender, EventArgs e)
        {
        //获取当前日期
```

```
        string strDate = dt. ToLongDateString(). ToString();
    // 获取当前时间
        string strTime = dt. ToLongTimeString(). ToString();
    // 显示日期与时间
        label1. Text = strDate + " " + strTime;
    }
```

在 Form2 的加载事件中通过语句 timer1. Start()启动计时器。

(12) 添加数据记录。添加文件流相关的命名空间为 using System. IO，定义变量 static int bianhao 和 string path，变量 bianhao 用来标志数据记录的个数，path 为当前日期加 ".csv"的字符串，利用 path 创建以当前日期命名的.csv 文件，创建 Form2 窗体的加载事件，通过文件流将.csv 文件中的数据记录读入 dataGridView 控件中。Form2 加载事件中的程序如下：

```
    private void Form2_Load(object sender, EventArgs e)
    {
        timer1. Start();
        AddOne. Enabled = false;
        SubOne. Enabled = false;
         path = dt. ToLongDateString(). ToString() + ". csv";
        if (! File. Exists(path))
        {
            using (FileStream fs = new FileStream(path, FileMode. OpenOrCreate))
            {
                using (StreamWriter sw = new StreamWriter(fs, Encoding. Default))
                {
                    sw. Write("编号," + "时间," + "班次," + "规格," + "钢种,
                    " + "棒材数目" + "\r\n");
                }
            }
        }
        else
        {
        using (StreamReader sr = new StreamReader(path, Encoding. Default))
        {
            int index = 0;
            while (! sr. EndOfStream)
            {
                int s;
                string[] ltstr = sr. ReadLine(). Split(new char[] { ',' },
                StringSplitOptions. RemoveEmptyEntries);
                if ((int. TryParse(ltstr[0], out s)) == true)
                {
```

```
            index = this.dataGridView1.Rows.Add();
            this.dataGridView1.Rows[index].Cells[0].Value = ltstr[0];
            this.dataGridView1.Rows[index].Cells[1].Value = ltstr[1];
            this.dataGridView1.Rows[index].Cells[2].Value = ltstr[2];
            this.dataGridView1.Rows[index].Cells[3].Value = ltstr[3];
            this.dataGridView1.Rows[index].Cells[4].Value = ltstr[4];
            this.dataGridView1.Rows[index].Cells[5].Value = ltstr[5];
            this.dataGridView1.CurrentCell = this.dataGridView1[0, index];
        }
        bianhao = index;
        }
        bianhao += 1;
    }
  }
}
```

在"处理"按钮单击事件中,通过添加程序进行 dataGridView 控件数据的添加及文件流的写入,完成棒材计数后向 dataGridView 控件中添加一条数据记录,同时将数据记录写入以当前日期命名的.csv 文件中,程序如下:

```
bianhao += 1;
using (FileStream fs = new FileStream(path, FileMode.Append))
{
    using (StreamWriter sw = new StreamWriter(fs, Encoding.Default))
    {
        sw.Write(bianhao + ", " + label1.Text + ", " + comboBox1.Text +
        ", " + comboBox2.Text + ", " + comboBox3.Text +
        ", "+Sumtext.Text + "\r\n");
    }
}
DataGridViewRow dg = new DataGridViewRow();
int index = this.dataGridView1.Rows.Add();
this.dataGridView1.Rows[index].Cells[0].Value = bianhao;
this.dataGridView1.Rows[index].Cells[1].Value = label1.Text;
this.dataGridView1.Rows[index].Cells[2].Value = comboBox1.Text;
this.dataGridView1.Rows[index].Cells[3].Value = comboBox2.Text;
this.dataGridView1.Rows[index].Cells[4].Value = comboBox3.Text;
this.dataGridView1.Rows[index].Cells[5].Value = textBox1.Text;
this.dataGridView1.CurrentCell = this.dataGridView1[0, index];
```

通过用鼠标右键单击"解决方案"资源管理器中的"棒材复核计数实例",再用鼠标左键单击"在 Windows 资源管理器中打开文件夹",如图 11-19 所示,再依次单击"bin→Debug"文件夹,可以访问存储在 Debug 文件夹下文件名为"2019 年 1 月 18 日.csv"的文件。

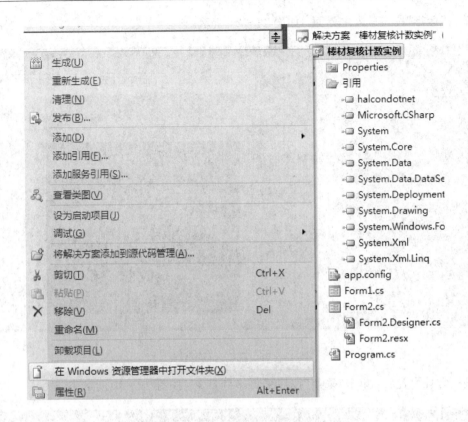

图 11-19　棒材图像的存放路径

（13）存储棒材图像到指定文件夹。将棒材图像保存到 Debug 文件夹内。

（14）运行程序进行棒材复核计数。启动 C♯程序（按快捷键 F5）可见系统初始界面，如图 11-20 所示。

图 11-20　初始界面

单击"运行"按钮进入主界面,如图 11-21 所示。

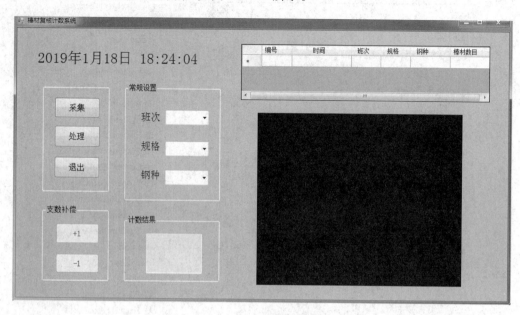

图 11-21 系统运行主界面

进行常规设置后,单击"采集"按钮采集棒材图像,如图 11-22 所示。

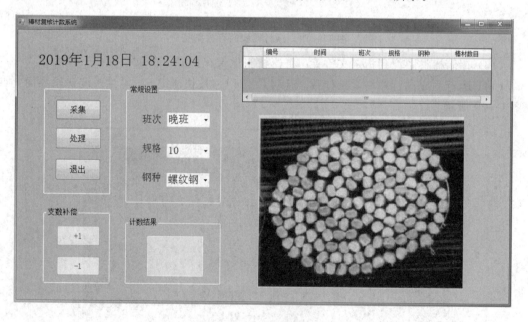

图 11-22 采集结果

单击"处理"按钮处理棒材图像,并将计数结果显示在"计数结果"控件中,如图 11-23 所示。

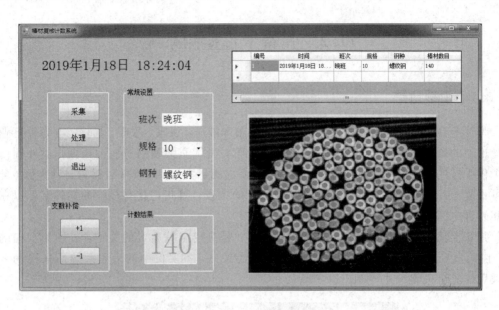

图 11-23　计数结果

打开"2019 年 1 月 18 日.csv"文件可见一条数据记录，如图 11-24 所示。

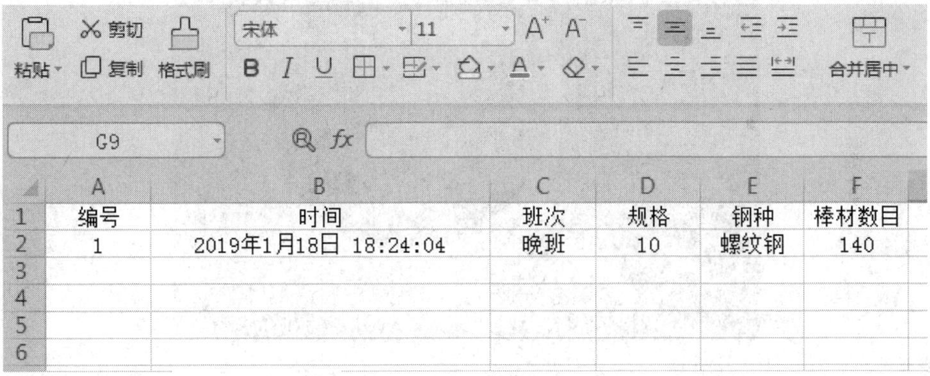

	A	B	C	D	E	F
1	编号	时间	班次	规格	钢种	棒材数目
2	1	2019年1月18日 18:24:04	晚班	10	螺纹钢	140
3						
4						
5						
6						

图 11-24　数据记录

11.1.4　HALCON 与 C♯混合编程的特点

HALCON 与 C♯混合编程具有以下特点：

（1）标准的面向对象的 C♯风格。

（2）HALCON 算子可以作为类的成员使用。

（3）Htuple 仍然是控制数据的核心类。

（4）手动管理内存。

① 手动释放目标：Obj. Dispose()。

② 强制释放未引用的目标，包括 GC. Collect( )、GC. WaitForPendingFinalizers()。

11.2 弹簧卡箍检测系统

11.2.1 工程背景

弹簧卡箍是卡箍连接技术的核心元件,是用于液压、供水、采暖、通信、电力等行业输送管道上的紧固连接件。弹簧卡箍也称日式卡箍,由优质弹簧钢一次冲压而成,外圈留出两个供手按的耳,使用者可以对两耳施加力,使内圈扩大,套入管件后撤力自动夹紧,此过程可重复。由于弹簧卡箍自身材料和结构设计的特点,因此它具有很强的柔性,可以在软管和硬管之间实现良好的紧固、密封。

弹簧卡箍有多种设计尺寸,其中有三个尺寸是决定卡箍质量的关键,分别为卡箍的厚度、内圆直径及耳部夹角,必须进行严格检测和控制。本实例中的检测系统用来检测卡箍成型后的三个关键尺寸,如图 11-25 所示。

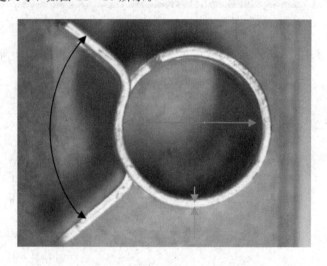

图 11-25 弹簧卡箍和三个检测尺寸

(1)卡箍的厚度。卡箍的厚度决定了可以使用的紧固强度,卡箍厚度过低则紧固强度不足,卡箍厚度过大则安装难度指数增加。

(2)卡箍的内圆直径。内圆直径是内圆与管件直接接触的工作面,因此其圆度和直径尺寸要求较高,直径尺寸不满足要求,则无法安装;圆度不够则影响与管件的贴合,密闭性将受到极大影响。

(3)卡箍的耳部夹角。耳部夹角直接关系到卡箍的安装,只有正确的耳部夹角才能使卡箍安装成功,这个部位的形状检测是卡箍质量检测中的重点之一。

随着卡箍市场需求的增加,卡箍产量增大,传统检测方法已不能满足生产要求。本实例基于机器视觉设计了一套检测系统,对弹簧卡箍的厚度、内圆直径、耳部夹角三个尺寸进行快速测量。其具体步骤是:首先,通过标定消除镜头畸变,调整物体位姿,得到每个像素代表的实际尺寸;其次,利用基于形状特征的模板匹配快速准确定位卡箍;最后,通过对边缘的提取和测量,得出所需检测尺寸。基于机器视觉的检测系统具有柔性高、精度高、效率高、一致性好的特点。

11.2.2　算法的开发

1. 算法流程图

弹簧卡箍检测系统算法流程分为三部分，如图 11-26 所示，具体方法将在 HALCON 程序编程中进行说明。

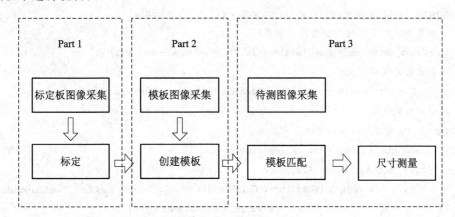

图 11-26　弹簧卡箍检测系统算法流程图

2. HALCON 程序

（1）标定。

程序如下：

```
*Part1：标定(包括获取相机内、外部参数及单个像素的实际距离)
*标定图像文件夹
ImageFiles：= []
ImageFiles[0]：= 'detection_of_clamp/pic_calibration/Right_Camera_4.bmp'
ImageFiles[1]：= 'detection_of_clamp/pic_calibration/Right_Camera_5.bmp'
ImageFiles[2]：= 'detection_of_clamp/pic_calibration/Right_Camera_6.bmp'
ImageFiles[3]：= 'detection_of_clamp/pic_calibration/Right_Camera_7.bmp'
ImageFiles[4]：= 'detection_of_clamp/pic_calibration/Right_Camera_8.bmp'
ImageFiles[5]：= 'detection_of_clamp/pic_calibration/Right_Camera_9.bmp'
ImageFiles[6]：= 'detection_of_clamp/pic_calibration/Right_Camera_10.bmp'
ImageFiles[7]：= 'detection_of_clamp/pic_calibration/Right_Camera_11.bmp'
ImageFiles[8]：= 'detection_of_clamp/pic_calibration/Right_Camera_12.bmp'
ImageFiles[9]：= 'detection_of_clamp/pic_calibration/Right_Camera_13.bmp'
ImageFiles[10]：= 'detection_of_clamp/pic_calibration/Right_Camera_14.bmp'
ImageFiles[11]：= 'detection_of_clamp/pic_calibration/Right_Camera_15.bmp'
ImageFiles[12]：= 'detection_of_clamp/pic_calibration/Right_Camera_16.bmp'
TmpCtrl_ReferenceIndex：= 12
*获得标定板描述文件
```

```
TmpCtrl_PlateDescription:= 'detection_of_clamp/caltab.descr'
* 创建初始内部参数
StartParameters:= ['area_scan_division', 0.035, 0, 5.6e-006, 5.6e-006, 328, 246,
                656, 492]
TmpCtrl_FindCalObjParNames:= ['gap_tolerance', 'alpha', 'skip_find_caltab']
TmpCtrl_FindCalObjParValues:= [1, 1, 'false']
* 创建标定数据模型
create_calib_data ('calibration_object', 1, 1, CalibHandle)
* 设置相机标定参数类型为面阵扫描
set_calib_data_cam_param (CalibHandle, 0, [], StartParameters)
* 指定标定板描述文件
set_calib_data_calib_object (CalibHandle, 0, TmpCtrl_PlateDescription)
* 读取标定图像
for Index:= 0 to |ImageFiles|-1 by 1
    read_image (Image, ImageFiles[Index])
    rgb1_to_gray (Image, GrayImage)
    find_calib_object (GrayImage, CalibHandle, 0, 0, Index, TmpCtrl_FindCalObjParNames,
                    TmpCtrl_FindCalObjParValues)
endfor
* 标定相机参数
calibrate_cameras (CalibHandle, TmpCtrl_Errors)
* 获得相机内部参数
get_calib_data (CalibHandle, 'camera', 0, 'params', CameraParameters)
* 获得相机外部参数
get_calib_data (CalibHandle, 'calib_obj_pose', [0, TmpCtrl_ReferenceIndex], 'pose',
                CameraPose)
* 设置原点坐标及标定板厚度
image_points_to_world_plane (CameraParameters, CameraPose, 0.0, 0.0, 'm',
                        TmpCtrl_OriginX, TmpCtrl_OriginY)
set_origin_pose (CameraPose, TmpCtrl_OriginX, TmpCtrl_OriginY, 0, CameraPose)
* 清除标定模型
clear_calib_data (CalibHandle)
* 设置标定后图像的一个像素代表的实际距离 PixelDist
* 图像坐标系 A 点坐标
X1:=10
Y1:=10
* 行、列方向各移动的像素距离
d1:=400
* 图像坐标系 B 点坐标
X2:=X1+d1
Y2:=Y1+d1
```

```
* 转换得到 A 点的世界坐标系坐标
image_points_to_world_plane (CameraParameters, CameraPose, Y1, X1, 1, AX, AY)
* 转换得到 B 点的世界坐标系坐标
image_points_to_world_plane (CameraParameters, CameraPose, Y2, X2, 1, BX, BY)
* 求世界坐标系中 A、B 两点的距离
l:= sqrt((AY—BY) * (AY—BY)+(AX—BX) * (AX—BX))
* 像素代表的实际尺寸
PixelDist:=l/(sqrt(2) * d1)
* 读取图像，获取图像大小
read_image (Image, 'detection_of_clamp/pic_template.bmp')
get_image_size (Image, Width, Height)
* 生成映像图像
gen_image_to_world_plane_map(Map, CameraParameters, CameraPose, Width, Height, Width,
                             Height, PixelDist, 'bilinear')
* 应用映像转换图像
map_image(Image, Map, Image)
* 标定过程至此结束，获得映像 Map 和像素实际距离 PixelDist
```

(2) 创建模板。

```
* Part2：建模（创建模板和生成三个矩形）
read_image (Image, 'detection_of_clamp/pic_template.bmp')
get_image_size (Image, Width, Height)
* 关闭已有窗口，打开新的窗口 WindowID
dev_close_window ()
dev_open_window (0, 0, Width, Height, 'black', WindowID)
dev_display (Image)
* 预处理
* 几何变换校正
map_image(Image, Map, Image)
dev_display (Image)
* 中值滤波平滑轮廓
median_image (Image, ImageMedian, 'circle', 1, 'mirrored')
decompose3 (ImageMedian, Image1, Image2, Image3)
trans_from_rgb (Image1, Image2, Image3, ImageResult1, ImageResult2, ImageResult3, 'hsv')
threshold (ImageResult3, Regions, 0, 111)
connection (Regions, ConnectedRegions)
select_shape (ConnectedRegions, SelectedRegions, 'area', 'and', 4766.36, 20000)
* 数学形态学处理
fill_up (SelectedRegions, RegionFillUp)
dilation_circle (RegionFillUp, RegionDilation, 3.5)
* 减小图像的域
reduce_domain (Image, RegionDilation, ImageReduced)
```

```
dev_display (ImageReduced)
* 根据金字塔层数和对比度检查要生成的模板是否合适
inspect_shape_model (ImageReduced, ModelImages, ModelRegions, 4, 30)
* 建模(注意角度范围)
create_shape_model (ImageReduced, 'auto', 0, 6.28, 'auto', 'auto', 'use_polarity',
                    'auto', 'auto', ModelID)
* 获取形状模板的轮廓
get_shape_model_contours (Model, ModelID, 1)
* 获取中心坐标
area_center (RegionDilation, Area, RowRef, ColumnRef)
* 在模板图上生成三个矩形,可以对其在模板匹配后进行相应的位姿变换,为测量提供条件
RectRow1: = 259.014
RectCol1: = 319.86
RectRow2: = RectRow1
RectCol2: = RectCol1 - 165
RectPhi: = 0
RectLength1: = 5
RectLength2: = 135
RectLength3: = 180
RectLength4: = 5
RectLength5: = 25
RectLength6: = 240
gen_rectangle2 (Rectangle1, RectRow1, RectCol1, RectPhi, RectLength3, RectLength4)
gen_rectangle2 (Rectangle0, RectRow2, RectCol2, RectPhi, RectLength1, RectLength2)
gen_rectangle2 (Rectangle2, RectRow2, RectCol2, RectPhi, RectLength5, RectLength6)
* 显示模板轮廓
vector_angle_to_rigid (0, 0, 0, RowRef, ColumnRef, 0, HomMat2D)
affine_trans_contour_xld (Model, ModelTrans, HomMat2D)
* 显示矩形
dev_display (Image)
dev_set_color ('green')
dev_display (ModelTrans)
dev_set_color ('blue')
dev_set_draw ('margin')
dev_set_line_width (3)
dev_display (Rectangle1)
dev_display (Rectangle0)
dev_display (Rectangle2)
dev_set_draw ('fill')
dev_set_line_width (1)
dev_set_color ('yellow')
```

（3）模板匹配和尺寸测量。

＊Part3：模板匹配与尺寸测量（对待测卡箍图像进行读取、模板匹配、预处理、厚度测量、内圆直径测量、耳部夹角测量、结果显示）

```
i:＝0
while (1)
＊计算时间
count_seconds (S1)
＊读取待测卡箍图像文件夹
list_files ('detection_of_clamp/pic_clamp', 'files', Files)
t:＝|Files|
＊读取待测卡箍图像
read_image (ImageSearching, Files[i])
dev_display (ImageSearching)
i:＝i＋1
if(i＞＝t)
    i:＝0
endif
map_image(ImageSearching, Map, ImageSearch)
dev_display (ImageSearch)
＊在目标图像中寻找模板
find_shape_model (ImageSearch, ModelID, 0, 6.28, 0.5, 1, 0.5, 'least_squares', 0, 0.9, Row,
                Column, Angle, Score)
＊由于待测卡箍图像中只有一个对象，因此 score 值为 0，可以忽略这个 for 循环
for I:＝ 0 to |Score| － 1 by 1
hom_mat2d_identity (HomMat2DIdentity)
hom_mat2d_translate (HomMat2DIdentity, Row[I], Column[I], HomMat2DTranslate)
hom_mat2d_rotate (HomMat2DTranslate, Angle[I], Row[I], Column[I], HomMat2DRotate)
affine_trans_contour_xld (Model, ModelTrans, HomMat2DRotate)
dev_display (ModelTrans)
＊对矩形进行变换
affine_trans_pixel (HomMat2DRotate, RectRow1-RowRef, RectCol1-ColumnRef, RowTrans1,
                ColTrans1)
affine_trans_pixel (HomMat2DRotate, RectRow2-RowRef, RectCol2-ColumnRef, RowTrans2,
                ColTrans2)
gen_rectangle2 (Rectangle4, RowTrans1, ColTrans1, Angle[I], RectLength3, RectLength4)
gen_rectangle2 (Rectangle3, RowTrans2, ColTrans2, Angle[I], RectLength1, RectLength2)
gen_rectangle2 (Rectangle5, RowTrans2, ColTrans2, Angle[I], RectLength5, RectLength6)
difference (Rectangle5, Rectangle3, RegionDifference)
dev_display (ImageSearch)
dev_set_color ('blue')
dev_set_draw ('margin')
```

```
dev_set_line_width (3)
dev_display (Rectangle3)
dev_display (Rectangle4)
dev_display (Rectangle5)
dev_set_draw ('fill')
* 开始测量
* 预处理，得到 ImageResult3
median_image (ImageSearch, ImageMedian, 'circle', 1, 'mirrored')
decompose3 (ImageMedian, Image1, Image2, Image3)
trans_from_rgb (Image1, Image2, Image3, ImageResult1, ImageResult2, ImageResult3, 'hsv')
* 厚度测量开始
* 生成测量矩形对象
gen_measure_rectangle2 (RowTrans1, ColTrans1, Angle[I], RectLength3, RectLength4, Width,
                        Height, 'nearest_neighbor', MeasureHandle)
* 边缘对测量，得到像素厚度和内径
measure_pairs (ImageResult3, MeasureHandle, 1, 30, 'negative_strongest', 'all',
              RowEdgeFirst, ColumnEdgeFirst, AmplitudeFirst, RowEdgeSecond,
              ColumnEdgeSecond, AmplitudeSecond, IntraDistance,
              InterDistance)
* 显示边缘对
disp_line (WindowID, RowEdgeFirst—RectLength4 * cos(Angle[I]), ColumnEdgeFirst
          —RectLength4 * sin(Angle[I]), RowEdgeFirst+RectLength4 * cos(Angle[I]),
          ColumnEdgeFirst+RectLength4 * sin(Angle[I]))
disp_line (WindowID, RowEdgeSecond—RectLength4 * cos(Angle[I]), ColumnEdgeSecond
          —RectLength4 * sin(Angle[I]), RowEdgeSecond + RectLength4 * cos(Angle[I]),
          ColumnEdgeSecond+RectLength4 * sin(Angle[I]))
* 内圆直径测量开始
* 第一步，分割内圆 xld
edges_sub_pix (ImageResult3, Edges, 'canny', 1, 20, 40)
select_shape_xld (Edges, SelectedXLD, ['circularity', 'area'], 'and', [0.17023, 0],
                 [1, 46528.7])
select_shape_xld (SelectedXLD, SelectedXLD, 'area', 'and', 4773.03, 50000)
select_shape_xld (SelectedXLD, SelectedXLD, 'max_diameter', 'and', 215.287, 500)
* 第二步，得到中心点和最大、最小半径
fit_circle_contour_xld (SelectedXLD, 'algebraic', —1, 0, 0, 3, 2, Row, Column, Radius,
                        StartPhi, EndPhi, PointOrder)
distance_pc (SelectedXLD, Row, Column, DistanceMin, DistanceMax)
* 角度测量开始
reduce_domain (ImageResult3, RegionDifference, ImageReduced1)
edges_sub_pix (ImageReduced1, Edges1, 'canny', 1, 20, 40)
select_shape_xld (Edges1, SelectedXLD1, 'contlength', 'and', 44.526, 100)
```

```
fit_line_contour_xld (SelectedXLD1, 'tukey', -1, 0, 5, 2, RowBegin, ColBegin, RowEnd,
              ColEnd, Nr, Nc, Dist)
* 获得拟合后两直线角度
angle_ll (RowBegin[0], ColBegin[0], RowEnd[0], ColEnd[0], RowBegin[1], ColBegin[1],
        RowEnd[1], ColEnd[1], Angle)
* 弧度转角度
Angle：=deg(Angle)
if(Angle<0 and Angle>-90)
    Angle：=abs(Angle)
endif
if(Angle<-90)
    Angle：=Angle+180
endif
* 显示测量结果(在屏内显示数据)
dev_display (ImageSearch)
set_tposition (WindowID, 30, 455)
write_string (WindowID, 'Angle='+Angle+'degrees')
set_tposition (WindowID, 50, 455)
write_string (WindowID, 'Thickness='+IntraDistance[0] * PixelDist * 1000+'mm')
set_tposition (WindowID, 70, 455)
write_string (WindowID, 'DiaMin_Fitting_circle='+DistanceMin * 2 * PixelDist * 1000+'mm')
set_tposition (WindowID, 90, 455)
write_string (WindowID, 'DiaMax_Fitting_circle='+DistanceMax * 2 * PixelDist * 1000+'mm')
set_tposition (WindowID, 110, 455)
write_string (WindowID, 'Dia_measure_pairs='+InterDistance * PixelDist * 1000+'mm')
* 关闭测量句柄
close_measure (MeasureHandle)
* 计算时间
count_seconds (S2)
* 得到处理一幅图像的时间
time：=(S2-S1)
* 单击鼠标进行下一个卡箍图像的检测
get_mbutton (WindowID, Row1, Column1, Button2)
wait_seconds (0.5)
endfor
endwhile
* 清除模板模型
clear_shape_model (ModelID)
```

(4) 检测结果。

在 HALCON 程序中，检测结果如图 11-27 所示，窗口的右上角显示了检测尺寸。

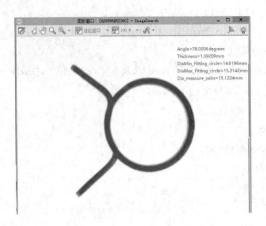

图 11 - 27　HALCON 程序检测结果

11.2.3　HALCON 与 C＋＋混合编程

本实例的编程环境是 Visual Studio 2013＋HALCON 18.11＋Win10 64 位。

（1）导出为 C＋＋代码。在 HALCON 菜单栏中依次单击"文件"→"导出"，获得 HALCON "导出"对话框，在该对话框中选择对应的文件导出路径、导出格式、导出范围等。本实例导出位置为桌面，文件名为"卡箍检测 HALCON 程序"，导出文件格式为"C＋＋－HALCON/ C＋＋"，如图 11 - 28 所示。最后单击"导出"按钮，生成"卡箍检测 HALCON 程序.cpp"文件。

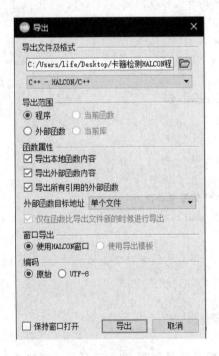

图 11 - 28　"导出"对话框

（2）新建 MFC 工程。

① 启动 Visual Studio 2013 程序后，依次单击"文件"→"新建"→"项目"，打开"新建项目"对话框，如图 11－29 所示。依次展开该对话框左边的"已安装"→"模版"→"Visual C＋＋"→"MFC"（MFC 即微软基础类库（Microsoft Foundation Classes）），确认好文件保存位置和项目名称后，点击"确定"按钮。

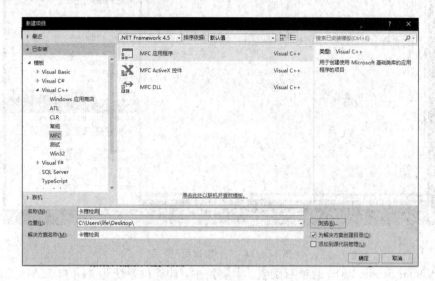

图 11－29　"新建项目"对话框

② 点击"确定"按钮后会弹出"欢迎使用 MFC 的程序向导"，点击"下一步"按钮进入"应用程序类型"窗口，如图 11－30 所示，将"应用程序类型"改为"基于对话框"。

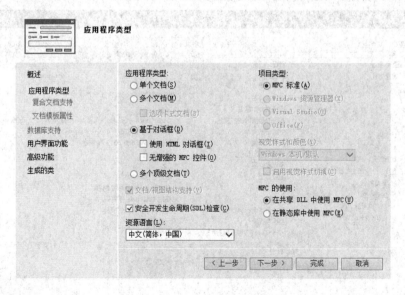

图 11－30　应用程序类型设置

③ 单击"完成"按钮后，至此 MFC 项目就新建完成了，如图 11－31 所示。

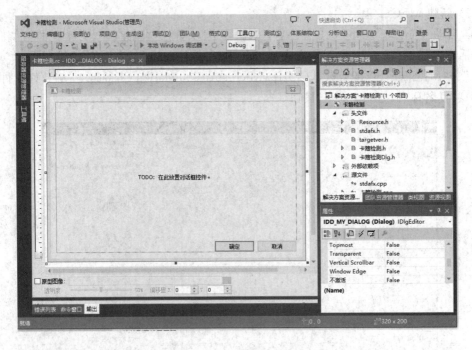

图 11 - 31　"卡箍检测"项目

（3）Visual Studio 2013 的项目配置。本实例中，计算机系统为 64 位，HALCON 18.11 安装在 D 盘 Work 文件夹下，为此先介绍在 DeBugx64 上的项目配置。

① 依次单击"项目"→"卡箍检测"→"属性"进入"卡箍检测 属性页"设置页面，如图 11 - 32 所示，修改"平台"为"活动（x64）"，如果没有该下拉选项，则可在右侧的"配置管理器"中添加。

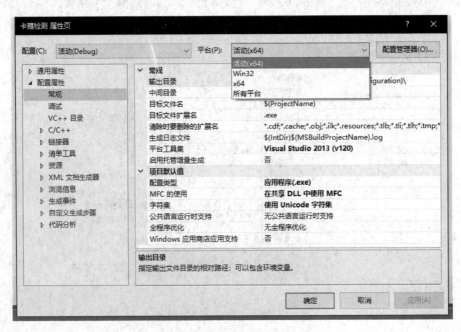

图 11 - 32　"卡箍检测 属性页"设置页面

② 在"配置属性"目录下找到"VC＋＋目录"并点击，在"包含目录"中添加"D：\Work\
Halcon18\include；D：\Work\Halcon18\include\halconcpp"；在"库目录"中添加
"D:\Work\Halcon18\lib\x64-win64"，如图 11 - 33 所示。

图 11 - 33　配置"VC＋＋目录"

③ 在配置属性目录下找到"C/C＋＋"，点击"常规"，在"附加包含目录"中添加"D：\
Work\Halcon18\include；D：\Work\Halcon18\include\halconcpp"，如图 11 - 34 所示。

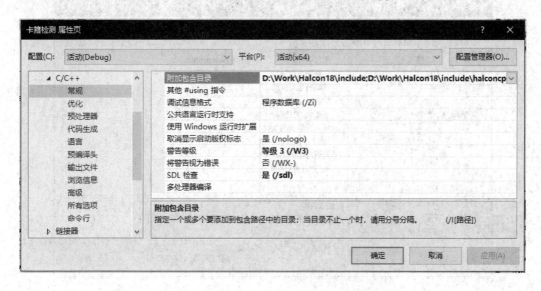

图 11 - 34　添加"C/C＋＋"目录

④ 在配置属性目录下找到"链接器"，点击"常规"，在"附加库目录"中添加"D：\Work\
Halcon18\lib\x64-win64"，如图 11 - 35 所示。

图 11-35　添加库目录

⑤ 在配置属性目录下找到"链接器",点击"输入",如图 11-36 所示,在"附加依赖项"中输入"halconcpp.lib",点击"确定"按钮。

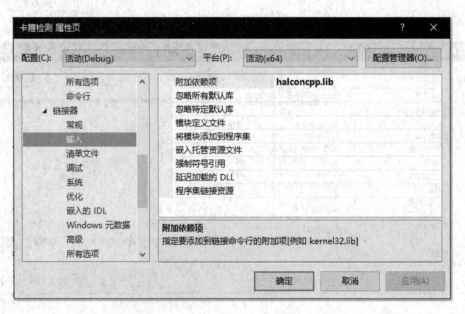

图 11-36　添加"附加依赖项"

⑥ 在"解决方案资源管理器"中单击"源文件",在其下拉菜单的"卡箍检测 Dlg.cpp"中添加头文件和命名空间,如图 11-37 所示。

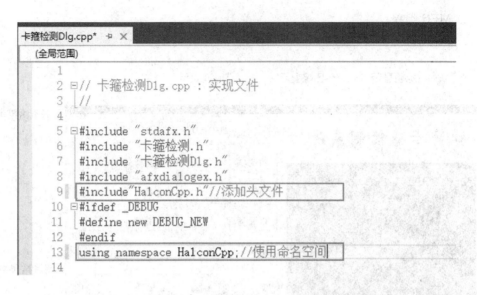

图 11 - 37　添加头文件和命名空间

　　⑦ 调试中，如果提示缺少 halconcpp. dll 等文件，则需要配置 HALCON 环境变量。用鼠标右键单击计算机桌面上的"计算机"图标，依次单击"属性"→"高级系统设置"→"环境变量"→"系统变量"→"Path"，添加"D：\Work\Halcon18\bin\x64-win64"，如图 11 - 38 所示。

图 11 - 38　配置 HALCON 环境变量

(4) MFC 编程。

① 设计系统主界面,如图 11 - 39 所示。

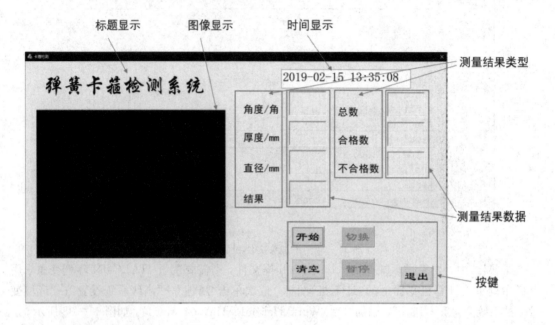

图 11 - 39　系统主界面

② 列出控件清单(中文表示功能,大写英文表示 ID,括号内小写英文表示成员变量)。

五个按键:开始－IDC_BUTTON_START,切换－IDC_BUTTON_SWITCH,清空－IDC_BUTTON_CLEAR,暂停－IDC_BUTTON_PAUSE,退出－IDC_BUTTON_QUIT。

七个静态框显示测量结果数据:角度－IDC_STATIC_ANGLE(m_angle),厚度－IDC_STATIC_THICKNESS(m_thickness),直径－IDC_STATIC_DIA(m_dia),结果－IDC_STATIC_RESULT(m_result),总数－IDC_STATIC_SUM(m_sum),合格数－IDC_STATIC_NUM_OK(m_num_ok),不合格数－IDC_STATIC_NUM_NO(m_num_no)。

七个静态框显示测量结果类型:角度－ANGLE,厚度－THICKNESS,直径－DIA,结果－RESULT,总数－SUM,合格数－NUM_OK,不合格数－NUM_NO。

1 个编辑框显示时间:时间－IDC_EDIT_TIME(m_time)。

1 个静态框显示标题:弹簧卡箍检测系统－IDC_STATIC_TITLE。

1 个静态图像框显示图像:图像－IDC_STATIC_PICTURE。

③ 添加所需控件。单击屏幕左侧"工具箱",弹出"工具箱"对话框,三个所需的控件类型如图 11 - 40 所示。通过"拖曳"操作构造出主界面雏形,如图 11 - 41 所示。

图 11-40　工具箱及所需控件

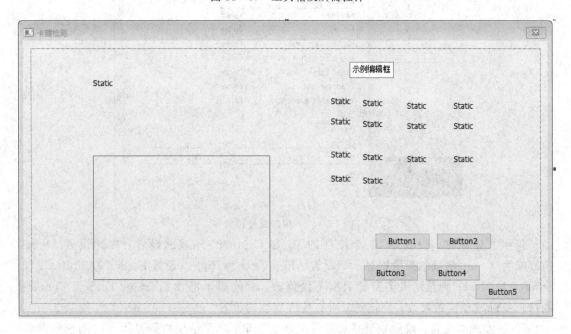

图 11-41　主界面雏形

④ 配置各个控件的属性。控件清单有五组属性设置,以按键控件"开始"为例,单击第一个按键,在右下角的"属性"窗口显示该控件的属性。首先设置其 ID 为 IDC_BUTTON_START,然后设置其 Caption 为"开始"。类似地需要显示固定文字的,如按键、标题及测量结果类型名这三组控件,设置 Caption 为其功能名。最后对这五组控件的外观进行设置,比如按键要体现出立体感,因此设置 Modal Frame 为 True,如图 11-42 所示。

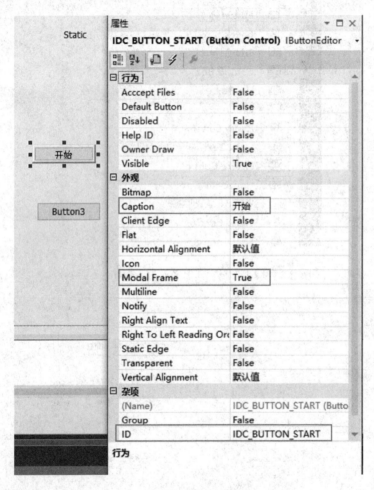

图 11-42 按键属性设置

依照上述原则,设置好 22 个控件的 ID 和 Caption。外观的设置:按键设置 Modal Frame 为 True;测量结果数据显示框设置 Align Text 为 Right,设置 Border 为 True,设置 Sunken 为 True;测量结果类型显示框不做修改;时间显示框设置 Align Text 为 Center;图像框及标题框不做修改。至此完成所有控件属性的设置。

⑤ 添加成员变量。成员变量是和控件关联的变量,测量结果数据显示和时间显示需要添加成员变量。右键单击选择"类向导",依次单击"成员变量"→"IDC_EDIT_TIME"→"添加变量",设置类别为 Value,变量名为 m_time,最大字符数为 30,如图 11-43 所示。

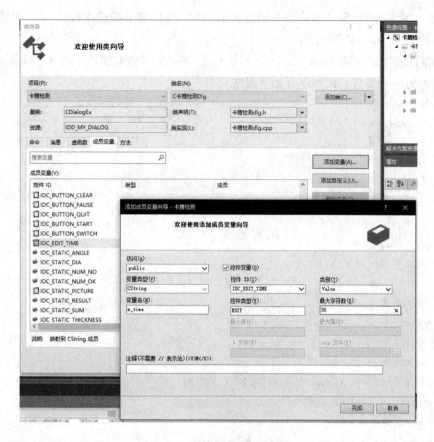

图 11 - 43　添加成员变量

同理，添加剩下的七个成员变量，变量名参照控件清单，除了 m_time 的最大字符数为
30 外，其他变量的最大字符数均为 10，添加后的结果如图 11 - 44 所示。

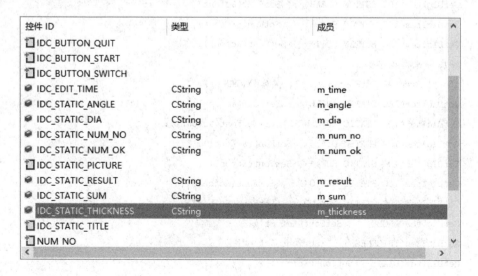

图 11 - 44　成员变量添加完成

⑥ 添加事件。添加事件也称添加消息映射函数，包括五个按键事件和一个 WM_TIMER 消息对应的 OnTimer 事件。

添加事件前，在"卡箍检测 Dlg.cpp"下的 OnInitDialog( )中添加以下程序。OnInitDialog( ) 也可以理解为一个事件，在程序开始后最先运行。

```
* 初始化数据
m_thickness = " ";
m_dia = " ";
m_angle = " ";
m_num_ok = " ";
m_num_no = " ";
hv_i = 0;
hege = 0;
buhege = 0;
zongshu = 0;
* 时间设置
SetTimer(1, 1000, NULL);
* 修改字体
* 时间字体
cfont4.CreatePointFont(300, _T("宋体"), NULL);
GetDlgItem(IDC_EDIT_TIME)—>SetFont(&cfont4);
* 五个按键字体
cfont.CreatePointFont(300, _T("隶书"), NULL);
GetDlgItem(IDC_BUTTON_START)—>SetFont(&cfont);
GetDlgItem(IDC_BUTTON_SWITCH)—>SetFont(&cfont);
GetDlgItem(IDC_BUTTON_CLEAR)—>SetFont(&cfont);
GetDlgItem(IDC_BUTTON_PAUSE)—>SetFont(&cfont);
GetDlgItem(IDC_BUTTON_QUIT)—>SetFont(&cfont);
* 13 个文本框字体
cfont1.CreatePointFont(150, _T("黑体"), NULL);
GetDlgItem(IDC_STATIC_ANGLE)—>SetFont(&cfont1);
GetDlgItem(IDC_STATIC_THICKNESS)—>SetFont(&cfont1);
GetDlgItem(IDC_STATIC_DIA)—>SetFont(&cfont1);
GetDlgItem(IDC_STATIC_SUM)—>SetFont(&cfont1);
GetDlgItem(IDC_STATIC_NUM_OK)—>SetFont(&cfont1);
GetDlgItem(IDC_STATIC_NUM_NO)—>SetFont(&cfont1);
GetDlgItem(ANGLE)—>SetFont(&cfont1);
GetDlgItem(THICKNESS)—>SetFont(&cfont1);
GetDlgItem(DIA)—>SetFont(&cfont1);
GetDlgItem(RESULT)—>SetFont(&cfont1);
GetDlgItem(SUM)—>SetFont(&cfont1);
```

```
GetDlgItem(NUM_OK)->SetFont(&cfont1);
GetDlgItem(NUM_NO)->SetFont(&cfont1);
* "YES/NO"字体
cfont3.CreatePointFont(500, _T("宋体"), NULL);
GetDlgItem(IDC_STATIC_RESULT)->SetFont(&cfont3);
* 标题字体
cfont2.CreatePointFont(600, _T("华文行楷"), NULL);
GetDlgItem(IDC_STATIC_TITLE)->SetFont(&cfont2);
* 互锁
CWnd * pWnd = GetDlgItem(IDC_BUTTON_START);
pWnd->EnableWindow(TRUE);
CWnd * pWnd1 = GetDlgItem(IDC_BUTTON_SWITCH);
pWnd1->EnableWindow(FALSE);
CWnd * pWnd2 = GetDlgItem(IDC_BUTTON_PAUSE);
pWnd2->EnableWindow(FALSE);
* 关联窗口
ListFiles("detection_of_clamp/pic_clamp", "files", &hv_Files);
ReadImage(&ho_ImageSearching, HTuple(hv_Files[0]));
GetImageSize(ho_ImageSearching, &hv_Width, &hv_Height);
SetWindowAttr("background_color", "black");
HWND hwnd1;
CRect rect;
GetDlgItem(IDC_STATIC_PICTURE)->GetWindowRect(&rect);    //窗口 ID
hwnd1 = GetDlgItem(IDC_STATIC_PICTURE)->m_hWnd;
LONG lWWindowID = (LONG)hwnd1;
m_kuan[0] = rect.Width();
m_gao[0] = rect.Height();
OpenWindow(0, 0, m_kuan, m_gao, lWWindowID, "visible", "", &hv_WindowID);
```

按键"开始"事件，包括 Part1 的标定、Part2 的建模和 Part3 中第一幅待测卡箍图像的模板匹配和测量。双击按键"开始"进入在"卡箍检测 Dlg. cpp"中对应的消息映射函数 OnBnClickedButtonStart()，将由 HALCON 程序导出的"卡箍检测 HALCON 程序. cpp"中 action()内的全部代码复制到 OnBnClickedButtonStart()中。

接下来将 OnBnClickedButtonStart()函数的变量声明由局部变量修改为全局变量，即将变量声明剪切后粘贴到"卡箍检测 Dlg. cpp"的前部分，并加入一些所需的变量，程序如下：

```
HTuple   m_kuan, m_gao;     //关联窗口控件时使用
CFont cfont, cfont1, cfont2, cfont3, cfont4;    //字体
HTuple zongshu, hege, buhege;    //关联文本框控件时使用
```

删去 Part2 创建的 WindowID 部分，如图 11 - 45 所示，因为在 OnInitDialog()关联窗口控件的时候已经创建了该部分。

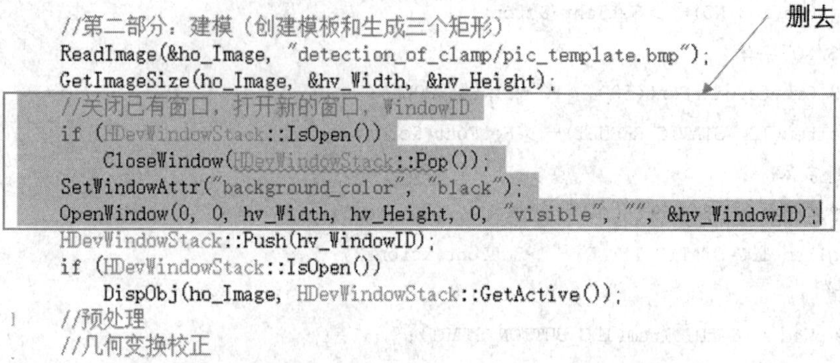

删去

```
//第二部分：建模（创建模板和生成三个矩形）
ReadImage(&ho_Image, "detection_of_clamp/pic_template.bmp");
GetImageSize(ho_Image, &hv_Width, &hv_Height);
//关闭已有窗口，打开新的窗口，WindowID
if (HDevWindowStack::IsOpen())
    CloseWindow(HDevWindowStack::Pop());
SetWindowAttr("background_color", "black");
OpenWindow(0, 0, hv_Width, hv_Height, 0, "visible", "", &hv_WindowID);
HDevWindowStack::Push(hv_WindowID);
if (HDevWindowStack::IsOpen())
    DispObj(ho_Image, HDevWindowStack::GetActive());
//预处理
//几何变换校正
```

图 11 - 45 删去 WindowID 部分

删去 Part3 的 While{}循环和"单击鼠标继续进行下一个卡箍图检测"代码，因为可以通过点击按键来实现图像的切换。同时，要删去"清除模板模型"代码，具体操作如图 11 - 46和图 11 - 47 所示。

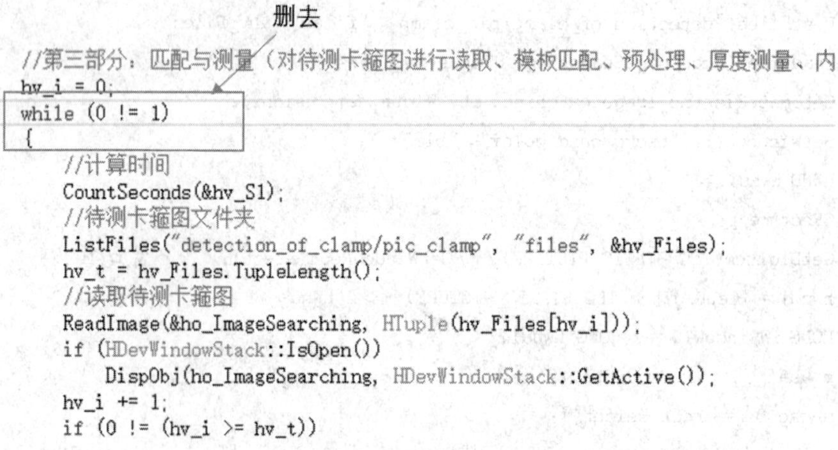

删去

```
//第三部分：匹配与测量（对待测卡箍图进行读取、模板匹配、预处理、厚度测量、内
hv_i = 0;
while (0 != 1)
{
    //计算时间
    CountSeconds(&hv_S1);
    //待测卡箍图文件夹
    ListFiles("detection_of_clamp/pic_clamp", "files", &hv_Files);
    hv_t = hv_Files.TupleLength();
    //读取待测卡箍图
    ReadImage(&ho_ImageSearching, HTuple(hv_Files[hv_i]));
    if (HDevWindowStack::IsOpen())
        DispObj(ho_ImageSearching, HDevWindowStack::GetActive());
    hv_i += 1;
    if (0 != (hv_i >= hv_t))
```

图 11 - 46 删去 While{}循环

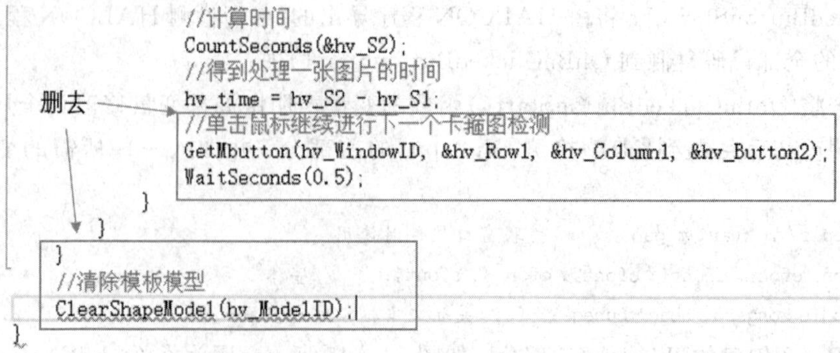

```
    //计算时间
    CountSeconds(&hv_S2);
    //得到处理一张图片的时间
    hv_time = hv_S2 - hv_S1;
```
删去
```
    //单击鼠标继续进行下一个卡箍图检测
    GetMbutton(hv_WindowID, &hv_Row1, &hv_Column1, &hv_Button2);
    WaitSeconds(0.5);
    }
}
}
//清除模板模型
ClearShapeModel(hv_ModelID);
}
```

图 11 - 47 删去 ClearShapeModel()和 GetMbutton()代码部分

在图 11‐47 所示的"//计算时间"前加入"显示测量结果"和"按键互锁"代码部分，程序如下：

```
* 显示测量结果
double houdu = ((HTuple(hv_IntraDistance[0]) * hv_PixelDist) * 1000);
m_thickness.Format(L"%10.4f", houdu);
double zhijing = ((hv_InterDistance * hv_PixelDist) * 1000);
m_dia.Format(L"%10.4f", zhijing);
double jiaodu = hv_Angle;
m_angle.Format(L"%10.4f", jiaodu);
if (houdu >= 1 && houdu <= 1.2&&zhijing >= 14.8&&zhijing <= 15.2&&jiaodu >= 75 &&
jiaodu <= 80){
    m_result = "YES";
    hege = hege + 1;
}
else{
    m_result = "NO";
    buhege = buhege + 1;
}
zongshu = hege + buhege;
double zongshu1 = zongshu;
m_sum.Format(L"%10.0f", zongshu1);
double buhege1 = buhege;
m_num_no.Format(L"%10.0f", buhege1);
double hege1 = hege;
m_num_ok.Format(L"%10.0f", hege1);
UpdateData(FALSE);
* 按键互锁
CWnd * pWnd = GetDlgItem(IDC_BUTTON_SWITCH);
pWnd->EnableWindow(TRUE);
CWnd * pWnd1 = GetDlgItem(IDC_BUTTON_START);
pWnd1->EnableWindow(FALSE);
CWnd * pWnd2 = GetDlgItem(IDC_BUTTON_PAUSE);
pWnd2->EnableWindow(TRUE);
```

至此，按键"开始"事件编程结束。对于按键"切换"事件 OnBnClickedButtonSwitch()，只需在按键"开始"事件 Part3 的基础上修改两点，即删去赋值语句 hv_i=0 及按键互锁程序。

按键"清空"事件的程序如下：

```
void C卡箍检测Dlg::OnBnClickedButtonClear()
{
    * TODO：在此添加控件通知处理程序代码
    * 清除模板模型
```

```
ClearShapeModel(hv_ModelID);
* 清空控件上的数据显示
m_thickness.Empty();
m_dia.Empty();
m_angle.Empty();
m_num_ok.Empty();
m_num_no.Empty();
m_sum.Empty();
m_result.Empty();
UpdateData(FALSE);
* 按键互锁
CWnd * pWnd = GetDlgItem(IDC_BUTTON_START);
pWnd->EnableWindow(TRUE);
CWnd * pWnd1 = GetDlgItem(IDC_BUTTON_SWITCH);
pWnd1->EnableWindow(FALSE);
CWnd * pWnd2 = GetDlgItem(IDC_BUTTON_PAUSE);
pWnd2->EnableWindow(FALSE);
zongshu = 0;
hege = 0;
buhege = 0;
* 清除窗口
if (HDevWindowStack:: IsOpen())
    ClearWindow(HDevWindowStack:: GetActive());
}
```

按键"暂停"事件的程序如下：

```
void C卡箍检测 Dlg:: OnBnClickedButtonPause()
{
    * TODO：在此添加控件通知处理程序代码
    * 暂停，即无法通过点击"切换"控件读取新的待测卡箍图像
    CWnd * pWnd = GetDlgItem(IDC_BUTTON_START);
    pWnd->EnableWindow(TRUE);
    CWnd * pWnd1 = GetDlgItem(IDC_BUTTON_SWITCH);
    pWnd1->EnableWindow(FALSE);
    CWnd * pWnd2 = GetDlgItem(IDC_BUTTON_PAUSE);
    pWnd2->EnableWindow(FALSE);
}
```

按键"退出"事件的程序如下：

```
void C卡箍检测 Dlg:: OnBnClickedButtonQuit()
{
    * TODO：在此添加控件通知处理程序代码
    UINT nRet = MessageBox(_T("确定退出系统?"), _T("退出提示"), MB_YESNO);
    if (nRet != IDYES)
```

```
    {
        return;
    }
    CDialogEx∷ OnClose();
    EndDialog(1);
}
```

　　WM_TIMER 消息对应的 OnTimer 事件用来显示时间，如图 11 - 48 所示。依次单击"类向导"→"消息"→"WM_TIMER"→"OnTimer"→"添加处理程序"，添加的程序如下：

```
void C 卡箍检测 Dlg∷ OnTimer(UINT_PTR nIDEvent)
{
    ∗ TODO：在此添加消息处理程序代码和/或调用默认值
    CTime tt = CTime∷ GetCurrentTime();
    m_time = tt.Format("% Y - % m - % d % H: % M: % S");
    UpdateData(FALSE);
    CDialogEx∷ OnTimer(nIDEvent);
}
```

图 11 - 48　OnTimer 事件

⑦ Login 界面编辑。添加对话框（ID 为 IDD_DIALOG_LOGIN），在"资源视图"中用鼠标右键单击"Dialog"，选择"插入 Dialog(E)"，从而添加新的对话框，如图 11 - 49 所示。

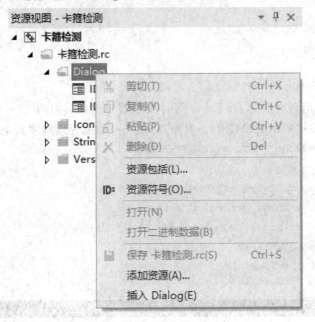

图 11 - 49　添加新对话框

添加类（类名为 CLoginDlg）。用鼠标右键单击刚刚新建的对话框界面，选择"添加类"，类名设置为"CLoginDlg"，系统将自动创建相应的.h 文件和.cpp 文件，如图 11 - 50 所示。

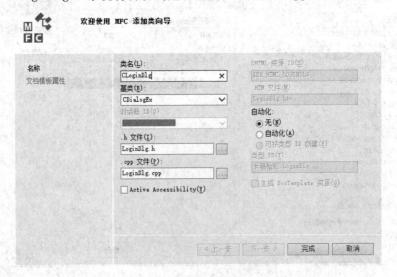

图 11 - 50　添加类

在"卡箍检测.cpp"中，添加 include"LoginDlg.h"，并在 InitInstance()中添加代码，如图 11 – 51 所示。

```
SetRegistryKey(_T("应用程序向导生成的本地应用程序"));
CLoginDlg ldlg;
if (ldlg.DoModal() == IDOK){
C卡箍检测Dlg dlg;
m_pMainWnd = &dlg;
INT_PTR nResponse = dlg.DoModal();
if (nResponse == IDOK)
{
    // TODO:  在此放置处理何时用
    //  "确定" 来关闭对话框的代码
}
else if (nResponse == IDCANCEL)
{
    // TODO:  在此放置处理何时用
    //  "取消" 来关闭对话框的代码
}
else if (nResponse == -1)
{
    TRACE(traceAppMsg, 0, "警告: 对话框创建失败, 应用程序将意外终止。\n");
    TRACE(traceAppMsg, 0, "警告: 如果您在对话框上使用 MFC 控件, 则无法 #define _AFX_NO_MFC_CONTROLS_IN_DIALOGS。\n");
}
}
// 删除上面创建的 shell 管理器。
if (pShellManager != NULL)

    delete pShellManager;
```

增加该代码

图 11 – 51　新建 CLoginDlg 类的对象 ldlg

在 Login 界面添加文字，修改按键的 Caption，结果如图 11 – 52 所示。

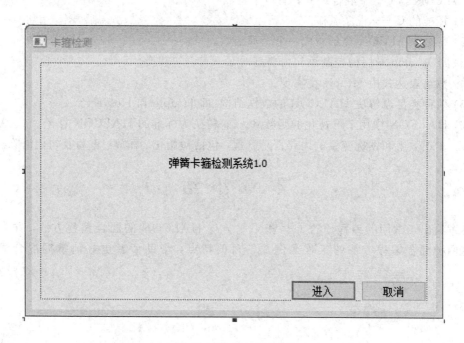

图 11 – 52　Login 界面

测试软件运行，弹簧卡箍检测系统工作界面如图 11-53 所示。

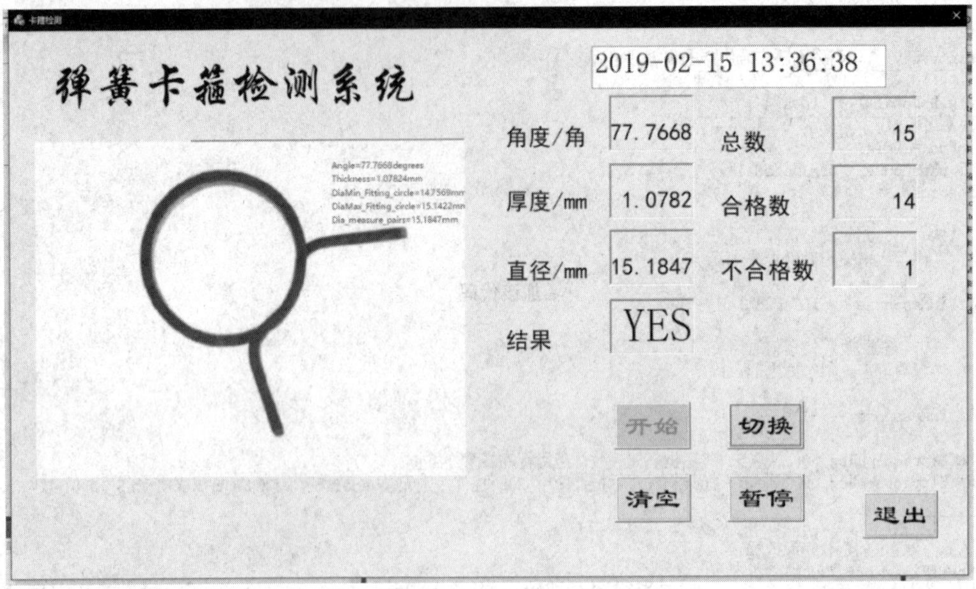

图 11-53　弹簧卡箍检测系统工作界面

11.2.4　HALCON 与 C++混合编程的特点

HALCON 与 C++混合编程具有以下特点：

(1) 标准的 C++程序风格。

(2) 每个 HALCON 算子对应一个全局函数。

(3) HDevelop 专门的控制语句由典型的 C++语句替换。

(4) 数组表达式由 Htuple 类实现。

(5) 两种类足以解决 HALCON 的数据结构，即 Htuple 和 Hobject。

(6) HALCON 中用于可视化的函数 dev_* 转换为标准的 HALCON 算子。

(7) 实现数组和图标变量的内存自动管理，包括初始化、释放、重写及句柄消除。

本 章 小 结

本章给出了常用的编程语言 C# 和 C++与 HALCON 的混合编程方法，并介绍了基于这两种混合编程方法的工程案例及各自的特点，帮助读者更好地掌握混合编程的技巧。

习　　题

11.1　概述 HALCON 混合编程方法的步骤及每一种混合编程方法的特点。

11.2　如图 11-54 所示，要求基于 C# 和 HALCON 编写一个计数系统，能够实现对种子的计数，同时在主界面内要有功能按钮："采集""计数"，同时要有文本框："显示具体计数值""检测记录"等，并导出为一个可执行文件。

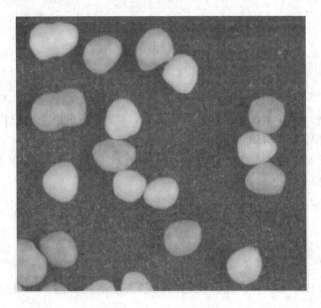

图 11 - 54　习题 11.2 图

参 考 文 献

[1] 张国云.数字图像处理与工程应用[M].西安：西安电子科技大学出版社，2015.

[2] 彭瑞云，李杨.形态计量与图像分析学[M].北京：军事医学出版社，2012.

[3] 孙正.数字图像处理与识别[M].北京：机械工业出版社，2014.

[4] 杨小青，杨秋翔，杨剑.基于形态学的显微细胞图像处理与应用[J].计算机系统应用，2016，25(3)：220-224.

[5] 高晓勤，沈小林.基于形态学的图像处理算法研究[J].山西电子技术，2015(2)：85-86.

[6] 高艳红.图和数学形态学在图像预处理中的应用研究[D].西安：西安电子科技大学，2014.

[7] 张五一，赵强松，王东云.机器视觉的现状及发展趋势[J].中原工学院学报，2008(1)：9-12.

[8] MANUEL G H，MASSANET S，MIR A，et al. Improving Salt and Pepper Noise Removal Using a Fuzzy Mathematical Morphology-Based Filter[J]. Applied Soft Computing，2017，63：167-180.

[9] SOILLE P. Morphological Image Analysis Principles and Applications[M]. 王小鹏，等译.北京：清华大学出版社，2008.

[10] 李俊山.基于特征的红外图像目标匹配与跟踪技术[M].北京：科学出版社，2014.

[11] 章毓晋.图像处理和分析教程[M].2版.北京：人民邮电出版社，2016.

[12] 何东健.数字图像处理[M].3版.西安：西安电子科技大学出版社，2018.

[13] 龙建武，闫河，张建勋，等.智能图像分割技术[M].北京：科学出版社，2018.

[14] 任会之.图像检测与分割方法及其应用[M].北京：机械工业出版社，2018.

[15] 陆玲，王蕾.图像目标分割方法[M].哈尔滨：哈尔滨工程大学出版社，2016.

[16] 谷睿宇.基于形状特征的图像匹配与识别算法研究[D].南昌：南昌航空大学，2018.

[17] 叶志坚.基于图像特征提取和描述的匹配算法研究[D].广州：广东工业大学，2018.

[18] SONKA M，艾海舟.图像处理、分析与机器视觉[M].北京：清华大学出版社，2010.

[19] 颜孙震，孙即祥.矩不变量在目标识别中的应用研究[J].国防科技大学学报，1998(5)：75-80.

[20] 马颂德，张正友.计算机视觉[M].北京：科技出版社，1998.

[21] RAFAEL C G，RICHARD E W. Digital Image Processing Second Edition[M]. 阮

秋琦，阮宇智，译. 北京：电子工业出版社，2003.

[22] CASTLEMAN K R. 数字图像处理[M]. 北京：清华大学出版社，1998.

[23] 景晓军. 图像处理技术及其应用[M]. 北京：国防工业出版社，2005.

[24] 张广军. 机器视觉[M]. 北京：科学出版社，2005.

[25] STEGER C，ULRICH M，WIEDEMANN C. 机器视觉算法与应用[M]. 杨少荣，吴迪靖，段德山，译，北京：清华大学出版社，2005.

[26] 阮秋琦. 数字图像处理[M]. 北京：清华大学出版社，2009.

[27] 贾永红. 数字图像处理[M]. 2 版. 武汉：武汉大学出版社，2010.

[28] 丁昊. 基于线特征的相机标定与定向方法研究[D]. 青岛：山东科技大学，2011.

[29] 张国全. 光学坐标测量系统关键技术研究及软件设计[D]. 天津：天津大学，2005.

[30] 吴进. 机器视觉中快速模板匹配算法研究[J]. 新型工业化，2014，(1)：65 - 69.

[31] 沈海滨，赖汝. 基于图像中心矩的快速模板匹配算法[J]. 计算机应用，2004，24(11)：116 - 118.

[32] 高翔. 一种具有旋转不变性的模板匹配方法[J]. 机器视觉，2006，1：109 - 112.

[33] 沈阳. 基于形态学的图像边缘检测技术研究[D]. 成都：电子科技大学，2008.

[34] 刘杰. 基于分水岭与区域生长的彩色图像分割算法研究[D]. 长沙：湖南师范大学，2009.

[35] 段汝娇，赵伟，黄松岭，等. 一种基于改进 Hough 变换的直线快速检测算法[J]. 仪器仪表学报，2010，31(12)：2774 - 2780.

[36] 刘文耀. 数字图像采集与处理[M]. 北京：电子工业出版社，2007.

[37] 迟泽英. 应用光学与光学设计基础[M]. 3 版. 北京：高等教育出版社，2017.

[38] 郑睿. 机器视觉系统原理与应用[M]. 北京：中国水利水电出版社，2014.

[39] 高宏伟. 计算机双目立体视觉[M]. 北京：电子工业出版社，2012.

[40] 阿克塞尔多涅斯. 激光测量技术原理与应用[M]. 武汉：华中科技大学出版社，2017.

[41] 白福忠. 视觉测量技术基础[M]. 北京：电子工业出版社，2013.

[42] 郏继贵. 视觉测量原理与方法[M]. 北京：机械工业出版社，2011.

[43] 阎少宏，王宏. 模糊数学基础及应用[M]. 北京：化学工业出版社，2018.

[44] 王一丁，李琛，王蕴红. 数字图像处理[M]. 西安：西安电子科技大学出版社，2015.

[45] 王文丽. 各种图像边缘提取算法的研究[D]. 北京：北京交通大学，2010.

[46] 张宁. 基于摄像方式的二维条码识别算法的研究[D]. 南京：南京理工大学，2013.

[47] 左飞. 图像处理中的数学修炼[M]. 北京：清华大学出版社，2017.

[48] 黄鹤. 图像处理与机器视觉[M]. 北京：人民交通出版社，2018.

[49] 李文书，赵悦. 数字图像处理算法及应用[M]. 北京：北京邮电大学出版社，2012.

[50] 陆玲，王蕾. 图像目标分割方法[M]. 哈尔滨：哈尔滨工程大学出版社，2016.

[51] 德国 MVtec 公司. HALCON 中文使用手册[Z]. 2011.